全国高职高专教育“十三五”规划教材

Mastercam X5 应用与实例教程

（第 2 版）

主　编　白钰枝　佛新岗
副主编　郭　倩　王　兰　谢贺年

中国铁道出版社有限公司
CHINA RAILWAY PUBLISHING HOUSE CO., LTD.

内 容 简 介

本书为以 Mastercam X5 版本为对象，以机械典型零件的加工实例为重点展开教学，介绍了数控加工中必须掌握的二维图形构建与编辑、三维线架造型、曲面与实体造型、刀具路径的铺设，以及数控加工的实现等内容。

本书在详细介绍 Mastercam X5 命令的基础上，通过实例讲解使学习者更系统地掌握 Mastercam X5 在数控加工中的应用。

本书内容浅显易懂，适合于高职院校机械类学生以及有志于从事数控加工方面的工作人员学习。

图书在版编目（CIP）数据

Mastercam X5 应用与实例教程/白钰枝，佛新岗主编. —2 版. —北京：中国铁道出版社，2018.7（2022.1 重印）
全国高职高专教育“十三五”规划教材
ISBN 978-7-113-24456-9

Ⅰ.①M… Ⅱ.①白… ②佛… Ⅲ.①计算机辅助制造-应用软件-高等职业教育-教材 Ⅳ.①TP391.73

中国版本图书馆 CIP 数据核字（2018）第 096139 号

书　　名：Mastercam X5 应用与实例教程
作　　者：白钰枝　佛新岗

策　　划：曾露平　　　　编辑部电话：（010）63551926
责任编辑：曾露平
封面制作：刘　颖
责任校对：张玉华
责任印制：樊启鹏

出版发行：中国铁道出版社有限公司（100054，北京市西城区右安门西街 8 号）
网　　址：http://www.tdpress.com/51eds/
印　　刷：北京富资园科技发展有限公司
版　　次：2013 年 9 月第 1 版　2018 年 7 月第 2 版　2022 年 1 月第 2 次印刷
开　　本：787mm×1 096mm　1/16　印张：16.5　字数：412 千
书　　号：ISBN 978-7-113-24456-9
定　　价：43.00 元

第 2 版前言

Mastercam 因其强大稳定的造型功能及可靠的曲面粗、精加工刀具路径校验功能使其得到了广泛的应用，在众多领域中它依然是备受欢迎、性价比极高的 CAD/CAM 软件。本教材自 2013 年第 1 版面世以来，受到广大学习者的欢迎，在数控加工，机械设计等教学中也发挥了很大的作用。

在第 1 版使用的过程中也发现了很多需要改进的地方，为了适应新的学习需要，教材编写成员决定在第 1 版的基础上修订再版。主要修改内容如下：第一，全书版式做了调整，图文内容排列更加合理；第二，对书中存在的语句语义问题做了修改；第三，完善了图中的部分线条和尺寸标注。

本书由白钰枝、佛新岗担任主编，郭倩、王兰、谢贺年担任副主编。具体分工为：谢贺年编写和修订第 1 章，白钰枝编写和修订第 2 章和第 8 章，郭倩编写和修订第 3、4 章，王兰编写和修订第 5、6 章，佛新岗编写和修订第 7 章。全书由白钰枝、佛新岗统稿定稿。

感谢在本书使用过程中提出合理建议的崔彦斌老师，也感谢众多同仁们在教学过程中提出了许多宝贵意见。谨请广大读者在使用本教材过程中能够继续提出宝贵意见，不胜感激。

编　者

2018 年 4 月

第 1 版前言

Mastercam 是美国 CNC 公司开发的基于 PC 平台的 CAD/CAM 软件。该软件自 1984 年问世以来，就以其强大的三维造型与加工功能闻名于世。根据国际 CAD/CAM 领域的权威调查公司 CIMdata Inc 的数据显示，它的装机量居世界第一。Mastercam 软件对硬件的要求不高，且操作灵活，易学易用。目前，Mastercam 软件被广泛应用于航空航天、机械、电子、汽车、家电、玩具、模具等多种行业。

Mastercam X 以后的版本界面与以前的版本有很大不同，本教材介绍的 Mastercam X5 与 Mastercam X 及以后的版本在界面上没有太大的区别，但不断有新增功能。采用图形交互式自动编程方法实现 NC 程序的编制。编程人员根据屏幕提示的内容进行操作、选择菜单内容或回答计算机的提问，直至将所有问题回答完毕，然后即可自动生成 NC 程序。NC 程序的自动产生是受软件的后置处理功能控制的，不同的加工模块（如车削、铣削、线切割等）和不同的数控系统对应不同的后处理文件。软件当前使用哪一个后处理文件，是在软件安装时设定的，而在具体应用软件进行编程之前，一般还需要对当前的后处理文件进行必要的修改和设定，以使其符合系统要求和使用者的编程习惯。

西安航空职业技术学院“机械 CAD/CAM 应用”课程组的老师在多年教授该软件的基础上，对软件的教学内容进行了优化调整，结合平时教学经验，编写了本教材。

本书由白钰枝、佛新岗担任主编，郭倩、王兰、谢贺年担任副主编。具体分工：谢贺年老师编写第 1 章，白钰枝老师编写第 2 章和第 8 章，郭倩老师编写第 3、4 章，王兰老师编写第 5、6 章，佛新岗老师编写第 7 章。

由于时间仓促，加之作者水平有限，书中疏漏之处在所难免，恳请广大读者批评指证。

编　者

2013 年 6 月

目　录

第 1 章　Mastercam X5 操作入门

导　　语

Mastercam X5 软件是美国 CNC 软件公司研制的基于个人计算机的 CAD/CAM 系统，是当前最为经济、有效的全方位 PC 级 CAD/CAM 软件系统。利用 Mastercam 软件系统，可以辅助使用者完成产品的“设计—工艺规划—制造”全过程。本章将详细介绍 Mastercam X5 的基本操作方法，包括文件操作、视图操作、图素操作、系统环境设置等内容。这些内容是有效应用 Mastercam 的 CAD 和 CAM 高级内容的重要基础，读者需要切实掌握，为灵活使用 Mastercam X5 打下坚实的基础。

学习目标

1. 了解 Mastercam X5 界面；
2. 掌握 Mastercam X5 基本操作方法；
3. 掌握 Mastercam X5 基本坐标系的概念；
4. 掌握 Mastercam X5 基本系统修改方法。

Mastercam X5 是与微软公司的 Windows 技术紧密结合，用户界面更为友好，设计更加高效的版本。借助于 Mastercam 软件，用户可以方便快捷地完成从产品 2D/3D 外形设计、CNC 编程到自动生成 NC 代码的整个工作流程，因此被广泛应用于模具制造、模型手板、机械加工、电子、汽车和航空等行业。Mastercam 基于 PC 平台，易学易用，具有较高的性价比，是广大中小企业的理想选择，也是 CNC 编程初学者在入门时的首选软件。

1.1　Mastercam X5 的主要特点及新增功能

1.1.1　Mastercam X5 的主要特点

Mastercam X5 包括 CAD 和 CAM 两个部分，CAD 部分可以构建 2D 平面图形、曲线、3D 曲面和 3D 实体。CAM 包括五大模块：Mill、Lathe、Art、Wire 和 Router。Mastercam X5 具有全新的 Windows 操作界面，在刀路和传输方面更趋完善和强大，其功能特点如下：

（1）操作方面，采用了目前流行的“窗口式操作”和“以对象为中心”的操作方式，使操作效率大幅度提高。

（2）设计方面，单体模式可以选择“曲面边界”选项，可动态选取串连起始点，增加了工作坐标系统（WCS），而在实体管理器中，可以将曲面转化成开放的薄片或封闭实体等。

（3）加工方面，在刀具路径重新计算中，除了更改刀具直径和刀角半径需要重新计算外，其他参数并不需要更改。在打开文件时可选择是否载入 NCI 资料，可以大大缩短读取大文件的时间。

（4）Mastercam X5 系统设有刀具库及材料库，能根据被加工工件材料及刀具规格尺寸自动确定进给率、转速等加工参数。

（5）Mastercam X5 是一套以图形为驱动的软件，应用广泛，操作方便，而且它能同时提供适合目前国际上通用的各种数控系统的后置处理程序文件。以便将刀具路径文件（NCI）转换成相应的 CNC 控制器上所使用的数控加工程序（NC 代码）。

1.1.2 Mastercam X5 的新增功能

1．界面

（1）由以前的 What's New 菜单变成了 What's New 窗口。

（2）新增 customer feedback program 窗口，给公司发送的反馈帮助改进软件，一般情况下选择"No thank you. I do not choose to participate at this time （我不参与）"即可。

（3）增加了 machine simulation 工具条（默认没有勾选）带机床的刀路模拟。

（4）在所有输入数值的编辑框，下拉框旁边增加了一个上下的微调按钮。系统设置窗口中增加了 spin controls 来控制微调按钮的调节数值。

2．design 设计模块

（1）允许实体面更改颜色。

（2）增加了实体阵列的功能。

3．Mill 铣削模块

（1）2D 高速中增加了 3 种刀路。

（2）3D 高速粗加工中增加了 Optirough，这个在 X4 的 2D 里面已经有了，X5 出了 3D 版。

（3）3D 高速精加工中增加了 Hybrid，取消了等高+浅平面区域。

（4）全新的多轴模块。

（5）刀具路径转换中，镜像刀路原来顺铣镜像完成后变为逆铣，现在可以顺镜像成顺铣。

1.2 Mastercam X5 启动与退出

1.2.1 Mastercam X5 启动

启动 Mastercam X5 软件的方法与通常的 Windows 软件相同，可以使用以下两种方法之一：

（1）选择"开始"→"程序"→Mastercam X5→Mastercam X5 命令。

（2）在桌面上双击 Mastercam X5 的快捷方式图标，弹出如图 1-1 所示的软件界面。

与以前版本所采用的级联菜单所不同的是，Mastercam X5 版本采用了 Windows 的下拉菜单，其操作方法与通常所使用的 Windows 风格的软件相同，通过选择相应的菜单，弹出下一级菜单，例如，退出软件，可以选择"文件"→"退出"命令，如图 1-2 所示。

1.2.2 Mastercam X5 退出

退出 Mastercam X5 的方法也与通常的 Windows 软件相同，常用的有 3 种方法：

（1）选择"文件"→"退出"命令。

（2）直接按【Alt+F4】组合键。

（3）直接单击软件窗口右上角的☒按钮。

执行上面 3 种方法之一，系统会弹出如图 1-3 所示的对话框，提示用户是否真的要退出 Mastercam X5 系统，单击“是”按钮，退出系统；单击“否”按钮，取消退出系统的操作。

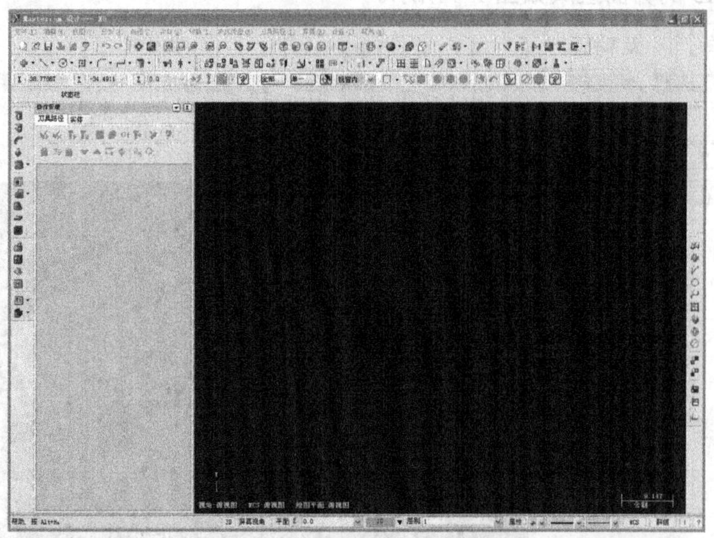

图 1-1　Mastercam X5 软件界面

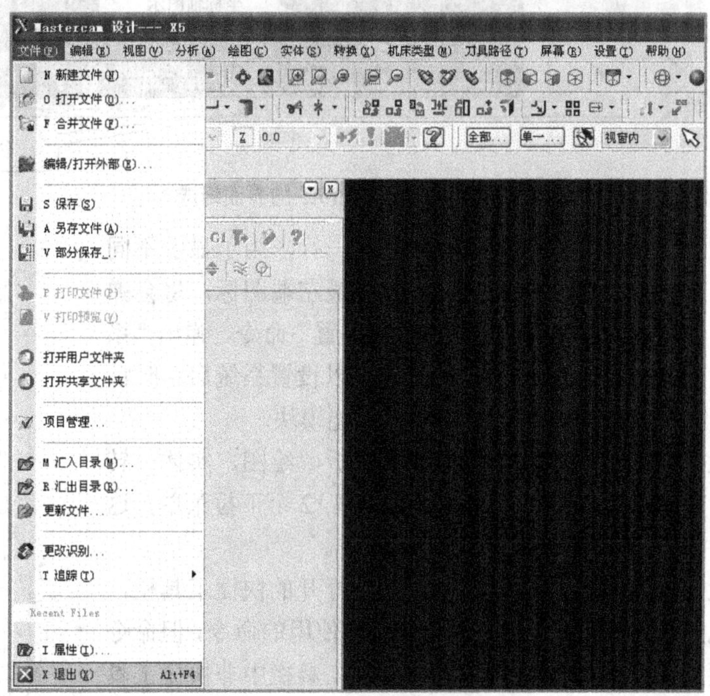

图 1-2　退出软件的命令

图 1-3　提示对话框

1.3 Mastercam X5 界面介绍

Mastercam X5 的界面组成如图 1-4 所示。

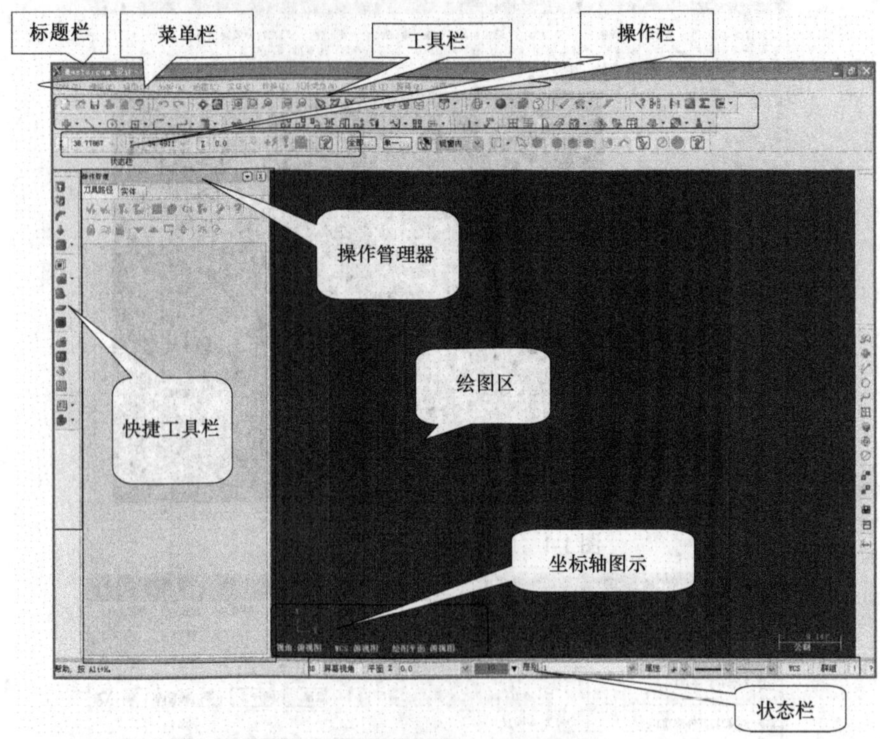

图 1-4 Mastercam X5 的界面组成

（1）标题栏：位于屏幕窗口界面的最上面一行，用于显示不同的模块功能及打开文件的路径及文件名，单击最左端图标，将会弹出控制菜单进行设置。选择“设置”→“系统配置”命令，弹出“系统配置”对话框，在“启动/退出”选项卡中可以设置系统启动时默认的机床，以便系统启动后自动进入相关的功能模块。

（2）菜单栏：包括文件、编辑、视图、分析、绘图、实体、转换、机床类型、刀具路径、屏幕、设置、帮助等 12 个下拉菜单。这 12 个下拉菜单中包括了 Mastercam X5 所有命令。

（3）工具栏：在整个界面中有很多是已经打开的快捷工具栏，快捷工具栏中包括了 Mastercam X5 中很多经常使用的命令，但命令不完全，如果要添加新的快捷工具栏则需要在工具栏中非快捷工具栏处右击，弹出快捷菜单，如图 1-5 所示。可以在弹出的快捷菜单中选择“用户自定义”命令来添加快捷菜单中没有的对应工具栏中的命令，用户自定义中包含了所有 Mastercam X5 命令。在“自定义”对话框中选择要添加的命令，按住鼠标左键，将命令拖到对应的工具栏上后再释放鼠标，该命令就添加到对应工具栏中，如图 1-6 所示。如

图 1-5 工具栏快捷菜单

果快捷菜单中没有所需的工具栏，则可选择“工具栏设置”命令，用“工具栏状态”对话框来添加新的工具栏，如图 1-7 所示。

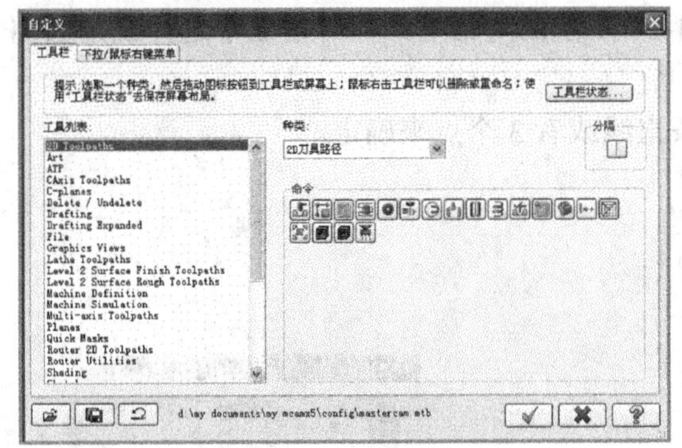

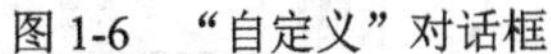
图 1-6 “自定义”对话框

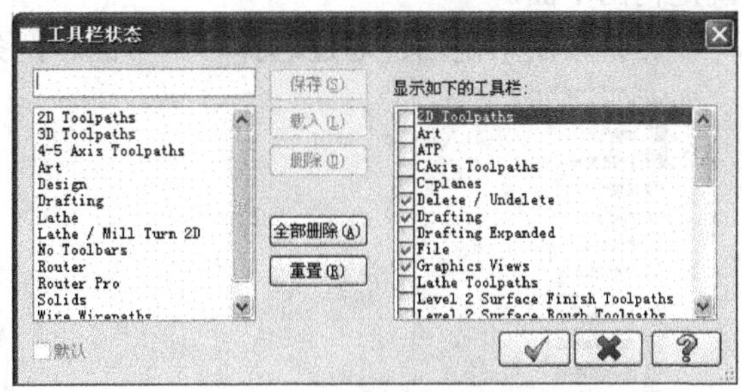

图 1-7 “工具栏状态”对话框

（4）绘图区：主要绘制 Mastercam X5 的图形，编辑和显示图形及产生刀具路径和模拟加工的显示区域。

（5）状态栏：位于 Mastercam X5 视窗的底部，用于显示当前绘图时的状态信息，同时还可以利用其上的“系统颜色”“属性”“点类型”“线型”“线宽”等按钮，进行图素属性的设置和快速修改，并显示当前的绘图状态。

（6）操作管理器：位于屏幕窗口的左部，它包括“刀具路径”和“实体”两个标签，单击任何标签，可以分别显示刀具路径管理器、实体管理器，用户可以在此进行刀具路径、实体的创建和编辑工作，选择“视图”→“切换操作管理”命令可将其打开或关闭；也可用鼠标拖动来改变其窗口的大小，并随时将其展开或卷回，如图 1-8 所示。

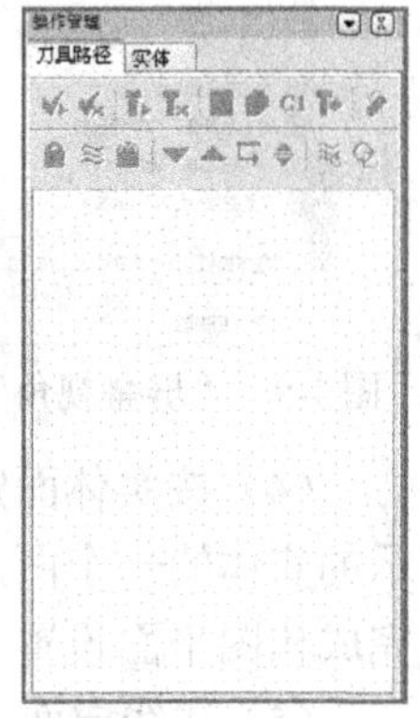

图 1-8 操作管理器

（7）操作栏：包括坐标显示、设置、图素的选择。操作栏可以显示当前鼠标位置点的坐标值，并且在某些操作下允许用户按照要求直接输入需要的坐标值；图素选择可用于用户选择特征或实体等图素方式。

1.4 Mastercam X5 的重要概念

1.4.1 构图平面

构图平面在 Mastercam X5 中是一个比较重要的概念。简单地说，构图平面就是一个绘制二维图形的平面。对于大部分的三维软件系统，都有一个类似于构图平面的概念。通常，三维造型大部分图形都可以分解为若干个平面图形进行拉伸、旋转等操作，因此经常需要在各种不同角度、位置的二维平面上绘制二维图形，这个二维平面就是“构图平面”。

构图平面有很多种设置方法。在状态栏的“平面”栏目上单击鼠标，弹出如图 1-9 所示的菜单，其中列出了很多设定构图平面的方法，下面进行详细介绍。

（1）标准平面：在弹出菜单的上部，列出了 7 个系统设定的标准视图，如图 1-10 所示，分别为俯视图（Top，坐标系为 Y-X）、前视图（Front，坐标系为 Z-X）、后视图（Back，坐标系为 X-Z）、仰视图（Bottom，坐标系为 X-Y）、右视图（Right Side，坐标系为 Z-Y）、左视图（Left Side，

坐标系为 ）和等角视图（Isometric，坐标系为 ）。其中，等角视图是该构图平面与3个坐标轴的夹角相等。

（2）指定视角：调用该功能可以弹出如图1-11所示的对话框，在对话框中选择视角名称确定构图平面。

（3）按图形定面：通过选择一个平面、两条直线或者3个点来确定。

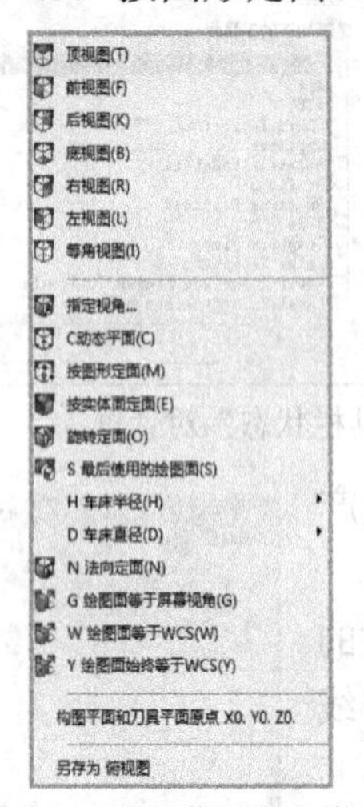

图1-9 “屏幕视角”菜单

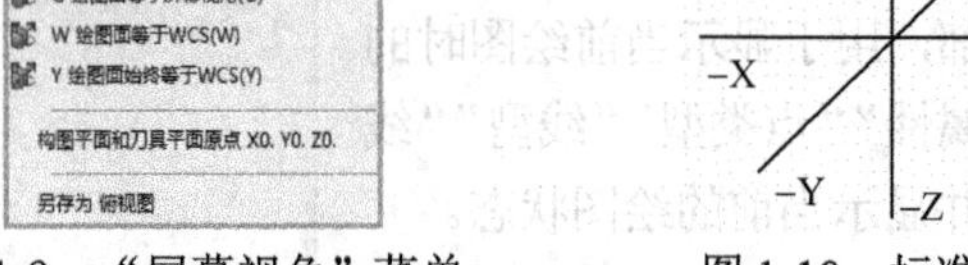

图1-10 标准视图

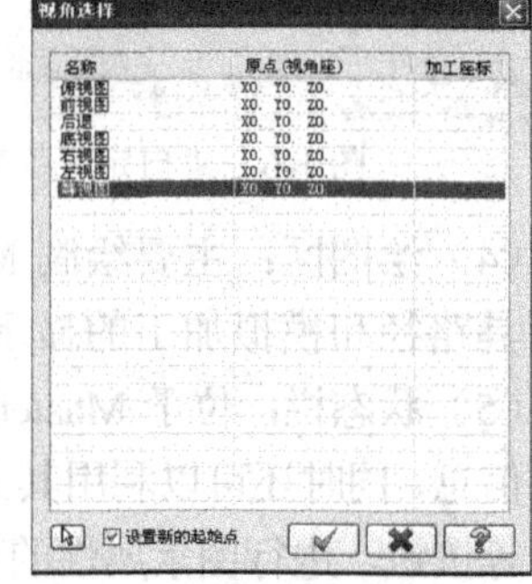

图1-11 “视角选择”对话框

（4）按实体面定面：就是选择一个实体的平面来确定构图平面。例如，选择如图1-12所示的实体的一个面，弹出“选择查看”对话框，选择一个合适的视角，单击“确定”按钮 完成构图平面设置。

（5）法线定面：通过选择一条直线作为构图平面的法线来确定构图平面，如图1-13所示。选择一条直线，显示了坐标系，切换选择一个合适的视角，从而确定一个构图平面。

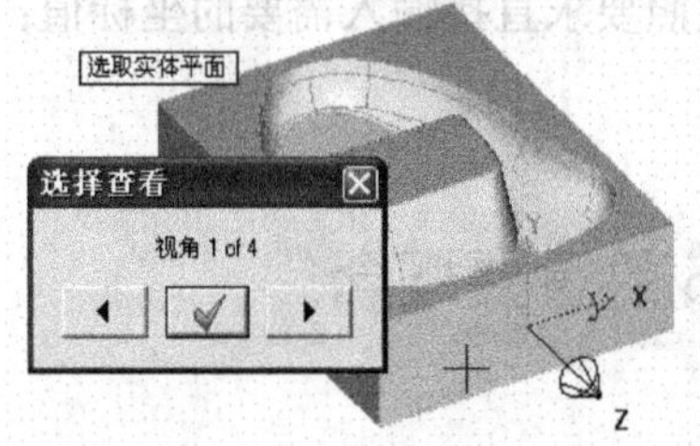

图1-12 选取实体平面

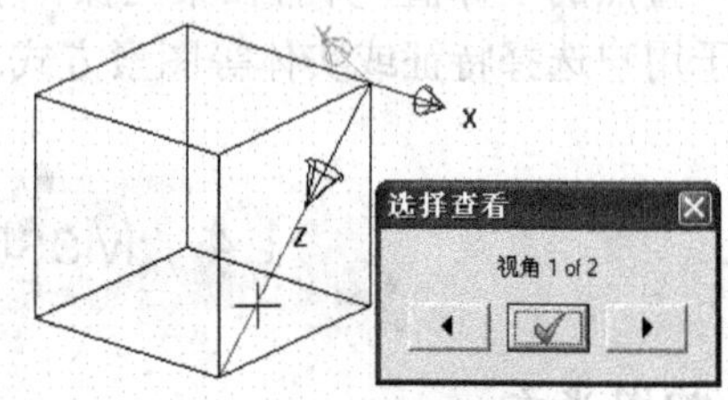

图1-13 法线面

1.4.2 坐标系

Mastercam X5中的坐标系包括了世界坐标系（World Coordinates System）和工作坐标系（Work Coordinates System）。在设定构图平面后，系统所采用的坐标系由世界坐标系转换为工作坐标系。工作坐标系由世界坐标系绕原点旋转，坐标轴变换，但工作坐标系原点默认与世界坐标系原点重合。

设定工作坐标系的方法是在状态栏中单击WCS栏，弹出如图1-14所示的菜单，设定的方法与上面所述的“构图平面”设置方法相同，这里不再赘述。设置完工作坐标系后所设置的构图平面就是在设定的工作坐标系中的角度和位置。

下面以一个简单的例子来介绍“工作坐标系 WCS”“构图平面”和“屏幕视角”三者之间的关系。

（1）打开老师准备好的三维线架图形，自学者可参考 5.1.4 节中【范例 1】构建图形。

（2）按【F9】键，显示世界坐标系，如图 1-15 所示。

（3）在状态栏中单击 WCS 栏，在弹出的菜单中选择“图素定面”命令，弹出工作坐标系如图 1-16 所示，选择正方体的两条对角线，预览显示工作坐标系的情况，如图 1-16 所示，单击“确定”按钮完成设定。

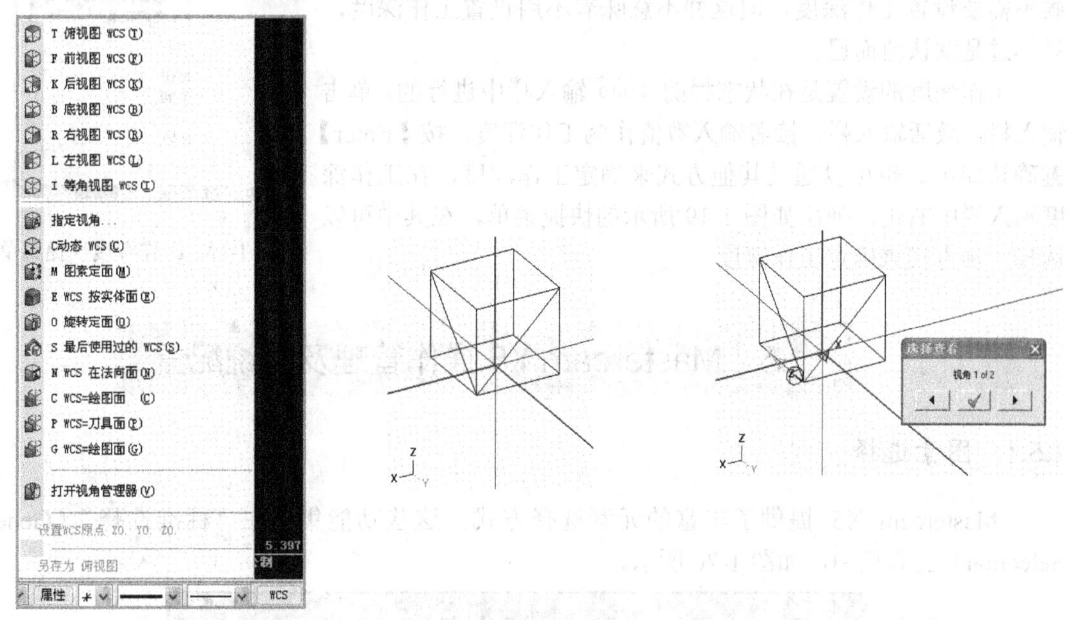

图 1-14 WCS 菜单　　图 1-15 世界坐标系　　图 1-16 工作坐标系

（4）在弹出如图 1-17 所示的“新建视角”对话框中，单击“确定”按钮完成设定。这样就新建了工作坐标系。

（5）虽然新建了工作坐标系，但绘图区仍然没有显示出来，在状态栏中单击“WCS 栏”，在弹出的菜单中选择“俯视图”命令，便可显示新建的工作坐标系。实际上，只要设定任何一个构图平面，都可以显示新建的工作坐标系。

（6）在状态栏中单击“屏幕视角”选项，在弹出的菜单中选择“屏幕视角二绘图面”命令，结果如图 1-18 所示。可见，新建的构图平面是以新建的工作坐标系为参照的。

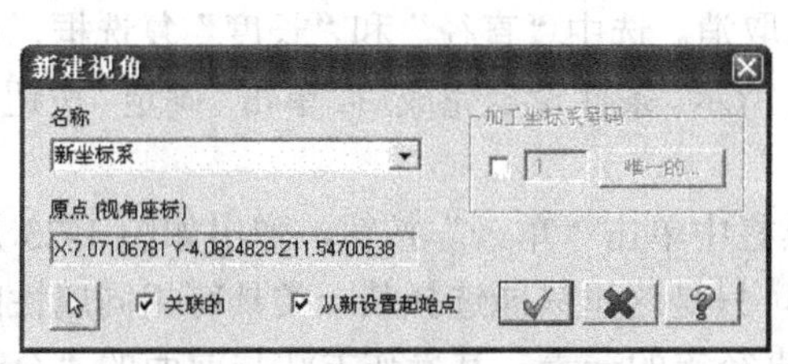

图 1-17 “新建视角”对话框

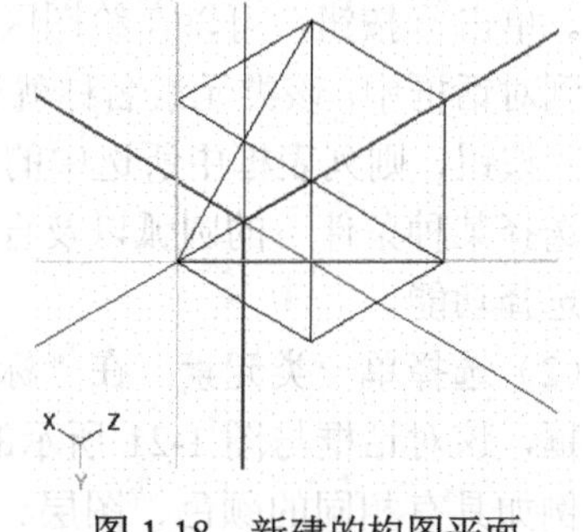

图 1-18 新建的构图平面

1.4.3 工作深度

构图平面用于设置二维图绘制平面的角度，而这里所说的“工作深度”是设置二维平面的位置。简单地说，构图平面只是指定了该平面的法线，而垂直于一条直线的平面有无数个，这无数个平面互相平行，因此需要指定一个所谓的“工作深度”来确定平面的位置。默认情况下，工作深度是 0，也就是通过工作坐标系的原点，因此有时候不需要设置工作深度，但这并不意味着不用设置工作深度，只不过是默认值而已。

工作深度的设置是在状态栏的 Z 10.0 输入栏中进行的。单击输入栏，激活输入栏，接着输入数值作为工作深度，按【Enter】键确认即可。也可以通过其他方式来确定工作深度，在工作深度输入栏中右击，弹出如图 1-19 所示的快捷菜单，在其中可以选择一种方式来确定工作深度。

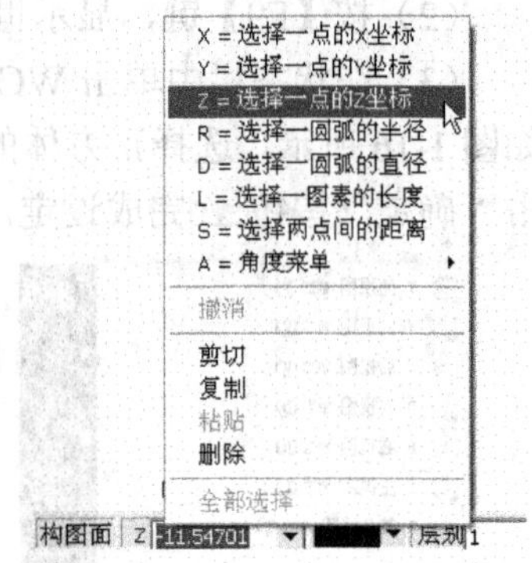

图 1-19 工作深度快捷菜单

1.5 Mastercam X5 操作管理及系统配置

1.5.1 图素选择

Mastercam X5 提供了丰富的元素选择方式，这些功能集中在“标准选择”（General Selection）工具栏中，如图 1-20 所示。

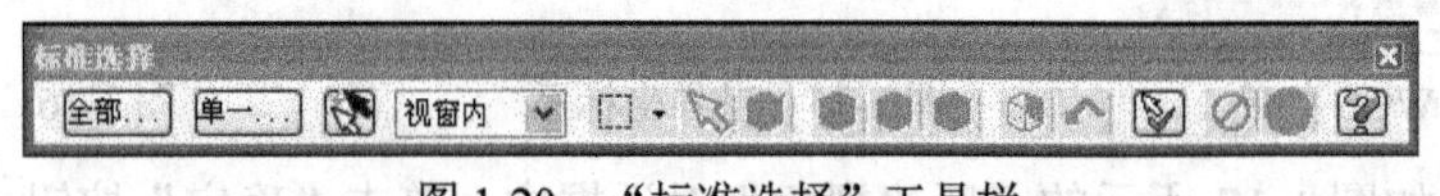

图 1-20 “标准选择”工具栏

下面就通过对“标准选择”工具栏中的主要功能进行介绍来讲述元素的选择方法。

（1）全选：选择全部元素或者选择具有某种相同属性的全部元素。在“标准选择”工具栏中单击“全部”按钮，弹出如图 1-21（a）所示对话框。单击“所有图素”按钮，绘图区中当前所显示的所有元素将被选中。对话框中的“图素”“元素”“图层”“线宽”“线型”“点”“直径/长度”等复选框，各代表了某一类元素。将“图素”按钮前的复选框选中，对话框中部的灰色部分激活，可以选择，接着在列表框中将需要选择的类型打勾，例如选择“线”，如图 1-21（b）所示。单击按钮，可以在绘图区中选择某一类需要选择的元素，系统自动判别元素的类型，返回到对话框中，该类元素名称就被选中。单击按钮，则列表框中的所有元素类型都被选中。单击按钮，则列表框中所选中的图素类型全部取消。选中“直径”和“长度”复选框，可以设置选择某种条件下的圆弧以及直线，如图 1-22 所示。条件设定完成后，单击“确定”按钮，执行选择功能。

（2）选择单一类元素：在“标准选择”工具栏中单击“单一”按钮，弹出如图 1-23 所示对话框，该对话框与图 1-21 所示的对话框类似，只是这里只能选择某一类具有相同属性的元素，例如具有相同的颜色、图层、线型、长度/直径等的元素，其操作方法与前面的“全选”相同。

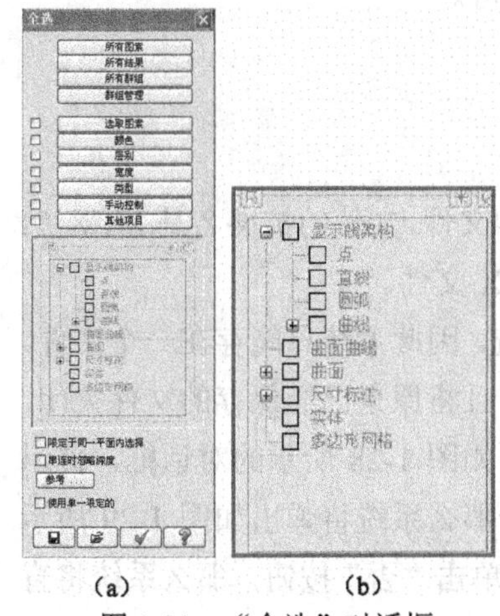
(a)　(b)
图 1-21　“全选”对话框

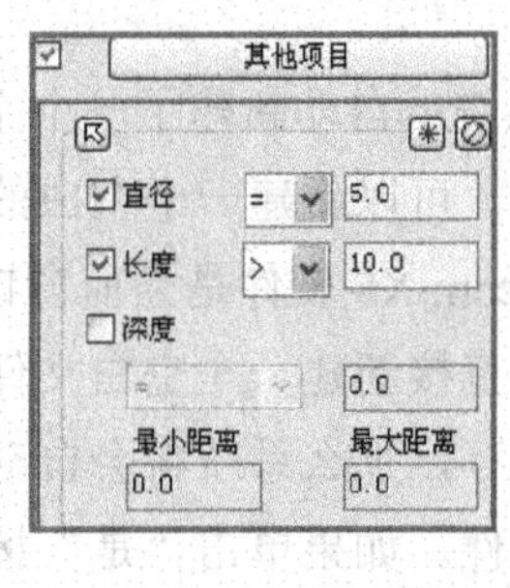

图 1-22　圆弧及直线的设置

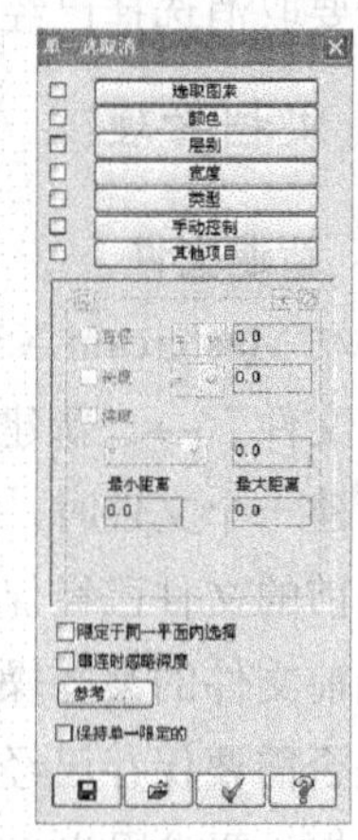
图 1-23　“单一选取消”对话框

（3）窗口状态：在“标准选择”工具栏的下拉列表框中提供了 5 种窗口的选择类型，依次是“视窗内”“视窗外”“范围内”“范围外”“相交物”。“视窗内”就是在所绘制的矩形视窗中完全包含在该视窗中的元素被选中，在视窗外以及与视窗相交的元素都不会被选中，如图 1-24 所示，绘制的视窗只有三角形被选中，而两个圆以及矩形都没有被选中。“视窗外”则表示所有包含在矩形视窗之内以及与视窗相交的元素不会被选中，而视窗之外的元素被选中。如图 1-24 所示，矩形以及直线将被选中。“范围内”表示所有与矩形视窗相交的元素及在视窗之内的元素被选中，例如在图 1-24 中，三角形和两个圆都被选中。“范围外”表示所有在矩形视窗之外的元素及与视窗相交的元素被选中，例如在图 1-24 中，除了三角形之外，其他元素都被选中。“相交物”表示只有与视窗相交的元素才被选中，例如在图 1-24 中，只有两个圆被选中。

（4）选择方式：上面的窗口状态只是以矩形窗口来说明的，其实可以选择不同的视窗类型，例如可以是多边形。“串连”方式表示可以通过选择相连图形中的一个元素从而将图形中的所有相连元素选中。“窗选”方式就是绘制一个矩形窗口来选择元素，这个选择方法可以结合上面所说的窗口状态来进行选择。“多边形”方式就是通过绘制一个任意多边形来选择元素，可以结合窗口状态来选择，如图 1-25 所示。“单体”方式表示只是选择需要的元素，只需依次选择需要的元素即可。“范围”方式主要是应用于封闭图形的元素选择，只需在封闭图形的内部单击，就可以将整个封闭图形选中，如图 1-26 所示，如果要选择整个矩形，只需要在矩形的内部单击即可。“向量”可以通过绘制一条连续的折线来选择图形，所有与折线相交的元素将被选中，如图 1-27 所示。图中的两个圆以及三角形的两条边线被选中，其他没有与折线相交的元素没有被选中。

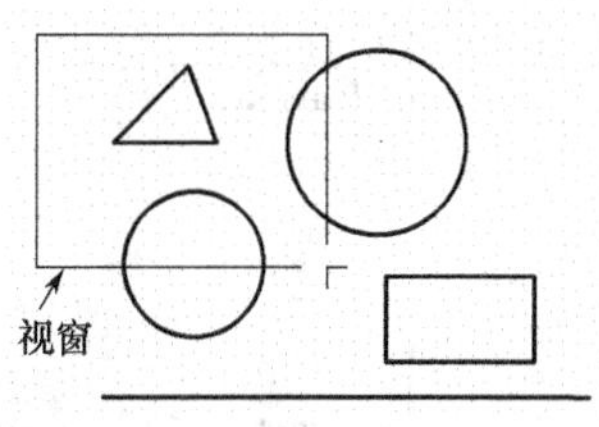

图 1-24　窗口状态

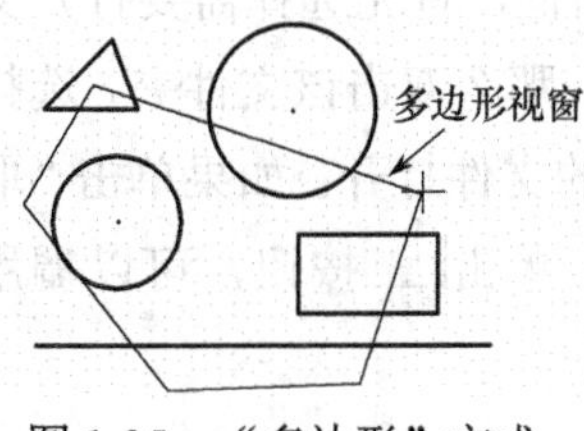

图 1-25　“多边形”方式

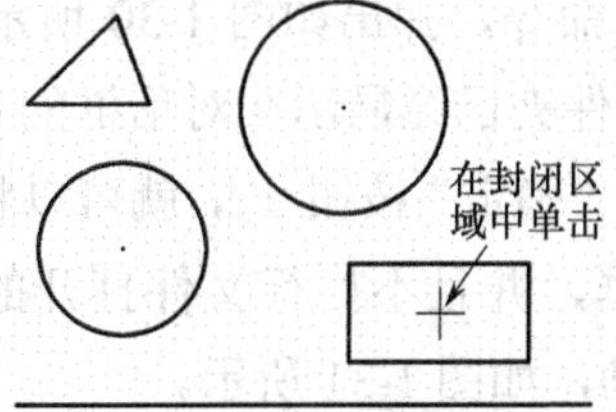

图 1-26　“范围”方式

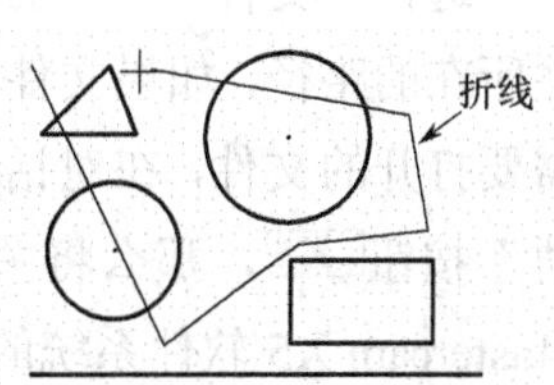

图 1-27　“向量”方式

若要取消选择已经选中的元素，在工具栏中单击⊘按钮即可。

1.5.2 文档管理

1. 新建文件

启动 Mastercam X5 软件后，系统就自动新建了一个空白的文件，文件的扩展名是.MCX-5。选择“文件”→“新建文件”命令，可以新建一个空白的 MCX 文件。

新建一个文件时，由于 Mastercam X5 软件是当前窗口系统，因此系统只能存在一个文件，如果当前的文件已经保存，那么将直接新建一个空白文件，并且将原来已经保存的文件关闭。如果当前文件的某些操作并没有保存，那么系统将会自动弹出如图 1-28 所示的对话框，提示用户是否需要保存已经修改了的文件。如果单击“是”按钮，那么系统将弹出如图 1-29 所示的对话框，要求用户设定保存路径以及文件名进行保存。如果单击“否”按钮，那么系统将直接关闭当前的文件，新建一个空白的文件。

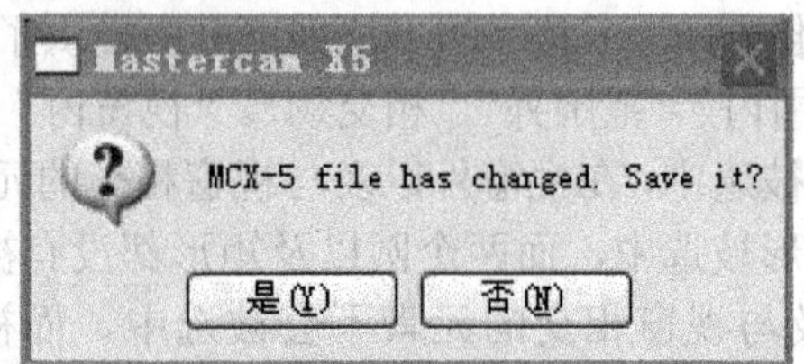

图 1-28 是否保存提示框

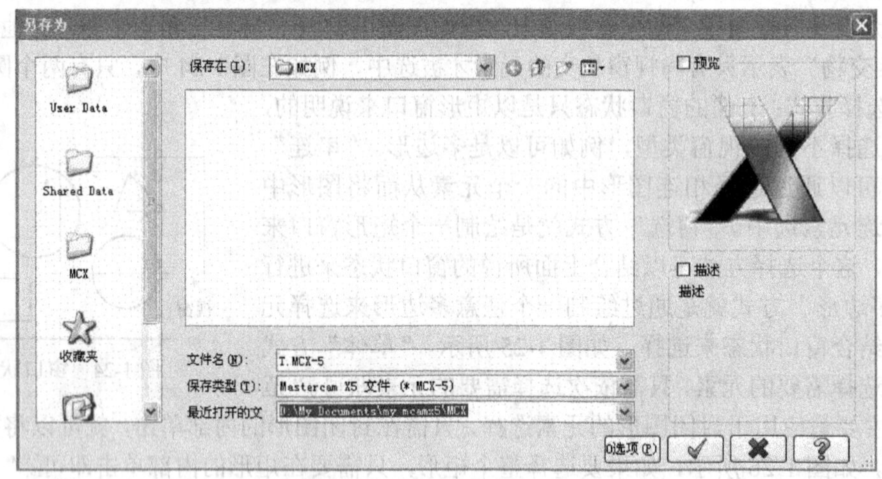

图 1-29 “另存为”对话框

2. 打开文件

选择“文件”→“打开文件”命令，弹出如图 1-30 所示的对话框，首先选择需要打开文件所在的路径，如果文件所在的文件夹已经显示在对话框的列表中，那么双击该文件夹，选择需要打开的文件，在对话框中单击“确定”按钮✔，就可以将指定的文件打开。如果单击“取消”按钮✖，那么将关闭对话框，并且不执行文件打开的操作。单击?按钮，可以调用 Mastercam X5 软件系统的在线帮助，如图 1-31 所示。

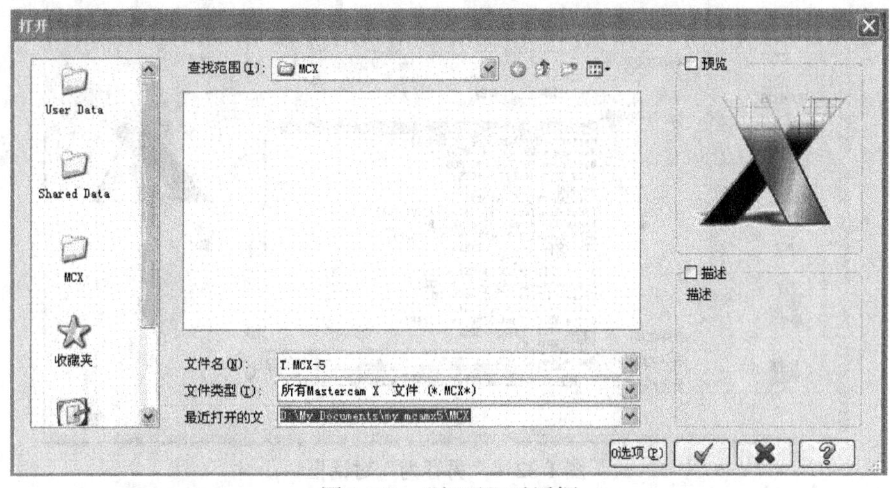

图 1-30 “打开”对话框

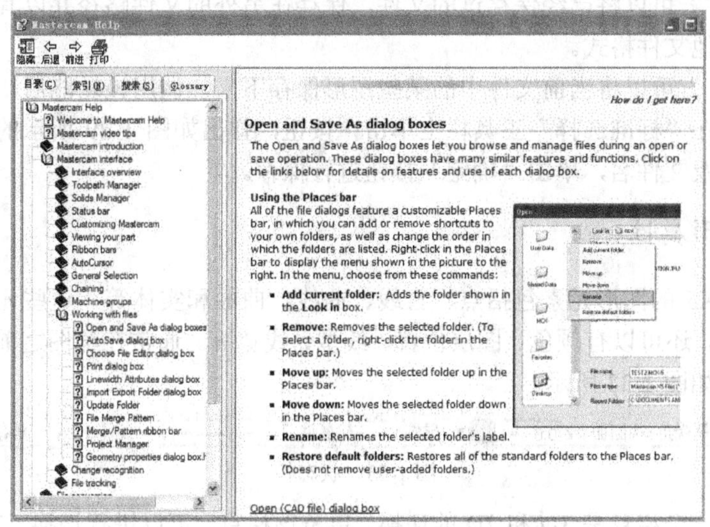

图 1-31 在线帮助

【技巧】随时获取帮助：Mastercam X5 软件系统的内容复杂繁多，因此软件提供了英文版的在线帮助供用户随时查看，获取在线帮助的方法有以下两种：

（1）针对某项功能，例如绘制直线功能，但调用该功能后，在“工具栏”中会出现一个按钮，单击该按钮可以直接到达相应部分的帮助。图 1-30 中的按钮也具有同样的功能。

（2）直接按【Alt+H】组合键，打开在线帮助文档，查找相应的帮助文件。

3. 保存文件

Mastercam X5 版本提供了 3 种保存文件的方式，分别是“保存”“另存文件”“部分保存”。调用这 3 种功能都可以通过选择“文件”菜单来进行。“保存”功能是对未保存过的新文件，或者已经保存过但是又做了修改的文件进行保存。如果对于没有保存过的新文件，调用保存功能后，将弹出如图 1-29 所示的对话框，首先在“保存在”下拉列表框中选择保存的路径，其操作方法与通常的 Windows 软件相同；在“文件名”输入栏中输入需要保存的文件的名称；在“保存类型”下拉列表框中选择一种需要保存的文件类型，也就是选择一种扩展名，如图 1-32 所示。默认的扩展名是“.MCX-5”。参数设定后单击“确定”按钮进行保存。

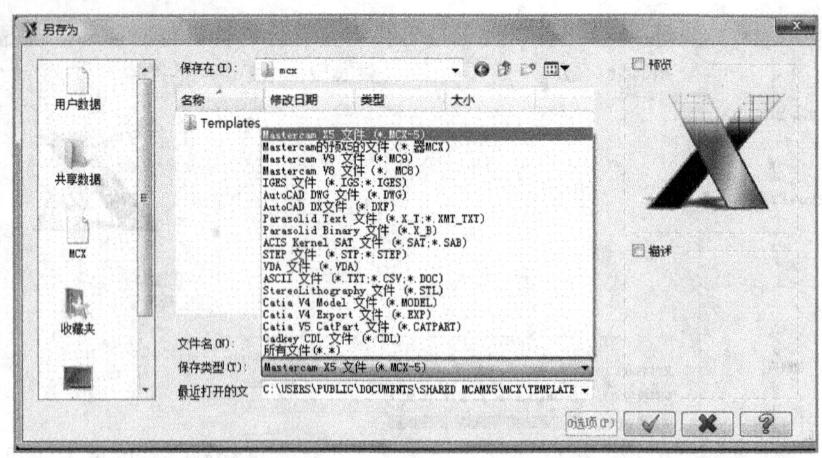

图 1-32 “另存为”对话框

“A 另存文件”可以将已经保存过的文件，保存在另外的文件路径并以其他文件名进行保存或者保存为其他文件格式。

“V 部分保存”可以将当前文件中的某些图形保存下来。调用该功能后，选择要保存的图形元素，完成后在“标准选择”工具栏上单击按钮，弹出如图 1-29 所示的对话框，同样是确定保存的路径及文件名，单击“确定”按钮进行保存。

1.5.3 设置图形属性

Mastercam X5 的图形元素包括点、直线、曲线、曲面和实体等，这些元素除了自身所必须的几何信息外，还可以有颜色、图层位置、线型、线宽等。通常在绘图之前，先在状态栏中设定这些属性，如图 1-33 所示。

图 1-33 状态栏

状态栏的第一个栏目是 3D 和 2D 的切换，单击该栏目，可以进行切换。3D 选项当前的设计是在整个三维空间进行设计的；而 2D 则是在某个平面内进行设计的，这个平面就是由“构图平面”所设定的。

“屏幕视角”用于指定当前图形的观看视角。在状态栏上单击“屏幕视角”选项，弹出图 1-34 所示的菜单，菜单中列出了设定当前屏幕视角的各种方法。

（1）标准视角：菜单中上部列出 7 个视角，这些视角是系统定义的，在这里调用这些功能与在菜单栏选择“视图”→“标准视图”命令中的标准视角效果相同。

（2）指定视角：通过对话框，指定 7 个标准视角中的一个。

（3）由图素定义视角：就是通过指定一个平面、两条直线或者 3 个点来确定一个视角方向。

（4）由实体面定义视角：该命令指定一个实体的平面来确定视角方向，选择如图 1-35 中所指的实体面，出现“选择查看”对话框，确定一个视角方向之后，单击按钮完成。

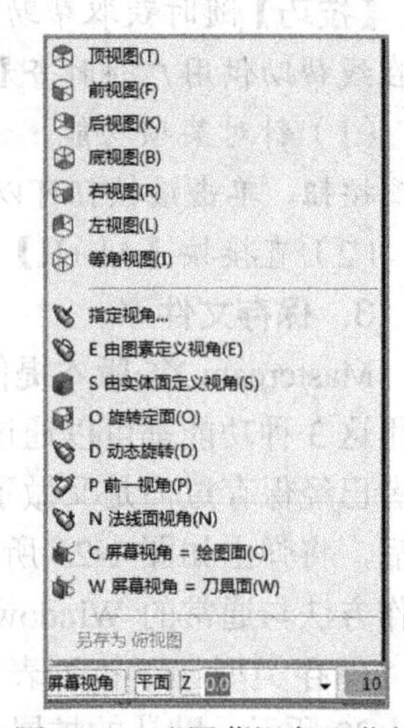

图 1-34 “屏幕视角”菜单

（5）旋转定面：调用该功能后，弹出如图 1-36 所示的“旋转视角”对话框，在对话框中设定绕 *X*、*Y*、*Z* 三个轴的旋转角度，单击“确定”按钮设定视角方向。

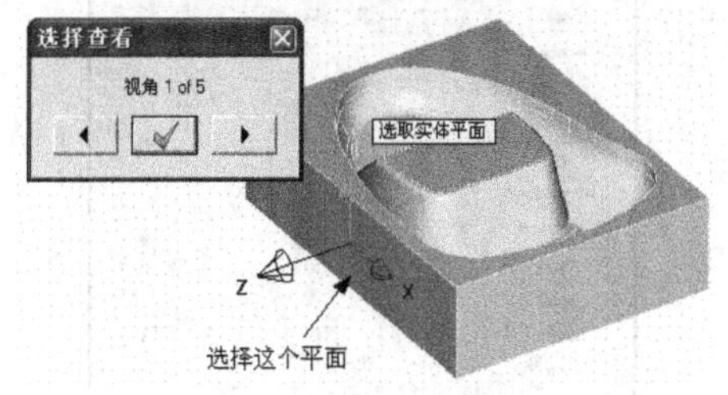

图 1-35　所选实体面

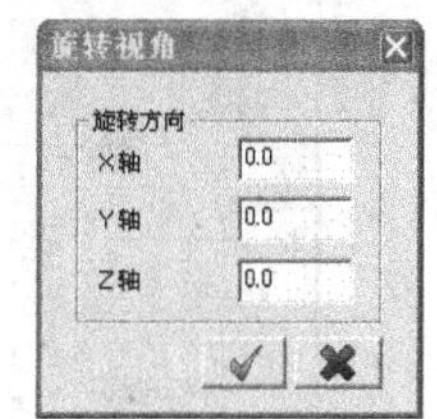

图 1-36　“旋转视角”对话框

（6）动态旋转：就是通过设定一个旋转中心，自由旋转。

（7）法线面视角：就是通过选择一条直线来确定视角方向，这个功能在 1.4.1 节中已经有了叙述。

（8）屏幕视角=绘图面：就是屏幕视角与构图平面的重叠。

（9）屏幕视角=刀具面：就是屏幕视角与刀具平面的重叠。

“颜色”栏目可以设置图形元素的颜色。在“颜色”栏目中单击，弹出如图 1-37 所示的对话框，可以选择一种颜色作为元素的颜色。在“颜色”选项卡中单击“选择”按钮选择某个元素的颜色作为设置的颜色。选择“自定义”选项卡，拖动“红色”“绿色”“蓝色”3 个滑块来设置一种颜色，单击“确定”按钮完成颜色设置，如图 1-38 所示。

提示：对于已有的图形，如果需要修改其颜色，首先选择需要修改颜色的元素，接着在状态栏中的颜色栏目中右击，在弹出的如图 1-37 所示的“颜色”对话框中选择一种颜色，单击“确定”按钮完成颜色修改。

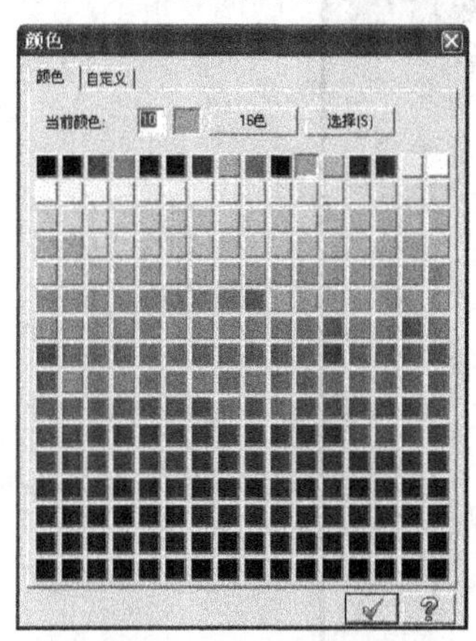

图 1-37　“颜色”对话框

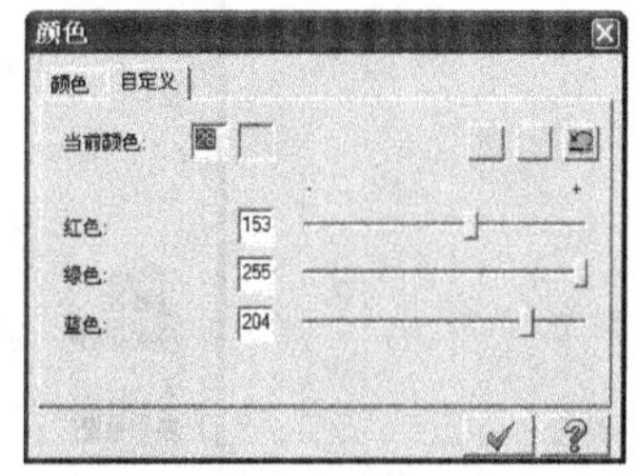

图 1-38　“自定义”选项卡

“线宽”等其他属性的设置与修改与上述步骤相同。

单击状态栏中的“属性”栏目，弹出如图 1-39 所示的对话框，在该对话框中可以设置颜色、线型、点型、层别、线宽等参数。选中“图素属性管理器”复选框，单击“图素属性管理器”按钮，弹出如图 1-40 所示的对话框，可以为不同类型的元素指定相应的属性。其设置方法就是在需要设置的属性前面选中该复选框，设置相应的属性值即可。

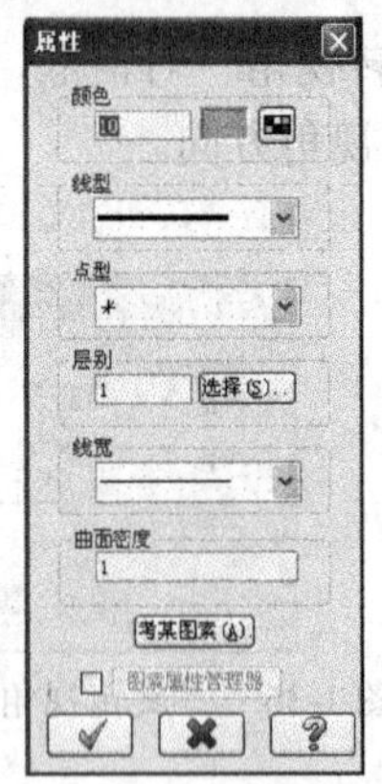

图1-39 “属性”对话框

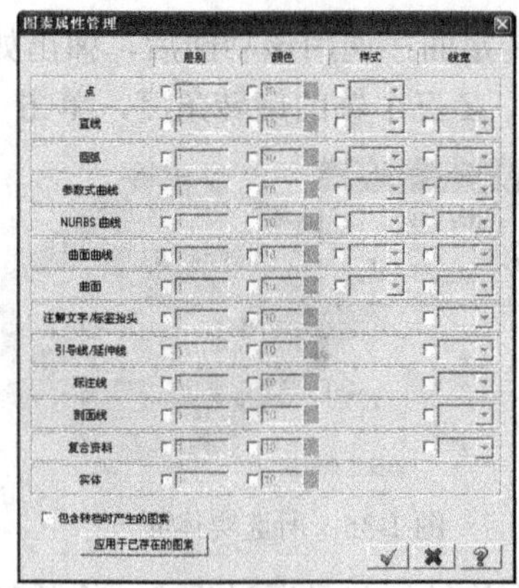

图1-40 “图素属性管理”对话框

【试一试】设置以下元素的属性：

（1）点元素，放置在1层，黑色，以圆圈表示。

（2）直线元素，放置在2层，红色，以粗实线表示。

（3）圆弧元素，放置在3层，绿色，以中心线表示。

（4）曲面元素，放置在4层，蓝色，以细实线表示。

1.5.4 图层

Mastercam X5的图层概念类似于AutoCAD的图层概念，可以用来组织图形。在状态栏中单击“层别”栏目，弹出如图1-41所示的对话框，图中只有一个图层，也是主图层，用黄色高亮显示，在“突显”列中带有“╳”，表示该层是可见的。

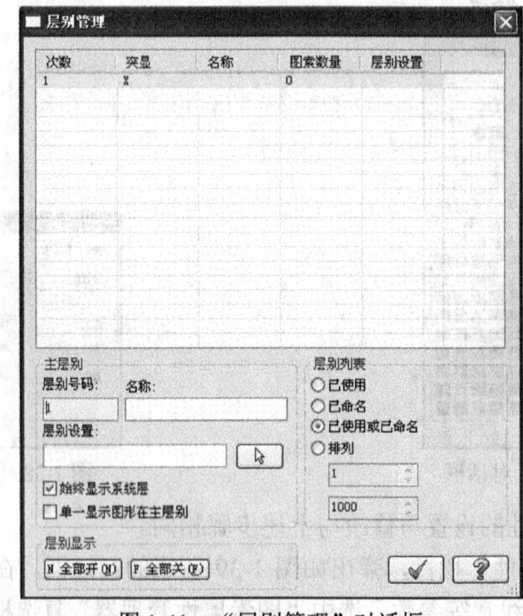

图1-41 “层别管理”对话框

如果要新增图层，只需在“层别号码”输入栏中输入要新建的图层号码，并且可以在“名称”输入栏中输入该层的名称，这样就新建了一个图层。

如果要使某一层作为当前的工作层，只需单击状态栏“层别”下拉列表框的“图层编号”中的编号即可，该层就以黄色高亮显示，即表明该层已经作为当前的工作层。

如果要显示或者隐藏某些层，只需在“突显”列中，单击需要显示或者隐藏的层，取消该层的“╳”即可。表示该层可见，没有“╳”表示隐藏。单击“全部开”按钮，可以设置所有的图层都是可见；单击“全部关”按钮，可以将除了当前工作图层之外的所有图层隐藏。注意：工作层始终是可见的。

如果要将某个图层中的元素移动到其他图层，首先选择需要移动的元素，接着在状态栏上右击“层别”，弹出如图 1-42 所示的对话框，选中“移动”或“复制”单选按钮。在“层别编号”输入栏中输入需要移动到的图层，单击“确定”按钮 ✔，完成图层“移动”或“复制”。

图 1-42　“改变层别”对话框

1.5.5　系统配置

在设计过程中，有时需要调整 Mastercam X5 系统的某些参数，从而可以更好地满足设计的需求。选择“设置”→“系统配置”命令，弹出如图 1-43 所示的对话框，其左侧主题列表框中列出了系统配置的主要内容，选择某一项内容，将在右侧显示出具体的设置参数。下面具体介绍这些参数的设置，其中与尺寸标注相关的选项标注与注释等内容将在第 3 章中介绍。

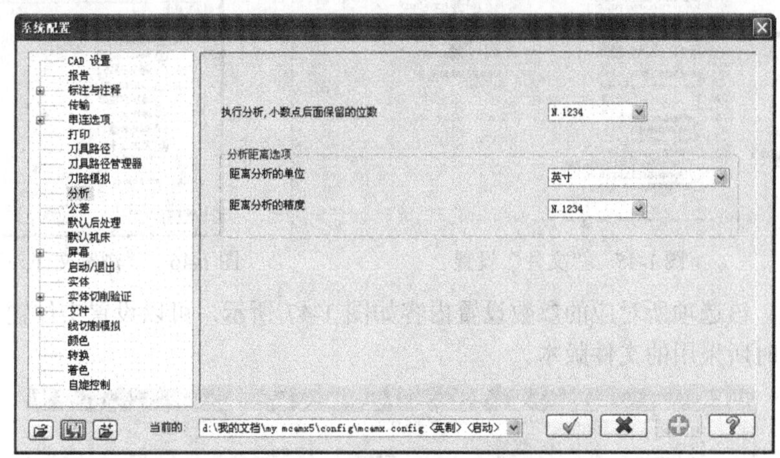

图 1-43　“系统配置”对话框

（1）公差：在主题列表框中选择“公差”标签，参数设置内容如图 1-44 所示。公差主要是设置图形元素的精度。选中“系统公差”复选框，可以在其后的输入栏中设置系统公差，该数值决定了系统所能区分的两个位置之间的最大距离，同时也决定了系统所能识别的直线的最短距离，如果直线长度小于该数值，那么系统认为直线的两个端点是重合的，也就是不存在该直线。其他公差都是设置曲线、曲面的光滑程度，所设置的数值越小，表示精度越高，即越光滑。但是系统的数据量也就越大，从而加大了系统的负荷，减慢计算速度，不利于系统的运行。因此，通常是设置一个合理的数值，既满足显示的要求，又控制系统的负荷。系统默认的数值一般是不用修改的。

（2）文件：在主题列表框中选择“文件”标签，参数内容如图 1-45 所示。在“数据路径”列表框中，列出了 Mastercam X5 中各种数据格式，在其中选择某种数据格式，接着可以在列表框下方的“选中项目的所在路径”输入栏中设定该数据格式的默认路径，单击按钮，可通过如图 1-46 所示的对话框选定一个路径。在“文件用法”列表框中显示了系统用到的各种加工数据库，可以选择一个项目，接着单击“选中项目的所在路径”输入栏后面的按钮，重新选择数据库。展开主题列表框中的“文件”信息树，单击“自动保存/备份”标签，选中“自动保存”复选框，可以启用系统的自动保存功能。

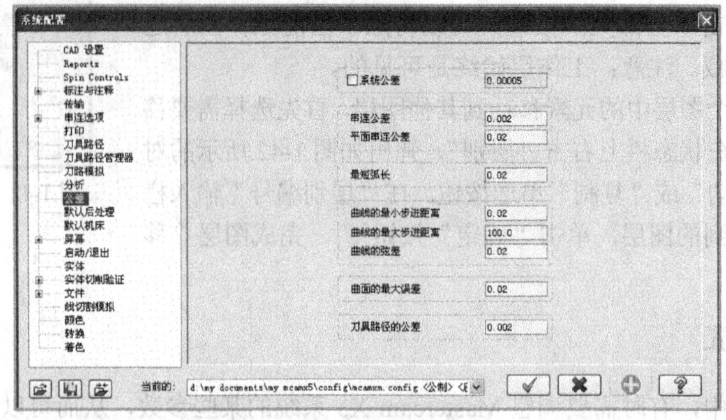

图 1-44　“参数”设置

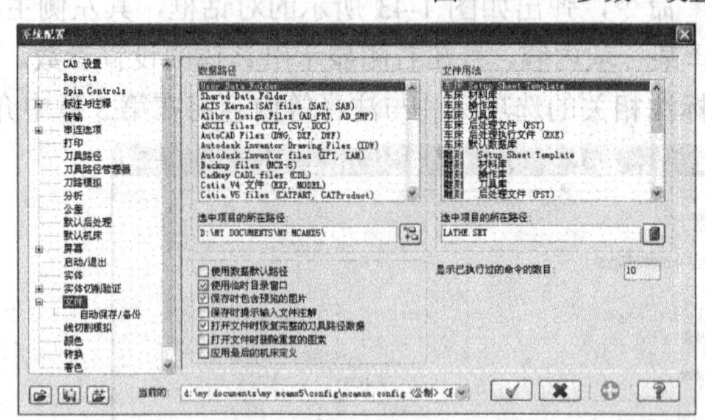

图 1-45　“文件”设置

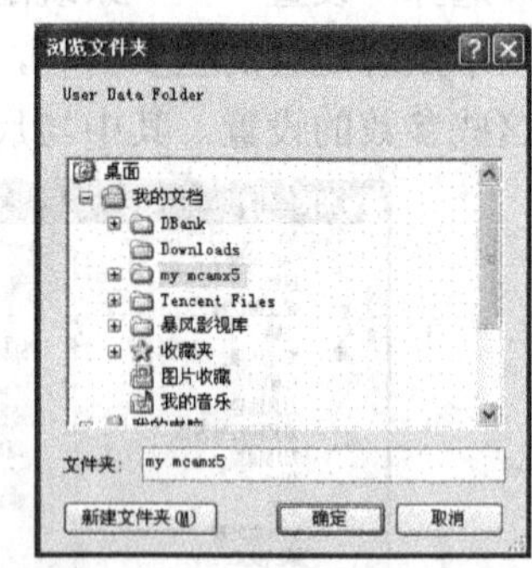

图 1-46　“浏览文件夹”对话框

（3）转换：该选项所对应的参数设置内容如图 1-47 所示，可以设置实体输入时的参数，以及实体输出时所采用的文件版本。

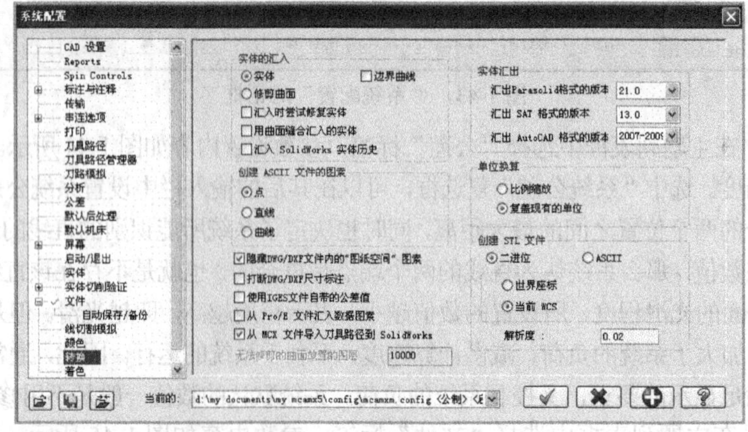

图 1-47　“转换”设置

（4）屏幕：该选项所对应的参数设置内容如图 1-48 所示，展开主题列表中的“屏幕”信息树，选择“网格”标签，如图 1-49 所示，可以在“间距”选项区域中设置栅格的大小，在“原点”选项区域中设置栅格原点位置。在图 1-48 中，选中“允许预选取”复选框，可以先选取图形元素，再调用命令，也可以先调用命令，再选取元素。如果没有选中该复选框，那么只能先调用命令，再选择图素。在“鼠标中键/鼠标轮的功能”选项区域中可以设定鼠标中键的用途是平移或者旋转，默认是旋转。

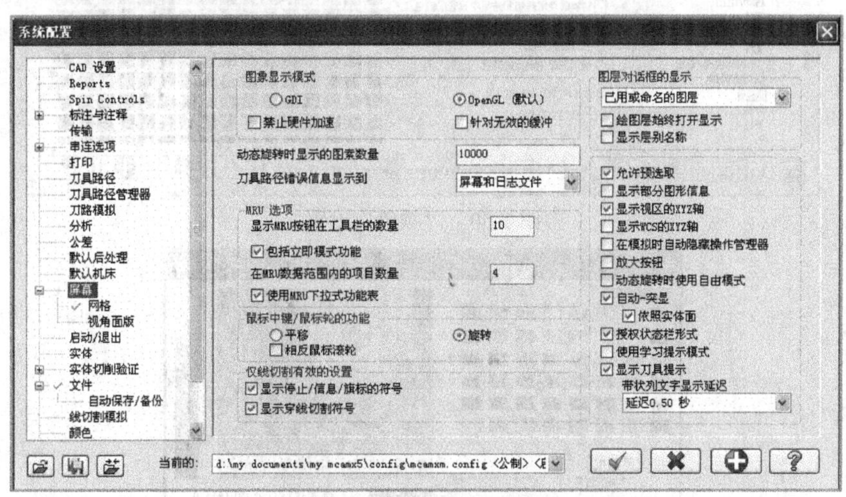

图 1-48　“屏幕”设置

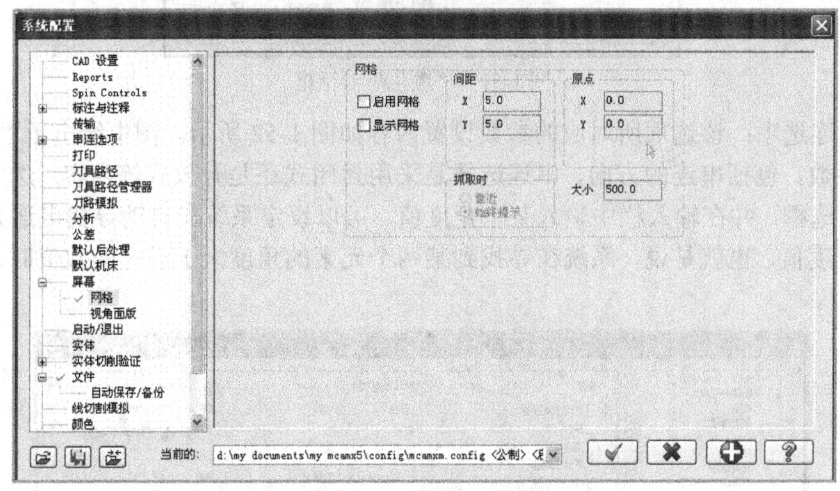

图 1-49　“网格”设置

（5）颜色：该选项所对应的参数设置内容如图 1-50 所示，在“颜色”列表框中列出了可以设置颜色的各种项目，选择需要设置颜色的项目，接着在右侧的颜色列表框中选择某种颜色，或者如果记住某种颜色的编号，直接在颜色输入栏中输入该颜色编号即可。如果对于 256 种颜色还不满意，可以单击“自定义颜色”按钮，弹出“颜色”对话框，进而设定一种需要的颜色，如图 1-51 所示。

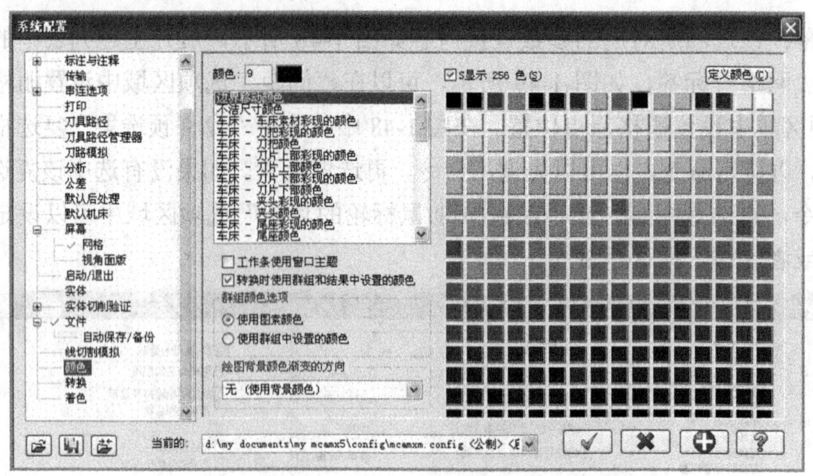

图 1-50 “颜色”设置

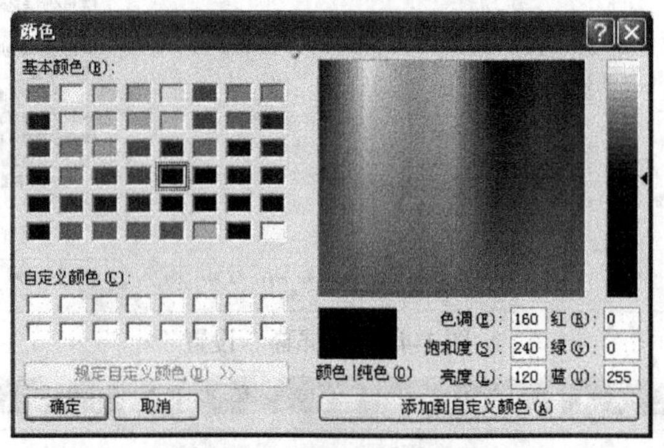

图 1-51 “颜色”对话框

（6）串连选项：该选项所对应的参数设置内容如图 1-52 所示。图中给出了“串连选项”选择时的参数，包括串连的方向、串连选择是采用封闭式还是开放式等内容。选中“区段的停止角”复选框，并在输入栏中输入某个角度值，可以设定系统在自动寻找串连元素时所包含的最大角度值，也就是说，系统在寻找到某两个元素的角度大于设定的数值时，就停止串连寻找。

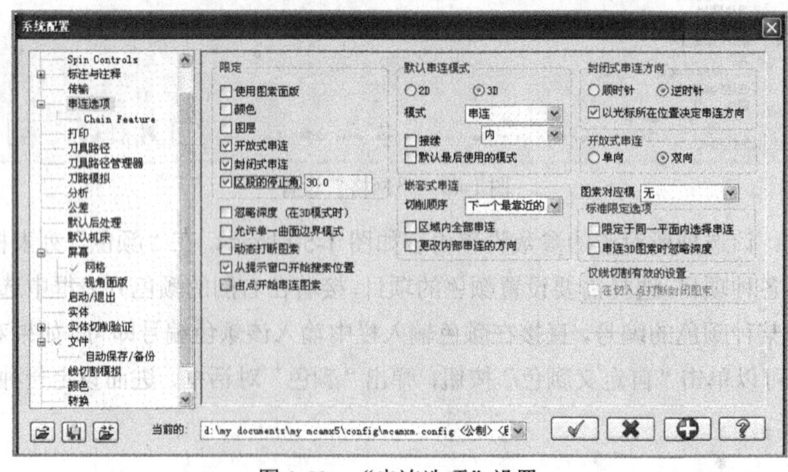

图 1-52 “串连选项”设置

（7）着色：该选项所对应的参数设置内容如图 1-53 所示，主要就是用于 Mastercam X5 的渲染，首先需要选中“启用着色”复选框。在“颜色设定”选项区域中，“原始图素的颜色”表示图素的颜色在渲染中仍然保持设计时所赋予图素的颜色，不作任何改变；“选择单一颜色”表示可以选择某种颜色作为渲染时图素所采用的颜色，单击按钮，在弹出的“颜色”对话框中选择一种颜色；“材质”表示可以选择某种材料的颜色作为图素的颜色，单击“材料”按钮，弹出如图 1-54 所示的对话框，在材质下拉列表中选择某种材质，并且可以单击“新建材质”按钮，新建某种材质，或者单击“编辑材质”按钮，编辑某种选定的材质属性，如图 1-55 所示。在图 1-53“参数”选项区域中的“弦差”输入栏中可以设置曲线曲面显示的光滑程度，数值越小越光滑。在“光源”选项区域中，可以设定灯光照射的位置，单击某个按钮，选中“电源”复选框，接着设置光源形式、光源强度、光源颜色等参数。“光源设定”选项区域可以设定环境的光源强度。

（8）打印：该选项所对应的参数设置内容如图 1-56 所示，主要用于设置打印相关的属性。类似于 AutoCAD，Mastercam X5 也可以根据颜色来设定打印时的线宽。首先选中“颜色与线宽的对应如下”单选按钮，并且在列表框中选择某组颜色，在下面的“颜色”输入栏中输入某种颜色编号，或者单击按钮选择某种颜色，接着在“线宽”下拉列表框中选择该颜色所对应的线宽。如果选中“使用图素”单选按钮，表示打印是按照设计时的线宽来打印的。如果选中“统一线宽为”单选按钮，可以在输入框中输入统一打印的线宽。

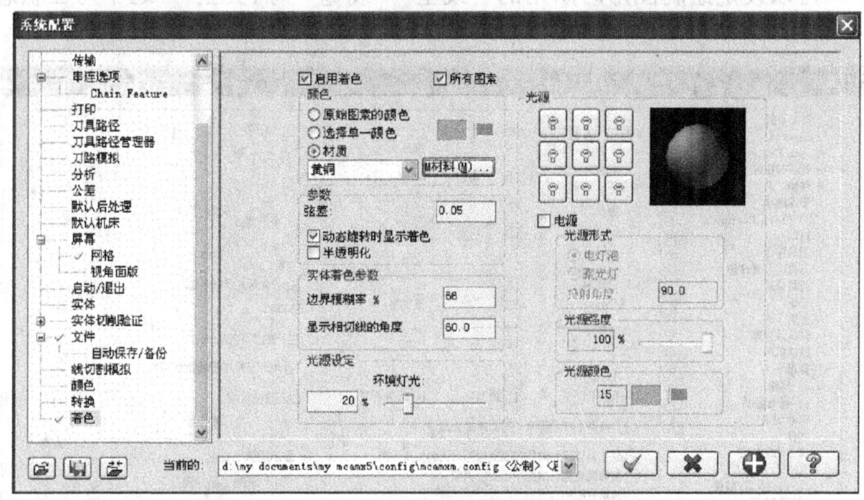

图 1-53　“着色”设置

图 1-54　“材质”对话框

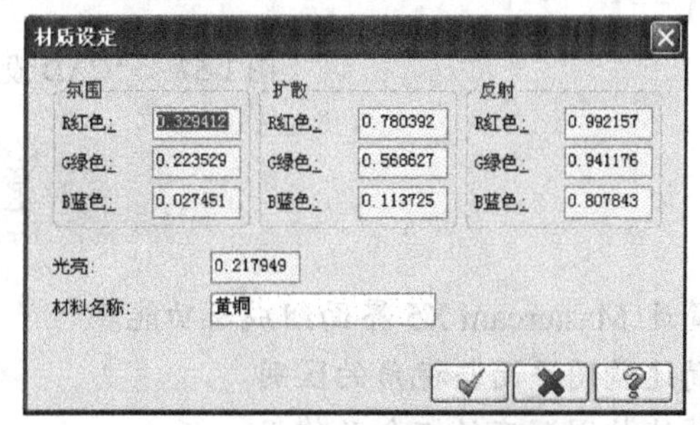

图 1-55　“材质设定”对话框

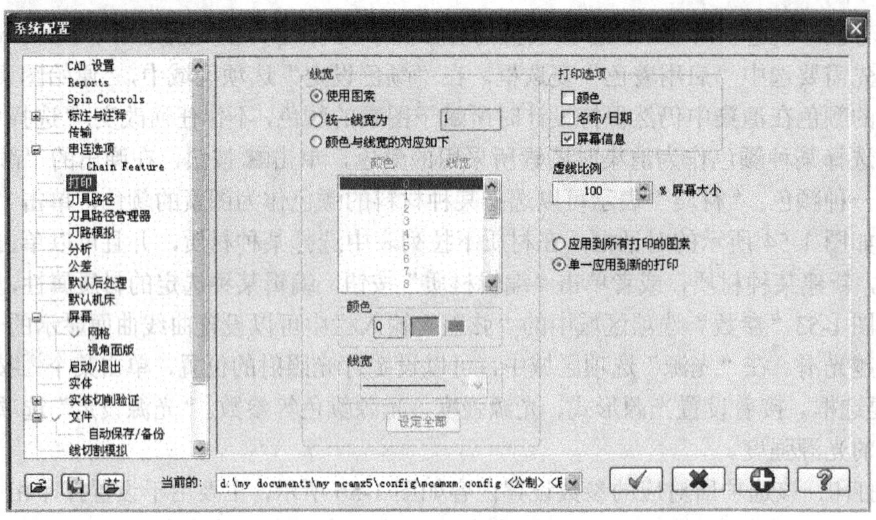

图 1-56 “打印”设置

（9）CAD 设置：该选项所对应的参数设置内容如图 1-57 所示，在“自动产生圆弧的中心线”选项区域中，可以选择“无”中心线、“手动控制”中心线或者“直线”中心线。如果选择“直线”中心线，可以设定圆弧的中心线的线长、颜色、层别、线型等参数。在“默认属性”选项区域中，可以设定绘制图形时所用的“线型”“线宽”“点类型”，这个与在状态栏中的设置相同。

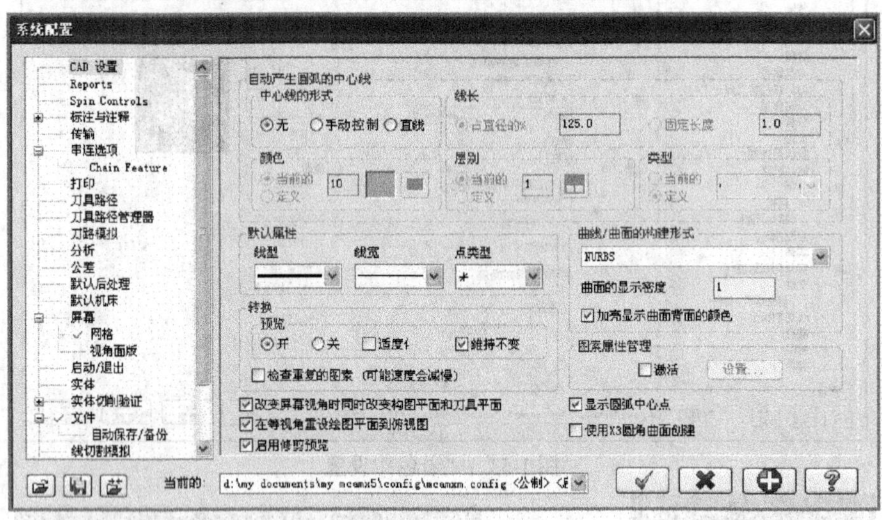

图 1-57 “CAD 设置”设置

习 题 1

1. 简述 Mastercam X5 界面组成及功能。
2. 简述构图平面与视角的区别。
3. 简述构图深度的概念及作用。
4. 简述图层的作用。

第 2 章　Mastercam X5 应用及任务分析

导　语

在学习基本命令之前，了解 Mastercam X5 在数控加工中的应用，对该软件的使用有整体宏观的认识。

学习目标

1. 了解铣削加工基本知识；
2. 了解 Mastercam X5 数控加工的主要环节；
3. 了解 Mastercam X5 数控加工的主要步骤。

2.1　基 本 术 语

为了正确理解 Mastercam X5 软件的应用，有必要了解相关的术语。

（1）NC (Numerical Control)：数字控制。数字化信号对机床的运动及其加工过程进行控制的一种方法，简称数控。

（2）CNC (Computerized Numerical Control System) ：计算机化的数控系统。由装有数控系统程序的计算机、输入/输出设备、可编程控制器、存储器、主轴驱动及进给驱动装置等组成的数控系统，又称 CNC 系统。

（3）数控编程：生成控制数控机床进行零件加工的数控程序的过程，被称为数控编程。数控编程也就是平常所说的 NC 代码。

（4）数控加工：根据零件图样及工艺要求等原始条件编制数控加工程序，输入到数控系统，控制数控机床中的刀具与工件的相对运动来完成零件的加工。

（5）数控机床：装备了数控加工系统的机床就称为数控机床。

（6）程序原点：程序原点是数控编程过程中定义的工件上的几何基准点，又称工件原点。

2.2　铣削加工基本知识

2.2.1　铣削加工用机床

铣削加工用机床通常称为铣床，加上数字控制装置后被称为数控机床，如果再加上自动换刀装置就被称为立式加工中心（或加工中心）。立式加工中心和数控铣床在编程上其实并没有实质上的不同，只不过立式加工中心比数控铣床多了自动换刀装置，可以自动换刀连续加工，即可以从粗加工到精加工自动换刀一次完成，避免了多次拆装刀具造成的误差。立式加工中心就相当于带刀库的数控铣床。

2.2.2　铣削加工用刀具的特点

铣削加工用刀具通常称为铣刀，尽管普通铣床用刀具也可用于数控铣床，但由于数控加工本身的一些特性，对铣刀有其特殊的要求。

自动铣削加工特点对刀具的影响有以下几点：

（1）由 CNC 装置控制刀具的运动，可以加工非常复杂的表面，而不需要特殊形状的成形刀具。

（2）由于要得到非常高的加工效率，冲击难以避免，这就要求刀具具有坚硬锋利的表面和非常高的冲击韧度，故常常需要刀具表面镀上特殊材料。

（3）由于机床主轴转速可以非常高，刀具快速磨损不可避免，故采用将刀片镶到刀杆上形成刀具，来降低加工成本。

2.2.3 数控铣刀的类型与选择

数控铣刀是用于铣削加工的、具有一个或多个刀齿的旋转刀具。工作时各刀齿依次间歇地切去工件的余量。铣刀主要用于在铣床上加工平面、台阶、沟槽、成形表面和切断工件等。

数控铣刀按照结构可分为整体式、镶嵌式和可转位式，为了适应数控机床对刀具耐用、稳定、易调、可换等要求，机夹式可转位刀具得到了广泛的应用，在数量上达到了刀具总数的30%～40%，金属切除量占总数的 80%～90%。

按照用途可分为：（1）平头铣刀，进行粗铣，去除大量毛坯，小面积水平平面或者轮廓精铣；（2）球头铣刀，进行曲面半精铣和精铣；小刀可以精铣陡峭面、直壁的小倒角；（3）平头铣刀带倒角，可做粗铣去除大量毛坯，还可精铣细平整面（相对于陡峭面）小倒角；（4）成形铣刀，包括倒角刀，T 形铣刀（鼓型刀），齿形刀，内 R 刀；（5）倒角刀，倒角刀外形与倒角形状相同，分为铣圆倒角和斜倒角的铣刀；（6）T 形刀，可铣 T 形槽；（7）齿形刀，铣出各种齿形，比如齿轮；（8）粗皮刀，针对铝铜合金切削设计之粗铣刀，可快速加工。

刀具的选择是在数控编程的人机交互状态下进行的。根据机床的加工能力、工件材料的性能、加工工序、切削用量以及其他相关因素来正确选用刀具及刀柄。刀具的选用原则是：安装方便，刚性好，耐用度和精度高。在满足加工要求的前提下，尽量选择较短的刀柄，以提高刀具加工的刚性。

选择刀具时，要使刀具的尺寸与被加工工件的表面尺寸相适应。生产中，平面零件周边轮廓的加工，常采用立铣刀；铣削平面时，应选硬质合金刀片铣刀；加工凸台、凹槽时，选高速钢立铣刀；加工毛坯表面或粗加工孔时，可选取镶硬质合金刀片的玉米铣刀；对一些立体型面和变斜角轮廓外形的加工，常采用球头铣刀、环形铣刀、锥形铣刀或盘形铣刀。

在进行自由曲面加工时，由于球头刀具的端部切削速度为零，因此，为保证加工精度，切削行距一般取得很密，故球头刀具常用于曲面的精加工。而平头刀具在表面加工质量和切削效率方面都优于球头刀，因此，只要在保证不过切的前提下，无论是曲面的粗加工还是精加工，都应优先选择平头刀。另外，刀具的耐用度和精度与刀具价格关系极大，必须引起注意的是，在大多数情况下，选择好的刀具虽然增加了刀具成本，但由此带来的加工质量和加工效率的提高，则可以使整个加工成本大大降低。

2.2.4 数控机床坐标系的定义

一般立式数控加工中，通常使用直角坐标系来描述刀具与工件的相对运动，应符合 GB/T 19660—2005 的规定。

坐标系的确定应符合以下原则：

（1）刀具相对静止、工件运动的原则：这样编程人员在不知是刀具移近工件还是工件移近刀具的情况下，就可以依据零件图纸，确定加工的过程。

（2）标准坐标系原则：即机床坐标系确定机床上运动的大小与方向，以完成一系列的成形运动和辅助运动。

（3）运动方向的原则：数控机床的某一部件运动的正方向，是增大工件与刀具距离的方向。

坐标的确定有如下规定：

（1）*Z* 轴坐标。规定机床传递切削力的主轴轴线为 *Z* 坐标（如：铣床、钻床、车床、磨床等）；如果机床有几个主轴，则选一垂直于装夹平面的主轴作为主要主轴；如机床没有主轴（龙门刨床），则规定垂直于工件装夹平面为 *Z* 轴。轴一般都是与传递主切削动力的主轴轴线平行的，如卧式数控车床、卧式加工中心，主轴轴线是水平的 故 *Z* 轴分别是左右、和前后。立式数控车床，立式数控加工中心，主轴是竖直的，故 *Z* 轴分别是上下。

（2）*X* 轴坐标。*X* 坐标一般是水平的，平行于装夹平面。对于工件旋转的机床（如车、磨床等），*X* 坐标的方向在工件的径向上；

对于刀具旋转的机床则作如下规定：

当 *Z* 轴水平时，从刀具主轴后向工件看，正 *X* 为右方向。

当 *Z* 轴处于铅垂面时，对于单立柱式，从刀具主轴后向工件看，正 *X* 为右方向；龙门式，从刀具主轴右侧看，正 *X* 为右方向。

（3）*Y*、*A*、*B*、*C* 及 *U*、*V*、*W* 等坐标。由右手笛卡儿坐标系来确定 *Y* 坐标，*A*，*B*，*C* 表示绕 *X*，*Y*，*Z* 坐标的旋转运动，正方向按照右手螺旋法则。

若有第二直角坐标系，可用 *U*、*V*、*W* 表示。

2.2.5 坐标方向判定

当某一坐标上刀具移动时，用不加撇号的字母表示该轴运动的正方向；当某一坐标上工件移动时，则用加撇号的字母（例如：*A*'、*X*'等）表示。加与不加撇号所表示的运动方向正好相反。

2.2.6 刀具平面

刀具平面是指刀具运动并加工零件所在的平面，它代表数控机床的坐标系（*X*、*Y* 轴和坐标原点所构成的平面）。

2.3 Mastercam X5 加工的主要环节

Mastercam 系统的最终目的是要生成 CNC 控制器可以解读的数控加工程序（NC 代码），NC 代码的生成一般需要 3 个环节：

（1）计算机辅助设计（CAD）。计算机辅助设计（CAD）主要用于生成数控加工中工件几何模型。在 Mastercam X5 系统中，工件几何模型的建立需要通过 3 种途径来实现：

① 通过系统本身的 CAD 造型功能建立工件的几何模型。

② 通过系统提供的 DXF、IGES、CADL、VDA、STL、PARASLD 和 DWG 等标准图形

转换接口，把其他 CAD 软件生成的图形转换为本系统的图形文件，实现图形文件的交换和共享。

③ 通过系统提供的 ASCII 图形转换接口可以把经过测量仪或扫描仪器测得的现实数据转换为 Mastercam X5 系统的图形文件。

（2）计算机辅助制造（CAM）。计算机辅助制造（CAM）的主要作用是生成一种通用的刀具路径数据文件（即 NC 文件）。

在加工模型文件建立后，即可利用 CAM 系统提供的多种形式的刀具轨迹生成功能进行数控编程。可以根据不同的工艺要求与精度要求，通过交互指定加工方式和加工参数等生成刀具路径文件（即 NCI 文件）。

Mastercam X5 系统还可以通过 Backplot（刀具路径模拟）和 Verify（实体切削校验）两种模拟方法对生成的刀具轨迹进行干涉检查。另外，为满足特殊工艺需要，CAM 系统提供了对已生成刀具路径轨迹进行修剪和转换的功能。

（3）后置处理（POST）将 NCI 文件转换为 CNC 控制器可以解读的 NC 代码。Mastercam X5 系统后置处理文件的扩展名为.PST，它定义了切削加工参数、NC 程序格式、辅助工艺指令，设置了接口功能参数等，是一种可以由用户已回答问题的形式自行修改的文件，在编程前必须对这个文件进行编辑，才能在执行后处理程序时产生符合某种控制器需要和使用者习惯的 NC 程序。系统提供了大多数常用数控系统的后处理器。

通过以上步骤生成 NC 代码后，Mastercam X5 系统通过计算机的串口或并口与数控机床连接，把生成的数控加工代码有系统自带的通信功能传输到数控机床，也可通过专用传输软件将数控加工代码传输给数控机床。

2.4 Mastercam X5 的任务分析

由上一节可知 Mastercam X5 数控加工一般有 3 个环节，即计算机辅助设计（CAD）、计算机辅助制造（CAM）和后置处理（POST）。下面结合实例初步介绍 Mastercam X5 的加工过程，帮助学习者了解该软件在数控加工中的应用。由于 Mastercam X5 集设计与制造于一体，通过对所设计的零件进行加工工艺分析，并构建几何图形、曲面和实体模型，以合理的加工步骤得到刀具路径，通过程序的后处理生成加工指令代码，输入到数控机床即可完成加工过程。

Mastercam X5 数控加工的主要步骤如下：

1．零件加工工艺分析

在使用 Mastercam X5 软件对零件进行数控加工自动编程前，首先要对零件进行加工工艺分析，确定合理的加工顺序，即确定先加工哪些表面，后加工哪些表面；在保证零件的表面粗糙度和加工精度的同时，要尽量减少换刀次数，提高加工效率。在进行工艺分析时，要充分考虑零件的形状、尺寸和加工精度，以及零件的刚度和变形等因素。一般按照这样的次序来进行：先粗加工后精加工，先加工主要表面后加工次要表面，先加工基准面后加工其他表面。必要时可以采用循环指令进行编程来提高加工效率。

2．零件的几何建模

采用 Mastercam X5 软件能方便地建立零件的几何模型，迅速生成数控代码，缩短编程人员的编程时间，特别对于复杂零件的数控程序编制，可大大提高程序的正确性和安全性，降低生产成本，提高工作效率。

在进行零件的建模时，无需画出整个零件的模型来，只需要画出其加工部分的轮廓线即可，加工尺寸、形位公差及配合公差可以不标出，这样既节省建模时间，又能满足数控加工的需要；建模时，应根据零件的实际尺寸来绘制，以保证计算生成的刀具路径坐标的正确性；并可将不同的加工工序分别绘制于不同的图层内，利用 Mastercam X5 中图层的功能，在确定刀具路径时，加以调用或隐藏，以选择加工需要的轮廓线。

3．零件加工刀具路径确定

零件的建模后，根据加工工艺的安排，选用相应工序所使用的刀具，根据零件的要求选择加工毛坯，同时正确选择工件坐标原点，建立工件坐标系统，确定工件坐标系与机床坐标系的相对尺寸，并进行各种工艺参数设定，从而得到零件加工的刀具路径。Mastercam X5 系统可生成了相应的刀具路径工艺数据文件 NCI，它包含了所有设置好的刀具运动轨迹和加工信息。

4．零件的模拟数控加工

设置好刀具加工路径后，利用 Mastercam X5 系统提供的零件加工模拟功能，能够观察切削加工的过程，可用来检测工艺参数的设置是否合理，零件在数控实际加工中是否存在干涉，设备的运行动作是否正确，实际零件是否符合设计要求。同时在数控模拟加工中，系统会给出有关加工过程的报告。这样可以在实际生产中省去试切的过程，可降低材料消耗，提高生产效率。

5．生成数控指令代码及程序传输

通过计算机模拟数控加工，确认符合实际加工要求时，就可以利用 Mastercam X5 的后置处理程序来生成 NCI 文件或 NC 数控代码，Mastercam X5 系统本身提供了百余种后置处理 POST 程序。对于不同的数控设备，其数控系统可能不尽相同，选用的后置处理程序也就有所不同。对于具体的数控设备，应选用对应的后置处理程序，后置处理生成的 NC 数控代码经适当修改后，如能符合所用数控设备的要求，就可以输出到数控设备，进行数控加工使用。

习 题 2

1．铣削加工用刀具有哪些特点？

2．Mastercam X5 系统生成 NC 代码需要哪 3 个环节？

第3章　二维图形的绘制与编辑

导　语

在 Mastercam X5 的应用过程中，一般是将零件进行建模，然后通过后处理程序将其转换为 NC 程序，那么零件的二维绘图和三维建模就是 Mastercam X5 的一个基本而且重要的功能。在后面介绍用三维线框模型及曲面的构建、实体的构建时，都要先运用二维图形构建的方法绘制曲面和实体的线框模型，可见二维图形的绘制是图形绘制的基础，所以在 Mastercam X5 中二维几何图形的精确生成是其他操作的基础。

在菜单栏中选择“绘图”命令就可以打开“绘图”子菜单，所有绘制二维图形的命令都包含在 Create 中。

学习目标

1．掌握二维基本图形的绘制功能；

2．掌握二维特殊图形的绘制功能；

3．掌握二维图形编辑的各种功能。

3.1　二维图形的创建

3.1.1　创建点

点是最基本的图形元素。在绘图过程中，通常需要通过确定图形的特殊点来确定该图形的位置，如线段的端点、多边形的中心点、矩形的左上角点等。

创建点的步骤：选择“绘图”→“点”命令，就会打开“点”子菜单，如图 3-1 所示。

P 绘点(P)...
D 动态绘点(D)...
N 曲线节点(N)
S 绘制等分点(S)...
E 端点(E)
A 小圆心点(A)...
穿线点
切点

图 3-1　“点”子菜单

1．绘点

选择“绘图”→“点→“绘点”命令，可以在某一个指定的位置创建点。此时，“手动控制”工具栏的相关工具处于可用状态，如图 3-2 所示。

在 Mastercam X5 中，有以下 3 种输入点的方式：

（1）通过输入点的坐标在绘图区生成一个位置点。

图 3-2　“手动控制”工具栏

（2）通过自动光标捕捉一些特殊点：在 Mastercam 系统中，通过按钮的下拉菜单，系统可以自动地为用户捕捉光标附近的特征点（如端点、中点、圆心点、切点等）。

（3）通过在绘图区的任意位置单击，则在该位置生成一个新的点：适用于绘制任意点，即对该点没有坐标位置要求时使用。

2．动态绘点

该项可在指定的直线或曲线上的任意位置绘制点。

步骤：

（1）选择“绘图”→“绘点”→“动态绘点”命令；

（2）根据系统提示选择动态绘点的图素，选好该图素后，在该图素上会出现一个沿着图素滑动的箭头形光标；

（3）通过移动鼠标来移动该光标至需要的位置，单击一下，则在该位置生成一个点，如图 3-3 所示。

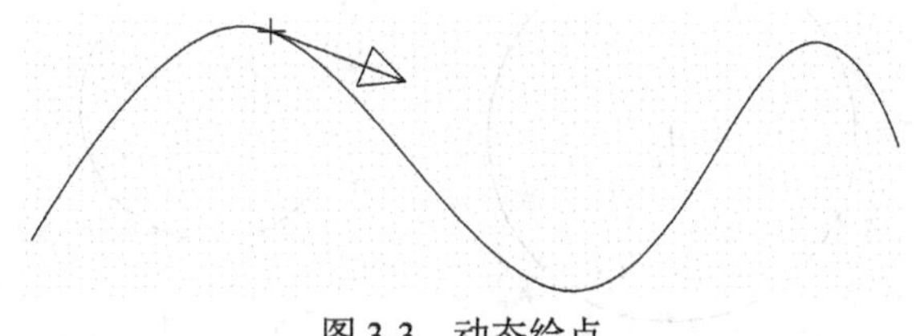

图 3-3　动态绘点

3．曲线节点

曲线的节点就是控制曲线形状的点。这些点不一定在曲线上。

步骤：

（1）选择“绘图”→“绘点”→“曲线节点”命令；

（2）根据系统提示选择曲线，选好该曲线后，系统即可绘制出该曲线的控制点。

4．绘制等分点

当用户调用该命令后，可对已选择的直线和弧线进行等分（没有真的分开），在各等分点位置创建出点。

步骤：

（1）选择“绘图”→“绘点”→“绘制等分点”命令；

（2）调用该命令后，系统在绘图区提示选择一个图素；

（3）选择完图素后，系统接着提示输入等分点的个数（个数比等分的段数多一个）在工具栏输入个数。

提示：可以使用该命令将几何对象 n 等分，但输入的点数为 $n+1$。

5．端点

当用户调用该命令后，系统会自动创建绘图区所有图素的端点。

步骤：

（1）选择“绘图”→“绘点”→“端点”命令；

（2）调用该命令后，系统自动创建绘图区所有图素的端点。

6．小圆心点

该命令用来绘制圆或圆弧的圆心点。

步骤：

（1）选择“绘图”→“绘点”→“小圆心点”命令；

（2）调用该命令后，系统会提示选取“弧圆”按【Enter】键完成，选取圆或圆弧，可创建该圆或圆弧的圆心点，或者在图 3-4 所示的“创建小于指定半径的圆心点”工具栏中的文本框中输入最大半径值或创建小圆心点；

图 3-4 “创建小于指定半径的圆心点”工具栏

（3）根据系统的提示，选择要绘制圆心点的圆；

（4）按【Enter】键，或者单击“确定”按钮，则系统创建出该圆的圆心点，如图 3-5 所示。

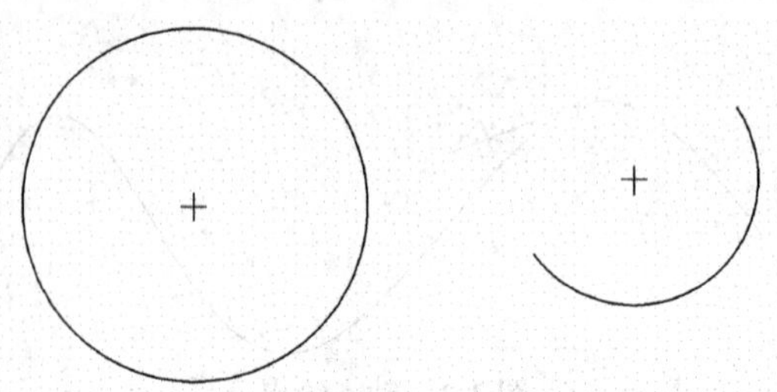

图 3-5 绘制小圆心点

提示：如果要绘制圆弧的圆心点，需单击图 3-2 中的绘点下拉菜单中的圆心点，选取圆弧即可。

7．穿线点

步骤：

（1）选择“绘图”→“绘点”→“穿线点”命令；

（2）在绘图区指定位置可创建一系列的穿线点，最后单击“确定”按钮，如图 3-6 所示。

8．切点

步骤：

（1）选择“绘图”→“绘点”→“切点”命令；

（2）在绘图区指定位置可创建一系列的切点，最后单击“确定”按钮，如图 3-7 所示。

图 3-6 穿线点　　图 3-7 切点

3.1.2 创建任意线

创建任意线的步骤：

选择“绘图”→“任意线”命令，就会打开“任意线”子菜单，如图 3-8 所示。

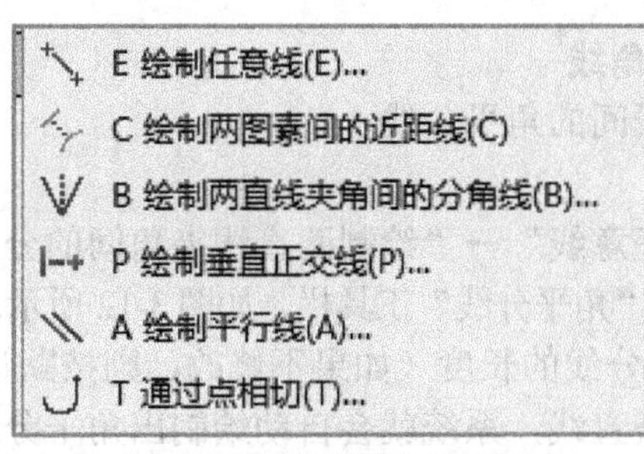

图 3-8　“任意线”子菜单

1．绘制任意线

该命令实际绘制的是线段。调用该命令后，系统根据用户指定直线两个端点的位置，在这两点之间生成一条直线。当然，指定直线起点和终点位置的方法，有很多种，参照上节内容中讲述的输入方式。该方式是 Mastercam 中最常用的一种直线绘制方式。

步骤：

（1）选择“绘图”→“任意线”→“绘制任意线”命令；

（2）调用该命令后，根据系统提示，在绘图区依次指定两点作为起点和终点；

（3）系统就会连接这两点，在绘图区生成一条直线。

提示：在使用该命令创建直线时，除了可以直接指定两个点来绘制直线，还可以使用如图 3-9 所示“直线”工具栏的相关按钮和文本框，来创建直线。

图 3-9　“直线”工具栏

【**范例 1**】创建一条起点坐标为原点，终点坐标为（30, 20）的直线。

步骤：

（1）选择“绘图”→“任意线”→“绘制任意线”命令；

（2）根据系统提示，输入起点坐标，直接用键盘输入坐标（0, 0），按【Enter】键；

（3）继续输入终点坐标，用键盘输入坐标（30, 20），按【Enter】键；

（4）在“直线”工具栏中单击“应用”按钮，则绘制出直线，如图 3-10 所示。

2．绘制两图素间的近距线

该命令用于创建两图素之间距离最近的直线段，如图 3-11 所示。

步骤：

（1）选择“绘图”→“任意线”→“绘制两图素间的近距线”命令；

（2）用户调用该命令后，依次选取两图素；

（3）Mastercam 系统会自动绘制出所选两个图素之间距离最近的直线段。

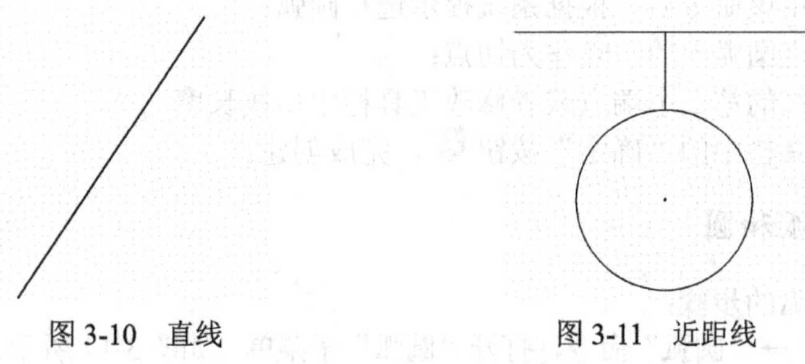

图 3-10　直线　　　　图 3-11　近距线

3．绘制两直线夹角的分角线

该命令用于创建两条直线间的角平分线。

步骤：

（1）选择“绘图”→“任意线”→“绘制两直线夹角间的分角线”命令；

（2）调用该命令后，出现“角平分线”工具栏，如图 3-12 所示。根据需要，在长度文本框中 1.0 中输入角平分线的长度（如果不修改，则按默认的长度）；

（3）选择需要平分的两条直线，系统就会自动绘制出角平分线。

图 3-12 “角平分线”工具栏

4．绘制垂直正交线

用于绘制一条与某直线、圆弧或曲线垂直的直线。

步骤：

（1）选择“绘图”→“任意线”→“绘制垂直正交线”命令；

（2）用户调用该命令后，根据系统提示选择直线、曲线或者圆弧；

（3）确保在工具栏中没有选中“相切”按钮，在此状态下捕捉或输入一个坐标，从而确定正交线通过的点；

（4）通过长度文本框 1.0，修改工具栏中正交线的长度，按【Enter】键；

（5）单击工具栏中的“确定”按钮，完成创建。

5．绘制平行线

用于绘制一条与指定直线平行的线。

步骤：

（1）选择“绘图”→“任意线”→“绘制平行线”命令；

（2）用户调用该命令后，根据系统提示选择一条直线；

（3）选择平行线要通过的点，或者在如图 3-13 所示的“平行线”工具栏中修改间距文本框 0.0 中的数值指定两条平行线的之间的距离；

（4）单击工具栏中的“确定”按钮，完成创建。

图 3-13 “平行线”工具栏

6．通过点相切

用于通过指定圆弧上一点，绘制一条与该圆弧相切的直线。

步骤：

（1）选择“绘图”→“任意线”→“通过点相切”命令；

（2）用户调用该命令后，根据系统提示选择圆弧；

（3）接着指定圆弧上的一点作为切点；

（4）选择切线的第二个端点或者修改工具栏中切线长度；

（5）单击工具栏中的“确定”按钮，完成创建。

3.1.3 创建圆弧和圆

创建圆与圆弧的步骤：

选择“绘图”→“圆弧”命令，打开“圆弧”子菜单，如图 3-14 所示。

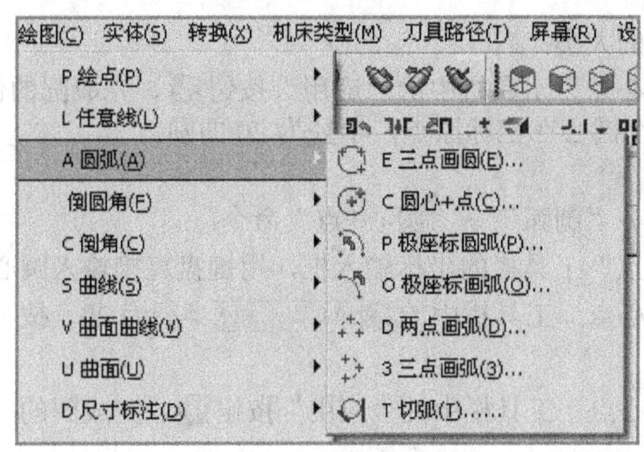

图 3-14　“圆弧”子菜单

1．三点画圆

通过指定圆周上的 3 个点，系统自动计算出半径，完成圆的创建。还可以打开“已知边界点画圆”工具栏中的按钮，指定直径的两个端点来绘制圆。

1）通过指定圆周上的 3 个点画圆

步骤：

（1）选择“绘图”→“圆弧”→“三点画圆”命令；

（2）用户调用该命令后，出现如图 3-15 所示的工具栏，保证“三点画圆”按钮为激活状态，“两点画圆”按钮为无效状态；

（3）在绘图区指定 3 个点的位置，单击工具栏中的“应用”按钮；

（4）系统就会生成一个经过这 3 个点的圆。

图 3-15　“已知边界点画圆”工具栏

2）通过指定直径上的两个点画圆

步骤：

（1）选择“绘图”→“圆弧”→“三点画圆”命令；

（2）用户调用该命令后，在“已知边界点画圆”工具栏中，保证“三点画圆”按钮为无效状态，“两点画圆”按钮为激活状态；

（3）在绘图区指定两个点的位置，单击工具栏中的“应用”按钮；

（4）系统就会生成一个经过这两个点的圆。

3）“圆心+点”画圆

通过圆的圆心和圆周上一点，来确定圆的位置和半径，完成圆的创建。

步骤：

（1）选择“绘图”→“圆弧”→“圆心+点”命令；

（2）调用该命令后，出现如图 3-16 所示的工具栏；

图 3-16　“编辑圆心点”工具栏

（3）根据提示，指定圆心点（通过输入圆心坐标或者在绘图区单击指定），然后指定圆周上的一点（通过输入圆心坐标或者在绘图区单击指定），可以通过修改工具栏上 0.0 半径文本框数值，确定圆的大小；

（4）单击“编辑圆心点”工具栏中的“应用”按钮，完成圆的创建。

【范例 2】 创建一个圆心在坐标原点，半径为 20 的圆。

步骤：

（1）选择“绘图”→“圆弧”→“圆心+点”命令；

（2）利用“自动抓点”工具栏的坐标输入框，用键盘直接输入圆心点坐标（0,0）；

（3）修改“编辑圆心点”工具栏中的 0.0 半径为 20，按【Enter】键确认；

（4）单击“编辑圆心点”工具栏中的“应用”按钮，完成圆的创建，如图 3-17 所示。

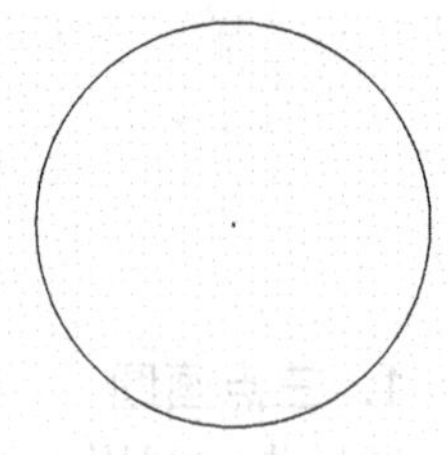

图 3-17 圆

2．圆心点极坐标画弧

该命令通过定义圆心点的位置、半径、起始角度、终止角度生成圆弧。

调用该命令后，通过修改如图 3-18 所示工具栏参数，完成圆弧的创建。

图 3-18 “极坐标画弧”工具栏

3．起点（终点）法极坐标画弧

通过指定圆弧起点的位置、圆弧半径、起始角度、终止角度生成圆弧。

调用该命令后，指定起点位置，然后通过修改工具栏中半径的参数、起始角度、终止角度等，完成圆弧的创建。

【范例 3】 创建一条起点坐标为（20, 20），半径为 30，起始角度为 90°，终止角度为 270° 的圆弧。

步骤：

（1）选择“绘图”→“圆弧”→“极坐标画弧”命令；

（2）出现如图 3-19 所示工具栏，保证工具栏中“起始点”按钮为激活状态，“终止点”按钮为无效状态，并在出现的文本框中输入起点坐标（20, 20），按【Enter】键确认；

图 3-19 “极坐标画弧”工具栏

（3）根据系统提示，在该工具栏中设置圆弧的半径为 30，起始角度为 90°，终止角度为 270°，如图 3-20 所示；

图 3-20 设置好的“极坐标画弧”工具栏

（4）单击工具栏中的“确定”按钮完成创建，如图 3-21 所示。

图 3-21 起点法极坐标画弧

4．两点画弧

通过指定圆弧两个端点和半径来绘制圆弧。

步骤：

（1）选择“绘图”→“圆弧”→“两点画弧”命令；

（2）调用该命令后，首先指定圆弧两个端点的位置；

（3）接着修改如图 3-22 所示工具栏中弧的半径，则圆弧被画出；

图 3-22　“两点画弧”工具栏

（4）此时绘图区出现满足要求的 4 条圆弧，单击需要的圆弧，则其他圆弧自动消失（不需要另外删除）。

5．三点画弧

用户只需要指定 3 个点，系统就会自动计算，生成一条通过这 3 个点的圆弧。其中指定的第一个点和第三个点将作为圆弧的端点。

6．切弧

使用“切弧”命令可以创建一条相切于一条或多条直线、圆弧或样条曲线等图素的圆弧。调用“圆\圆弧”命令后，系统提示选择要与圆弧相切的图素（该图素可以是圆弧，也可以是直线），然后指定切点，并输入弧的半径，最后选择所需圆弧（因为满足条件的圆弧有多个），则切弧绘制完成。

3.1.4　创建圆角

1．倒圆角

该命令用于在两个图素（可以是直线、圆弧或曲线）之间倒出一个圆角。

步骤：

（1）选择“绘图”→“倒圆角”→“倒圆角”命令，打开如图 3-23 所示的工具栏；

图 3-23　“倒圆角”工具栏

（2）调用该命令后，根据绘图区提示选择需要倒圆角的两个图素（先选哪个图素都可以）；

（3）然后修改工具栏中圆角的半径 0.25，完成即可。

2．串连倒圆角

该命令用于将所选图素包含的所有转角都倒出圆角。它可以在选择的串连几何图形的所有拐角处一次性创建倒圆角。

【范例 4】对如图 3-24 所示矩形，倒半径为 5 mm 的圆角。

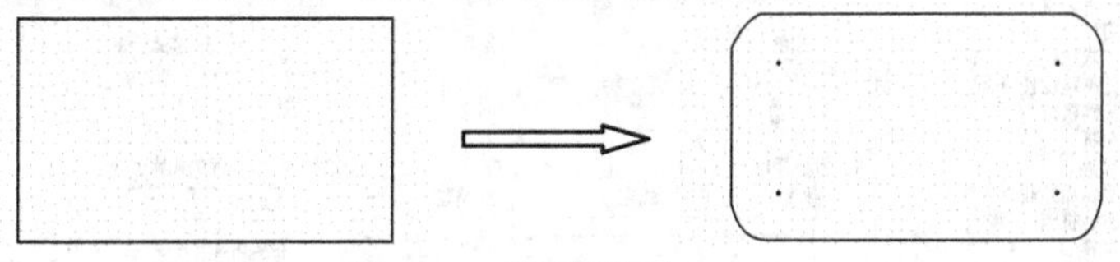

图 3-24　矩形倒圆角

步骤：

（1）选择“绘图”→“倒圆角”→“串连倒圆角”命令，打开如图 3-25 所示的工具栏和图 3-26 所示的对话框；

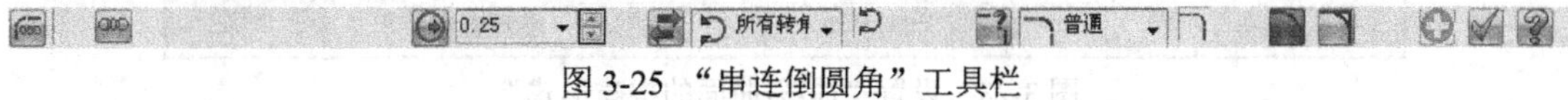

图 3-25　“串连倒圆角”工具栏

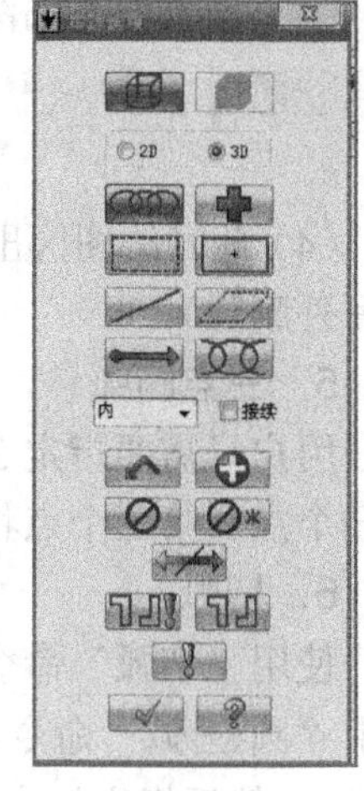

图3-26 “串连选项”对话框

（2）利用如图 3-26 所示的对话框，在绘图区串连选择该矩形，然后单击“确定”按钮；

（3）最后通过“串连倒角”工具栏中的按钮，修改圆角半径为 5 mm；

（4）在“串连倒角”工具栏中单击“确定”按钮，完成创建。

3.1.5 创建倒角

该命令用于在两个图素（可以是直线、圆弧或曲线）之间倒出一个斜角。操作方法类似于上面的倒圆角。用于创建斜角的命令也有两种：“倒斜角”和“串连倒角”，前者用来绘制单个倒角，后者用来创建串连倒角。

步骤：

（1）选择“绘图”→“倒角”→“倒角”命令，打开如图 3-27 所示工具栏；

图 3-27 “倒角”工具栏

（2）调用该命令后，选择需要倒斜角的两个图素（先选哪个图素都可以）；

（3）然后修改“倒角”工具栏中距离 1、距离 2、角度、倒角类型即可；

提示：虽然选择图素时没有先后顺序，但是在修改工具栏中的距离时，要与前面选择图素的顺序对应，即距离 1 对应先选的图素，距离 2 对应后选的图素。

3.1.6 创建曲线

Mastercam X5 样条曲线包括 SPINE 曲线和 NURBS 曲线。系统默认的曲线为 NURBS 类型。用户可以调用菜单栏“设置”→“系统配置”命令，弹出“系统配置”对话框，切换到“CAD 设置”选项卡，在“曲线/曲面构建形式”选项区域的下拉列表中设置，如图 3-28 所示。

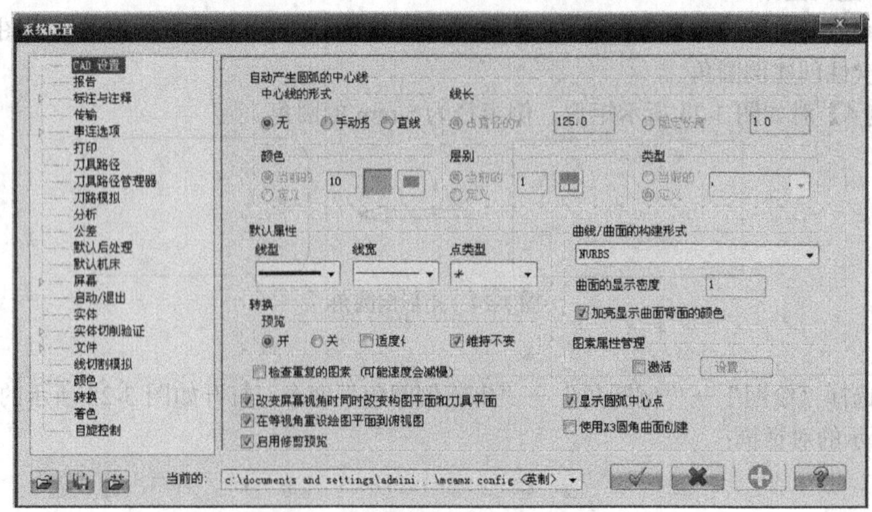

图 3-28 设置“曲线/曲面的构建形式”

1. 手动绘制曲线

用手动的方法，通过光标指定曲线所经过的点，从而完成曲线的创建。

调用该命令后，在绘图区用鼠标顺序地单击几处（也可以捕捉一些特殊点或者通过输入点的坐标值），从而选取几个点，则系统会自动连接这些点生成一条曲线。

2. 自动绘制曲线

首先应提前绘制好一些点，然后根据系统提示依次选择这一系列点的第一点、第二点和最后一点（注意不是全部选），此时系统自动连接这些点（以不超过系统的曲线容差为原则自动选取其他的存在点）生成曲线。

3. 转换成单一曲线

该命令用于将一条或多条首尾相接的曲线（也可以是直线或圆弧）变为所设置类型的曲线。

步骤：

（1）选择“绘图”→“曲线”→“转成单一曲线”命令；

（2）出现如图 3-29 所示的“转成曲线”工具栏；

图 3-29　“转成曲线”工具栏

（3）根据系统提示，结合弹出的“串连选项”对话框，选择直线、圆弧或者曲线；

（4）在“转成曲线”工具栏中修改相应的选项，如按钮修改拟合公差、修改对原线条的处理方法（包含 4 种：删除线条、保留曲线、隐藏曲线、移到另一层别）；

（5）设置完成后单击工具栏的“确定”按钮即可。

4. 熔接曲线

该命令可生成一条，将所选取的两个图素在连接点处相切的曲线。

调用该命令后，选取第一个相切图素，并在其上指定熔接切点，选取第二个相切图素，并在其上指定另一个熔接切点，系统自动连接两个熔接切点，生成曲线。

3.1.7　创建矩形

该命令可以通过设置相关参数，绘制特定位置，指定尺寸的矩形。

步骤：

（1）选择“绘图”→“矩形”命令；

（2）在弹出的如图 3-30 所示工具栏中，设置相关参数，并在提示下执行相关操作来绘制矩形；

图 3-30　“矩形”工具栏

如果已知矩形的宽度和高度以及中心点的位置坐标，在调用该命令后，通过修改如图 3-30 工具栏中的按钮修改矩形的宽度，修改按钮修改矩形的高度，然后按下工具栏中按钮（按下后，就可以将矩形的中心点设置为基准点），并指定中心点的位置，从而绘制出一个宽、高值确定，以基准点为中心点的矩形。（这种方法是旧版本中的一点

法画矩形）

提示：若在“矩形”工具栏中没有选中按钮（设置矩形的中心点为基准点），则可以通过指定矩形的两个对角点的坐标来绘制矩形（这种方法是旧版本中的两点法画矩形）。

【范例5】绘制一个长为20 mm，宽为8中心点在坐标原点的矩形

步骤：

（1）选择“绘图”→“矩形”命令；

（2）在“矩形”工具栏中单击按钮（设置矩形的中心点为基准点）；

（3）利用键盘输入中心点的坐标（0, 0），然后按【Enter】键；

（4）在“矩形”工具栏中的 0.0 文本框中输入20， 0.0 文本框中输入8，设置参数如图3-31所示，按【Enter】键确认；

图3-31　设置后的“矩形”工具栏

（5）设置完成后，单击工具栏的“确定”按钮，结果如图3-32所示。

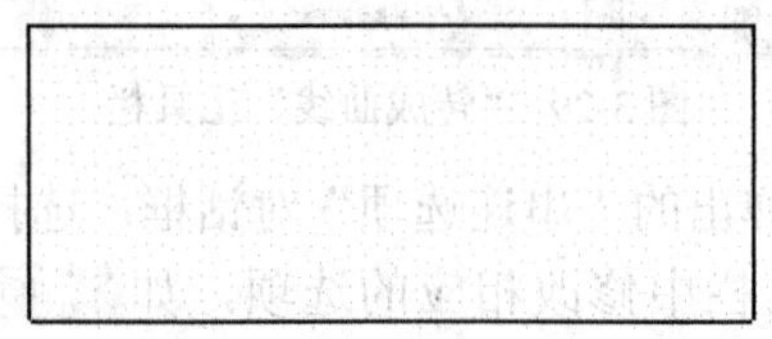

图3-32　绘制的矩形

3.1.8　创建多边形

该命令是用来创建3条或3条以上的正多边形。

【范例6】创建一个中心在坐标原点，外接圆半径为50的正五边形。

步骤：

（1）选择“绘图”→“画多边形”命令；

（2）出现 “多边形选项”对话框，按如图3-33所示设置相应选项及参数，即设置正多边形边长为5，选中“内接”单选按钮，设置外接圆半径为50，并选中“产生中心点”复选框；

（3）在“自动抓点”工具栏中单击“快速绘点”按钮，用键盘输入中心点坐标（0, 0），按【Enter】键；

（4）设置完成后，单击“多边形选项”对话框左下角的“确定”按钮即可，结果如图3-34所示。

图3-33　“多边形选项”对话框

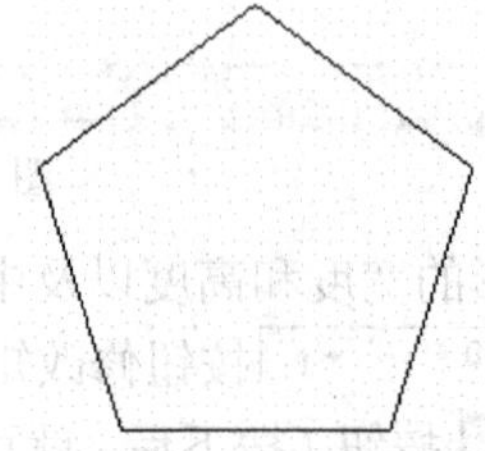

图3-34　正多边形

3.1.9　创建椭圆

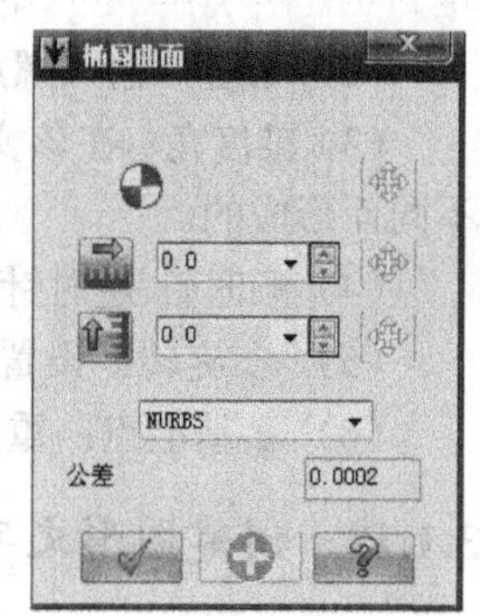

图 3-35 “椭圆曲面”对话框

调用该命令后，首先指定椭圆中心点的位置，在弹出如图 3-35 的对话框中设置椭圆各参数，设置完成后，单击左下角的“确定”按钮，即可在绘图区生成一个椭圆。

3.1.10　创建螺旋线（间距）

选择“绘图”→“绘制螺旋线（间距）”命令，弹出如图 3-36 所示对话框。在该对话框中进行参数设置，不但可以设置该螺旋线是顺时针还是逆时针，还可以设置起始间距、结束间距、螺旋半径、圈数/高度等参数。设置完成后，单击左下角的“确定”按钮，即可完成该螺旋线的创建。其中，该对话框中的按钮用于修改螺旋线基准点的位置。

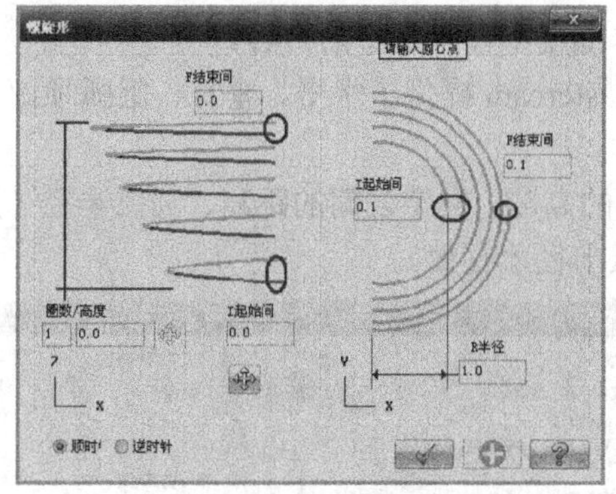

图 3-36　“螺旋形”对话框（间距）

提示：如果设置螺旋线的高度为零，那么创建的螺旋线为平面螺旋线。

3.1.11　创建螺旋线

选择“绘图”→“绘制螺旋线”命令，弹出如图 3-37 所示对话框，在该对话框中进行参数设置。

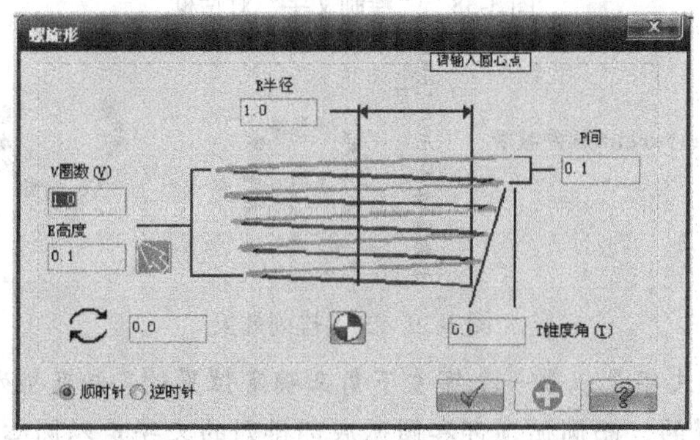

图 3-37 “螺旋形”对话框

对话框中各个选项说明如下：

(1) 圈数：定义螺旋线旋转的圈数。

（2）高度：输入螺旋线的高度。

（3）锥度角：在该文本框中设置螺旋线的锥度角参数值。锥度角是由于螺旋线每圈的半径不同而形成的。

（4）顺时针/逆时针：螺旋线的旋转方向。

（5）旋转：设置旋转线放置时的初始角度值。

（6）基准点：重新定义放置的基准点。

3.1.12 创建图形文字

图形文字是指虽然是文字，但其实是画图一样画出来的，Mastercam将这些文字当作图形，可以编辑（如删除、平移等）。该命令可以输入各种文本，并可使用TrueType字体。

调用该命令后会出现如图3-38所示对话框，在该对话框中，进行参数设置。其参数说明如下：

（1）字型：用户可以在该下拉列表中选择所需字体、字形等。

（2）文字内容：该文本框用来输入文字的内容。

（3）文字对齐方式：Mastercam提供了水平、垂直、圆弧顶部、圆弧底部4种文字排列方式，各效果如图3-39所示。

（4）参数：可设置文字的高度、文字之间的距离、圆弧半径（只有在文字排列设置为圆弧顶部或圆弧底部时，该圆弧半径才有效）。

图3-38 “绘制文字”对话框

Mastercam软件教学

图3-39 文字排列效果

提示：水平排列的文字是以第一个字左下角来确定位置的，垂直排列的文字是以第一个字的左上角来确定摆位置的，而圆弧顶部和圆弧底部排列的文字是以圆心来确定位置的。

3.1.13 创建圆周点

【范例7】在如图3-40（a）所示的正五边形中绘制均匀分布的8个圆周点，其中圆周半径为 20，圆孔半径为 5。

（1）选择“绘图”→“圆周点”命令，弹出如图 3-41 所示对话框；

（2）在“圆周点”对话框中设置如图 3-41 所示的参数和选项，然后单击“确定”按钮 ；

（3）选择正五边形的中心点，完成，结果如图 3-40（b）所示。

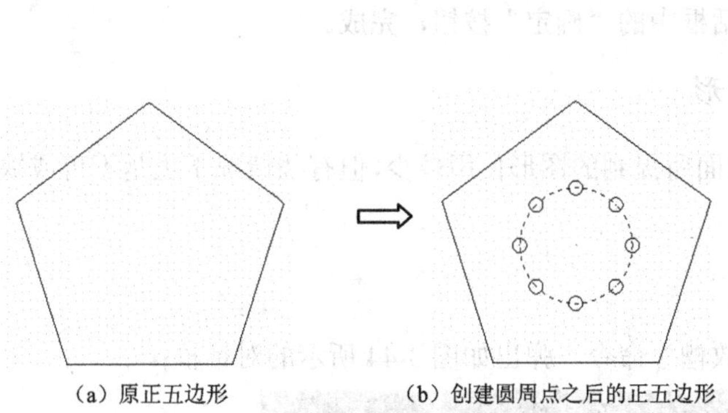

（a）原正五边形　　（b）创建圆周点之后的正五边形

图 3-40　创建圆周点范例

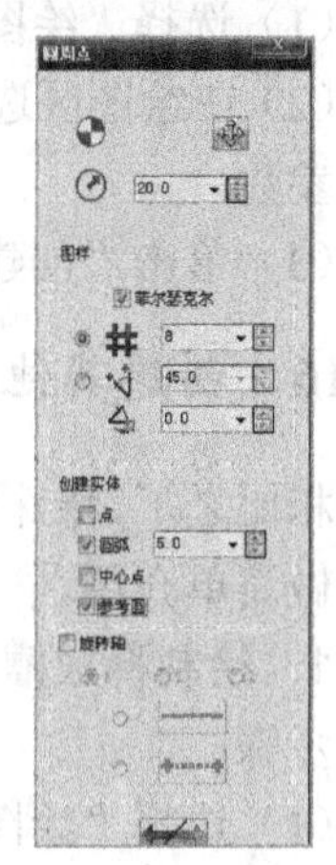

图 3-41　“圆周点”对话框

3.1.14　创建边界盒

该命令根据图形的最长、最宽、最高尺寸自动生成一个长方体形状的框架，这个边界盒刚好把图形框在里面。

二维图形的边界盒没有高度，仅为一个矩形框。

步骤：

（1）选择“绘图”→“画边界盒”命令，弹出如图 3-42 所示对话框；

（2）在绘图区选择需要绘制边界盒的图素，并设置“画边界盒选项”对话框中的相关选项及参数；

（3）设置完成后，单击“边界盒选项”对话框的“确定”按钮 ，则系统屏幕上的图素自动生成一个边界盒，如图 3-43 所示。

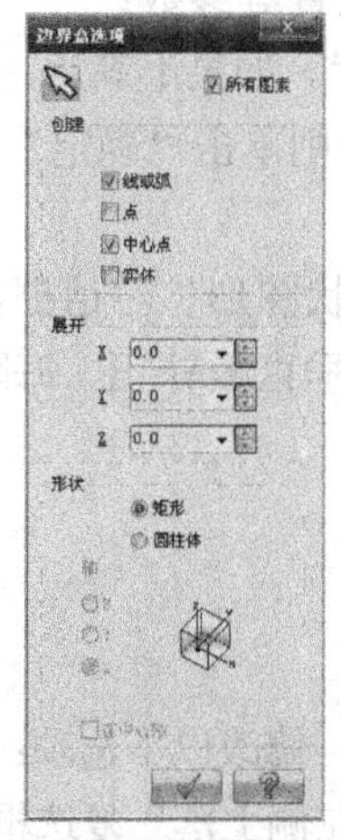

图 3-42　“边界盒选项”对话框

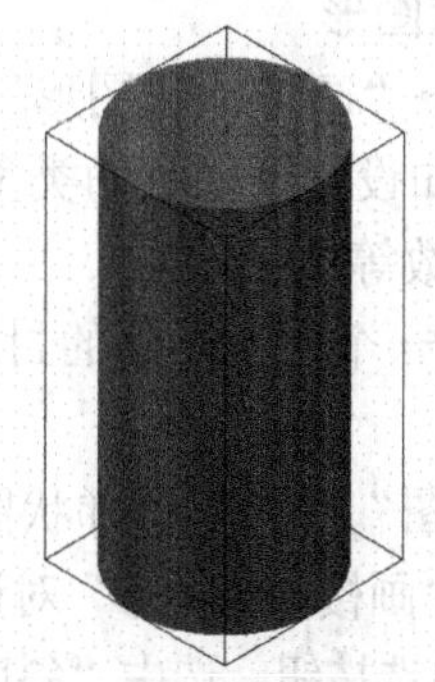

图 3-43　边界盒图例

3.1.15 创建二维轮廓

该命令可以由三维实体产生二维轮廓。

步骤：

（1）选择“绘图”→“创建二维轮廓”命令，出现“创建二维轮廓”工具栏；

（2）在绘图区选择需要创建二维轮廓的实体，并设置“创建二维轮廓”对话框中的相关选项及参数；

（3）单击“创建二维轮廓”对话框中的“确定”按钮，完成。

3.1.16 创建其他特殊的二维图形

相比之下，特殊的二维图形比前面所提到的图形使用较少，但有些情况下也是不可或缺的，这里做简单介绍。

1．绘制释放槽图形

步骤：

（1）选择“绘图”→“创建释放槽”命令，弹出如图 3-44 所示的对话框；

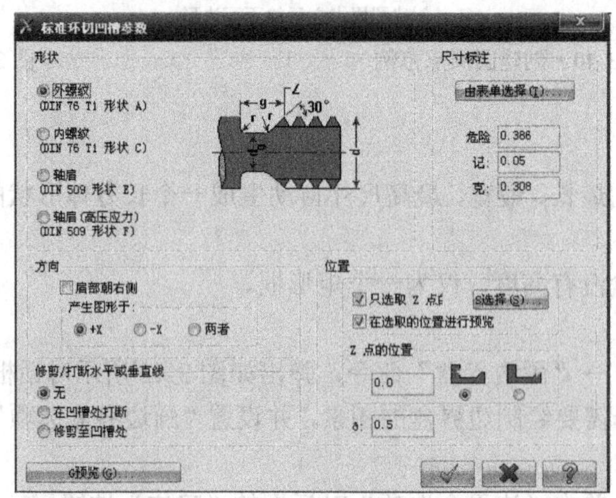

图 3-44 “标准环切凹槽参数”对话框

（2）在该对话框中设置释放槽的形状、方向、尺寸和位置等参数；

（3）设置完成后，单击“预览”按钮，预览释放槽的形状。如果不满意，可按【Enter】键，切换到“标准环切凹槽参数”对话框，进行修改。如果满意，则单击“确定”按钮 ✓，完成。

2．绘制楼梯状图形

选择“绘图”→“画楼梯状图形”命令，弹出“画楼梯状图形”对话框，在该对话框中可进行相应的设置，如设置楼梯状的类型、楼梯总高度、底部垂直板补正、每阶高度和楼梯角度以及楼梯的斜度参数等。

【范例 8】绘制一个左侧上落的封闭式楼梯状图形。

步骤：

（1）选择“绘图”→“画楼梯状图形”命令；

（2）在弹出的“画楼梯状图形”对话框中进行相应的设置，修改以下选项：在“类型”选项区域选中“封闭式”单选按钮，选中“斜度”复选框，并选中“左侧上落”复选框，如图 3-45 所示；

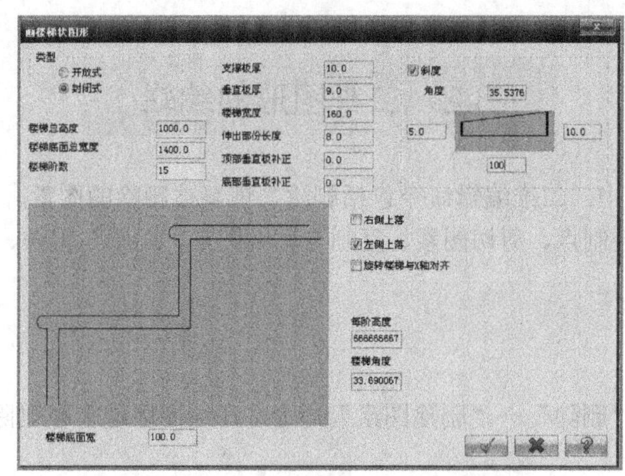

图 3-45 “画楼梯状图形”对话框

（3）单击“画楼梯状图形”对话框中的“确定”按钮 ；

（4）根据系统提示，在绘图区指定一点，作为指定较低的角落位置，结果如图 3-46 所示。

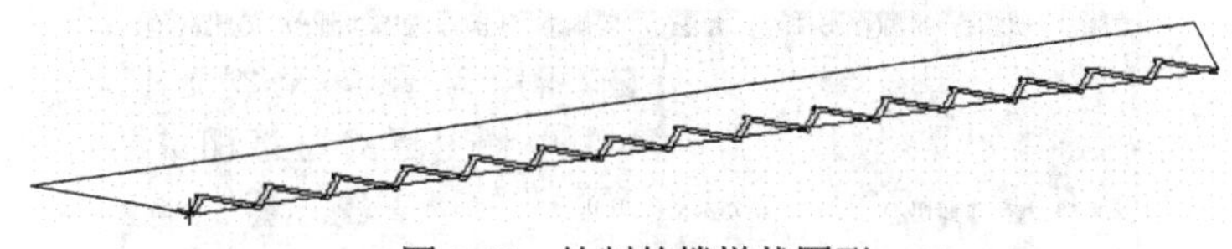

图 3-46　绘制的楼梯状图形

3．绘制门状图形

该命令可以创建的门状图包括“罗马”“左侧罗马形”“右侧罗马形”“教堂形”“弧形”等。

【范例 9】创建一个弧形的门状图形。

步骤：

（1）选择“绘图”→“画门状图形”命令；

（2）弹出“画门状图形”对话框；

（3）在该对话框中进行相应的设置，在“门的类型”下拉列表框中选择“弧形”选项，选中“镜像拱形”复选框，按图 3-47 所示进行设置；

（4）设置完成后，单击“确定”按钮 ；

（5）根据系统提示，在绘图区指定一点，作为门板的左下角位置，如图 3-48 所示。

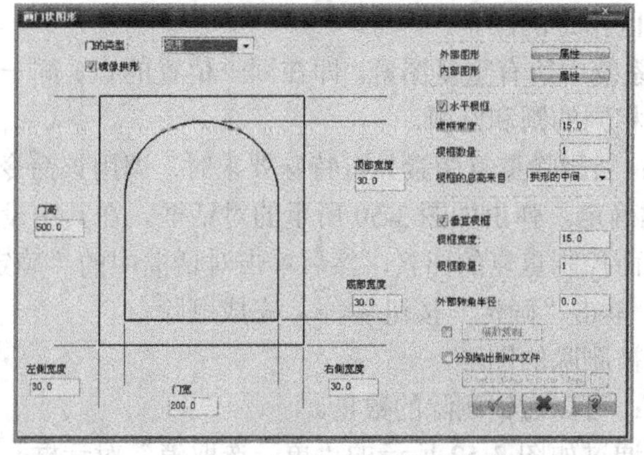

图 3-47 “画门状图形”对话框

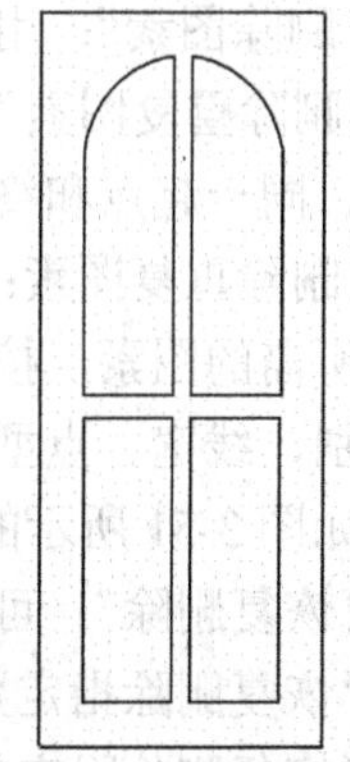

图 3-48　门状图形示例

3.2 二维图形的编辑

在 Mastercam X5 中，二维编辑命令包括删除、恢复被删除的图素、修剪/打断几何图形、连接图素、改变曲线控制点、剪切图素、复制与粘贴图素、还原与重做、转换成 NURBS 曲线和将曲线转换成圆弧。

3.2.1 删除

选择“编辑”→“删除”→“删除图素”命令，在绘图区选择被删除的图素，按【Enter】键即可删除该图素。

选择“删除”命令后，它的子菜单如图 3-49 所示，其中提供了“删除图素”“删除重复图素”“删除重复图素：高级选项”“恢复删除”“恢复删除指定数量的图素”“恢复删除限定的图素”。

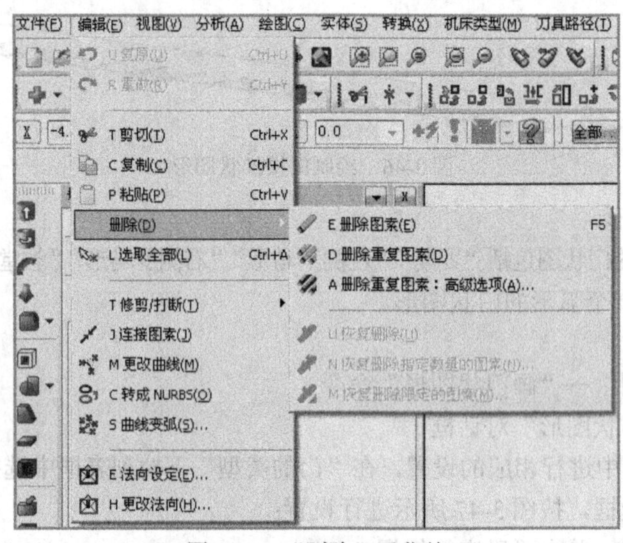

图 3-49 “删除”子菜单

各命令说明如下：

（1）“删除图素”：用来删除绘图区指定的图素。

（2）“删除重复图素”：用来删除系统中所有重复图素，即在同一位置的点、同一起点和终点的直线、同一起点和终点并且半径相同的圆和圆弧。

（3）“删除重复图素：高级选项”：当删除重复图素具有特殊要求时，调用该命令后，系统提示选择所需的图素，按【Enter】键确定，弹出如图 3-50 所示的对话框。在其中设置颜色、线型、层别、线宽、点型等属性，从而控制重复的图素，然后单击对话框中的“确定”按钮，在弹出的如图 3-51 所示的对话框中，单击“确定”按钮 ✓，完成删除。

（4）“恢复删除”：可以恢复已经被删除的图形。

（5）“恢复删除指定数量的图素”：可以撤销删除的数量。

（6）“恢复删除限定的图素”：可通过如图 3-52 所示的“单一选取消”对话框，设置几何图形的属性，恢复之前删除的并且符合设置属性的已删除的几何图形。

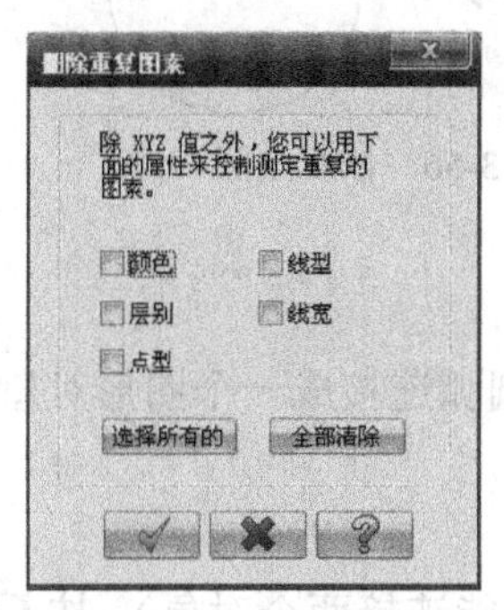

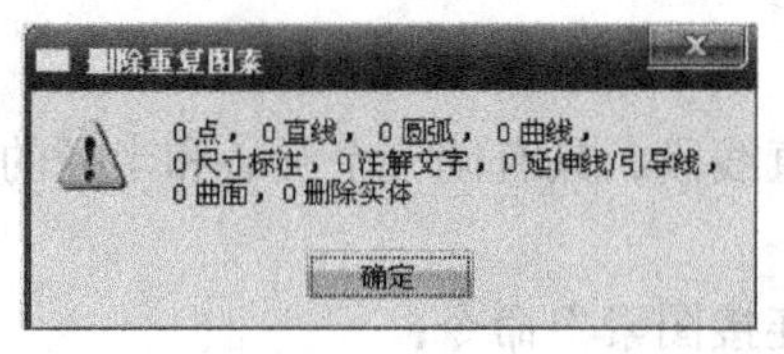

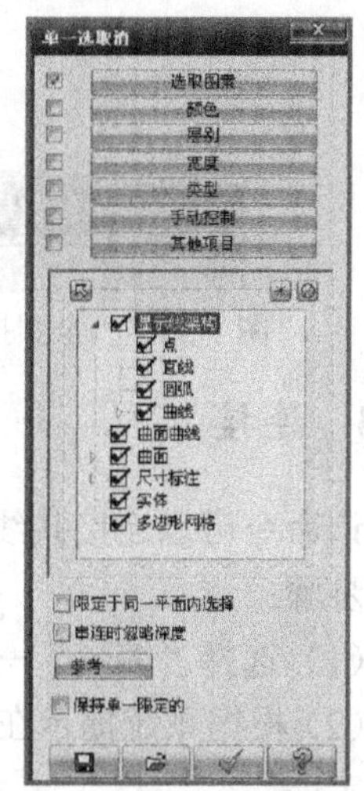

图 3-50　“删除重复图素”对话框　　图 3-51　“删除重复图素”对话框　　图 3-52　“单一选取消”对话框

3.2.2　修剪和打断

选择“编辑”→“修剪/打断”命令，弹出如图 3-53 所示的“修剪/打断”子菜单。

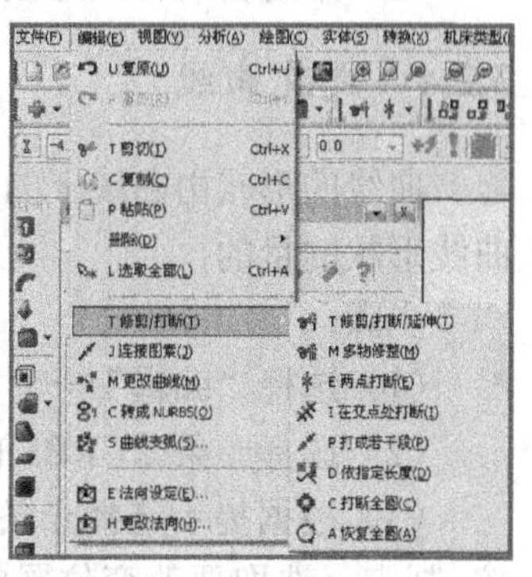

图 3-53　“修剪/打断”子菜单

各命令说明如下：

（1）“修剪/打断/延伸”：在 Mastercam X5 中，调用该命令后，系统出现如图 3-54 所示的“修剪/打断/延伸”工具栏，根据系统提示先选择被修剪（延伸）的对象，再选择边界， Mastercam 自动完成修剪（延伸）操作。

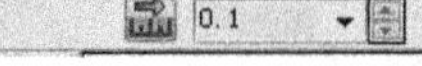

图 3-54　“修剪/打断/延伸”工具栏

提示：在调用“修剪/打断”命令时，要注意修剪单一物体、修剪两物体、图素在交点处修剪或打断、修剪/打断到某一点和延伸长度的选择状态。

（2）多物修整：该命令可以一次修剪（延伸）掉与一条剪切线相交的多个图素。步骤：首先依次选择“编辑”→“修剪”→“多物修整”命令，然后选择被修整的多个图素，再选择用于修剪的边界线，最后指明保留哪一侧的线条（在该侧单击一下即可），完成。

（3）两点打断：将被选直线打成两段。步骤：首先依次选择“编辑”→“修剪”→“两点打断”命令，然后选择被打断图素，再指定断点（在需要打断的位置单击一下），完成。

（4）在交点处打断：将被选的直线在交点处打断。

（5）打成若干段：调用该命令后，选择被打断的直线，按【Enter】键确认，这时修改工具栏中的参数，完成。

（6）打断全圆：调用该命令后，选择被打断的圆，按【Enter】键确认，这时在屏幕的右上角出现一个对话框，如图 3-55 所示，修改对话框中的参数，完成。

（7）恢复全圆：用于将任意圆弧封闭成一个整圆。调用该命令后，选择被恢复的圆，按【Enter】键确认，则该圆弧封闭成一个整圆，如图 3-56 所示。

图 3-55 “全圆打断的圆数量”对话框

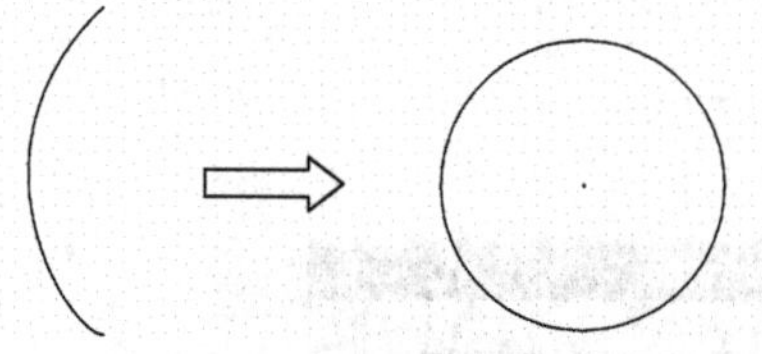

图 3-56 恢复全圆

3.2.3 连接

该命令可以连接共线的直线段、具有同一个圆心和半径的圆弧连接成一个图形对象。

步骤：

（1）选择“编辑”→“连接图素”命令；

（2）根据系统提示在绘图区选择两个被连接的对象（一次只能连接两个对象），按【Enter】键确定；

（3）系统自动将其连接起来。

3.2.4 更改曲线

曲线的形状由曲线上的节点决定。该命令通过修改曲线上面控制点的位置，从而达到修改曲线形状的目的。

步骤：

（1）选择“编辑”→“更改曲线”命令；

（2）选择一条 NURBS 曲线或者曲面；

（3）根据提示选择一条曲线或曲面，在屏幕上会显示出该 NURBS 曲线或者曲面的所有控 制点，选取要改变位置的控制点，将其移动到合适的位置，则改变了曲线的形状。

（4）按【Enter】键确定，生成新的 NURBS 曲线或者曲面。

3.2.5 转换成 NURBS 曲线

可以将指定的直线、圆弧、参数式曲线转变成 NURBS 曲线，也可以将非 NURBS 曲面转换成 NURBS 曲面。

步骤：

（1）选择“编辑”→“转换成 NURBS”命令；

（2）根据系统提示选择需要转换的图素(直线、圆弧、参数式曲线等)，按【Enter】键确定；

（3）系统将其转换成 NURBS 曲线。

3.2.6 曲线变弧

“曲线变弧”命令可以将圆弧形状的曲线变为圆弧线。

注意：该曲线必须是圆弧状的。

步骤：

（1）选择“编辑”→“曲线变弧”命令；

（2）出现如图 3-57 所示的“简化成圆弧”工具栏，并根据系统提示选择需要转换的图素

（直线、圆弧、参数式曲线等），在“曲线变弧”工具栏中进行相应的设置，完成后确定；

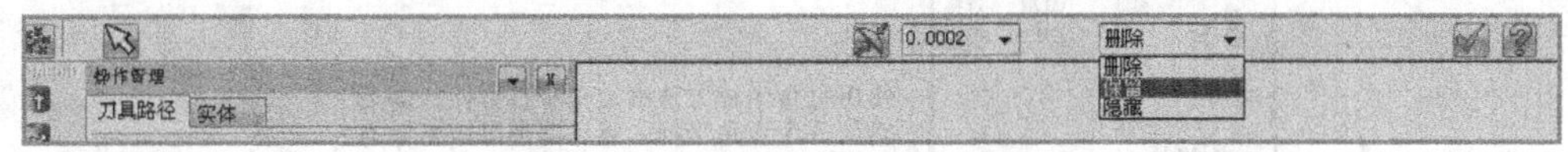

图3-57 “简化成圆弧”工具栏

（3）系统将其转换成NURBS曲线。

3.2.7　法向设定

该选项用于设置被选曲面的法线方向。调用该命令后，根据系统提示选择一个曲面，回车。这时，曲面出现当前的法线方向，如图3-58所示，再通过修改工具栏中的箭头的方向，来设置被选曲面的法线方向，如图3-59所示。

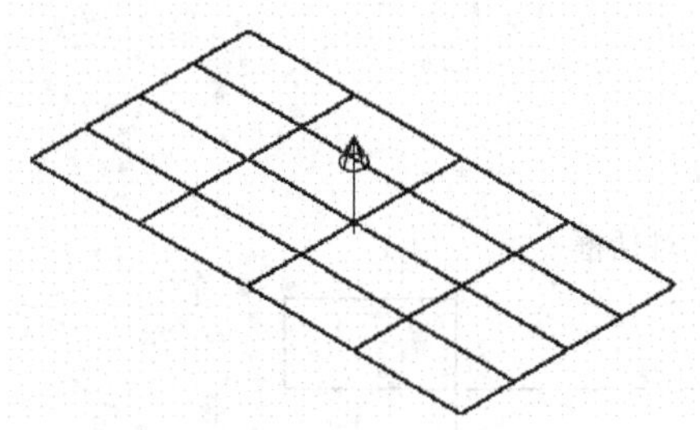

图3-58　设置前的法线方向

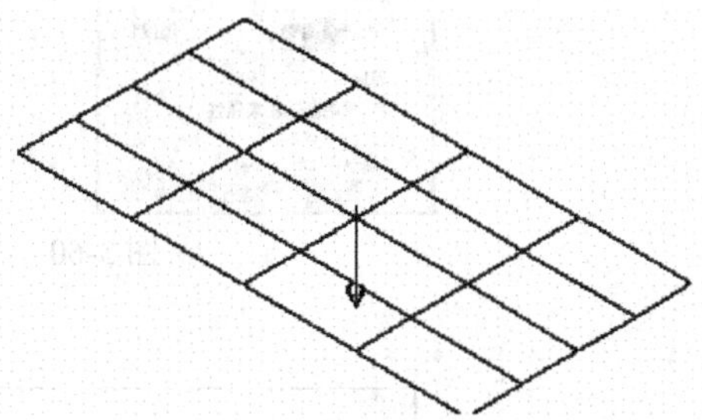

图3-59　设置后的法线方向

3.2.8　更改法向

该命令对原有曲面的法线方向直接进行反向操作，先选择要进行反向操作的直线，通过改变工具栏中的方向按钮实现。

3.2.9　图素剪切、复制与粘贴

（1）剪切：可以将所选的图形剪切到粘贴板。

（2）复制：将所选图形复制到粘贴板，原图形仍然保留。

（3）粘贴：在“剪切”或者“复制”操作后，使用该命令将其粘贴到指定位置，并获得新对象。

3.3　二维图形的转换

3.3.1　平移

该命令用于将所选图形平移到指定位置，在平移过程中用户可以仅对原图形进行移动，也可以进行复制后移动，但不改变其形状、大小和方向。

【范例10】对矩形进行平移。

（1）选择“转换”→“平移”命令。

（2）根据系统提示选择被平移的图形，按【Enter】键确认。

（3）在弹出如图3-60所示的对话框中进行设置。选中“复制”单选按钮保留原图形，平移次数输入1，选取直角坐标，*X*方向输入20，*Y*方向输入5，单击“确定”按钮，结果如图3-61所示。

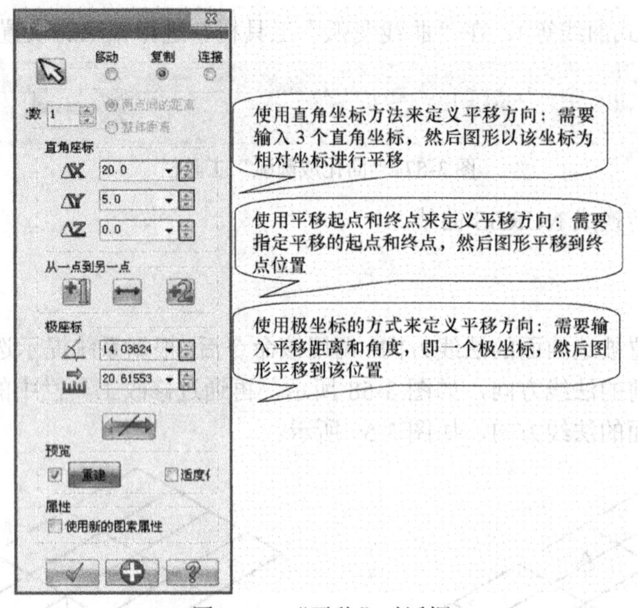

图 3-60 “平移”对话框

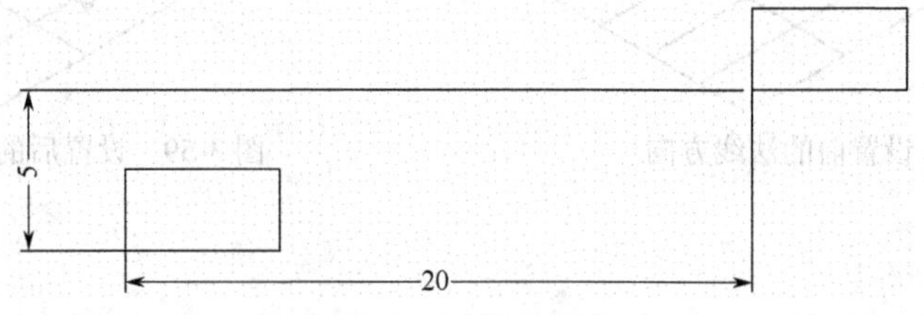

图 3-61 平移后结果

3.3.2 3D 平移

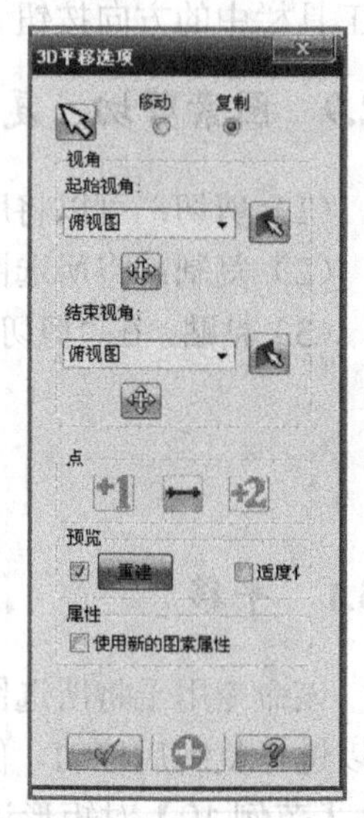

图 3-62 “3D 平移”对话框

“3D 平移”命令可以将所选择的几何图形在两个不同的构图面之间进行移动和复制。这种“平移”的操作思路和过程与之前的“平移”是相似的。

步骤：

（1）选择“转换”→“3D 平移”命令；

（2）根据系统提示，选择需要进行 3D 平移的图素，按【Enter】键确认；

（3）在弹出的如图 3-62 所示的对话框中进行设置，单击“移动”按钮，在“起始视角”下拉列表框右侧单击（来源：俯视图）按钮，选择俯视图；在“结束视角”下拉列表框左侧单击（前视图）按钮，选择前视图；

（4）系统自动在绘图区出现平移后的图形，单击对话框中的“确定”按钮，完成平移。

3.3.3 镜像

“镜像”命令用于对原图形进行镜像操作。在绘制对称图形时，只需绘出一半，然后用镜像命令将其镜像得到另外一半即可。这样大大提高了绘图速度。

【范例 11】对如图 3-63 所示的矩形进行镜像。

（1）选择“转换”→“镜像”命令；

（2）根据系统提示选择被镜像的图形，按【Enter】键确认。

（3）在弹出如图 3-64 所示的“镜像”对话框中，选中“复制”单选按钮，选择 Y 轴作为镜像轴，单击“确定”按钮 完成，结果如图 3-65 所示。

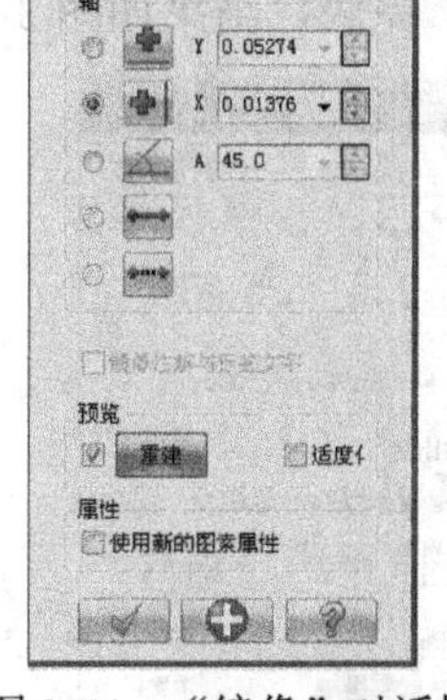

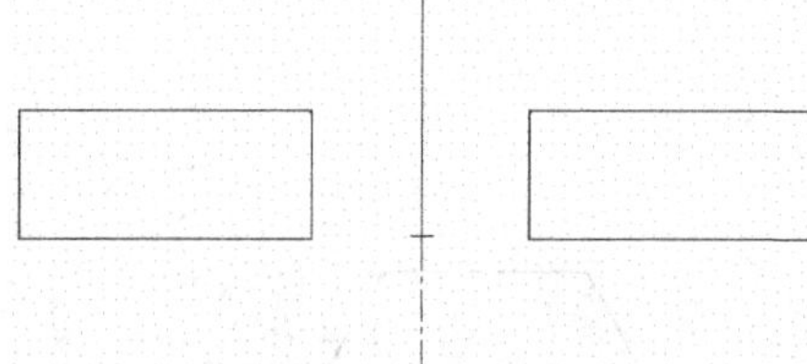

图 3-63　镜像前的矩形　　图 3-64　“镜像”对话框　　图 3-65　镜像后的矩形

3.3.4 旋转

“旋转”命令可对被选取的图形按给定的角度进行旋转。旋转角度指的是与 X 轴正方向的夹角，且逆时针旋转为正值，顺时针旋转为负值。

【范例 12】对如图 3-66 所示的三角形，绕其右下角点逆时针旋转 60°。

步骤：

（1）选择“转换”→“旋转”命令；

（2）根据系统提示选择被旋转的图形，按【Enter】键确认；

（3）在弹出如图 3-67 所示的“旋转”对话框中选中“复制”单选按钮，选择右下角点为基准点，设置旋转角度为 60° 单击“确定”按钮 完成，结果如图 3-68 所示。

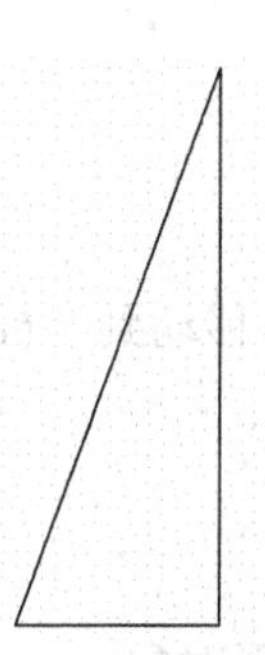

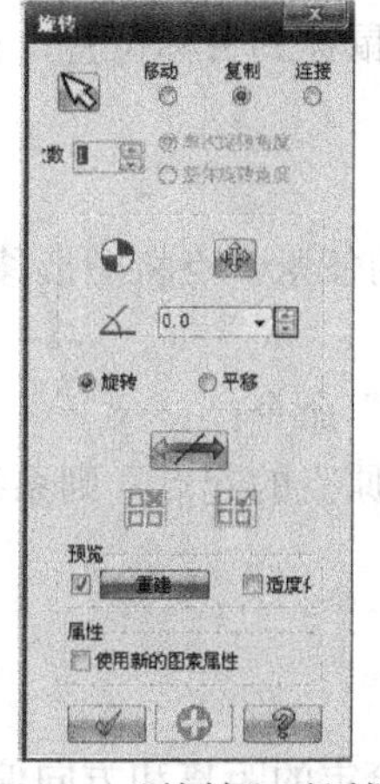

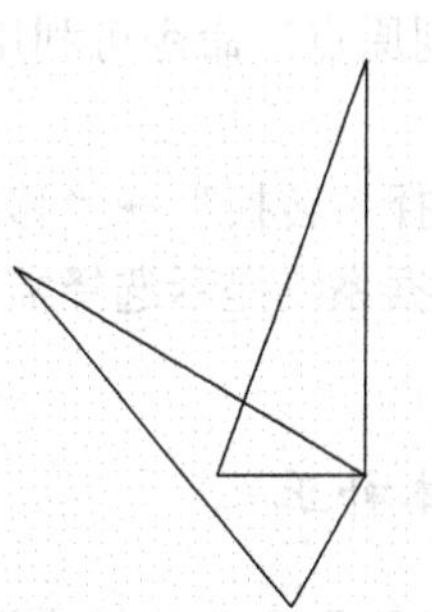

图 3-66　旋转前的三角形　　图 3-67　“旋转”对话框　　图 3-68　旋转后的三角形

3.3.5 比例缩放

“比例缩放”命令可以把被选的图形按设置的比例进行放大或者缩小。

【范例 13】将如图 3-69 所示正多边形，以右下角点为基准点缩小一半。

步骤：

（1）选择“转换”→“比例缩放”命令；

（2）根据系统提示选择被缩放的图形，按【Enter】键确认；

（3）在弹出如图 3-70 所示的话框中选中“复制”单选按钮，选择右下角点为基准点，设置缩放比例为 0.5，单击“确定”按钮完成，结果如图 3-71 所示。

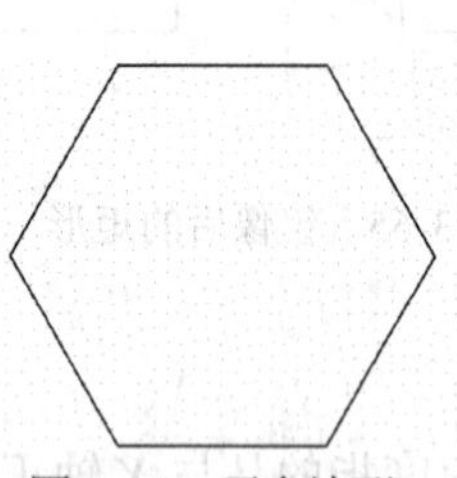

图 3-69 正多边形

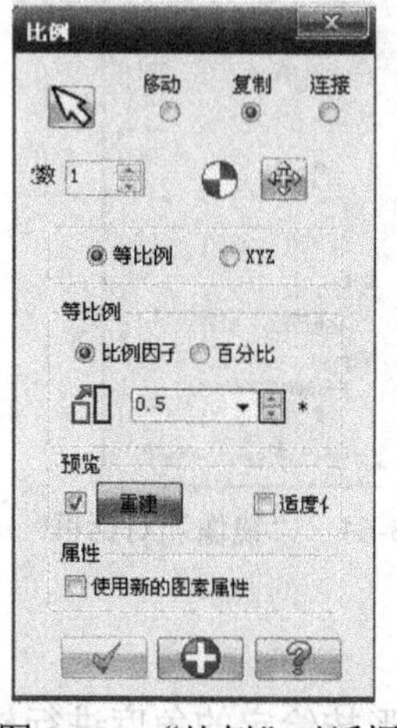

图 3-70 “比例”对话框

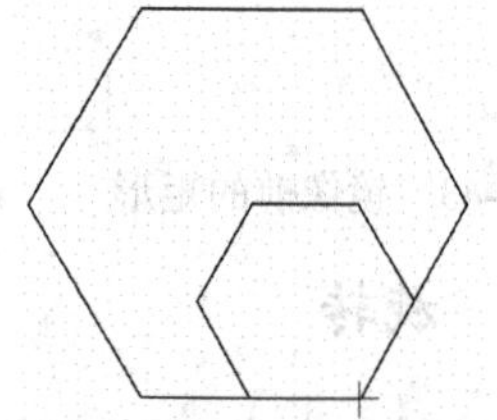

图 3-71 缩放后的正多边形

3.3.6 动态平移

“动态平移”命令可将所选图形进行平移、旋转、拉伸等操作，从而将其动态移动到指定的任意位置。

步骤：

（1）选择“转换”→“动态平移”命令；

（2）根据系统提示选择被动态移位的图形，按【Enter】键确认；

（3）选择一点作为起点单击，拖动鼠标到目标位置，再次单击，完成。

3.3.7 移动到原点

“移动到原点”命令可利用图形上的任意一点将图形移动到原点位置。

步骤：

（1）选择“转换”→“移动到原点”命令；

（2）根据系统提示选择需要移动到原点的起点，则系统自动将图素整体移动到坐标原点，完成。

3.3.8 单体补正

“单体补正”命令可将所选图形按给定的距离和方向偏移，生成新的图形对象。

【范例 14】对直线向左偏移 2 mm，并保留原图形。

步骤：

（1）选择“转换”→“单体补正”命令；

（2）在弹出如图 3-72 所示对话框中选中“复制”单选按钮，设置偏移次数为 1，设置偏移距离 2；

（3）根据系统提示选择被偏移的对象（直线、圆弧或者曲线），并在图形的左侧任意位置单击；

（4）系统自动将被选直线向左偏移 2 mm，完成。

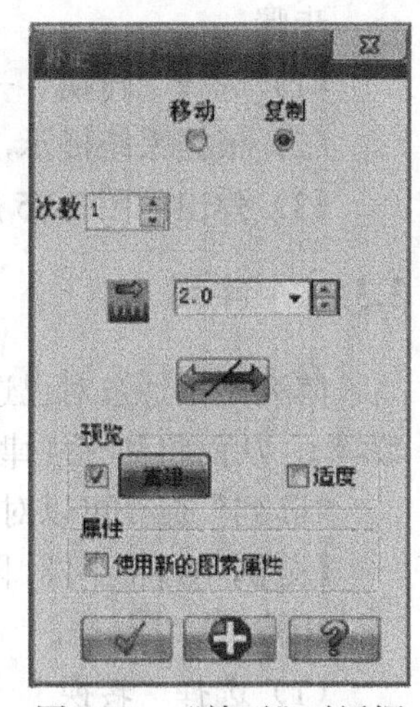

图 3-72　“补正”对话框

3.3.9　串连补正

该命令可以对一个由多条线串连组成的外形轮廓进行整体偏移。

【范例 15】对多边形，进行外形偏移。

步骤：

（1）选择“转换”→“串连补正”命令；

（2）串连选择被偏移的图形，然后单击“确定”按钮；

（3）这时，绘图区按照系统默认值进行外形偏移。一般都要在弹出的如图 3-73 所示对话框中，按照要求重新设置，选中“复制”单选按钮，设置偏移次数为 1，设置偏移距离 1，转角选择无；

（4）系统自动将按照新的设置，在绘图区重新生成偏移后的图形，完成结果如图 3-74 所示。

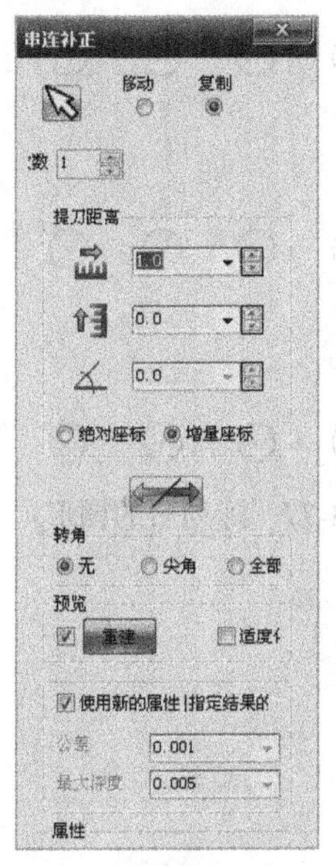

图 3-73　“串连补正”对话框

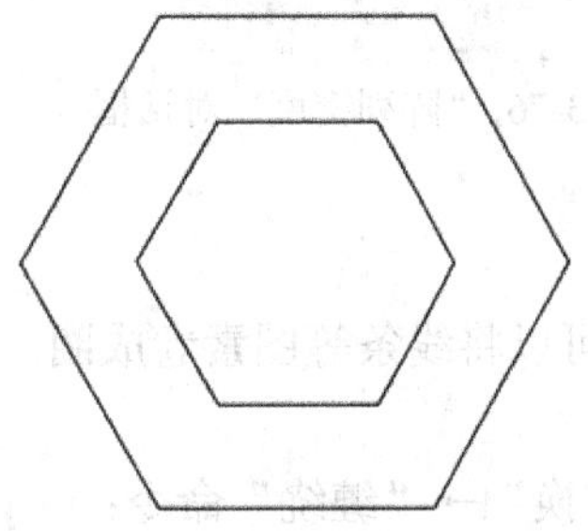

图 3-74　串连补正后的多边形

3.3.10　投影

“投影”命令可以将选定的图素投影到构图平面、指定的平面或者曲线上，从而产生新的图形。

步骤：

（1）选择“转换”→“投影”命令；

（2）根据系统提示，选择需要投影的图素，按【Enter】键确认；

（3）弹出如图 3-75 所示的对话框。

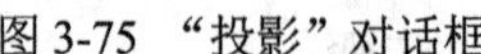

图 3-75 “投影”对话框

3.3.11 阵列

阵列是指通过对已选定图素进行参数设置（包括距离、方向和次数等），从而将其有规律地复制到指定的位置。

“阵列”命令可以对图形进行阵列处理，获得新图形。

【范例 16】将小圆，阵列成 3 行 4 列，行距为 2 mm，列距为 1 mm。

步骤：

（1）选择“转换”→“阵列”命令；

（2）选择被阵列的圆，按【Enter】键确认；

（3）在弹出的图 3-76 所示的对话框中按照下图进行设置；

（4）系统自动将按照设置，在绘图区生成阵列后的图形，如图 3-77 所示。

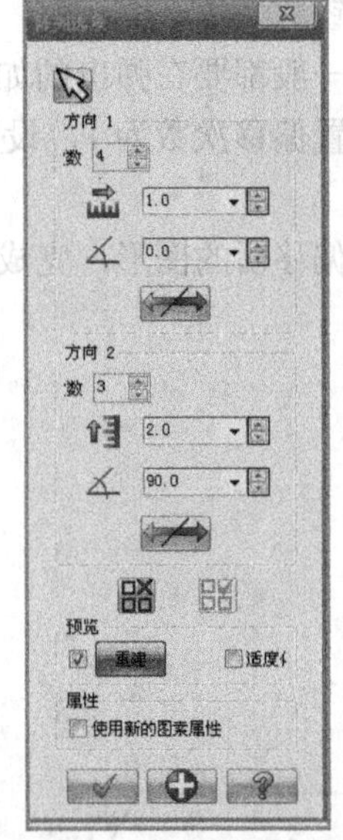

图 3-76 “阵列密度”对话框

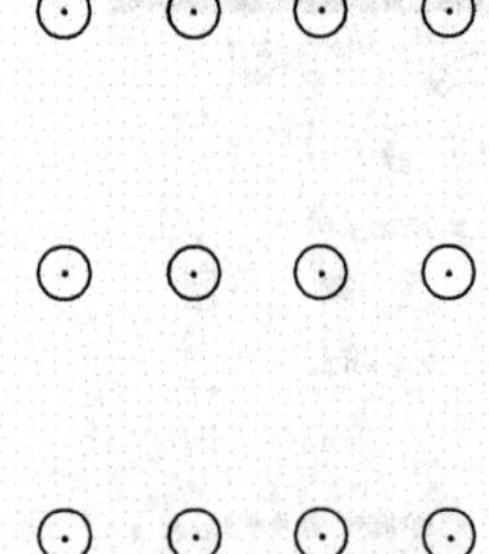

图 3-77 阵列后的图形

3.3.12 缠绕

“缠绕”命令可以将线条等图素卷成圈。

步骤：

（1）选择“转换”→“缠绕”命令；

（2）利用图 3-78 所示对话框，选择被缠绕的图素；

（3）根据系统提示，输搜寻点，选择图素上的一点作为搜寻点；

（4）在弹出的如图 3-79 所示对话框中进行参数设置；

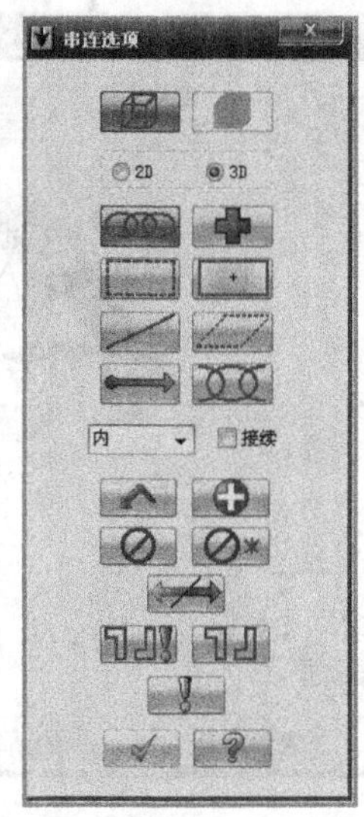

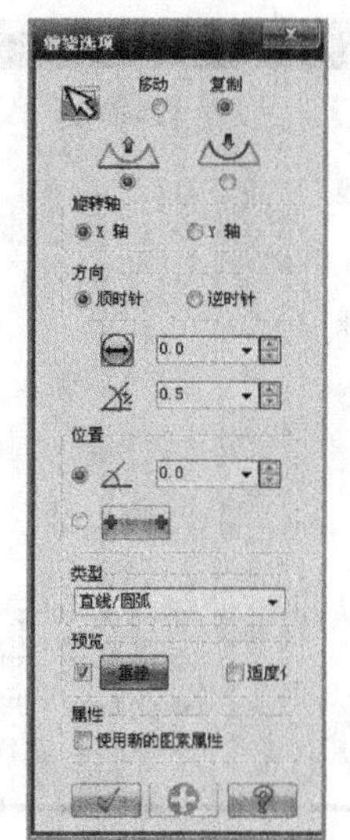

图 3-78 “串连选项”对话框　　图 3-79 “缠绕选项”对话框

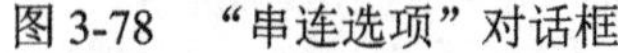

（5）设置完成后，单击“确定”按钮，完成。

3.3.13 拖曳

该命令可以动态地移动或复制图素到指定的位置，并可以根据设计要求使几何图形旋转一定的角度。

步骤：

（1）选择“转换”→“拖曳”命令，弹出如图 3-80 所示的工具栏；

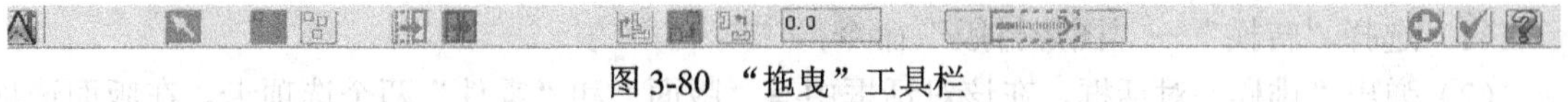

图 3-80 “拖曳”工具栏

（2）选择被拖曳的图素，按【Enter】键确认；

（3）在“拖曳”工具栏中选择移动按钮或旋转按钮；

（4）根据系统提示，选择一点作为拖曳的起始点；

（5）移动鼠标，就可以看到被拖曳的图素沿着起点方向平移或绕着拖曳的起始点旋转，并且在“拖曳”工具栏文本框设置平移参数或旋转角度；

（6）单击“拖曳”工具栏中的“确定”按钮，完成。

3.3.14 STL

该命令可以将 STL 图形文件输入到 Mastercam 中。（STL 图形文件是一种三维图形转换文件）

步骤：

（1）选择“转换”→STL 命令；

（2）弹出如图 3-81 所示的对话框，在该对话框中选择相应的 STL 图形文件，单击“确定”按钮；

（3）弹出“打开”对话框，设置三角形的数量，并可以进行重选、镜像、旋转、平移等转换操作。

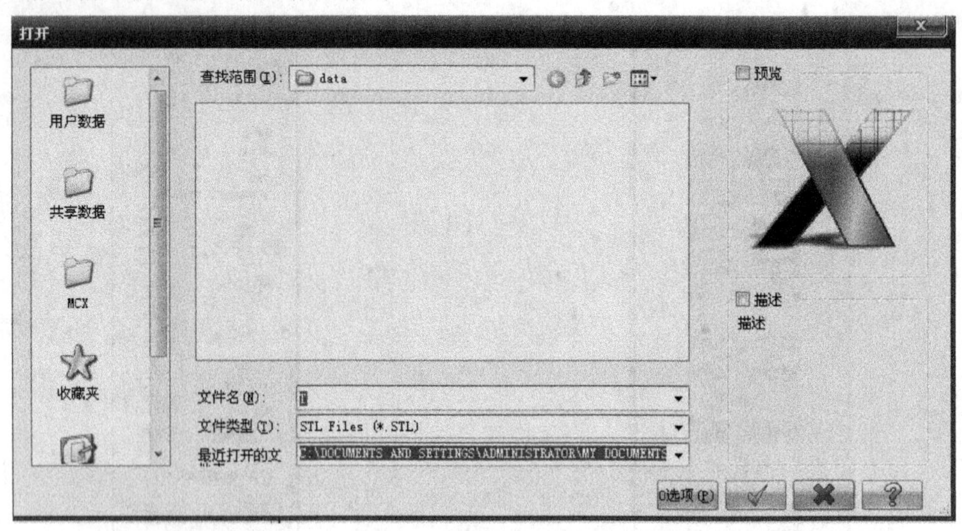

图 3-81 “打开”对话框

3.3.15 图形排版

排样是冷冲压模具中经常要用到的命令。例如要将一个薄板长条零件冲裁成几个小的零件，就需要通过合理的排样，尽可能多的冲制，使用该命令可以完成对被冲裁的零件在薄板上的排列，从而合理地利用材料。

【范例 17】在如图 3-82 所示的一个长为 100 mm×50 mm 的矩形薄板上排样 60 个图示的三角形。

步骤：

（1）选择“转换”→“图形排版”命令；

（2）弹出“排样”对话框，在该对话框中有“版面”和“零件”两个选项卡。在版面选项卡中，系统自动添加了矩形薄片的形状和参数；

（3）在“零件”选项卡中的零件列表中右击，在弹出的快捷菜单中选取“添加串连零件”命令，系统自动切换到绘图区，串连选择该三角形，单击“确定”按钮，系统又回到刚才的对话框，从中可见三角形的形状和参数，然后修改最少个数为 60 个；

（4）系统自动将按照设置，在绘图区生成阵列后的图形，如图 3-83 所示。

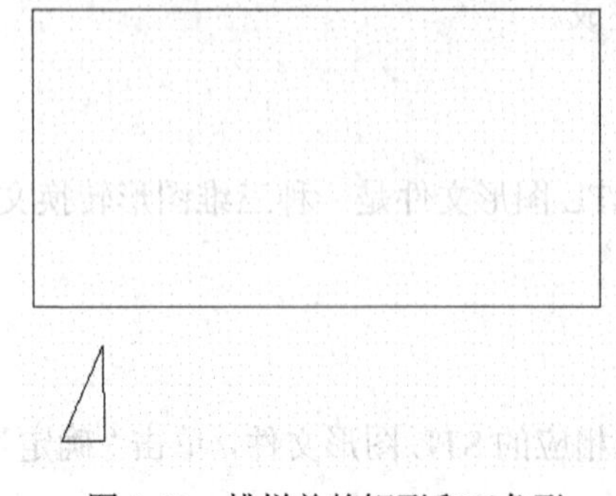

图 3-82 排样前的矩形和三角形

图 3-83 排样后的矩形和三角形

3.4　图形的标注

本节介绍 Mastercam X5 的图形标注功能。使用该功能可以对图形进行标注、添加注释、绘制尺寸线和尺寸界线及添加剖面线等。

3.4.1　一般尺寸标注方式

Mastercam 的图形标注功能中的"尺寸标注"功能是表达图形中各个图素大小和相对位置的必要操作。

尺寸标注的 4 要素：尺寸线、尺寸文本、尺寸箭头和尺寸界线。它们的大小、位置、方向以及是否显示都是可以修改的。

选择"绘图"→"尺寸标注"→"标注尺寸"命令，这时会出现"标注尺寸"子菜单，它提供了 11 种不同的尺寸标注方式。

"标注尺寸"子菜单各个尺寸标注说明如下：

（1）水平标注：用来标注两点间的水平距离。调用该命令后，在绘图区依次选择两点，就会显示其两点间的水平距离尺寸，拖动尺寸到合适的位置，单击即可完成标注。

（2）垂直标注：用来标注两点间的垂直距离。调用该命令后，在绘图区依次选择两点，就会显示其两点间的垂直距离尺寸，拖动尺寸到合适的位置，单击即可完成标注。

（3）平行标注：用来标注两点间的距离。调用该命令后，在绘图区依次选择两点，就会显示其两点间的平行距离尺寸，拖动尺寸到合适的位置，单击即可完成标注。

（4）基准标注：用于以已存在的线性标注为基准，对一系列点进行尺寸标注。基准标注的第一个端点为所选线性标注的一个端点，且该端点为距第一次基准标注距离较远的端点。

（5）串连标注：标注一系列的线性尺寸，该系列的尺寸都以以前的某一尺寸标注的边界作为参考基准进行连续标注。

（6）角度标注：标注两条不平行直线的夹角角度。调用该命令后，在绘图区依次选择两条直线，就会显示其两直线间的角度，拖动尺寸到合适的位置，单击即可完成标注。

（7）圆弧标注：标注圆弧或者圆的尺寸。调用该命令后，在绘图区依次选择要标注的圆弧或者圆，就会显示其直径尺寸，拖动尺寸到合适的位置，单击即可完成标注。

（8）正交标注：可以为互相平行的两条直线进行正交标注，也可以为一条直线和一个点进行正交标注。调用该命令后，选择一条线，接着选择另一条平行线或一个点，拖动尺寸到合适的位置，单击即可完成标注。

（9）相切标注：用于标注某点到圆弧切点的距离。调用该命令后，在绘图区依次选择需要相切标注的两图素，就会显示其相切距离尺寸，拖动尺寸到合适的位置，单击即可完成标注。

（10）顺序标注：用于以选取的一个点作为基准，标注一系列点与该基准点的相对距离。

（11）点位标注：用于标注选取点的坐标。调用该命令后，在绘图区依次选择一点，就会显示其坐标值，拖动尺寸到合适的位置，单击即可完成标注。

3.4.2　注解文字

在绘制工程图时，除了标注必要的尺寸外，添加某些图形注释（如技术要求等）也是必要的。Mastercam中，“尺寸标注”子菜单中的“注解文字”命令就可以用来添加图形注释。

步骤：

（1）选择“绘图”→“尺寸标注”→“注解文字”命令。

（2）此时系统会自动弹出如图3-84所示的对话框。

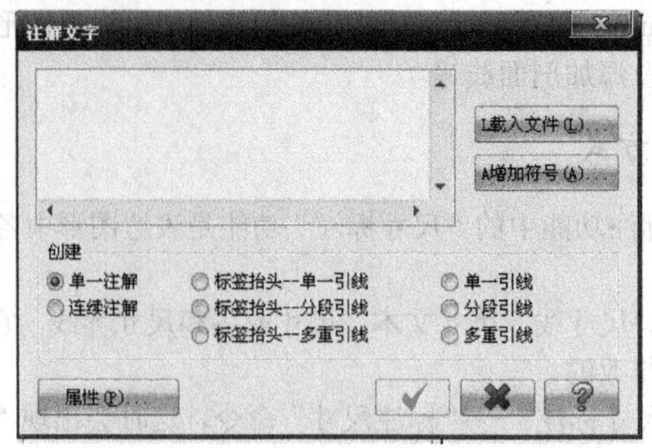

图3-84 “注解文字”对话框

（3）在“注解文字”对话框中输入注解文本，然后选择一种注解方式。

（4）设置完成后，单击“确定”按钮，然后在绘图区单击，确定注解引线的起始位置，再拖动鼠标到合适的位置，再依次单击，即可完成对注解的标注。

下面介绍“注解文字”对话框中的各个选项：

（1）输入注解文本：可直接在注解文本框中输入注解文字，或单击“载入文件”按钮导入一个文本，并可添加符号，在“注解文字”对话框中单击“增加符号”按钮，就可以从弹出的“选取符号:”对话框中选取需要的符号，如图3-85所示。

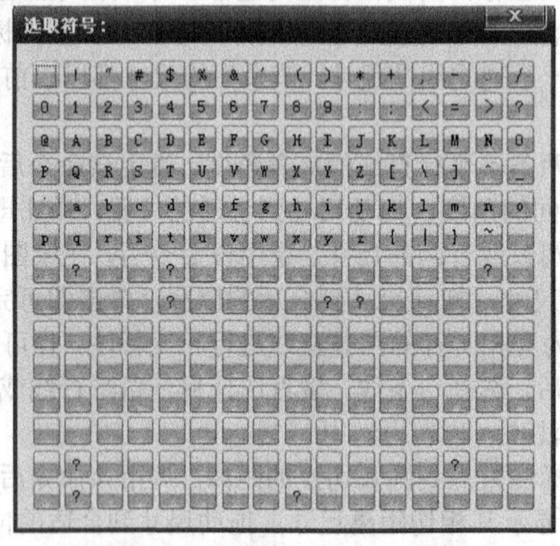

图3-85 “选取符号:”对话框

（2）设置注释类型：“注解文字”对话框“创建”区域提供了8种图形注解的类型。

① “单一注解”：用于创建单个注解文本。

② “连续注解”：用于创建多个注解文本。

③ “标签抬头——单一引线”：用于创建带单根引线的注解文本。

④ “标签抬头——分段引线”：用于创建带折线引线的注解文本。

⑤ “标签抬头——多重引线”：用于创建带多根引线的注解文本。

⑥ “单一引线”：用于仅创建单根引线，而不需要注解文本。

⑦ “分段引线”：用于仅创建折线引线，而不需要注解文本。

⑧ “多重引线”：用于仅创建多根引线，而不需要注解文本。

（3）设置参数：“注解文字”对话框中的“属性”按钮，用于重新设置图形注释的各参数。在选择了图形标注的类型后，可采用系统默认的图形注释设置进行标注，也可以单击“属性”按钮，通过弹出的对话框来重新设置各图形注释参数。

3.4.3　延伸线和引导线

“延伸线”和“引导线”命令用于在绘制装配图时进行引出标注。

（1）“延伸线”：用于在图素和对图素所做的注解文字之间绘出一条直线。

（2）“引导线”：引导线与上面的引出线不同，引导线是带箭头的，而且可以是多段直线。绘制的方法就像绘制多段直线，依次单击几个位置，则可绘出引导线。

3.4.4　图案填充

“尺寸标注”子菜单中的“剖面线”命令用来在图形中添加图案填充。工程中用得最多的图案就是剖面线，该命令就可以在图形中填充剖面线。

步骤：

（1）选择“绘图”→“尺寸标注”→“剖面线”命令；

（2）在弹出的如图 3-86 所示的对话框中设置填充图案的类型、图案线的间距以及图案线的角度；

（3）完成以上设置后，单击“剖面线”对话框中的“确定”按钮；

（4）系统自动切换到绘图区，利用弹出“串连选项”对话框，选择需要填充的图案边界；

（5）然后单击“串连选项”对话框下方的“确定”按钮，完成填充。

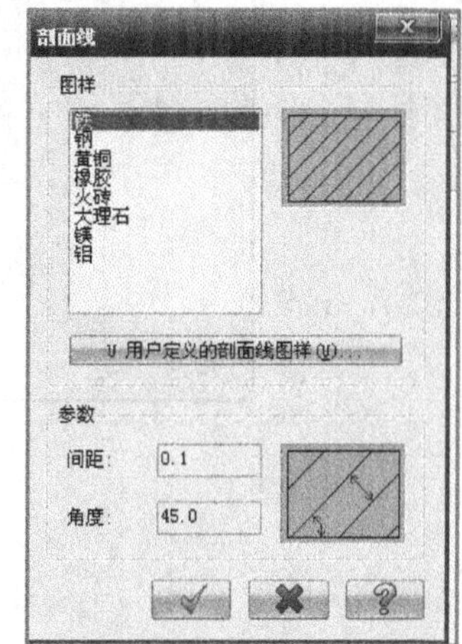

图 3-86　“剖面线”对话框

下面介绍“剖面线”对话框中的各个选项：

（1）设置图案类型：“剖面线”对话框中的“图样”选项区域用来选择或设置填充图案的类型。在该选项中的列表中列出了 8 种常用的图案，选择时右边的显示框将显示该填充图案的形状。用户还可以单击“图样”选项区域中的“用户定义的剖面线图样”按钮，通过弹出的“自定义剖面线图样”对话框进行自定义填充图案。

（2）设置图案线的间距：“剖面线”对话框中的“间距”文本框用来设置图案线之间的距离，在输入框中直接输入数值即可。

（3）设置图案线的角度：“剖面线”对话框中的“角度”文本框用来设置图案线与 X 轴正方向的夹角，在文本框中输入数值即可。

3.4.5　尺寸多重编辑与标注设置

在进行尺寸标注时，用户可以采用系统默认的标注样式，也可以在标注前或者在标注过程中对标注样式进行设置。

1．尺寸多重编辑

“多重编辑”命令用来编辑已经标注的尺寸，可一次同时编辑多个尺寸标注。

步骤：

（1）选择“绘图”→“尺寸标注”→“多重编辑”命令；

（2）根据系统提示，选择要编辑的尺寸，按【Enter】键确认；

（3）系统弹出如图 3-87 所示的对话框，在其中进行相应的设置，如修改小数位数、修改尺寸文字的高度等；

（4）设置完成后，单击“确定”按钮，即可完成对所选标注的编辑设置。

2．标注设置

“选项”命令是在尺寸标注之前，根据设计要求对尺寸标注的样式进行设置。

步骤：

（1）选择“绘图”→“尺寸标注”→“选项”命令；

（2）系统弹出如图 3-87 所示的对话框，在该对话框中，根据需要进行相应的设置，如设置尺寸属性、尺寸文字等；

（3）设置完成后，单击该对话框中的“确定”按钮，即可完成设置。

提示：选择“绘图”→“尺寸标注”→“选项”命令，弹出“尺寸标注设置”对话框，对尺寸标注设置选择完成后，该设置对后面的所有标注都有效。

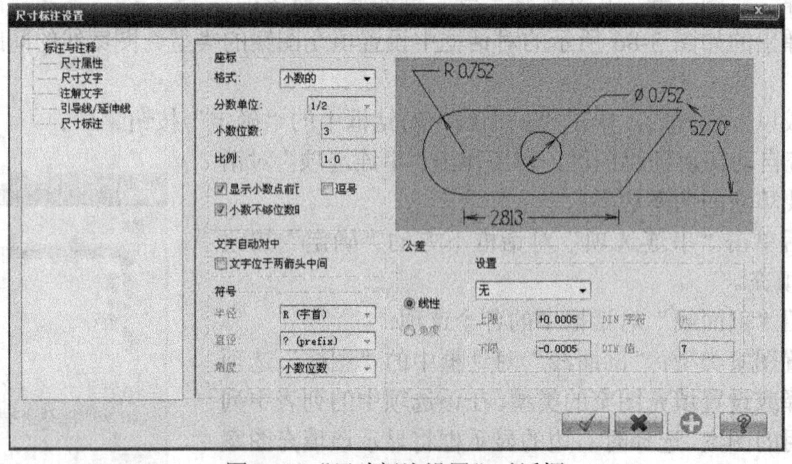

图 3-87 “尺寸标注设置”对话框

3.5 二维绘图综合实例

二维零件设计是 Mastercam 造型设计的基础，应用非常广。本实例综合了图形创建、图形编辑、图形标注、图案填充等全部内容。

【范例 18】创建如图 3-130（b）所示的图形，并标注尺寸。

操作步骤：

1．绘制底座基本形状（细节处最后画）

（1）打开 Mastercam X5 软件，或选择“文件”→“新建图形”命令新建图形为的是采用系统的原始设置，避免受到更改设置的影响。

（2）确保构图面为T（顶面），视角Gview项为T（顶面）。

（3）选择“绘图”→“任意线”→“绘制任意线”命令，连续绘制直线。（从原点开始画，这样后面计算坐标方便简单）。

① 输入（0,0）按【Enter】键确认，输入（40,0）按【Enter】键确认，完成第一段直线的绘制。

② 输入（40,0）按【Enter】键确认，输入（40,7）按【Enter】键确认，完成第二段直线的绘制。

③ 输入（40,7）按【Enter】键确认，输入（90,7）按【Enter】键确认，完成第三段直线的绘制。

④ 输入（90,7）按【Enter】键确认，输入（90,0）按【Enter】键确认，完成第四段直线的绘制。

⑤ 输入（90,0）按【Enter】键确认，输入（130,0）按【Enter】键确认，完成第五段直线的绘制。

⑥ 输入（130,0）按【Enter】键确认，输入（130,15）按【Enter】键确认，完成第六段直线的绘制。

⑦ 输入（130,15）按【Enter】键确认，输入（0,15）按【Enter】键确认，完成第七段直线的绘制。

⑧ 输入（0,15）按【Enter】键确认，输入（0,0）按【Enter】键确认，回到原点，完成最后一段直线的绘制。

⑨ 按【Esc】键，退出画线命令。

（4）按图标全屏显示图形，效果如图3-88所示。

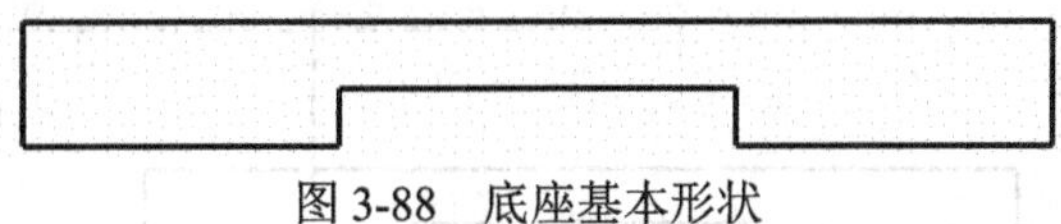

图3-88　底座基本形状

2. 画出各中心线

（1）修改线型为中心线。单击绘图区下方的“属性”按钮，按“线型”下拉按钮，在“线型”的下拉列表框中选择“中心线”线型，完成线型的设置如图3-89所示。

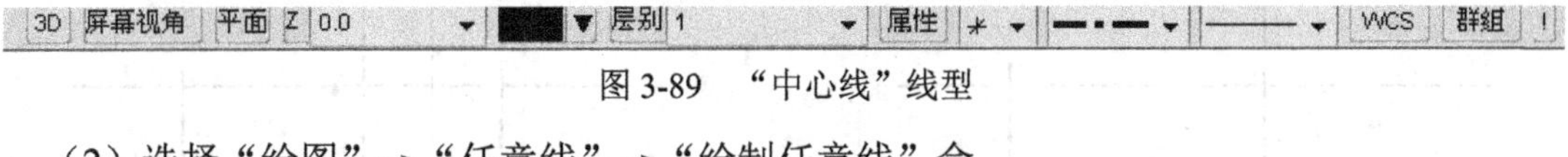

图3-89　“中心线”线型

（2）选择“绘图”→“任意线”→“绘制任意线”命令，绘制一条纵坐标是65的水平中心线。输入起点坐标(−2,65)，按【Enter】键确认，输入终点坐标(100, 65)，按【Enter】键确认。选择“绘图”→“任意线”→“绘制任意线”命令，绘制一条横坐标是50的竖直中心线。输入起点坐标(50,100)，按【Enter】键确认，输入终点坐标（50, 30），按【Enter】键确认。按【Esc】键退出画线命令，结果如图3-90所示。

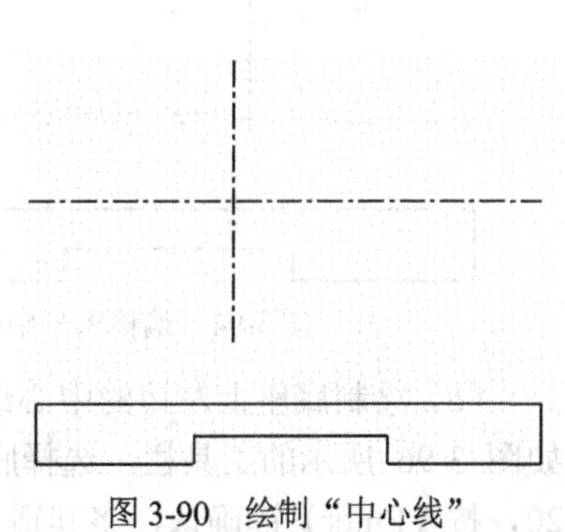

图3-90　绘制“中心线”

（3）复制两条中心线到六边形中心的位置。选择“转换”→“平移”命令，选择上步骤绘制的两条中心线，按【Enter】键确认。弹出如图 3-91 所示对话框，按图示进行设置，单击“确定”按钮，退出对话框，结果如图 3-92 所示。

（4）将距 Y 坐标为 65 的水平线向下偏移 32，得到另外一个水平线。选择“转换”→“单体补正”命令，在弹出的如图 3-93 所示的对话框中修改“补正距离”的值为 32，其他按照图示进行设置，选中纵坐标为 65 的水平线，在其下方任意位置单击，单击“确定”按钮，退出该对话框，完成偏移，结果如图 3-94 所示。

（5）同样的方法继续偏移。将横坐标为 50 的竖直线，分别向左、向右偏移 15，结果如图 3-95 所示。

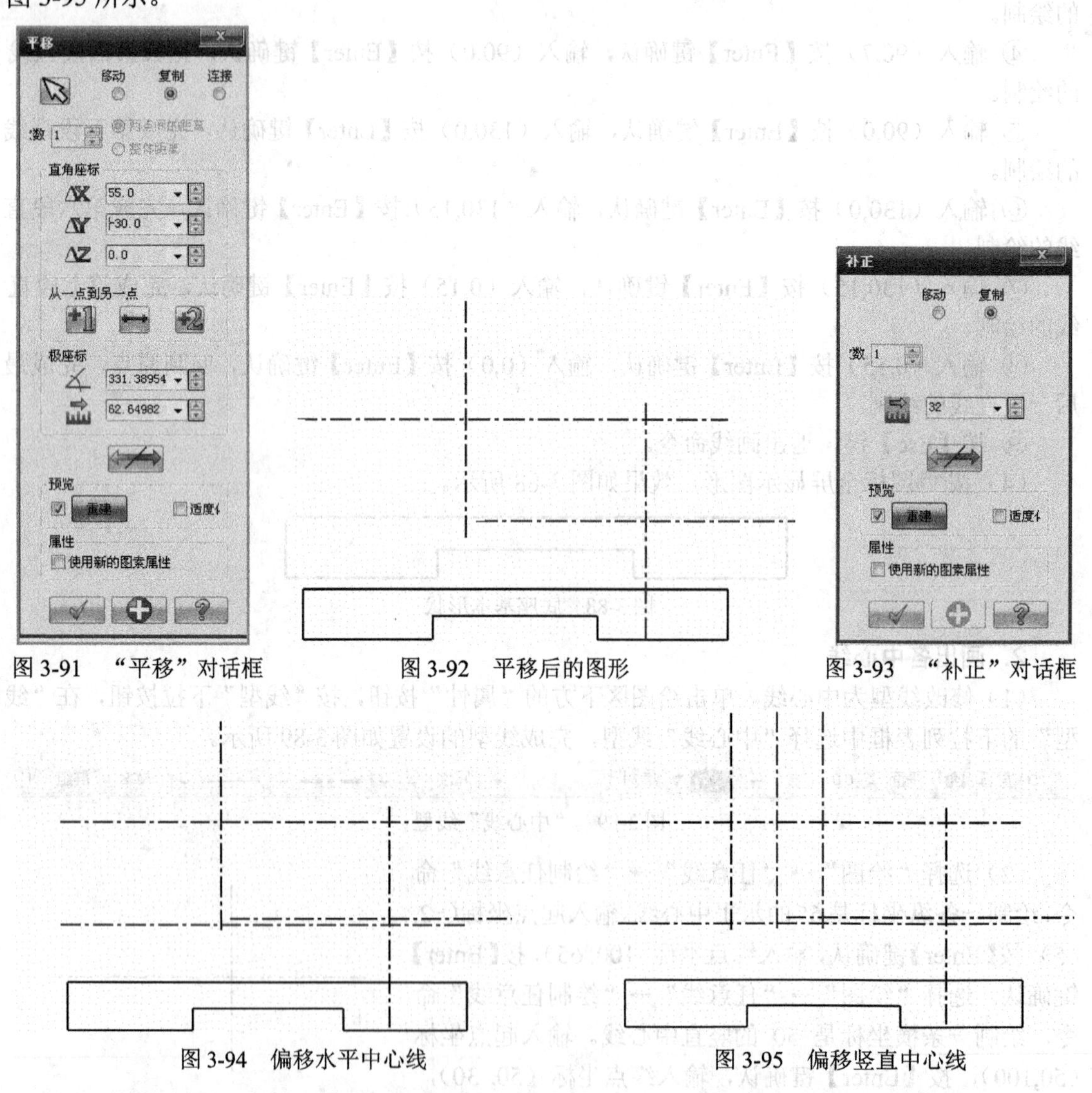

图 3-91 “平移”对话框　　图 3-92 平移后的图形　　图 3-93 “补正”对话框

图 3-94 偏移水平中心线　　图 3-95 偏移竖直中心线

（6）绘制底座上左边的中心线。依次选择“绘图”→“任意线”→“平行线”命令，弹出如图 3-96 所示的工具栏，选择底座的最左边的那条直线，在工具栏中的 0.0 输入 20，按【Enter】键确认，将其适当延伸完成，如图 3-97 所示。

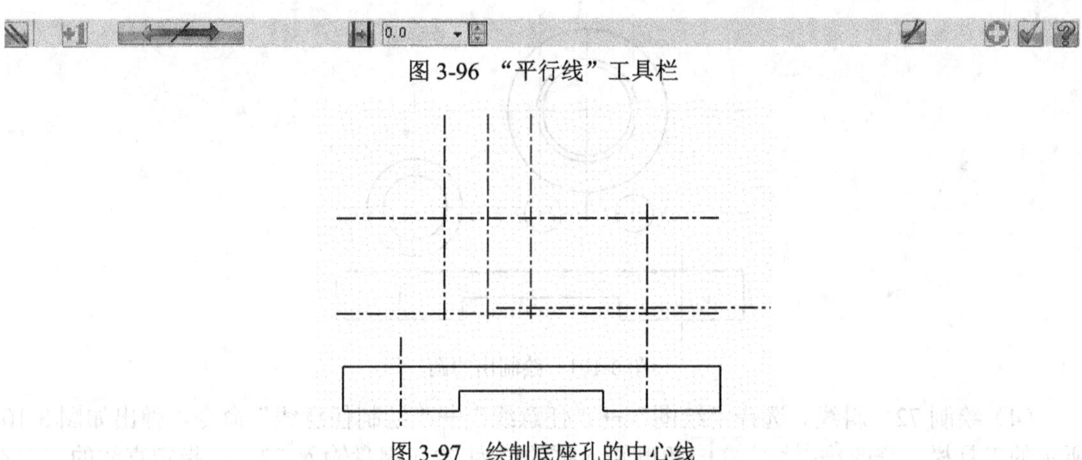

图 3-96　“平行线”工具栏

图 3-97　绘制底座孔的中心线

（7）镜像。将底座左侧中心线，用“镜像”命令复制到底座的右侧，得到右侧的中心线。选择“转换”→“镜像”命令，选中刚画出的左侧中心线，按【Enter】键确认。弹出如图 3-98 所示的对话框，按图示进行设置，点选底座两条水平边的中点，作为镜像轴，最后单击“确定”按钮，完成，如图 3-99 所示。

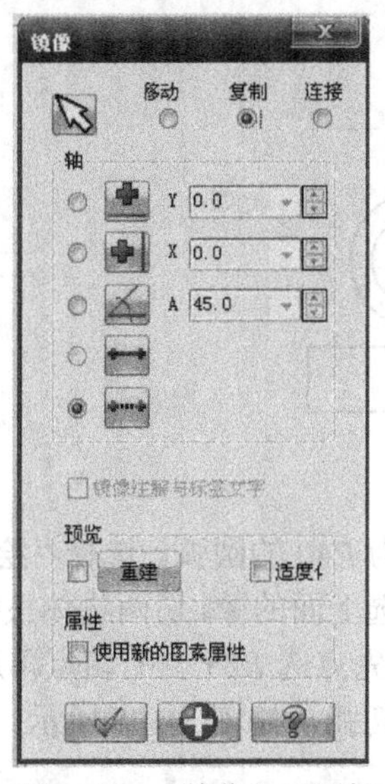

图 3-98　“镜像”对话框

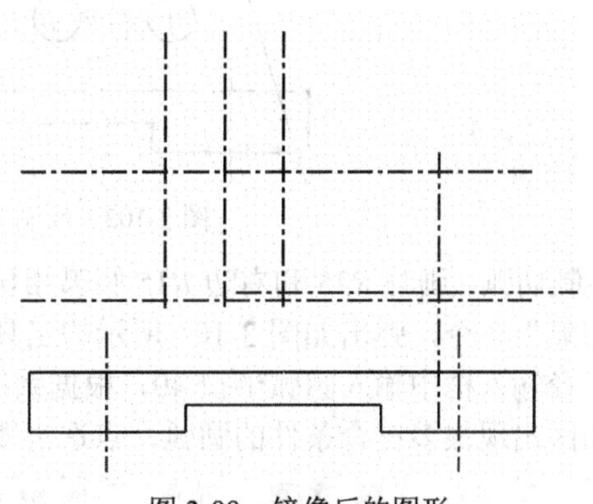

图 3-99　镜像后的图形

3．绘制轮廓线

（1）修改线型为实线

（2）绘制圆。选择“绘图”→“圆弧”→“圆心+点”命令，弹出如图 3-100 所示的工具栏。捕捉中心线的交点为圆的中心点，在 0.0 半径输入框中，输入半径 25，单击“确定”按钮。

图 3-100　“编辑圆心点”工具栏

（3）同样的方法，绘制图形上方的 3 个圆 *R*25、*R*14、*R*16，右边的 *R*15、*R*10，中间的两个 *R*6 的圆，如图 3-101 所示。

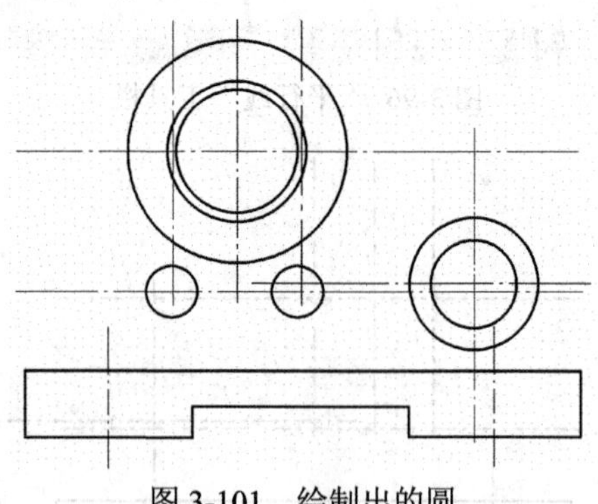

图 3-101　绘制出的圆

（4）绘制 72° 斜线。选择“绘图”→“任意线”→“绘制任意线”命令，弹出如图 3-102 所示的工具栏。修改 0.0 角度输入框的值为 72（键盘输入 72），指定直线的一个端点，再指定直线的另外一个端点，单击“确定”按钮，如图 3-103 所示（如果长度不合适，可适当地修剪或延伸）。

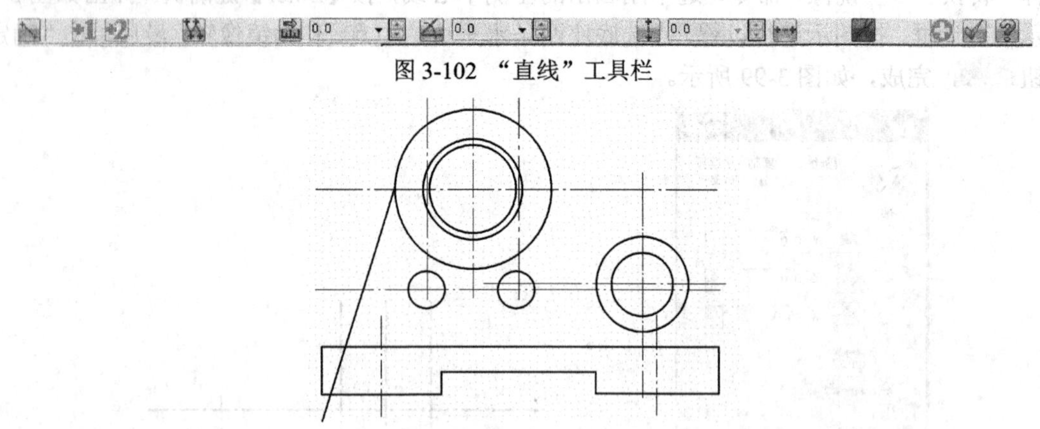

图 3-102　“直线”工具栏

图 3-103　绘制 72° 斜线

（5）绘制切弧。画与 *R*25 和右边 *R*15 圆弧相切，半径为 *R*40 的圆弧。选择“绘图”→“圆弧”→“切弧”命令，弹出如图 3-104 所示的工具栏，点选上面的切两物体按钮，并在工具栏中的半径输入框中输入圆弧半径 40，根据系统提示，先点选 *R*25 上的切点再选 *R*15 上的切点，绘图区出现很多符合条件的圆弧，点选需要的那个切弧，如图 3-105 所示。

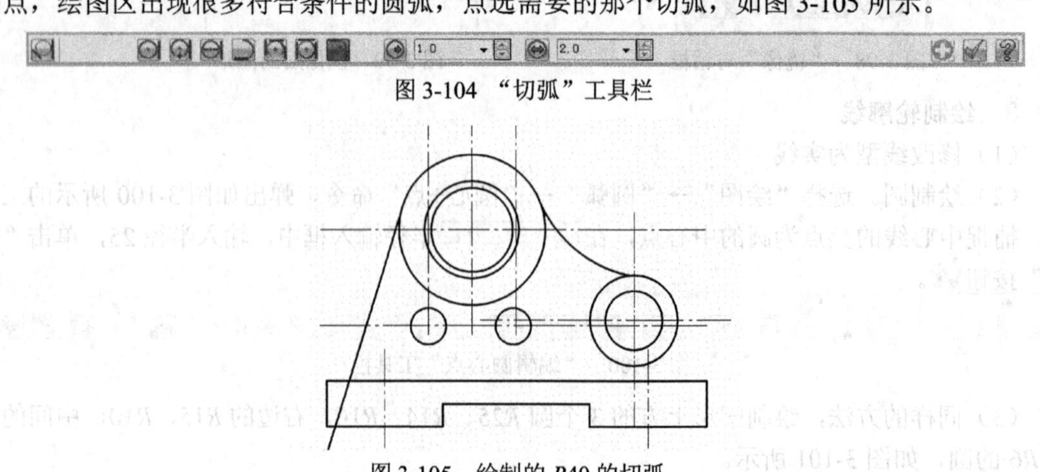

图 3-104　“切弧”工具栏

图 3-105　绘制的 *R*40 的切弧

（6）绘制最右边的竖直线。分析该直线与 R15 相切，与底座顶面直线垂直。故用直线命令中的正交线来绘制。选择“绘图”→“直线”→“通过点相切”命令，先点选与之相切的圆 R15，再点选圆上最右边的一个点作为相切点。（也是直线的起点）系统提示指定直线的另外一个端点，用户在合适的位置单击，即可在图形上出现符合条件的直线，适当修剪，操作成功，结果如图 3-106 所示。

（7）绘制切线。选择“绘图”→“任意线”→“绘制任意线”命令，在左边 R6 上方的四等分点处单击，再在右边 R6 上方四等分点处单击，与两圆相切的上方的切线绘制完成。同样的方法，绘制下方的切线，结果如图 3-107 所示。

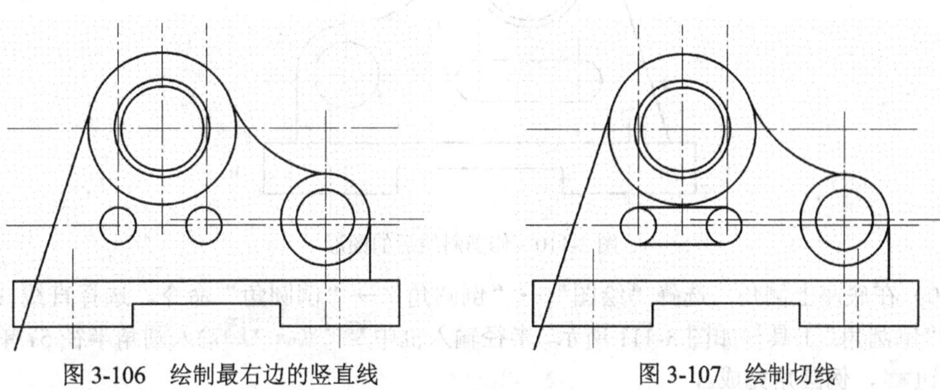

图 3-106　绘制最右边的竖直线　　　　图 3-107　绘制切线

（8）修剪掉两个 R6 圆中间多余的圆弧。选择“编辑”→“修剪/打断”→“修剪/打断/延伸”命令，弹出如图 3-108 所示的工具栏，点选修剪单一物体图标，根据系统提示，选择被修剪的左边的圆弧（注意：点在圆弧需要保留的那一段），选择边界（单击圆弧上面的一条切线的任意位置）之后修剪掉一部分，继续修剪然后选择被修剪的左边的圆弧（注意：单击圆弧需要保留的那一段）再选择边界（单击圆弧下面上面的一条切线的任意位置），修剪掉另外一部分最后，单击“确定”按钮，则左边 R6 的圆修剪完成。

同样的方法，修剪右边的 R6 的圆。（该步骤也可以用打断命令完成，将两个圆在切点处打断，然后删除不需要的部分即可，如图 3-109 所示）

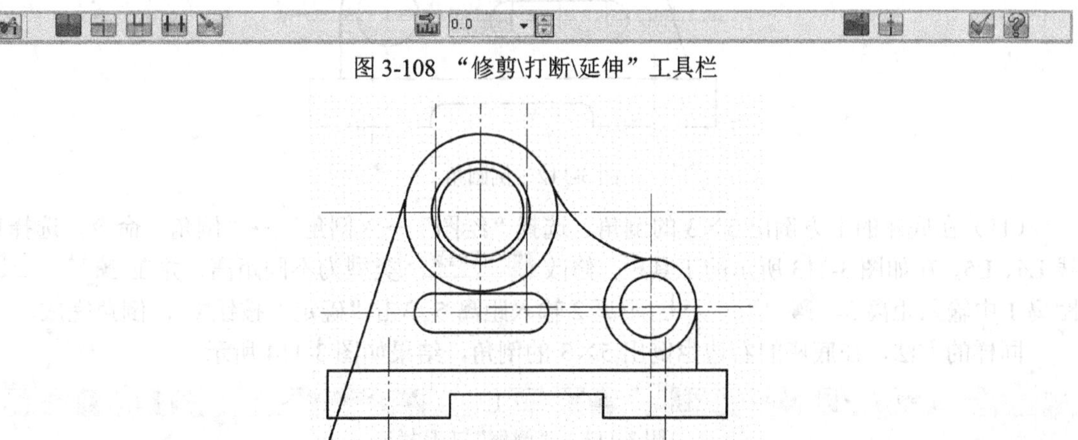

图 3-108　“修剪\打断\延伸”工具栏

图 3-109　修剪圆后的图形

（9）修剪 R25 圆、R15 圆以及斜线。选择“编辑”→“修剪/打断”→“修剪/打断/延伸”命令， 弹出“修剪/打断/延伸”工具栏，点选修剪单一物体图标，根据系统提示选择 R25

圆作为被修剪的对象（注意选择该圆的时候，单击需要保留的上半部分），再点选左边 72° 的斜线作为边界该圆被修剪掉一部分；继续选择 *R*25 圆的上半部分，再选择右上方的切弧作为边界，该圆修剪完成。

同样的方法修剪 *R*15 圆以及斜线，结果如图 3-110 所示。

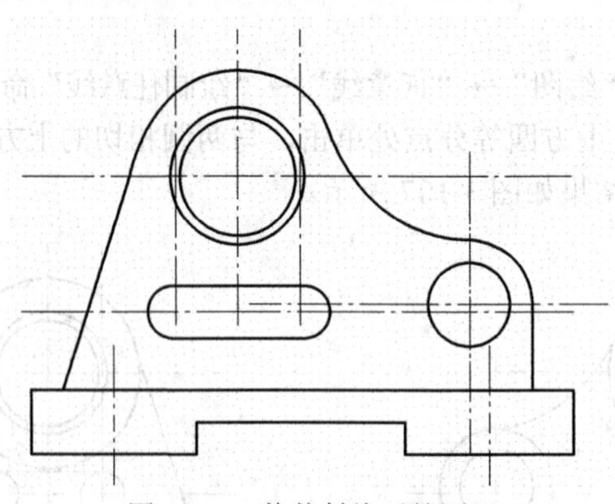

图 3-110 修剪斜线后的图形

（10）在底座上倒角。选择“绘图”→“倒圆角”→“倒圆角”命令，选择直线 L1、L2 然后在“倒圆角”工具栏如图 3-111 所示，半径输入框中 5.0 输入圆角半径 5，单击“确定”按钮，例圆角完成。

同样的方法，在 L2、L3 之间也倒出 *R*5 的圆角，结果如图 3-112 所示。

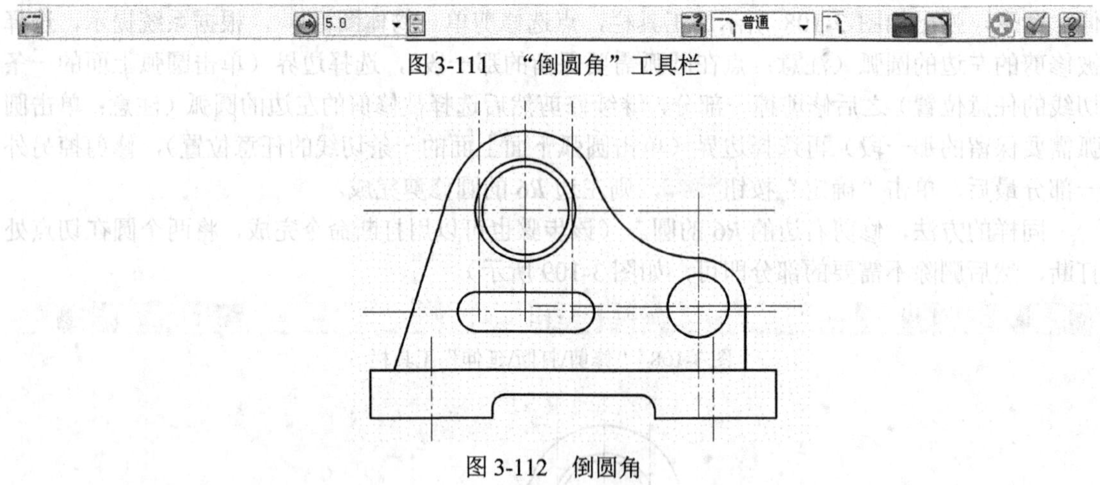

图 3-111 “倒圆角”工具栏

图 3-112 倒圆角

（11）在底座的上方倒出 5×3 的倒角。选择“绘图”→“倒角”→“倒角”命令，选择直线 L4、L5，在如图 3-113 所示的工具栏，修改 不同距离 类型为不同距离，并在 5.0 距离 1 中输入距离 3， 3.0 距离 2 输入距离 5 单击“确定”按钮，倒角完成。

同样的方法，在底座的右边也倒出 5×3 的倒角，结果如图 3-114 所示。

图 3-113 “倒角”工具栏

（12）绘制底座上的孔。选择“绘图”→“绘制任意线”命令，弹出如图 3-115 所示的工具栏，按下工具栏中的“绘制连续线”按钮，捕捉底座左下角点（前面已将其设置为原点）并在工具栏中的长度框 0.0 中输入 14，角度框 0.0 中输入 0°，长度框中输入 11，角度输入 90°，长度输入 4，角度输入 180°，长度输入 4，角度输入 90°，单击“确定”按钮，绘制完成如图 3-116 所示。

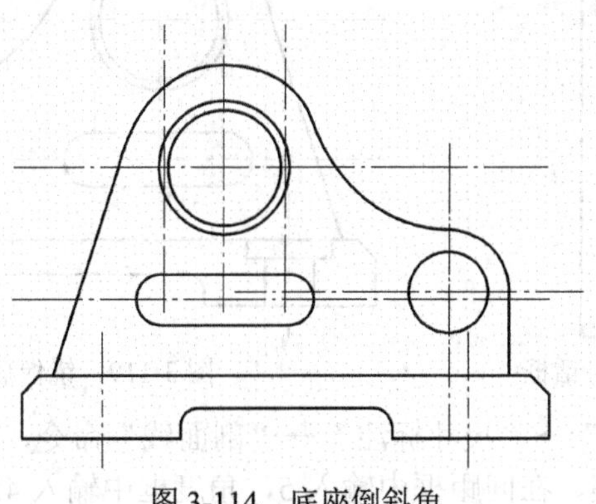

图 3-114　底座倒斜角

图 3-115　“画线”工具栏

将刚绘制孔轮廓的一条的水平线，延伸到中心线的位置。选择“编辑”→“修剪/延伸”→“修剪/延伸/打断”命令，单击按钮，先选择被延伸的直线再选择中心线→单击“确定”按钮，如图 3-117 所示。

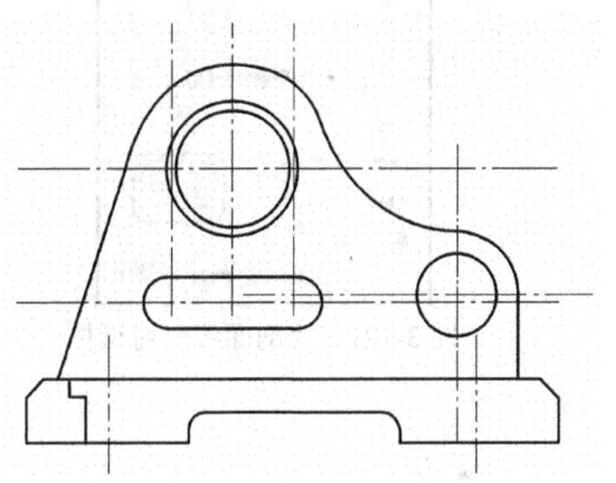

图 3-116　绘制的孔轮廓的各段直线

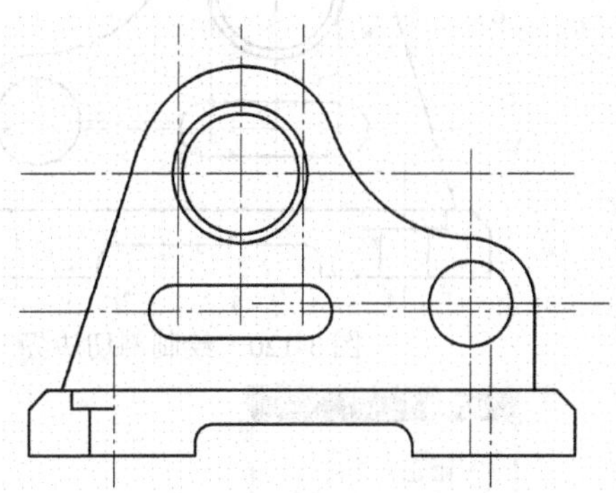

图 3-117　延伸后的轮廓线

镜像得到底座左孔的另一半。选择“转换”→“镜像”命令，根据系统提示选择被镜像的图素，按【Enter】键确认。在弹出的如图 3-118 所示的对话框中进行如下设置：镜像方式选中“复制”单选按钮，镜像轴选择“两点确定”，在图形的镜像轴上依次单击两下，系统自动切换到“镜像”对话框，单击“确定”按钮，完成镜像，如图 3-119 所示。

用“曲线”命令画出表示剖切边界的波浪线。选择“绘图”→“曲线”→“手动画曲线”命令，绘制一条曲线，绘制完成后按【Esc】键退出，修剪掉部分超出轮廓线的曲线，结果如图 3-120 所示。

（13）填充剖面线

① 对各个相交点断开：选择“编辑”→“修剪/打断”→“在交点处打断”命令，根据系统提示，选择被打断的底座轮廓线，按【Enter】键确认，则系统将所选择的底座在所有的交点处打断。

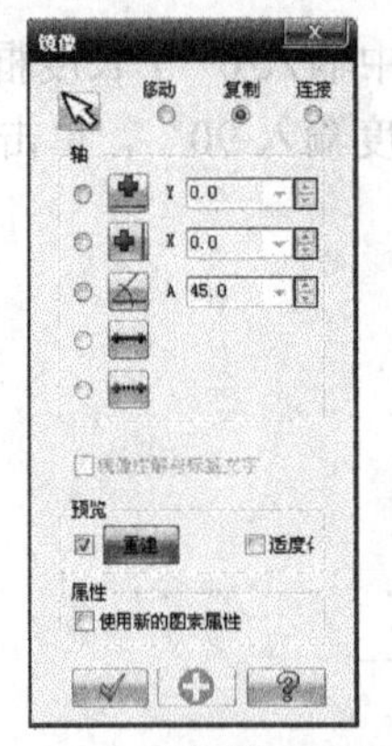

图 3-118 “镜像”对话框

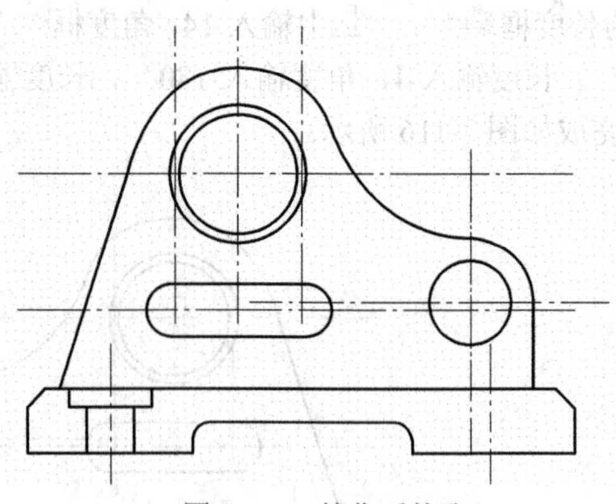

图 3-119 镜像后的孔

② 填充：选择“绘图”→“尺寸标注”→“剖面线”命令，在弹出的如图 3-121 所示的对话框中，选中“铁”图案，在间距框中输入 5，角度框中输入 45°，单击“确定”按钮✔，接着弹出如图 3-122 所示的对话框，选中“区域”选项，分别在需要填充的区域单击，然后单击“剖面线”对话框中的“确定”按钮✔，完成填充，如图 3-123 所示。

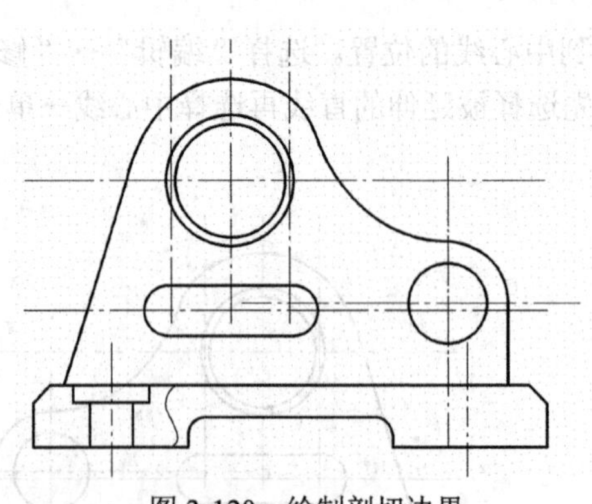

图 3-120 绘制剖切边界

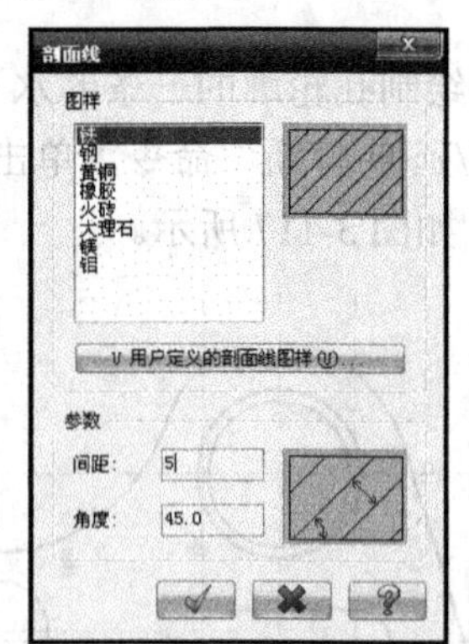

图 3-121 “剖面线”对话框

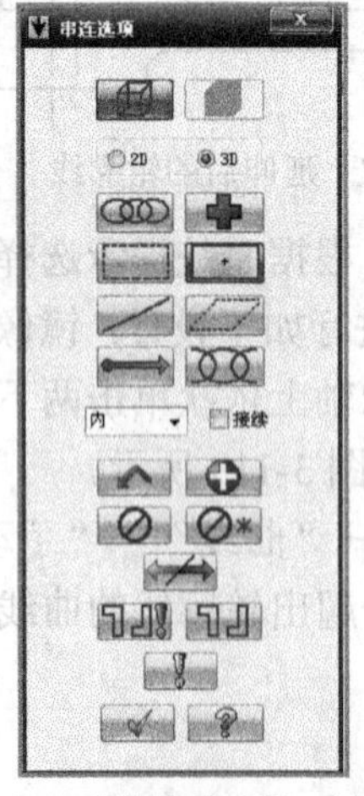

图 3-122 “串连选项”对话框

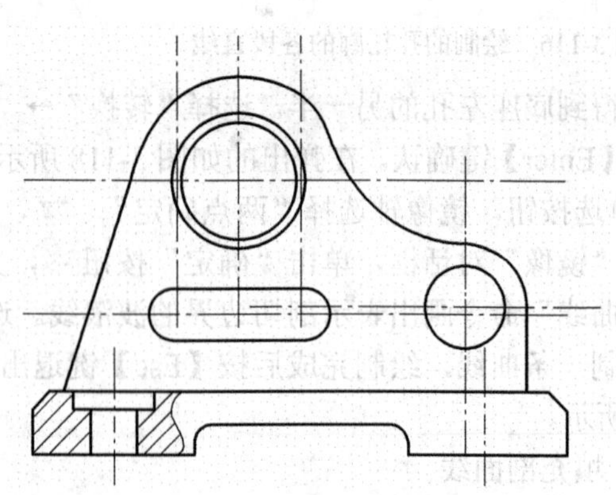

图 3-123 填充后的图形

（14）画花键孔

① 将图形的竖直中心线分别向左、右偏移 3.5，如图 3-124 所示。

② 修剪得到两圆之间的两段短直线，如图 3-125 所示。

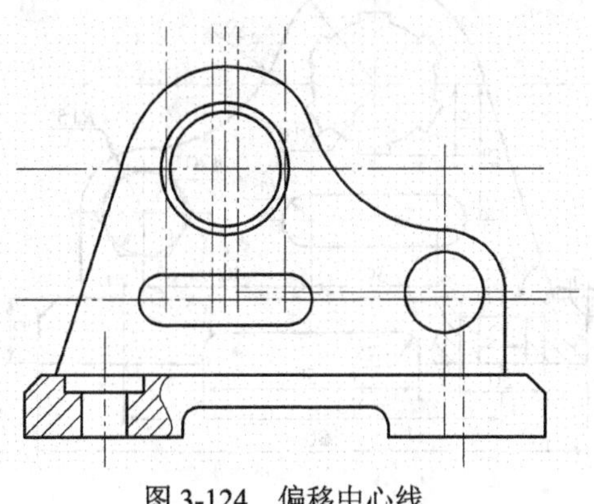

图 3-124　偏移中心线

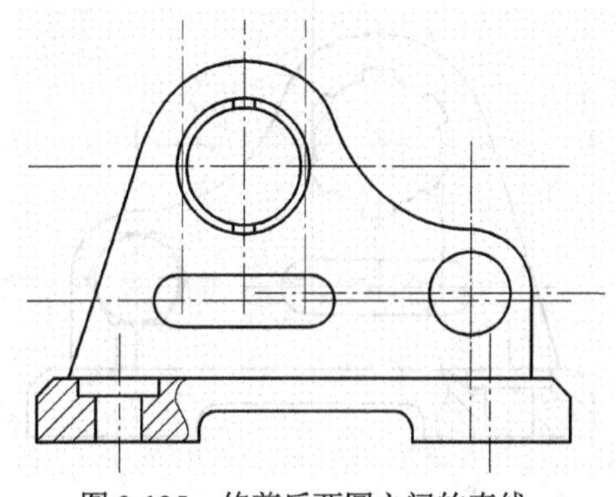

图 3-125　修剪后两圆之间的直线

③ 旋转复制该两段直线：选择“转换”→“旋转”命令，选择被旋转的两小段直线，按【Enter】键确认。在弹出的如图 3-126 所示的对话框中，按图示进行设置。设置完成后单击“确定”按钮，如图 3-127 所示。

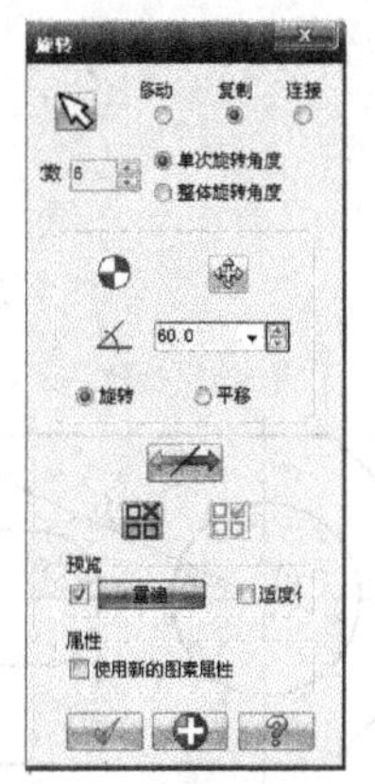

图 3-126　“旋转”对话框

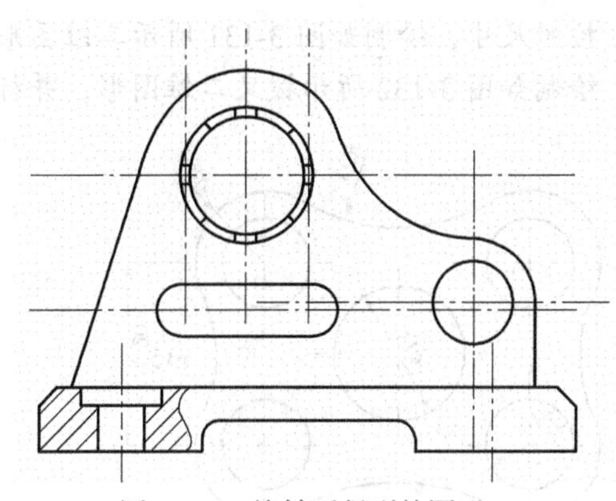

图 3-127　旋转后得到的图形

④ 按图 3-128 进行修剪，得到花键孔。

（15）画出图形右边的六边形。选择“绘图”→“正多边形”命令，根据系统提示指定正多边形的中心点（捕捉直径为 20 的圆的圆心作为中心点），在弹出的“多边形选项”对话框中，按照图 3-129 进行设置，设置完成后单击“确定”按钮完成创建，如图 3-130 所示。

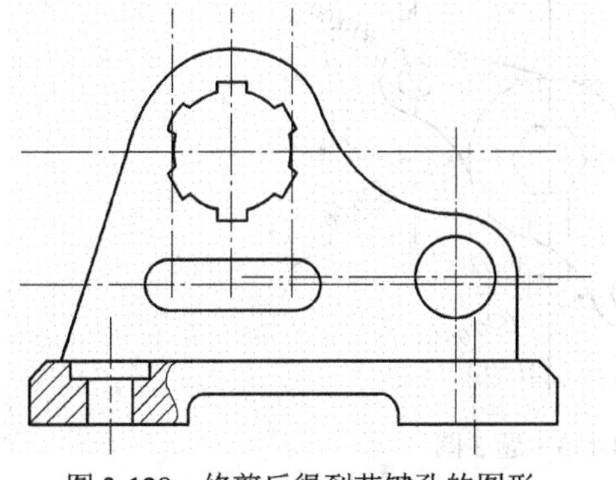

图 3-128　修剪后得到花键孔的图形

图 3-129　“多边形选项”对话框

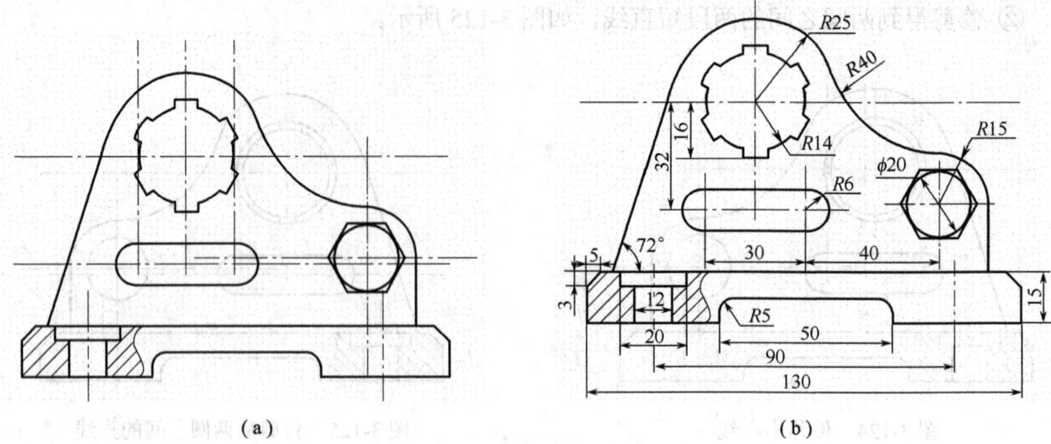

图 3-130 绘制的正六边形

习 题 3

1. 按照尺寸，绘制如图 3-131 所示二维图形。
2. 绘制如图 3-132 所示拨叉二维图形，并标注尺寸。

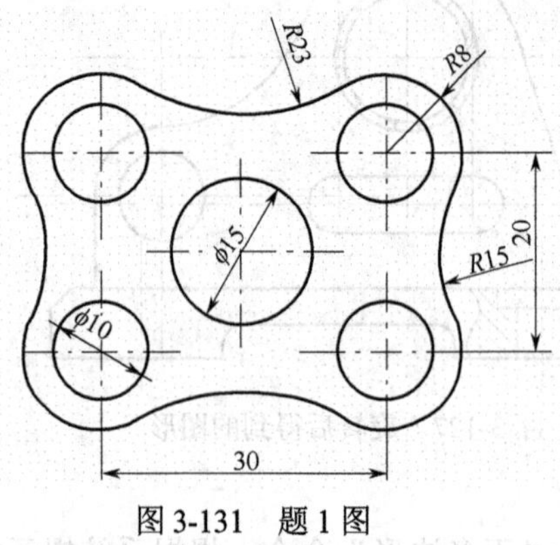

图 3-131 题 1 图

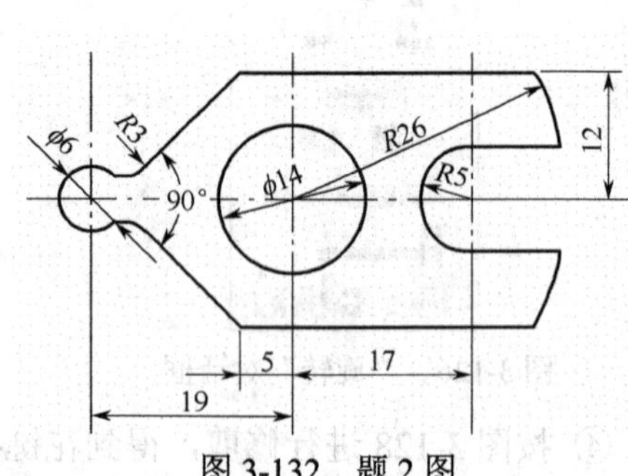

图 3-132 题 2 图

3. 绘制如图 3-133 所示扳手，并标注尺寸。

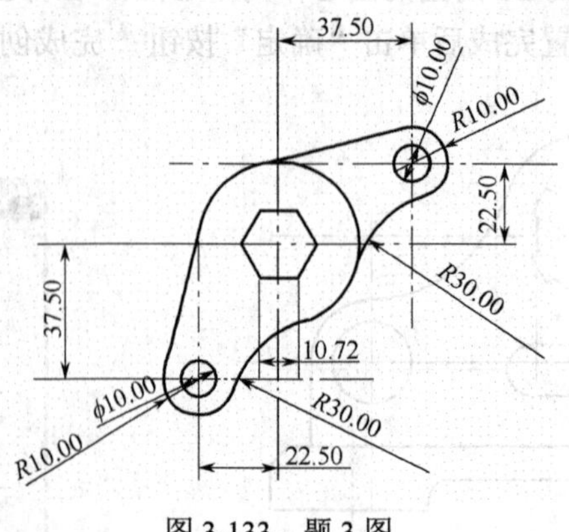

图 3-133 题 3 图

第 4 章　二维加工刀具路径

导　　语

二维加工是生产实践中用得最多的一种加工方式。二维加工，是指在切削动作进行当 中，切削深度方向是不变的；在铣削加工中，在进入下一层加工时 Z 轴才单独进行动作，实际加工是靠 X、Y 两轴联动实现的。

本章通过实例的形式，介绍 Mastercam X5 系统的二维加工功能，主要包括外形铣削加工、平面铣削加工、挖槽加工和钻孔加工等。

学习目标

1．掌握外形铣削加工的操作；
2．掌握平面铣削加工的操作；
3．掌握挖槽加工的操作；
4．掌握钻孔加工的操作。

4.1　外形铣削

外形铣削也常被称为轮廓铣削，是指沿着所定义的外形轮廓线进行铣削加工。它主要用于铣削轮廓边界、倒直角、清除边界残料等场合。

外形铣削通常用于二维工件或三维工件的外形轮廓加工。二维外形铣削加工刀具路径是用户设的深度值，切削深度不变；三维外形铣削加工刀具路径的切削深度是随外形的位置变化而变化的。外形铣削加工是二维加工还是三维加工，取决于用户所选的外形轮廓线是二维线架还是三维线架。如果用户选取的线架是二维的，外形铣削加工刀具路径就是二维的；如果用户选取的线架是三维的，外形铣削加工刀具路径就是三维的。本节介绍二维外形轮廓的铣削加工。

4.1.1　外形铣削的一般步骤

（1）绘制外形铣削的二维轮廓。
（2）选择机床加工系统。
（3）设置工件毛坯。
（4）创建外形铣削加工刀具路径：
① 选择铣削的图形；
② 选择刀具并设置刀具参数；
③ 设置外形铣削的加工参数。
（5）验刀具路径。
（6）真实加工模拟。
（7）后处理创建并保存 NC 和 NCI 文件。

4.1.2 外形铣削加工实例

【范例 1】对如图 4-1 所示的零件的二维轮廓进行外形铣削加工。

1. 创建外形铣削的二维轮廓

（1）新建一个文件：打开 Mastercam X5 软件，选择“文件”→“新建图形”命令。（为的是采用系统的原始设置，避免受到更改设置的影响）

（2）设置构图面为俯视图，构图深度为 0，线型为“实线”。

（3）根据尺寸，绘制如图 4-2 所示的二维图形。

图 4-1 零件的二维轮廓

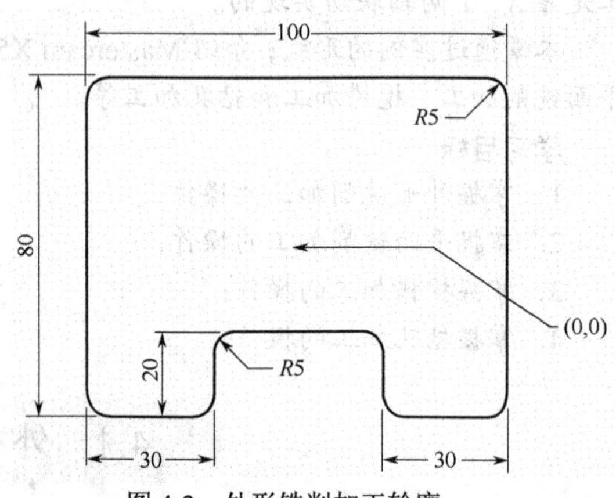

图 4-2 外形铣削加工轮廓

2. 选择机床

本例采用默认的铣床。选择“机床类型”→“铣床”→“默认”命令。

3. 设置工件毛坯

（1）在本例中，外形铣削轮廓的长、宽最大尺寸分别是 100 mm 和 80 mm，因此将毛坯的尺寸设置为 104 mm×84 mm，即四周留出了 2 mm 的余量。

（2）将毛坯的厚度设置为 10 mm。

（3）材料设置为铝材。

（4）在如图 4-3 所示的操作管理器的“刀具路径”选项卡中，双击“山 属性 - Mill Default ”节点如图 4-4 所示。

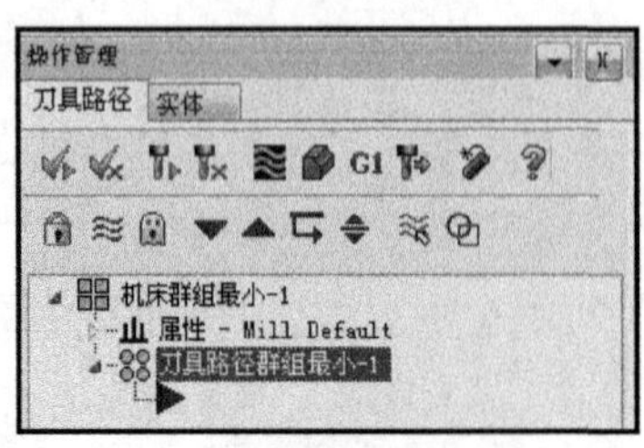

图 4-3 “刀具路径”选项卡

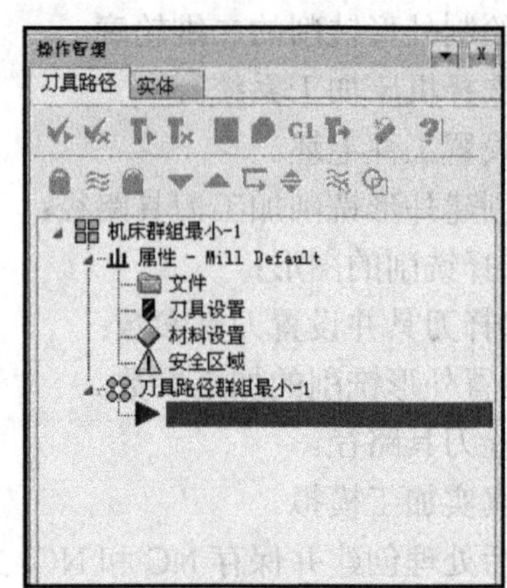

图 4-4 展开属性节点

（5）单击属性树节点下的“材料设置”标签，系统弹出“机器群组属性”对话框，选择该对话框上方的“材料设置”选项卡，如图 4-5 所示。

（6）单击“机器群组属性”对话框下方的“边界盒”按钮，弹出“边界盒选项”对话框，按照如图 4-6 所示进行设置。

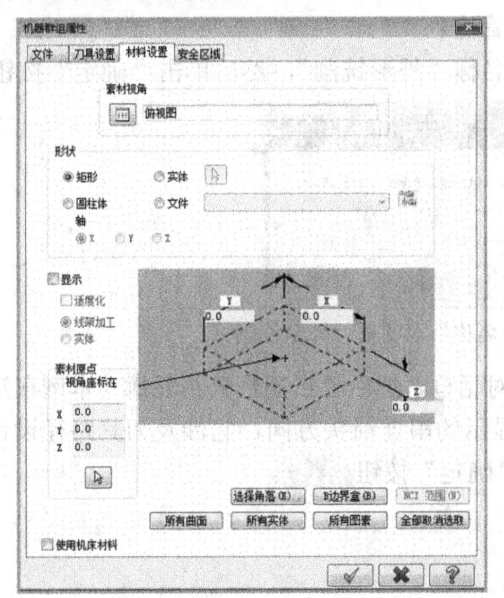

图 4-5　“机器群组属性”对话框（外形铣削）

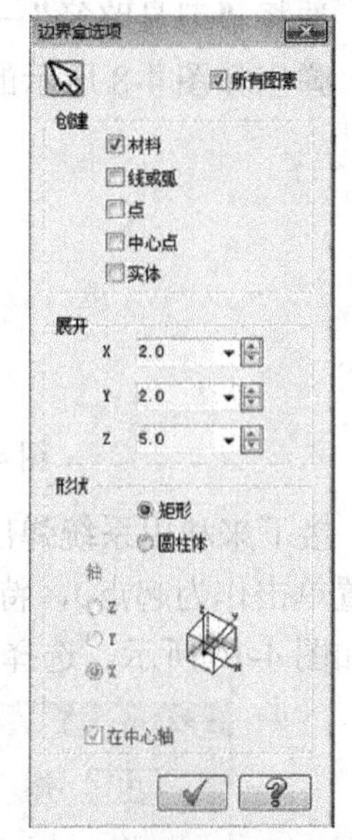

图 4-6　“边界盒选项”对话框

（7）在上面的对话框中设置完成后，单击对话框下方的“确定”按钮 ✓ ，退出该对话框，返回到“机器群组属性”对话框。按照图 4-7 进行设置，即在该对话框中“形状”选项组中选中“矩形”单选按钮，选中“显示”“适度化”复选框和“线架加工”单选按钮，其他按默认设置。

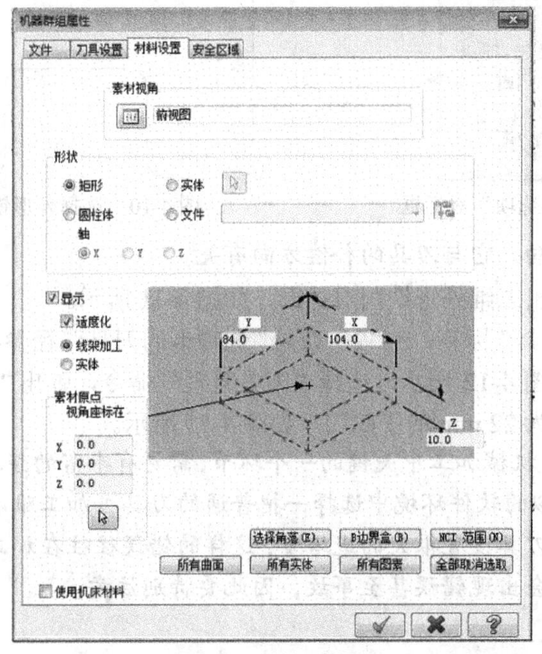

图 4-7　毛坯设置

（8）设置完成后，单击“机器群组属性”对话框下方的“确定”按钮，退出该对话框。

4. 创建二维外形铣削加工刀具路径

准备好轮廓图形并指定铣削机床类型后，可以进行外形铣削的参数设置。

（1）选择“刀具路径”→“外形铣削”命令；

（2）弹出如图 4-8 所示的对话框，输入名称“外形铣削”，然后单击“确定”按钮。

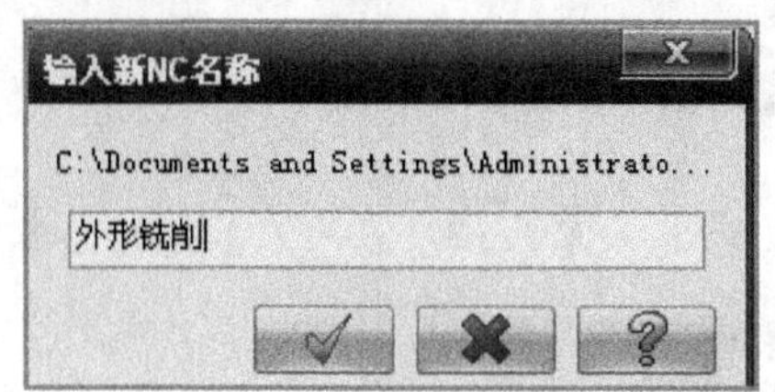

图 4-8 “输入新 NC 名称”对话框（外形铣削）

（3）接下来利用系统弹出如图 4-9 所示对话框，然后单击矩形外形轮廓（本例在矩形左边上侧位置单击作为起点），特别注意并记住显示的串连箭头方向，它涉及刀具路径设计的相关问题，如图 4-10 所示。选择完成后，单击“确定”按钮。

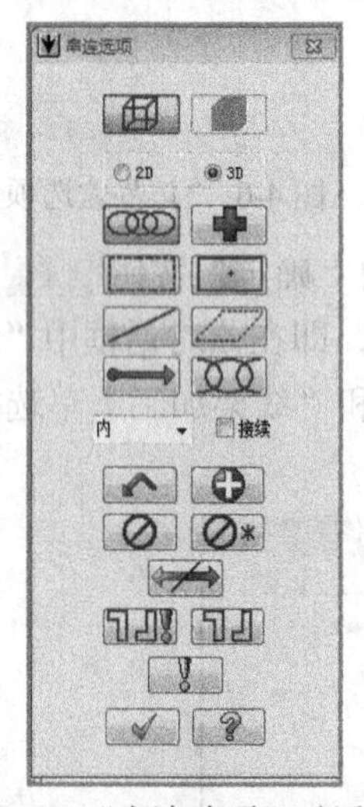

图 4-9 “串连选项”对话框

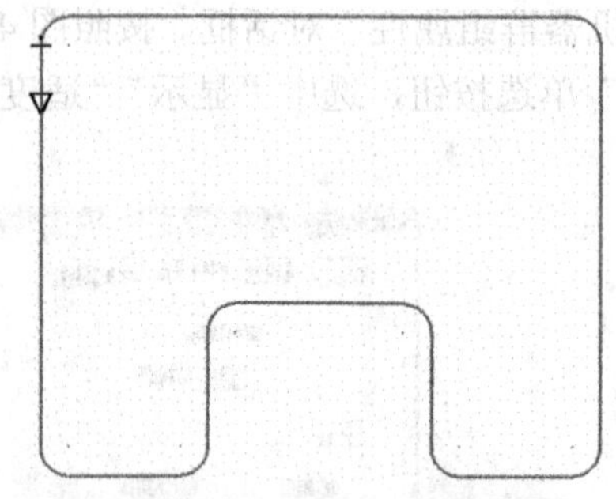

图 4-10 选择外形铣削轮廓

提示：注意箭头方向，它与刀具的补偿方向有关。

（4）这时，系统弹出二维外形铣削对话框，如图 4-11 所示。

① 单击左侧的“刀具”标签，在“2D 刀具”选项卡的刀具路径参数列表框的空白处右击，弹出刀具快捷菜单，如图 4-12 所示，选择“刀具管理”命令，弹出“刀具管理”对话框，从刀具库中添加一把直径为 22 mm 的平底刀，如图 4-13 所示。

提示：刀具的选择是机械加工中关键的一个环节，需要有丰富的经验才能做出合理的选择。有时，用户往往会在虚拟的软件环境中选择一把普通的刀具去加工难以切割的材料，甚至有时还会给一把直径很小的刀具设置很大的进给量，这样的错误往往在加工仿真中很难被发现。但是一旦到实际加工中就会出现错误甚至事故，因此要特别注意。

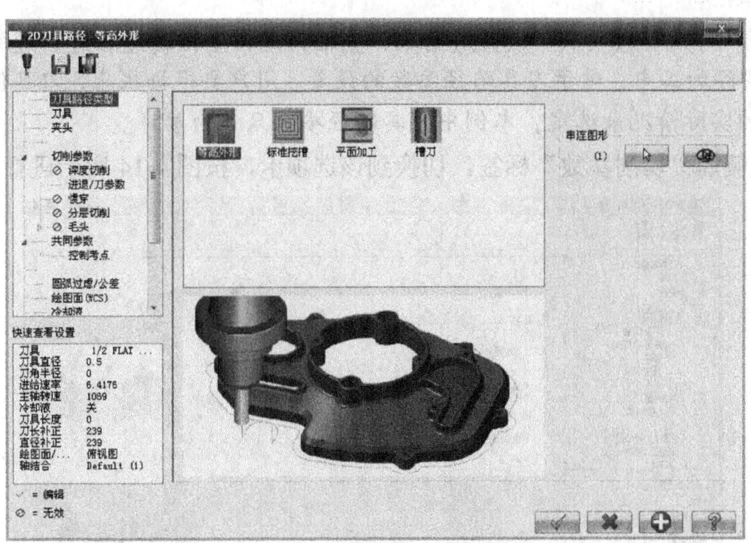

图 4-11　外形铣削对话框

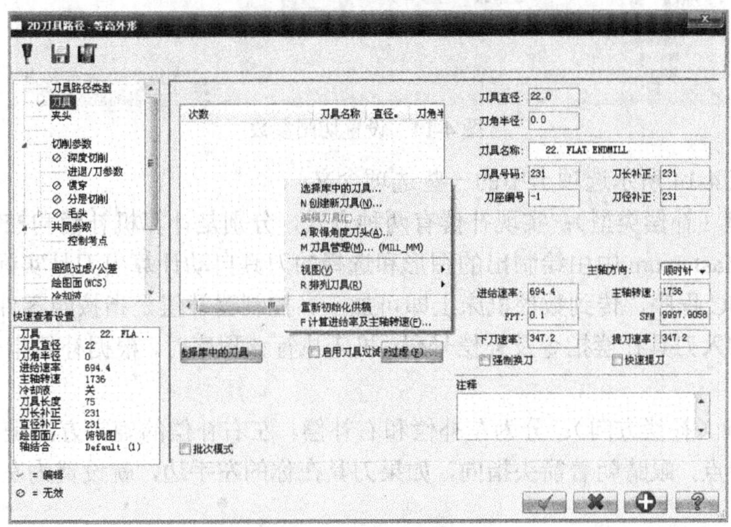

图 4-12　刀具快捷菜单

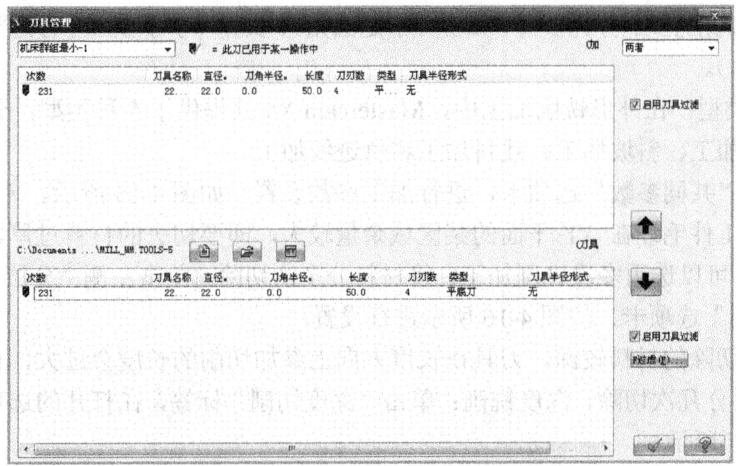

图 4-13　在“刀具管理”对话框选择刀具

② 返回到“刀具”选项卡，设置进给率、主轴方向、主轴转速和进刀速率等参数。

提示：在实际加工中，对于刀具路径参数的设置，用户要根据机床、刀具使用手册和工件的材料等因素的实际情况来选定，本例中刀具路径参数只作为参考。

③ 单击左侧的“切削参数”标签，切换到该选项卡，按图4-14所示进行设置。

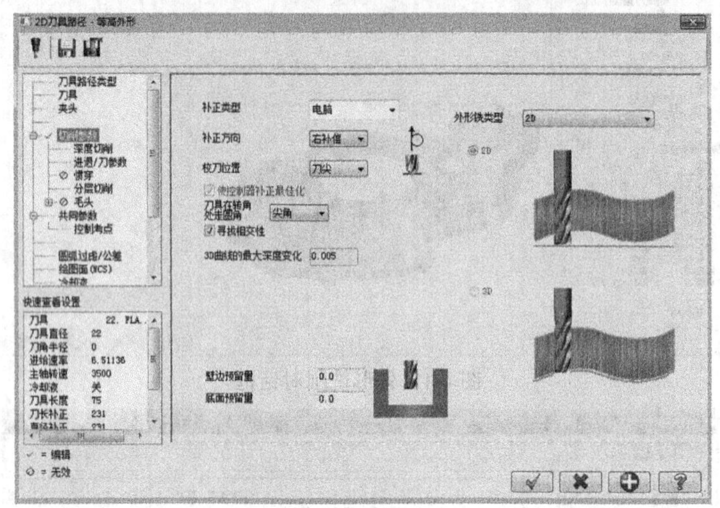

图4-14　设置切削参数

下面解释图4-14所示选项卡中的一些选项含义：

a. 补正类型（补偿类型）：实现补偿有两种方式，分别是计算机补偿和控制器补偿。计算机补偿是指在Mastercam中由绘制出的图形和选择的刀具自动计算出刀具实际应该走的路线，按此路线生成NC程序，传到数控机床上即可加工。控制器补偿是指按照零件轨迹进行编程，在需要的位置加入刀具补偿指令及补偿号码，机床执行该程序时，根据补偿指令自行计算刀具中心轨迹线。

b. 补正方向（补偿方向）：分为左补偿和右补偿。左右补偿的确定方法是，设想你站在串连方向箭头的起点，眼睛朝着箭头指向，如果刀具在你的左手边，就设置为左补偿，反之，就设置为右补偿。

c. 补偿方式位置：分别为2种，即刀心和刀尖。

d. 刀具走转角方式：分为3种，即无（不走圆角）、尖角（小于135°时走圆角）、全部（所有转角都走圆角）。

e. 外形铣类型：在外形铣削加工中，Mastercam X5共提供了5种类型，分别是2D外形加工、2D倒角加工、斜坡加工、残料加工和轨迹线加工。

④ 切换到“共同参数”选项卡，进行加工参数设置，如图4-15所示。

⑤ 考虑到工件毛坯在*XY*平面的某区域余量较大，即要切去的材料过厚，刀具在直径方向切入量较多，可以选用多次铣削加工，将材料分多次切除。单击左侧“分层切削”标签，切换到“分层切削”选项卡，按图4-16所示进行设置。

⑥ 如果要切除的材料较深，刀具在长度方向上参加切削的长度会过大，也无法一次加工完成，应将材料分几次切除。深度铣削：单击“深度切削”标签，在打开的选项卡中进行参数设置，如图4-17所示。

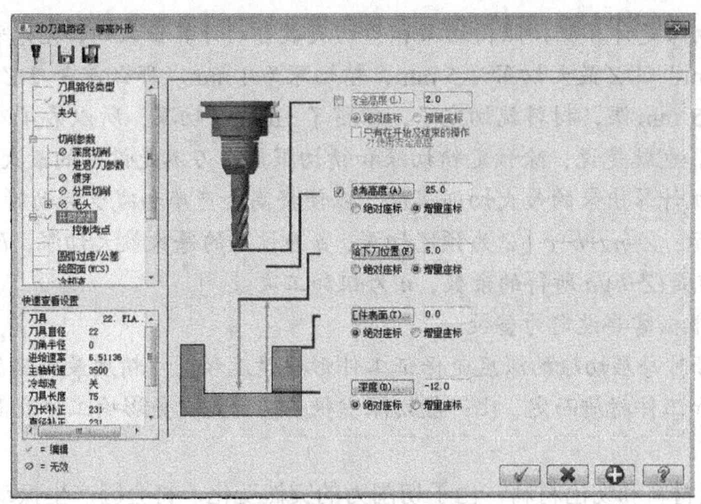

图 4-15　设置外形共同参数

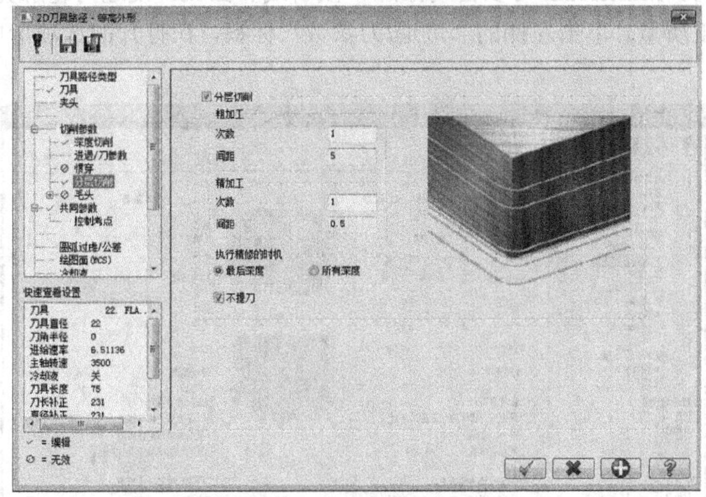

图 4-16　“分层切削”选项卡

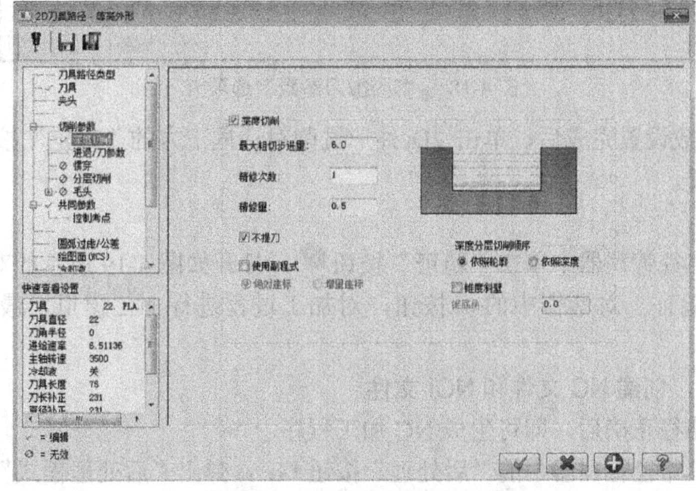

图 4-17　“深度切削”选项卡

提示：每次切深是计算机按照精切深和精切次数自动计算出来的，优先采用最大切深。比如，切深为20 mm，设Z最大切深为5 mm，精切深为1 mm。那么前3刀Z轴都走5 mm深，第4刀本来是走5 mm深，材料就切完了，但留了1mm精切深，所以第4刀只走4 mm深，留一刀给精加工。也就是说，除预定精切深和精切深前一刀不是设定的最大切削深度外,前面所走刀都是计算机计算出来的最大切削深度，以便提高生产率和减少劳动时间。为方便记忆，可以用公式来表示：$Z=na+b+c$［Z为预定切深，a为设定的每次最大切深，b等于最大精修量乘精修次数，c就是$(Z-b)/a$所得的余数，n为粗加工次数。］

精修次数：根据需要设定为整数。

精修量：精修时每层切除的深度是保证工件形状精度和尺寸精度最关键的一步。依据机床系统、刀具选用和工件材质而定，比一般切深少很多。但太少会影响工作表面粗糙度，保证不了加工要求。

⑦ 刀具切入材料和切出材料，由于切削力的突然变化，将会因产生振动而留下刀痕，因此在进刀和退刀时，Mastercam可以自动添加一段引线和圆弧，使之与轮廓光滑过渡，从而避免振动，提高加工质量。单击左侧的“进退/刀参数”标签，在打开的选项卡中进行参数设置，如图4-18所示。

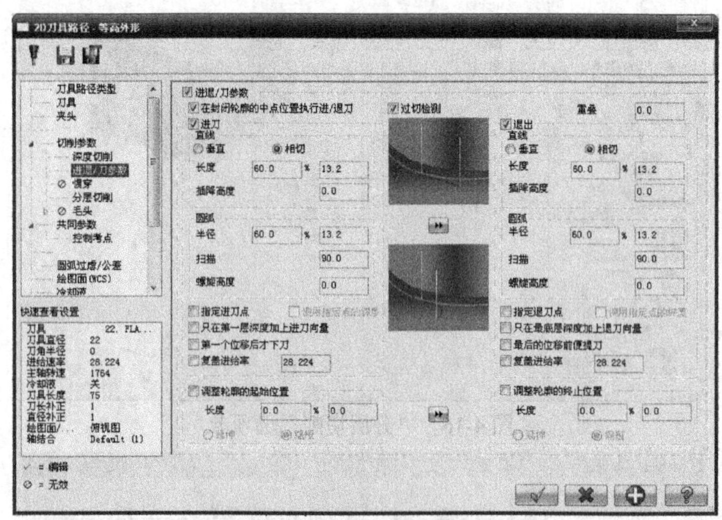

图4-18 “进退/刀参数”选项卡

⑧ 所有的参数设置完成后，单击2D外形铣削对话框下方的“确定”按钮，完成外形铣削的参数设置。

5. 加工模拟

（1）在刀具路径管理器中单击“验证”按钮，打开如图4-19所示的对话框。

（2）单击“验证”对话框中的按钮，对加工过程进行加工模拟，最后的模拟结果如图4-20所示。

6. 后置处理，创建NC文件和NCI文件

在确认刀具路径正确后，即可生成NC加工程序。

（1）单击刀具路径管理器中的“后处理”按钮 G1，弹出“后处理程式”对话框，分别设置NC文件和NCI文件选项，如图4-21所示。

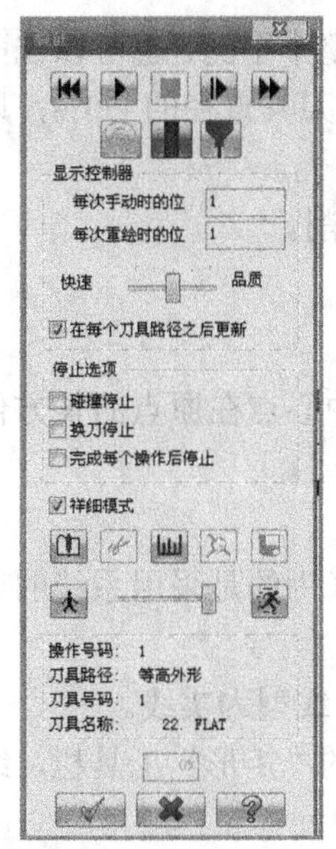

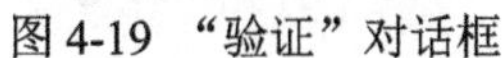

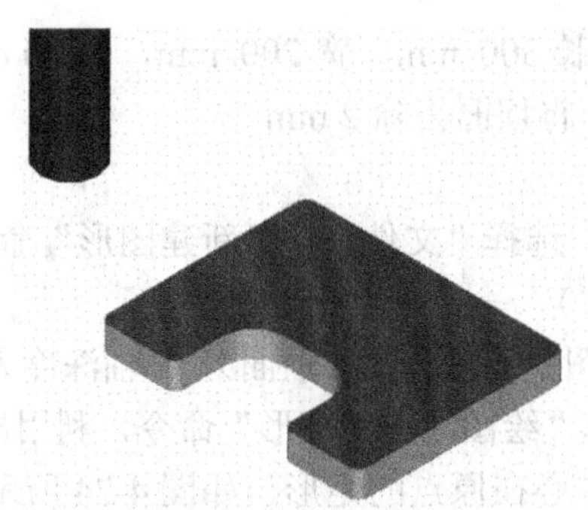

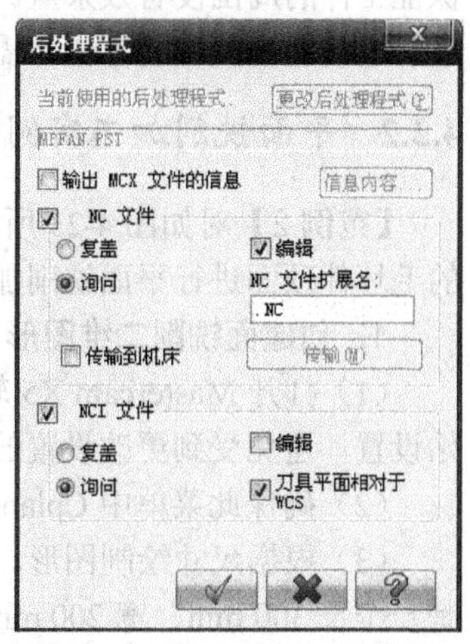

图 4-19 “验证”对话框　　图 4-20 真实加工模拟　　图 4-21 “后处理程式”对话框

（2）设置好后，单击“确定”按钮，系统会依次出现对话框，根据要求为 NCI 文件和 NC 文件取名、指定保存位置、保存类型等，之后单击“确定”按钮，则 NCI 文件和 NC 文件都极快地被创建出来并被保存。

（3）保存 NC 文件和 NCI 文件后，系统弹出如图 4-22 所示的 Mastercam 编辑器，在该编辑器窗口中显示了生产的数控加工程序。

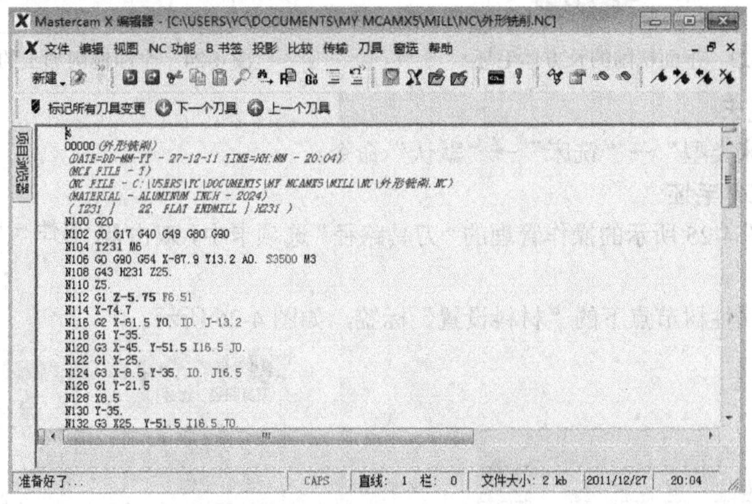

图 4-22　Mastercam（外形铣削）

4.2 平 面 铣 削

4.2.1 平面加工的基本知识

面铣削就是将用户指定的工件表面铣去指定的深度，该二维加工方法主要用于快速切除毛坯面的材料。通常面铣削用于铣削较大面积的平面，如面铣削可以铣削整个平面，也可以铣削选定的某个区域。在设置参数时，应注意使切削方向的重叠量至少大于刀具直径的 50%，以保证工件的周围没有残余量。

平面铣削关键的工作还需要指定铣削路径的方式，如单向和双向铣削。

4.2.2 平面铣削加工实例

【范例 2】对如图 4-23 所示的长 300 mm，宽 200 mm，高 30 mm 中心点在原点的长方体的毛坯件顶面进行平面铣削加工，将顶面去除 2 mm。

1．创建面铣削二维图形

（1）打开 Mastercam X5 软件，选择“文件”→“新建图形”命令。（为的是采用系统的原始设置，避免受到更改设置的影响）

（2）确保此菜单中 Cplane 构图平面项为 T（顶面），Z 轴深度为 0，线型为实线。

（3）根据尺寸绘制图形。选择“绘图”→“矩形”命令，利用出现的“矩形”工具栏，绘制一个长 300 mm、宽 200 mm，中心在原点的矩形，如图 4-24 所示。

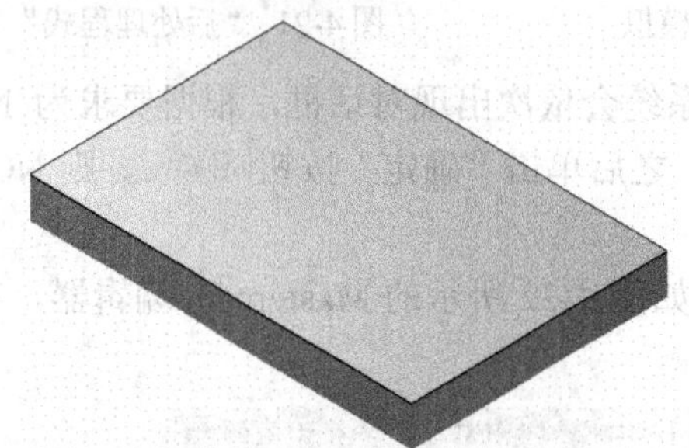

图 4-23 平面铣削的长方体毛坯

图 4-24 平面铣削加工的二维图形

2．选择机床

选择“机床类型”→“铣床”→“默认”命令。

3．设置工件毛坯

（1）在如图 4-25 所示的操作管理的“刀具路径”选项卡中，双击 属性 - Mill Default 节点。

（2）单击属性树节点下的“材料设置”标签，如图 4-26 所示。

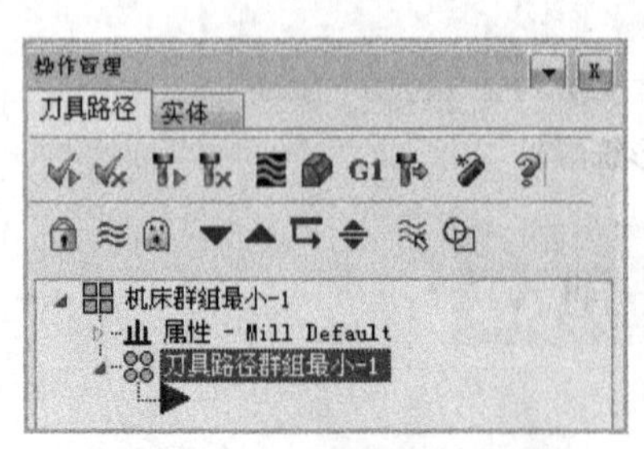

图 4-25 “刀具路径”选项卡

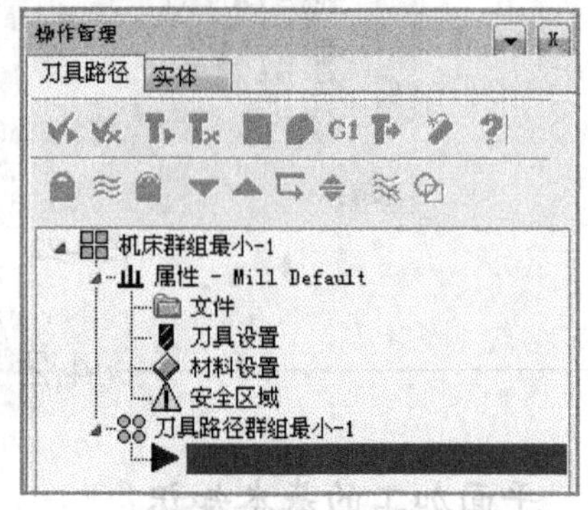

图 4-26 “材料设置”标签

（3）系统弹出“机器群组属性”对话框，选中该对话框上方的“材料设置”选项卡，单击“边界盒”按钮，按照图 4-27 进行设置，即选中“所有图素”复选框，并在“创建”选项组中选中“材料”复选框，在“展开”选项组中设置 *X*、*Y* 延伸量均为 5，最后在“形状”选项组中选中“矩形”单选按钮。

（4）设置完成后，单击“边界盒设置”对话框中的“确定”按钮，返回到“材料设置”选项卡。在“形状”选项组中选中“矩形”单选按钮，选中“显示”“适度化”复选框和 “线架加工”单选按钮，其他按默认设置，如图 4-28 所示。

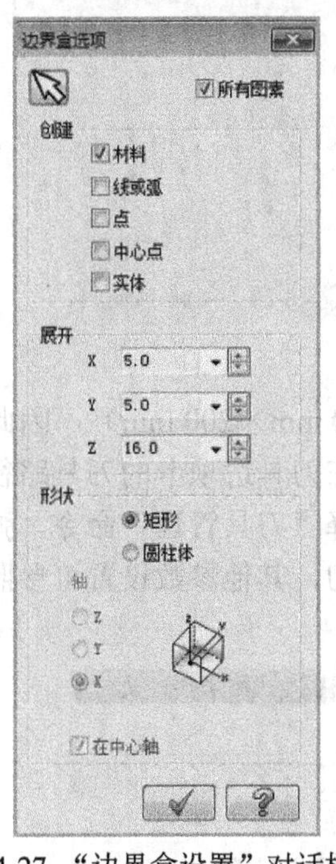

图 4-27　“边界盒设置”对话框

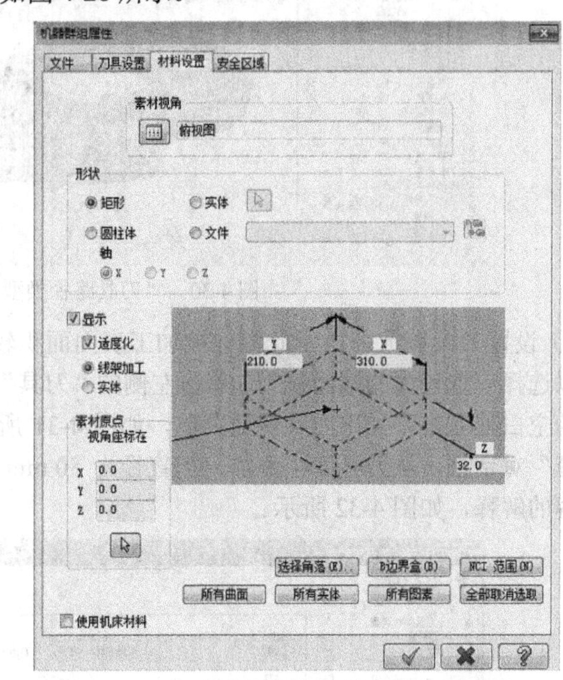

图 4-28　“机器群组属性”对话框（平面铣削）

（5）设置完成后，单击“机器群组属性”对话框中的“确定”按钮，退出毛坯设置。

4．创建面铣削刀具路径

（1）选择“刀具路径”→“面铣削”命令。

（2）在系统弹出的 NC 代码名称对话框中输入名称，如输入“平面铣削”后，单击“确定”按钮，如图 4-29 所示。

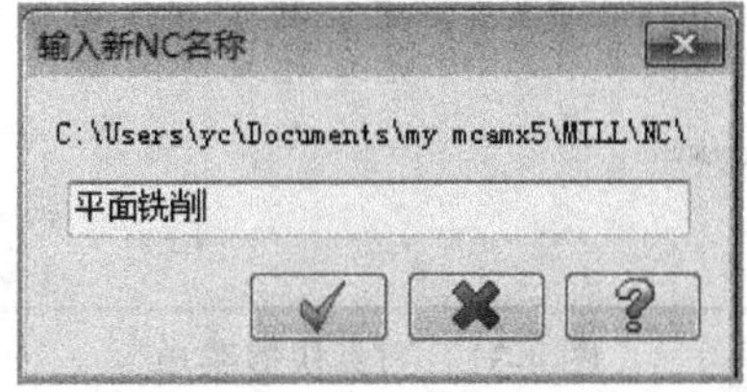

图 4-29　“输入新 NC 名称”对话框（平面铣削）

（3）利用系统弹出的“串连选项”对话框，点选矩形，作为这次平面铣削刀具路径的二维轮廓，单击“确定”按钮。

（4）在如图 4-30 所示的“刀具路径类型”选项卡中进行刀具和加工的参数设置。

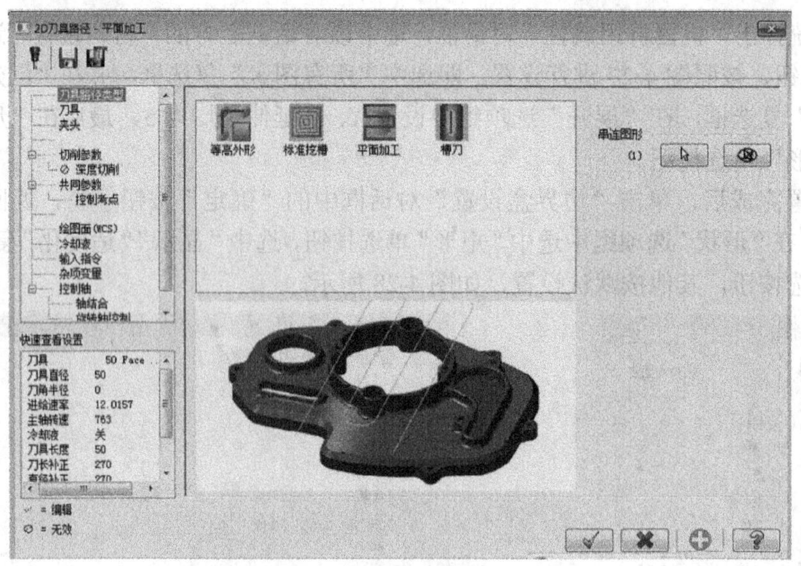

图 4-30 “刀具路径类型”选项卡

① 设置刀具参数：由于此零件被加工表面面积较大（300 mm×200 mm），因此粗加工时可以选择一把较大的端面铣刀。单击左侧的“刀具”标签，在刀具选项卡的刀具路径参数列表框的空白处右击，弹出刀具快捷菜单，如图 4-31 所示。选择“刀具管理”命令，弹出“刀具管理”对话框，从刀具库中添加一把直径为 50 mm 的面铣刀，其他参数设置可参照前面相关内容的解释，如图 4-32 所示。

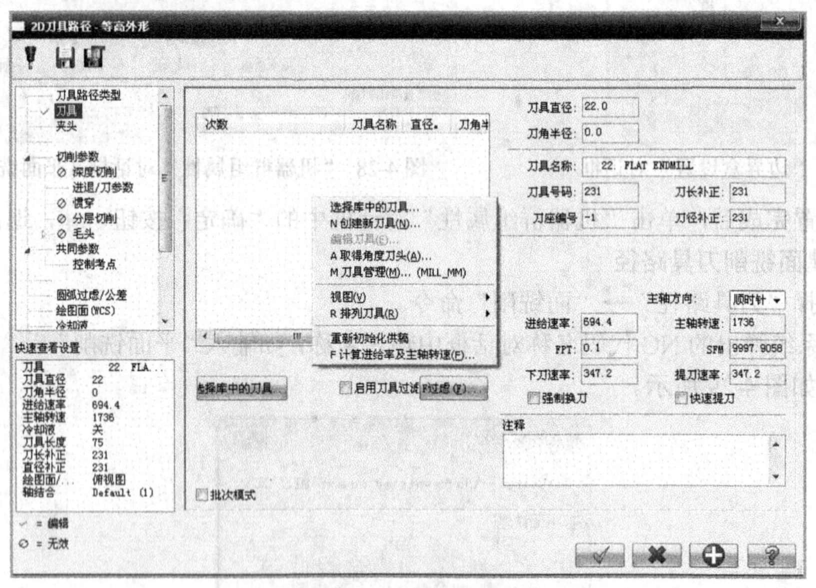

图 4-31 刀具快捷菜单

② 设置面铣削加工参数：选择左侧的“共同参数”标签，切换到“共同参数”选项卡，设置参考高度、进给下刀位置、工件表面和深度等参数，按图 4-33 进行设置。

③ 切换到“切削参数”选项卡，设置切削方式、两切削间的位移方式等参数，按图 4-34 所示进行设置。

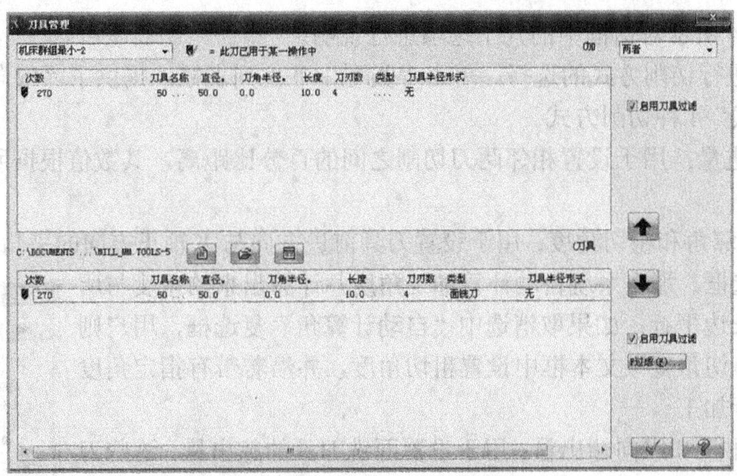

图 4-32　选择刀具（平面铣削）

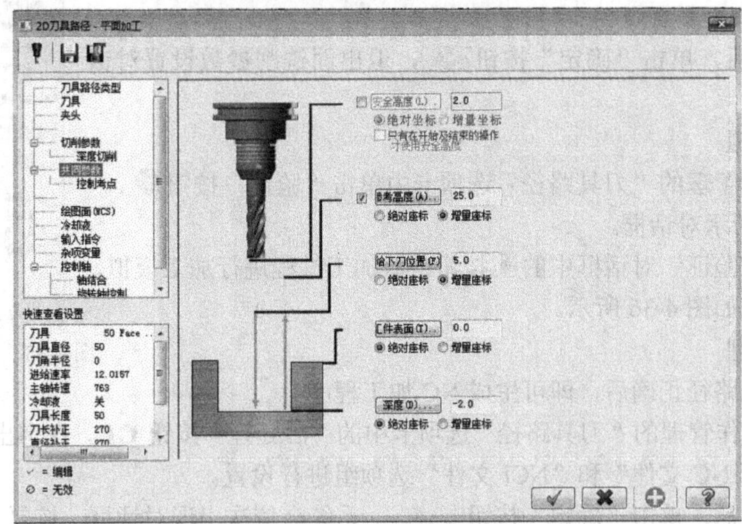

图 4-33　面铣削参数设置

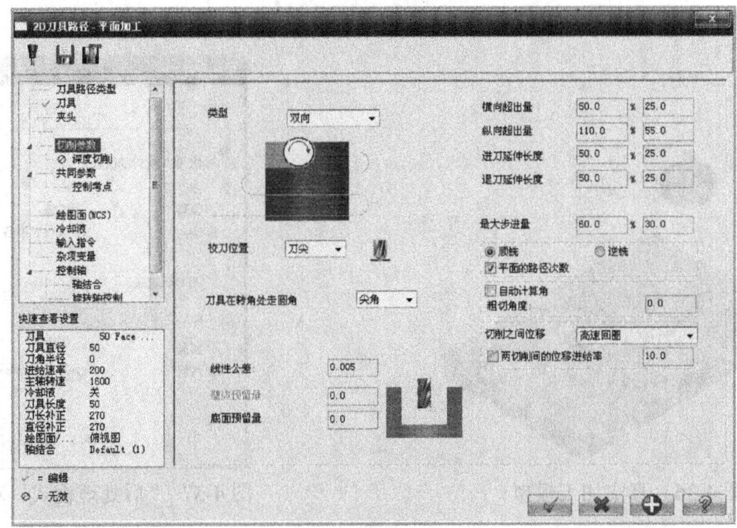

图 4-34　设置切削参数

现就图 4-34 所示对话框中的几个选项进行说明：

a. 类型：进行切削方式的选择。单击“类型”下拉列表框，提供了“双向”“单向加工”“动态”“一刀式”4 种切削方式。

b. 最大步进量：用于设置相邻两刀切削之间的百分比距离，其数值根据所选用的刀具直径来确定。

c. 自动计算角和粗切角度：用于设置刀具前进方向与 X 轴正方向的夹角。如果选中“自动计算角”复选框，那么系统自动计算加工角度，计算出来的角度与所选加工边界最长边平行；如果取消选中“自动计算角”复选框，用户则可以自行在“粗切角度”文本框中设置粗切角度，并沿着带有指定角度的刀具路径进行加工。

d. 横向超出量和纵向超出量：用于设置面铣刀具的超出量。这些刀具超出量既可以用刀具直径百分比来确定，也可以用实际测量值来确定。

④ 设置完后，单击“确定”按钮 ✓，退出面铣削参数设置对话框。

5. 加工模拟

（1）在操作管理的“刀具路径”选项卡中单击“验证”按钮，弹出如图 4-35 所示对话框。

（2）单击“验证”对话框中的 ▶ 按钮，对加工过程进行加工模拟，最后的模拟结果如图 4-36 所示。

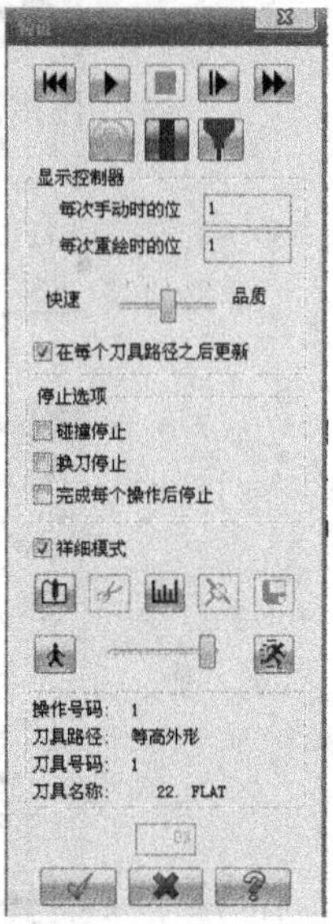

图 4-35 “验证”对话框

6. 后置处理

在确认刀具路径正确后，即可生成 NC 加工程序。

（1）单击操作管理的“刀具路径”选项卡中的“后处理”按钮 G1，在弹出的对话框中按图 4-37 所示对“NC 文件”和“NCI 文件”选项组进行设置。

（2）设置好后，单击“确定”按钮 ✓，系统会依次出现对话框，按要求为 NCI 文件和 NC 文件取名、指定保存位置、保存类型等，之后单击“确定”按钮 ✓，则 NCI 文件和 NC 文件都极快地被创建出来并被保存。

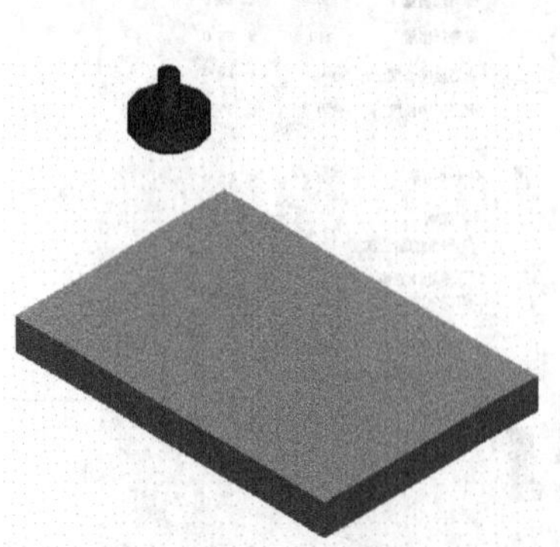

图 4-36 真实加工模拟

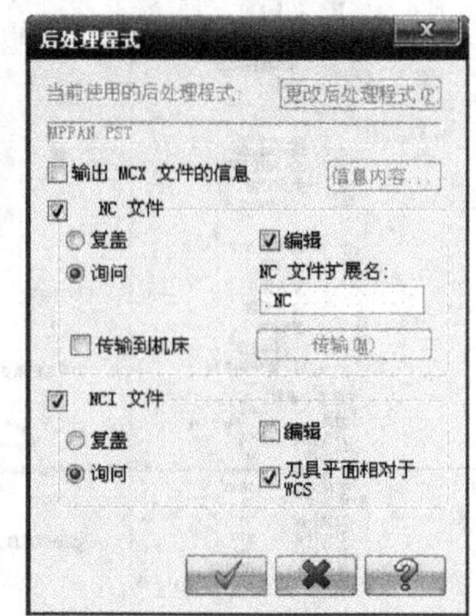

图 4-37 “后处理程式”对话框

（3）保存 NC 文件和 NCI 文件后，系统弹出如图 4-38 所示的 Mastercam 编辑器，在该编辑器窗口中显示了生产的数控加工程序。

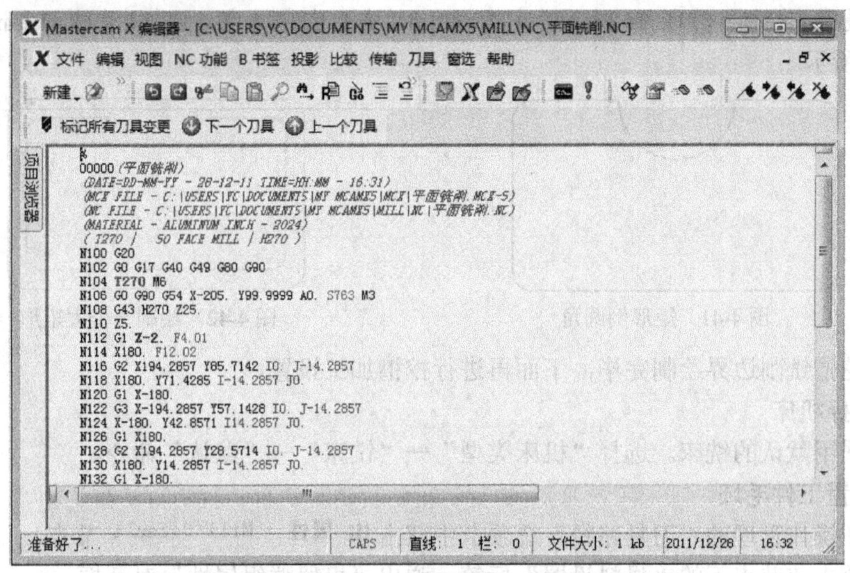

图 4-38　Mastercam 编辑器（平面铣削）

4.3　挖槽铣削加工

4.3.1　槽加工基本知识

在模具制造行业中，挖槽加工是经常见到的一种加工方法。零件上的槽和岛屿都是通过将工件上指定区域内的材料挖去而成，一般使用端铣刀进行加工。

挖槽刀具路径一般是针对封闭图形的，主要用于切削沟槽形状或切除封闭外形所包围的材料。如果选择了开放轮廓，就只能使用开放轮廓的挖槽加工来进行。

在挖槽加工时，可以附加一个精加工操作，可以一次完成两个刀具路径规划。

4.3.2　挖槽加工实例

【范例 3】挖槽铣削操作

1．创建基本图形

（1）绘制一个长 140 mm、宽 80 mm 的矩形，中心在原点。

（2）创建一个圆，半径为 25 mm，圆心在矩形上面边的中点，如图 4-39 所示。

（3）修剪成如图 4-40 所示的形状。

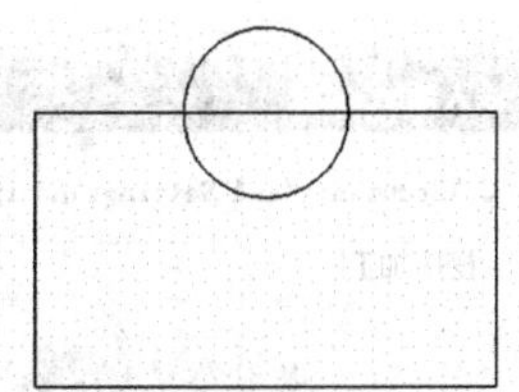

图 4-39　绘制圆和矩形

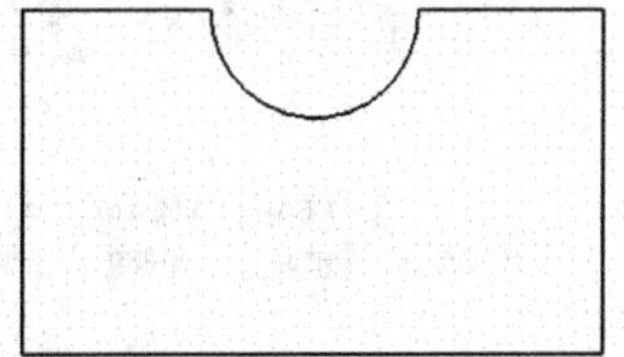

图 4-40　修剪之后的图形

（4）在矩形的各个拐角倒出 *R*8 mm 的圆角，如图 4-41 所示。

（5）最后，绘制一个长 160 mm、宽 100 mm，中心也在原点，圆角半径为 10 mm 的矩形。如图 4-42 所示。

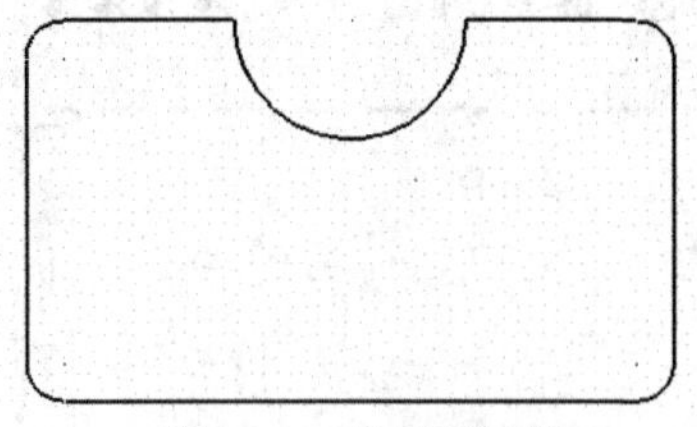

图 4-41　矩形倒圆角

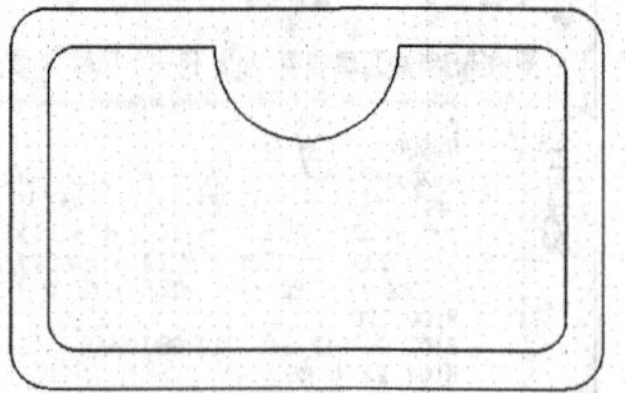

图 4-42　绘制一个大矩形

（6）挖槽铣削边界绘制完毕，下面再进行挖槽加工设置。

2．选择机床

本例采用默认的铣床。选择“机床类型”→“铣床”→“默认”命令。

3．设置工件毛坯

（1）在操作管理的“刀具路径”选项卡中双击 属性 - Mill Default 节点。

（2）单击该节点下的“材料设置”标签，弹出“机器群组属性”对话框。

（3）选中“机器群组属性”对话框中“材料设置”选项卡，按图 4-43 示进行设置：即设置工件毛坯的尺寸为 160 mm×100 mm，将高度设置为 20 mm，毛坯中心在原点，并选中“显示”复选框和“线架加工”单选按钮。

（4）设置完成后，单击该对话框下方的“确定”按钮，完成工件毛坯的设置。

4．创建挖槽加工的刀具路径

（1）选择“刀具路径”→“标准挖槽”命令。

（2）在系统弹出的“输入新 NC 名称”对话框中输入名称，如“挖槽加工”，如图 4-44 所示。

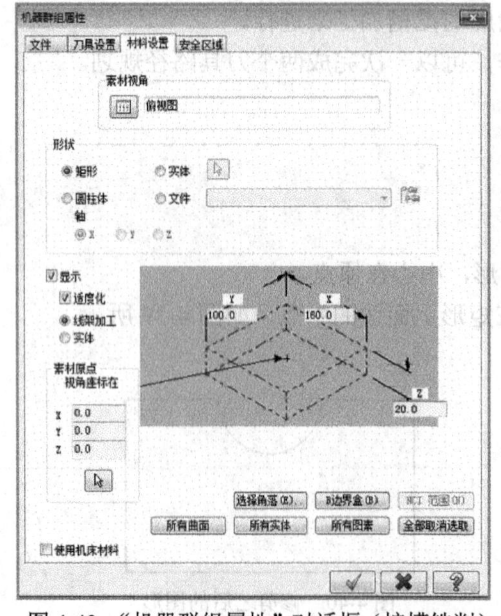

图 4-43　“机器群组属性”对话框（挖槽铣削）

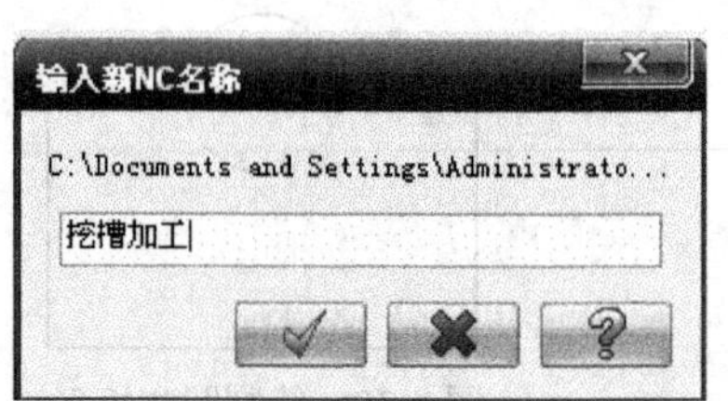

图 4-44　“输入新 NC 名称”对话框（挖槽加工）

（3）系统弹出“串连选项”对话框，以串连的方式选择小矩形与半个圆弧构成的轮廓线，然后单击“串连选项”对话框中的“确定”按钮 ✓。

（4）这时，系统弹出“标准挖槽”对话框，如图 4-45 所示，在该对话框中进行设置。

（5）单击左侧的“刀具”标签，在“刀具”选项卡的刀具路径参数列表框的空白处右击，在弹出的快捷菜单中选择“刀具管理”命令，弹出“刀具管理”对话框，从刀具库中选择一把直径为 14 mm 的平铣刀（因为前面挖槽边界矩形倒了 *R*8 mm 的圆角，为避免出现加工不到的死角，选择的刀具直径不能大于 16 mm），然后单击“确定”按钮 ✓，如图 4-46 所示。

（6）选择“切削参数”选项卡，按图 4-47 进行设置。

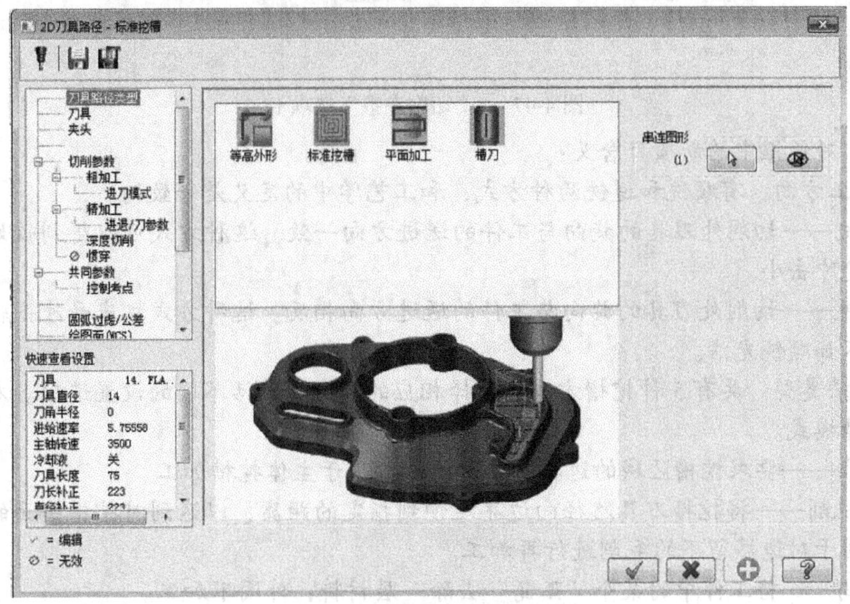

图 4-45 “标准挖槽”对话框

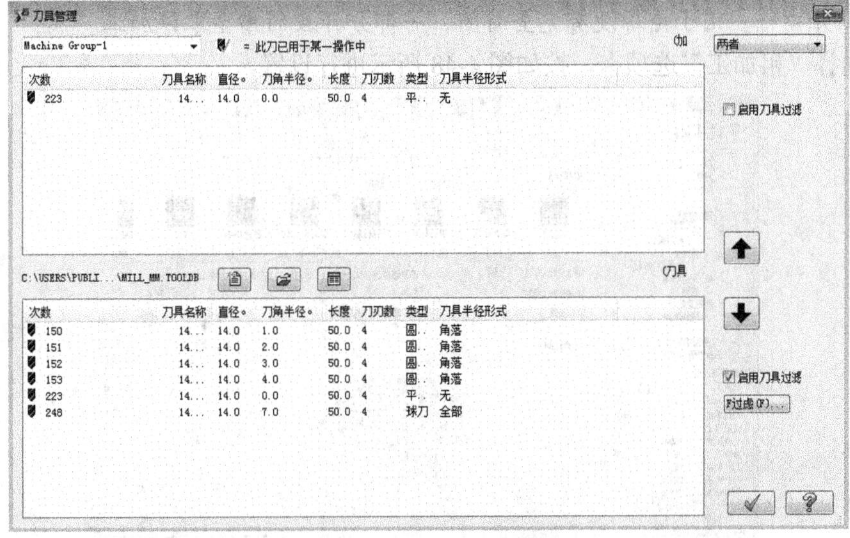

次数	刀具名称	直径	刀角半径	长度	刀刃数	类型	刀具半径形式
223	14...	14.0	0.0	50.0	4	平..	无

次数	刀具名称	直径	刀角半径	长度	刀刃数	类型	刀具半径形式
150	14...	14.0	1.0	50.0	4	圆..	角落
151	14...	14.0	2.0	50.0	4	圆..	角落
152	14...	14.0	3.0	50.0	4	圆..	角落
153	14...	14.0	4.0	50.0	4	圆..	角落
223	14...	14.0	0.0	50.0	4	平..	无
248	14...	14.0	7.0	50.0	4	球刀	全部

图 4-46 选择刀具（挖槽铣削）

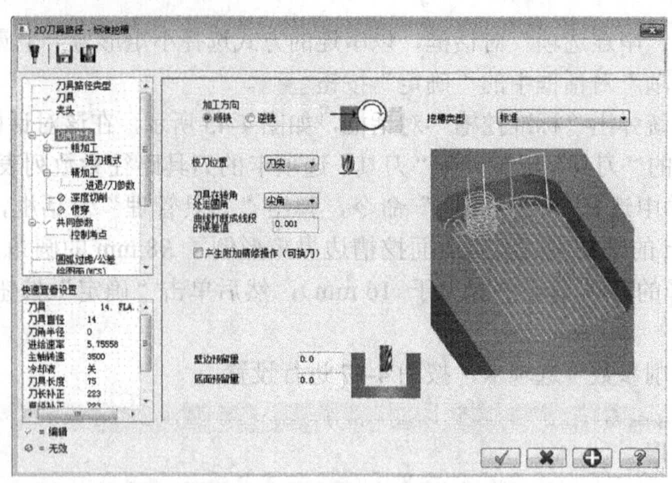

图 4-47 “切削参数”选项卡

提示：对话框中的新项目含义：

① 加工方向：有顺铣和逆铣两种方式，和工艺学中的定义是一致的。

a. 顺铣——切削处刀具的旋向与工件的送进方向一致。这种方式可以得到较好的表面质量，机床受冲击小。

b. 逆铣——切削处刀具的旋向与工件的送进方向相反。这种方式机床受冲击较大，加工后的表面不如顺铣光洁。

② 挖槽类型：共有 5 种挖槽方法。选择相应的模式会激活不同的设置选项。本例采用的是标准挖槽模式。

a. 标准——要求挖槽区域的边界线是封闭的，用于主体挖槽加工。

b. 面铣削——将挖槽刀具路径向边界延伸到指定的距离，以达到对挖槽曲面的铣削。这种方式有利于对边界留下的毛刺进行再加工。

c. 岛屿——将工件中的某个“孤岛”去除一层材料，外围不加工。

d. 残料——将区域内未铣到的残料材料去除。

e. 轮廓开口——用于轮廓没有完全封闭，一部分开放的槽型零件加工。

（7）选择“粗加工”选项卡，按如图 4-48 所示进行设置。

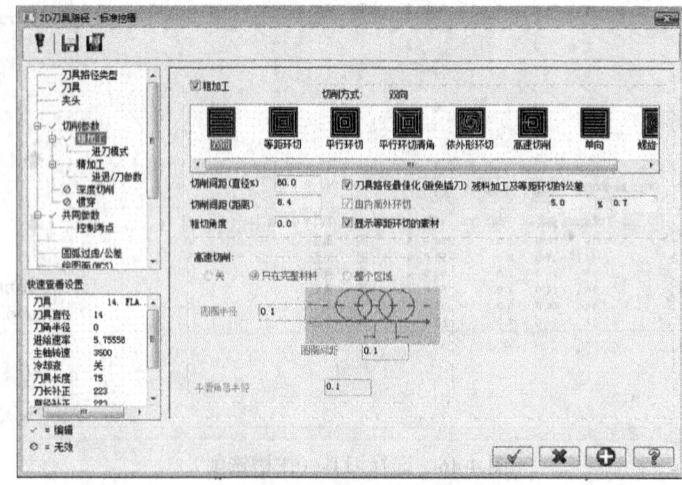

图 4-48 “粗加工”选项卡

（8）选择“进刀模式”选项卡，按如图 4-49 所示进行设置。

提示：与外形铣削不同，挖槽加工开始下刀时的位置，一般都是在工件的正上方，刀具往往是直接插入工件的，为了使刀具突然受力不要太剧烈，多采用螺旋式下刀方式。

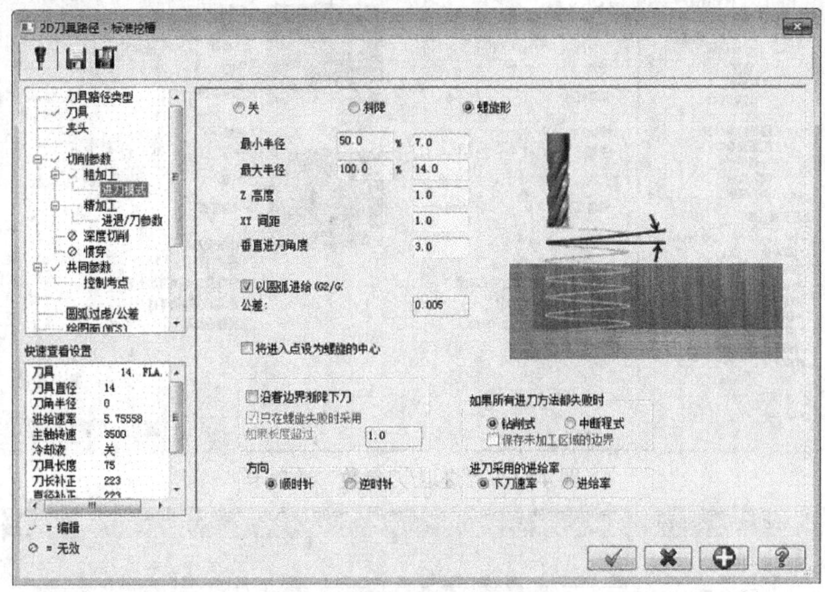

图 4-49 “进刀模式”选项卡

（9）选择“精加工”选项卡，按如图 4-50 所示进行设置。

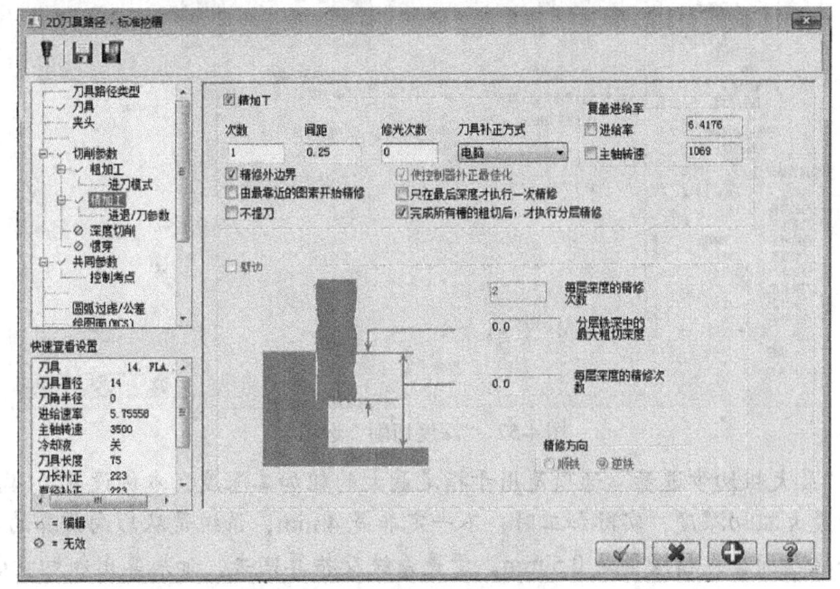

图 4-50 “精加工”选项卡

（10）选择“进退/刀参数”选项卡，按如图 4-51 所示进行设置。

（11）选择“深度切削”选项卡，按如图 4-52 所示进行设置。

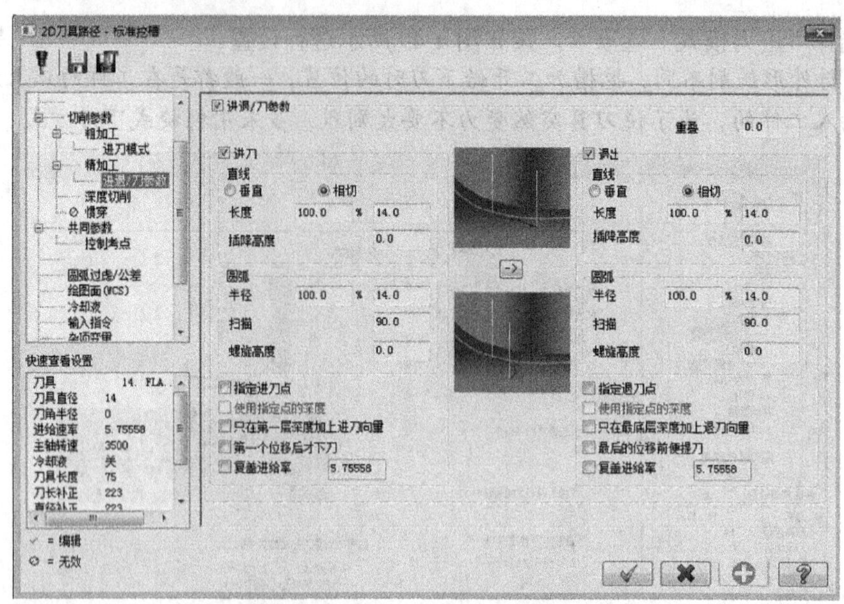

图 4-51 “进退/刀参数”选项卡

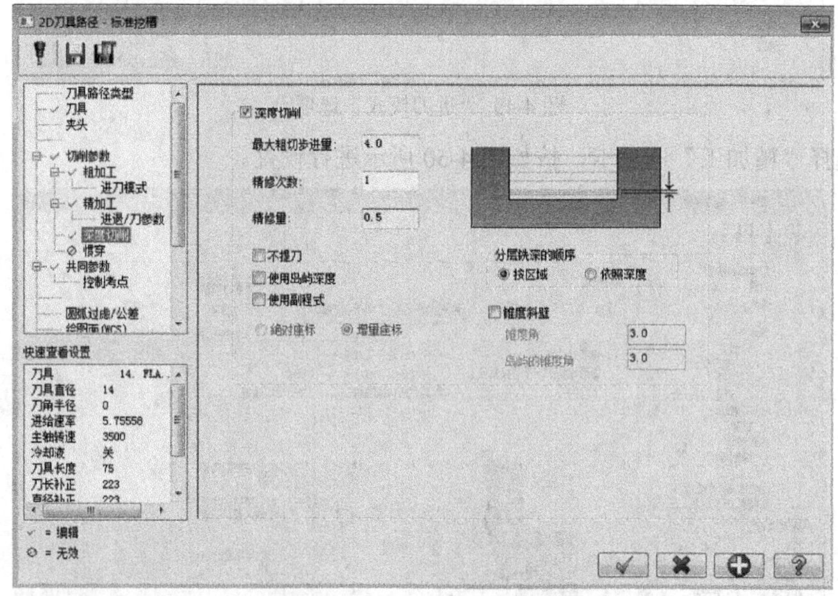

图 4-52 “深度切削”选项卡

提示：“最大粗切步进量”选项是用于指定最大的粗加工深度，本例设置为 4 mm。4 mm 只是规定的最大粗切深度，实际加工时，不一定非是 4 mm，系统是从后向前算的。在本例中还设置了一次精加工，精修量是 0.5 mm，于是系统反推算回去，如果算出粗切量小于 4 mm，则一次切去，反之，则分多次切除。

（12）选择“共同参数”选项卡，按图 4-53 所示设置。

（13）设置完成后，单击“确定”按钮 ✓，退出挖槽参数设置对话框。

5．实体加工模拟

生产刀具路径后，便可以进行刀具路径仿真和实际加工仿真，进行验证。

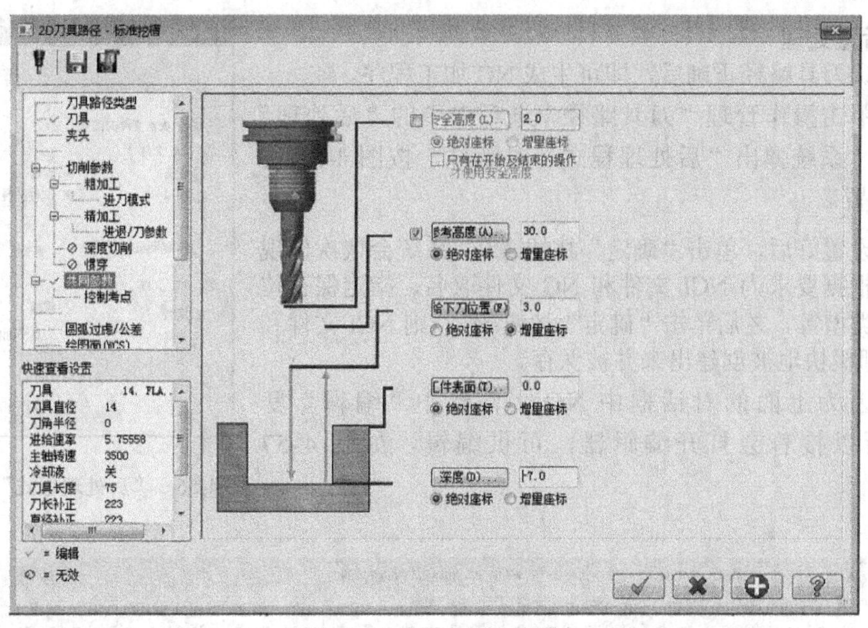

图4-53 “共同参数”选项卡

（1）在操作管理的“刀具路径”选项卡中单击“验证”按钮，弹出如图4-54所示的“验证”对话框。

（2）单击“验证”对话框中的按钮，对加工过程进行加工模拟，最后的模拟结果如图4-55所示。

图4-54 “验证”对话框

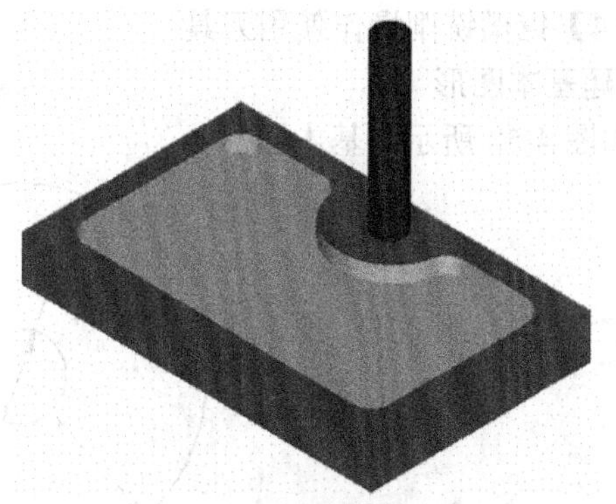

图4-55 挖槽模拟加工

6. 后置处理

在确认刀具路径正确后，即可生成 NC 加工程序。

（1）单击操作管理“刀具路径”选项卡中的“后处理”按钮 G1，系统弹出“后处理程式”对话框，按图 4-56 所示进行设置。

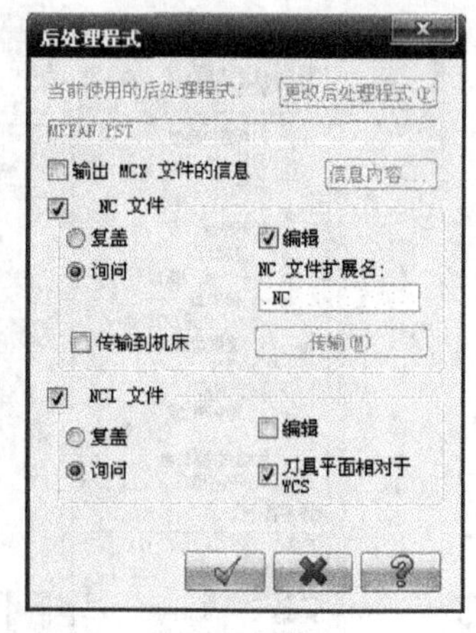

图 4-56 “后处理程式”对话框

（2）设置好后，单击“确定”按钮✓，系统会依次出现对话框，根据要求为 NCI 文件和 NC 文件取名、指定保存位置、保存类型等，之后单击“确定”按钮✓，则 NCI 文件和 NC 文件都极快地被创建出来并被保存。

（3）因为上面的对话框中 NC 文件选中“编辑”复选框，所以接着会打开编辑器，可供编辑，如图 4-57 所示。

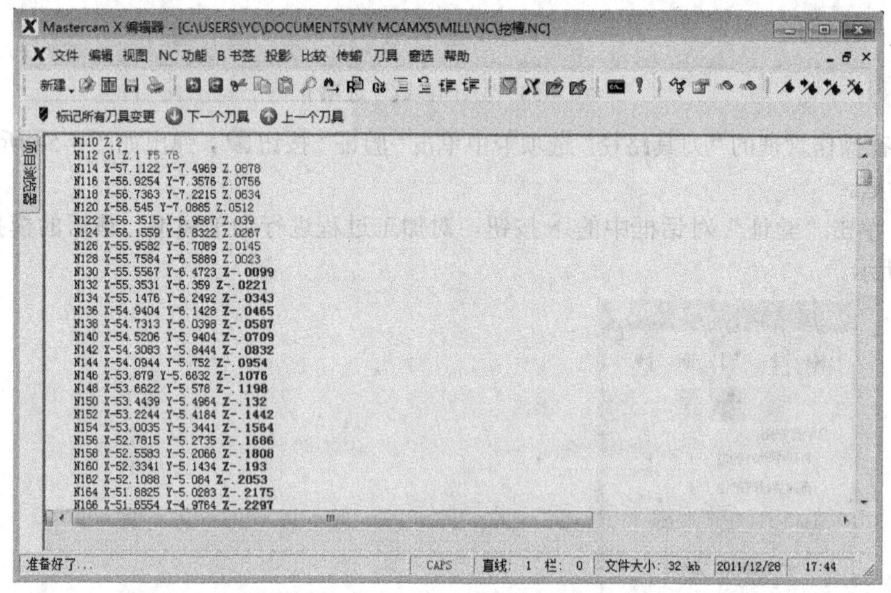

图 4-57 Mastercam 编辑器（挖槽）

【范例 4】挖槽铣削操作使用刀具

1. 创建基本图形

创建如图 4-58 所示的基本图形。

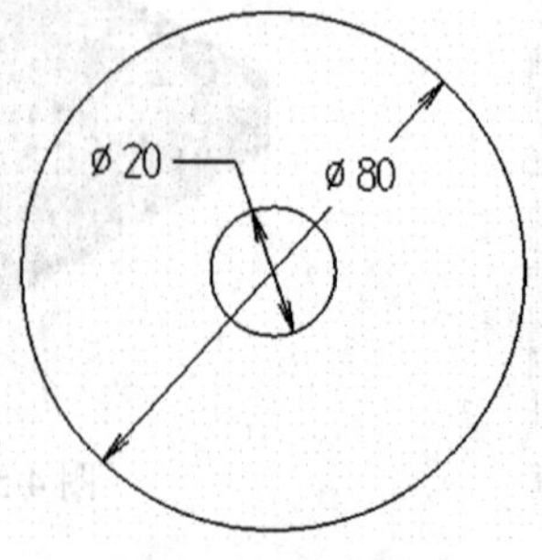

图 4-58 基本图形

2．选择机床

本例子采用默认的铣床，选择“机床类型”→“铣床”→“默认”命令。

3．设置工件毛坯

（1）在操作管理器的“刀具路径”选项卡中双击 属性 - Mill Default 节点。

（2）单击该节点下的“材料设置”标签，就会弹出 “机器群组属性”对话框。

（3）在“机器群组属性”对话框中选择“材料设置”选项卡，设置工件毛坯的尺寸和原点，并选中“显示”复选框和“线架加工”单选按钮，单击“确定”按钮，如图 4-59 所示。

4．创建挖槽加工的刀具路径

（1）选择“刀具路径”→“标准挖槽”命令；

（2）在系统弹出的“输入新 NC 名称”对话框中输入名称，如“挖槽加工”，单击“确定”按钮，如图 4-60 所示；

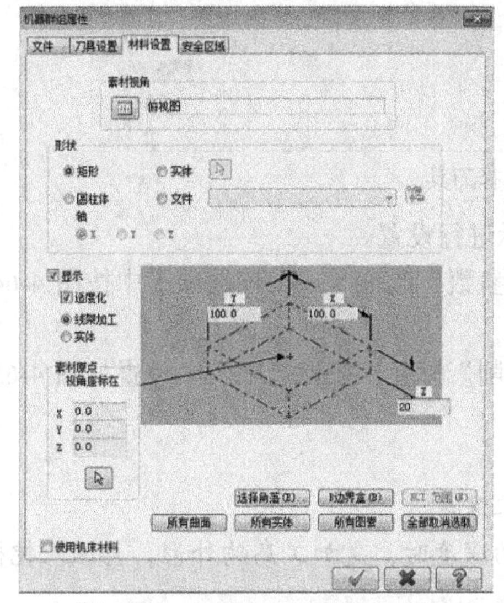

图 4-59　“机器群组属性”对话框

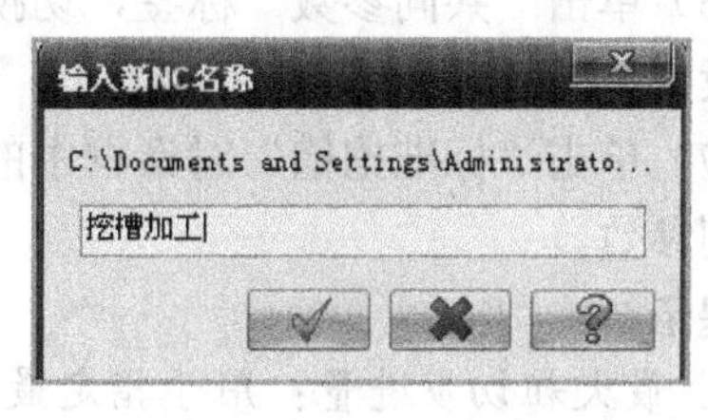

图 4-60　“输入新 NC 名称”对话框

（3）系统弹出“标准挖槽”对话框，如图 4-61 所示，在该对话框中进行设置。

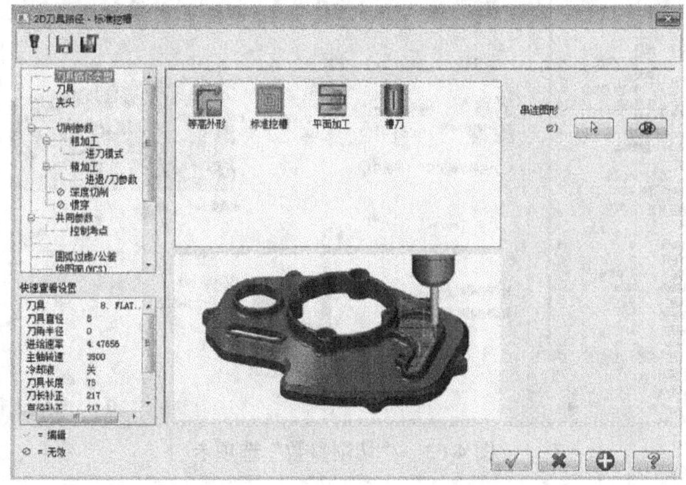

图 4-61　“标准挖槽”对话框

（4）单击“刀具”标签，在“刀具”选项卡的刀具路径参数列表框的空白处右击，在弹出的快捷菜单中选择“刀具管理”命令，弹出“刀具管理”对话框，从刀具库中选择一把直径为 8 mm 的平铣刀，然后单击“确定”按钮，如图 4-62 所示。

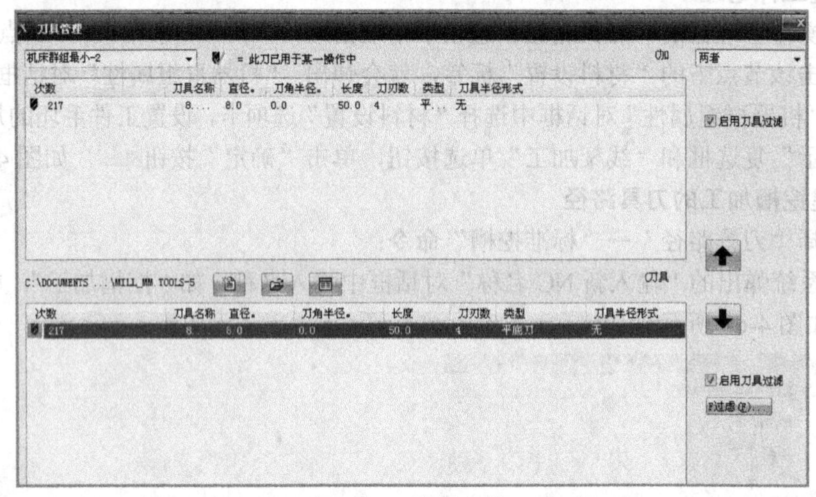

图 4-62 选择刀具

（5）单击“切削参数”标签，按图 4-63 所示进行设置。

（6）单击“共同参数”标签，切换到“共同参数”选项卡，在该选项卡中按图 4-64 所示进行设置。

（7）单击“标准挖槽”对话框中的“深度切削”标签，在该选项卡中设置如图 4-65 所示的切削参数。

提示：

① 最大粗切步进量：用于指定最大的粗加工深度。

② 使用岛屿深度：当挖槽深度低于该岛屿的深度时，先加工岛屿外形，再深入挖槽。

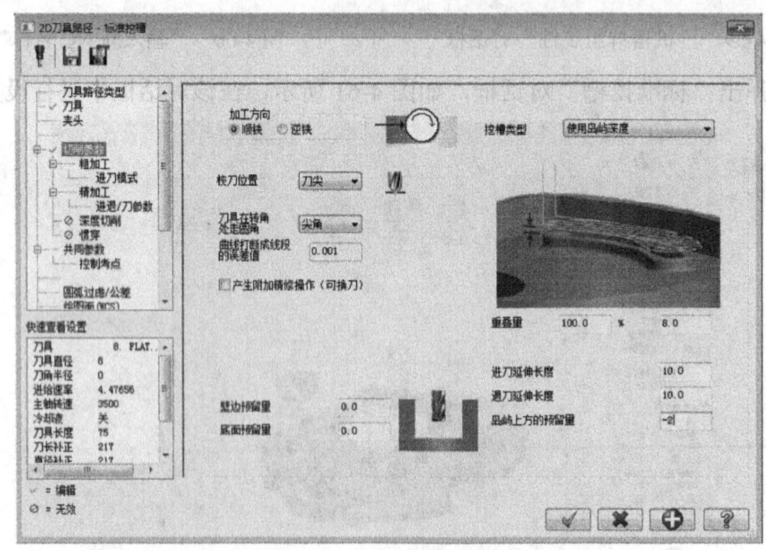

图 4-63 “切削参数”选项卡

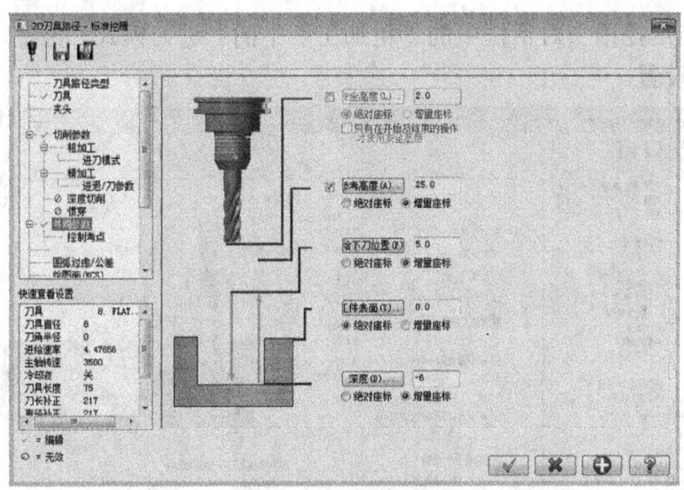

图 4-64　设置共同参数

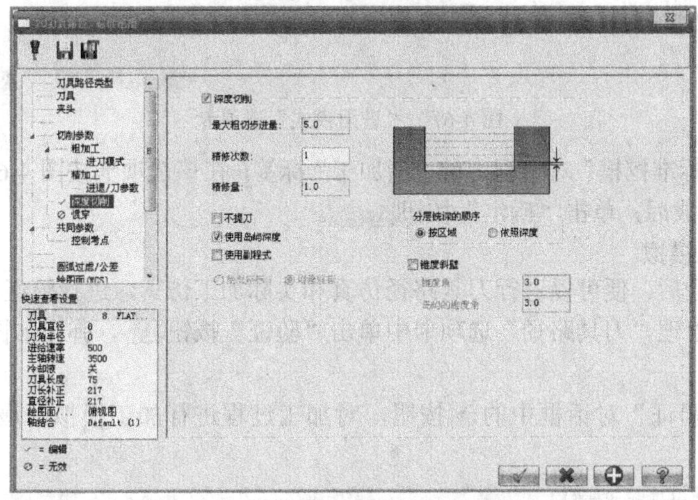

图 4-65　设置深度切削参数

（8）单击标准挖槽对话框左侧的“粗加工”标签，在该选项卡中按图 4-66 所示进行设置。

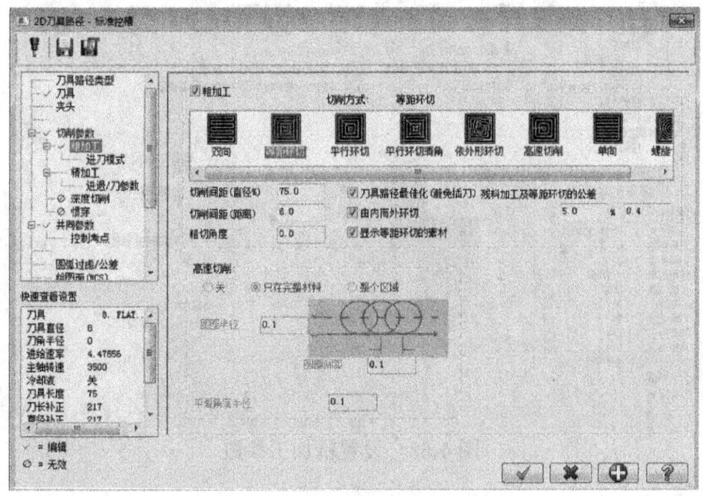

图 4-66　“粗加工”选项卡

（9）单击“标准挖槽”对话框中的“粗加工”下的“进刀模式”标签，在该选项卡中按图 4-67 所示进行设置。

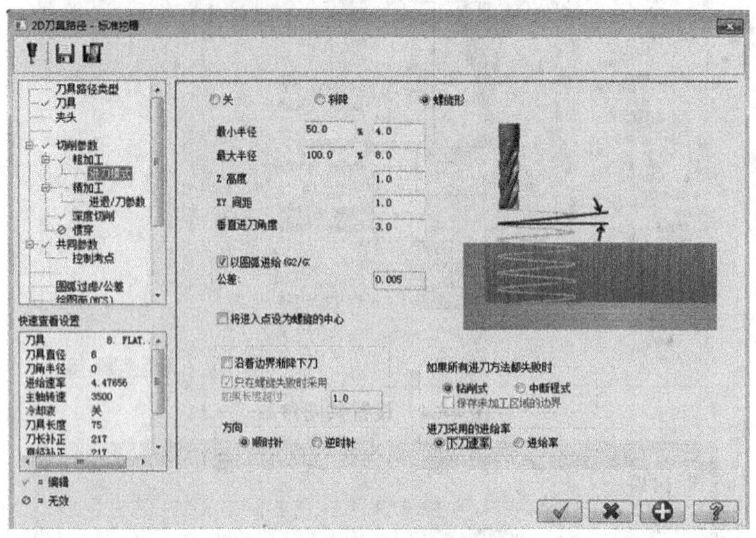

图 4-67 “进刀模式”选项卡

（10）单击“标准挖槽”对话框中的“精加工”标签，在该选项卡按图 4-68 所示进行设置。

（11）设置完成后，单击“确定”按钮。

5．实体加工模拟

生产刀具路径后，便可以进行刀具路径仿真和实际加工仿真，进行验证。

（1）在操作管理“刀具路径”选项卡中单击“验证”按钮，弹出如图 4-69 所示的对话框。

（2）单击“验证”对话框中的按钮，对加工过程进行加工模拟，最后的模拟结果如图 4-70 所示。

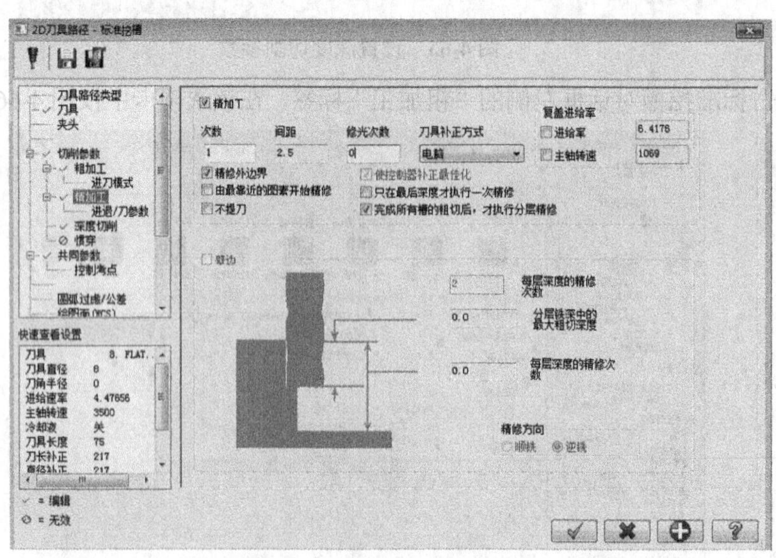

图 4-68 设置精加工参数

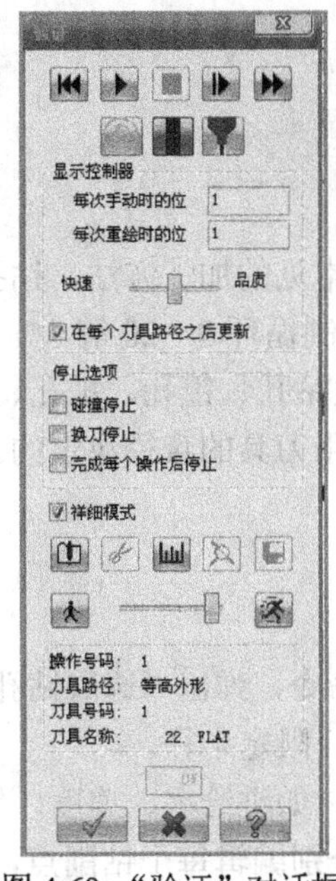

图 4-69　“验证”对话框

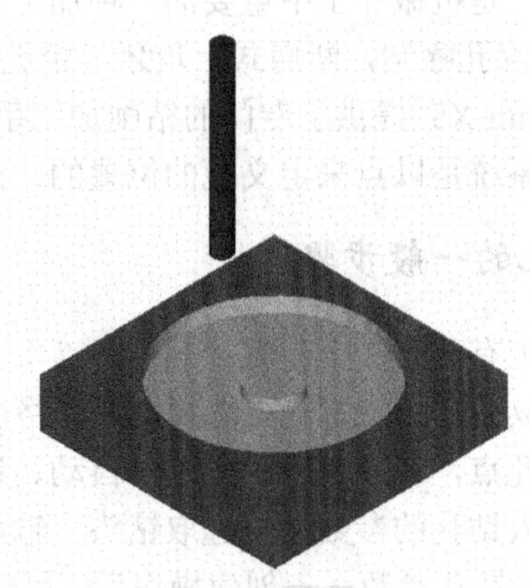

图 4-70　模拟加工

6. 后置处理

在确认刀具路径正确后，即可生成 NC 加工程序。

（1）单击刀具路径管理器中的“后处理”按钮 **G1**，系统弹出“后处理程式”对话框，按图 4-71 所示进行设置。

（2）设置好后，单击“确定”按钮，系统会依次出现对话框，根据要求为 NCI 文件和 NC 文件取名、指定保存位置、保存类型等，之后单击“确定”按钮，则 NCI 文件和 NC 文件都极快地被创建出来并被保存。

（3）因为上面的对话框中 NC 文件选中“编辑”复选框，所以接着会打开编辑器，提供编辑，如图 4-72 所示。

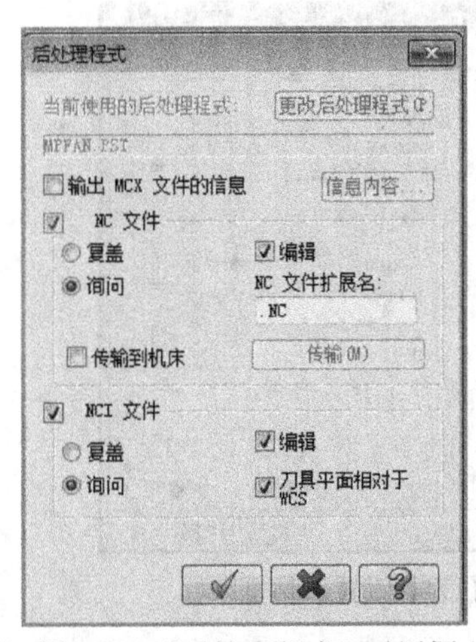

图 4-71　“后处理程式”对话框

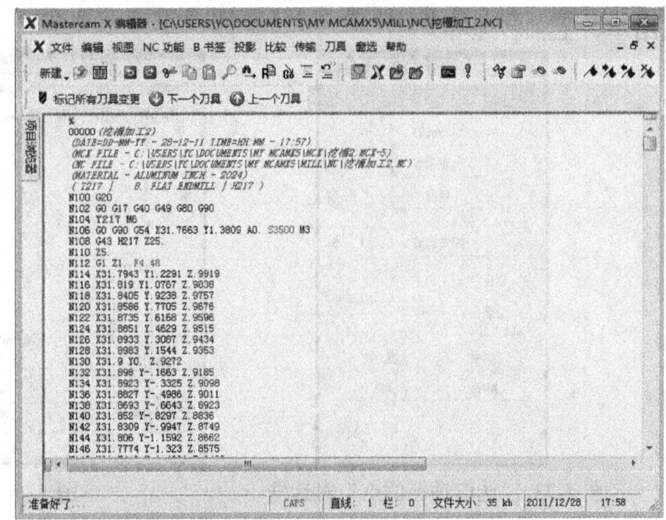

图 4-72　Mastercam 编辑器（挖槽加工）

4.4 钻 孔 加 工

钻削加工是机械加工中重要的一种加工方法，也是比较常见的加工方法。钻孔的类型有：钻孔/锪孔、深孔啄钻，断屑式，攻牙、镗孔#1、镗孔#2，定制循环 9～20 等。

Mastercam X5 提供了专门的钻削加工手段，能自动产生钻孔、镗孔、扩孔、攻丝等加工刀具路径。系统是以点来定义孔的位置的，而孔的大小由选用刀具的直径决定的。

4.4.1 钻孔的一般步骤

钻孔加工有下列 3 个步骤：

（1）选取钻孔的位置——选择“刀具路径”→“钻孔”命令，弹出“选取钻孔的点”对话框，选取钻孔点，有几种不同方法：自动、选取图素、窗选、限定半径。

（2）输入钻孔的参数——选取钻头，输入一般刀具路径，如进给率、速度，钻孔深度等。

（3）编辑钻孔参数——创建操作后，可使用钻削管理，分别编辑每个钻削点，可增加和删除钻削点。

下面分别解释每一步骤：

1．选取钻孔的位置

钻孔加工需要指定钻孔的点。选择“刀具路径”→“钻孔”命令，根据系统提示，输入新的 NC 名称，弹出如图 4-73 所示的对话框。如果需要该对话框显示更多的选项，可以单击该对话框中的▼按钮。

2．输入钻孔参数

在指定钻孔点后，系统将弹出如图 4-74 所示的对话框，在该对话框中进行设置。

下面解释该对话框 3 个选项卡的含义：

（1）刀具参数：主要是从刀具库中选择刀具，如中心钻、铰刀或者钻孔刀，并设置参数如进给率、主轴转速等。

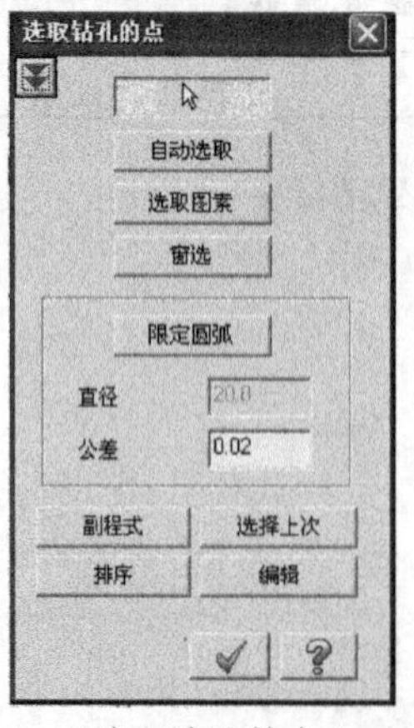

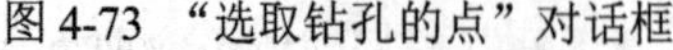

图 4-73 “选取钻孔的点”对话框

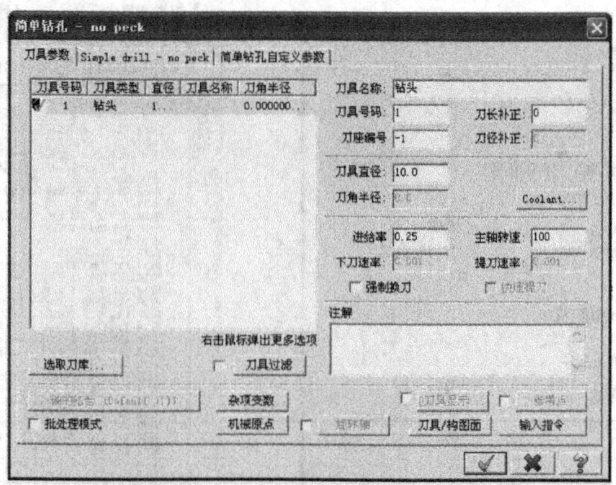

图 4-74 钻孔刀具设置对话框

（2）深孔钻—无啄孔（Simple drill-no peck）：主要是选择钻孔形式，如钻通孔/镗孔、深孔啄钻、攻螺纹、镗孔等。

（3）简单钻孔自定义参数：用于设置所选钻孔方式的自设钻孔参数。（注：选择不同的钻孔方式，该选项卡的标签名也不同。）

3．编辑钻孔参数

（1）对点的加工顺序排序。如果对加工孔的顺序不满意，可以在图 4-73 所示的对话框中单击“切削排序”按钮，屏幕弹出“排序”对话框，如图 4-75 所示，利用该对话框，可以重新设置钻孔顺序等。

（2）编辑钻孔点。

① 在“选取钻孔的点”对话框中单击“编辑”按钮，调用该命令；

② 选择要编辑的钻孔点；

③ 系统弹出“编辑钻孔点”对话框，利用该对话框，可以编辑钻孔点。

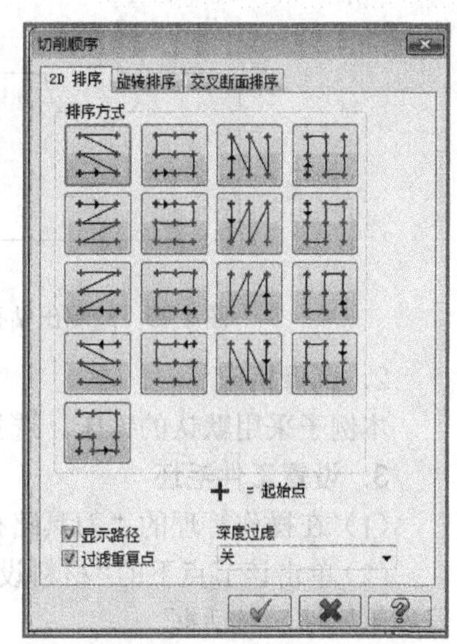

图 4-75　“切削排序”对话框

4.4.2　钻孔加工实例

【范例 5】在图 4-76 中十字星点的位置处钻孔。

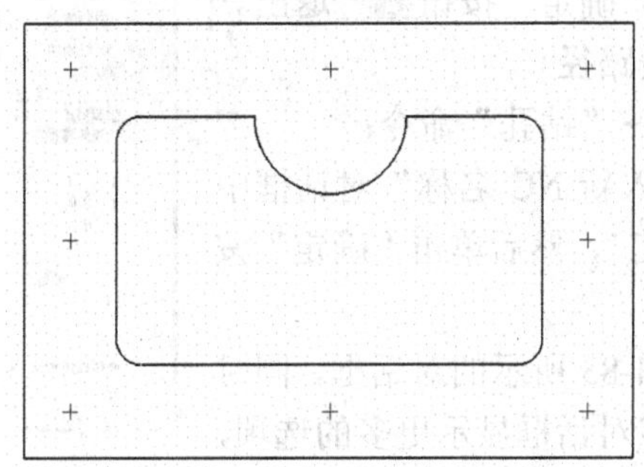

图 4-76　钻孔加工的二维图形

1．创建基本图形

（1）按照挖槽铣削范例 3 中的方法绘制如图 4-77 所示的二维图形。

（2）绘制如图 4-41 所示的二维图形，然后创建一个长为 170 mm，宽为 110 mm，中心在原点的矩形，如图 4-78 所示。

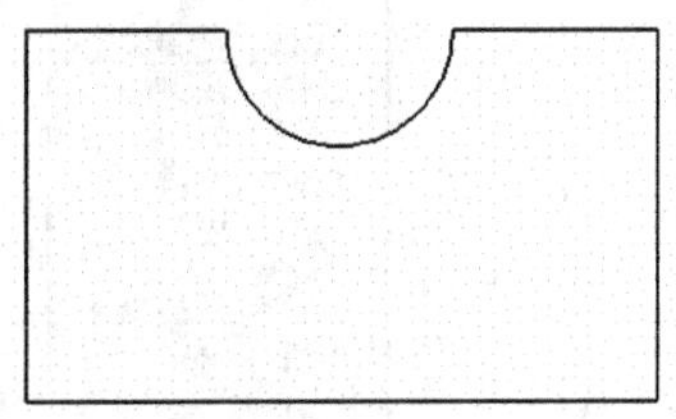

图 4-77　绘制图形

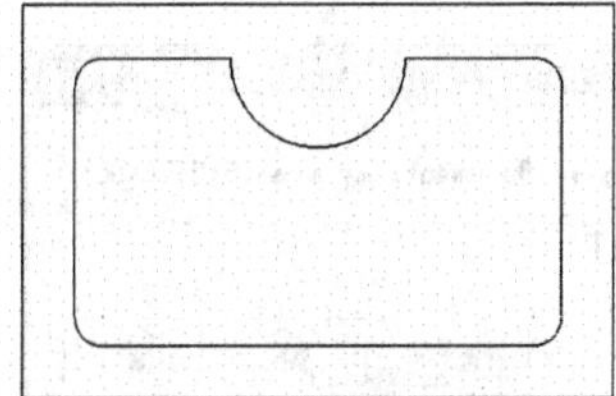

图 4-78　绘制出矩形

（3）选择“绘图”→“绘点”命令，在刚画的 170 mm×110 mm 矩形的 4 个角和 4 条边的中点创建 8 个点，然后删除该矩形，如图 4-79 所示。

（4）最后，再绘制一个 200 mm×140 mm 中心也在原点的矩形，如图 4-80 所示。

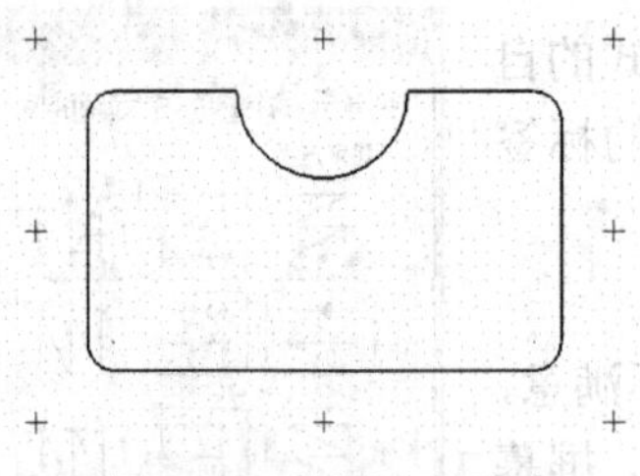

图 4-79 绘制出钻孔点

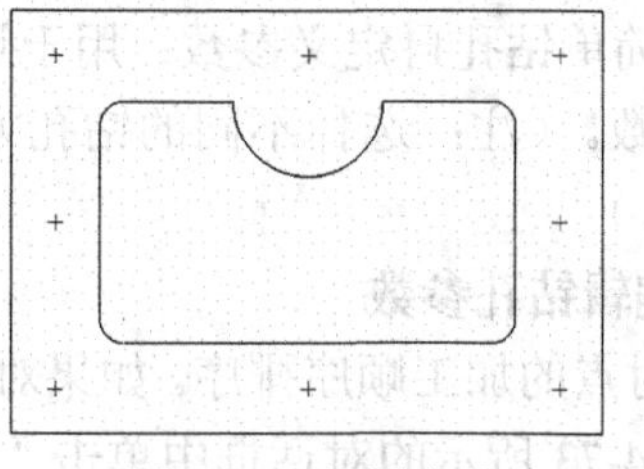

图 4-80 绘图完成

2. 选择机床

本例子采用默认的铣床。选择“机床类型”→“铣床”→“默认”命令。

3. 设置工件毛坯

（1）在操作管理的“刀具路径”选项卡中双击 属性 - Mill Default MM 节点。

（2）单击该节点下的“材料设置”标签，弹出“机器群组属性”对话框。

（3）在“机器群组属性”对话框选择“材料设置”选项卡，设置工件毛坯的尺寸和原点，并选中“显示”复选框和“线架加工”单选按钮，如图 4-81 所示。

（4）设置完成后，单击“确定”按钮 退出。

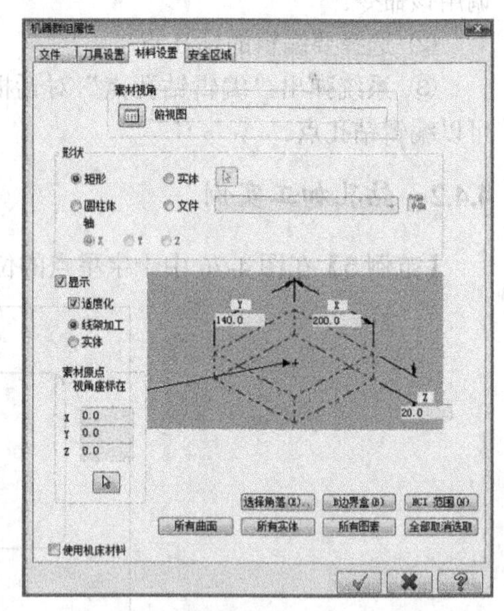

图 4-81 “机器群组属性”对话框（钻孔加工）

4. 创建钻孔加工的刀具路径

（1）选择“刀具路径”→“钻孔”命令；

（2）在系统弹出的“输入新 NC 名称”对话框中输入名称，如输入“钻孔加工”，然后单击“确定”按钮 ，如图 4-82 所示。

（3）系统会弹出的如图 4-83 所示的对话框，同时提示选择点图素。如果需要该对话框显示更多的选项，可以单击该对话框中的 按钮，如图 4-83 所示。

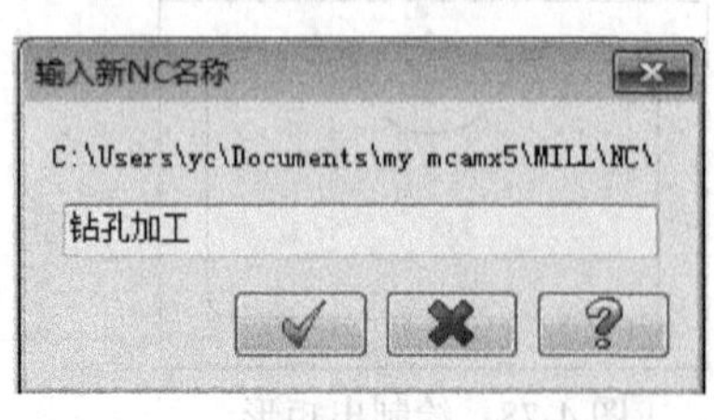

图 4-82 “输入新 NC 名称”对话框（钻孔加工）

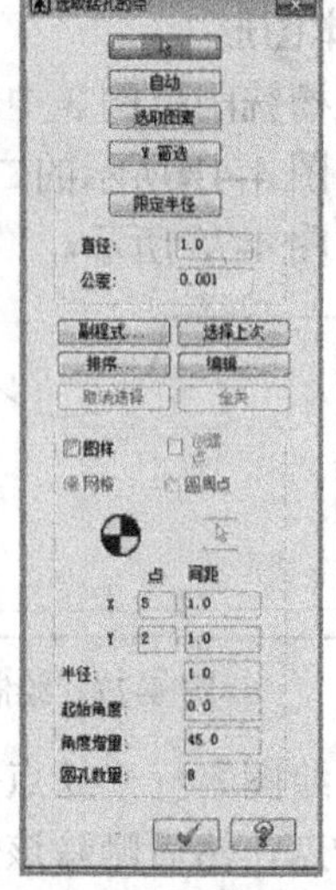

图 4-83 显示更多选项

提示：选取点的方式有以下几种。

① 手选——用鼠标去捕捉有效的点；

② 自动——让 Mastercam 系统自动选取点；

③ 选取图素——用鼠标选取所有的图素，若选取封闭圆，选取圆的中心点；

④ 窗选——在图形区选取一点，拖动矩形框选所有钻孔点；

⑤ 限定半径——从图形区选取圆弧，所有圆弧必须是同一尺寸；

⑥ 选择上次——使用上一次的钻孔刀具路径的点及排列方法作为此次钻孔刀具路径的点和排列方法。

本例采用手动的方式逆时针顺序依次点击 8 个点作为钻孔点。然后单击“确定”按钮，退出“选择钻孔的点”对话框。

注意：单击的顺序就是后面钻孔的顺序。

（4）这时，系统弹出如图 4-84 所示的“2D 刀具路径-钻孔/全圆铣削 深孔钻-无啄钻”对话框，在其中进行参数设置。

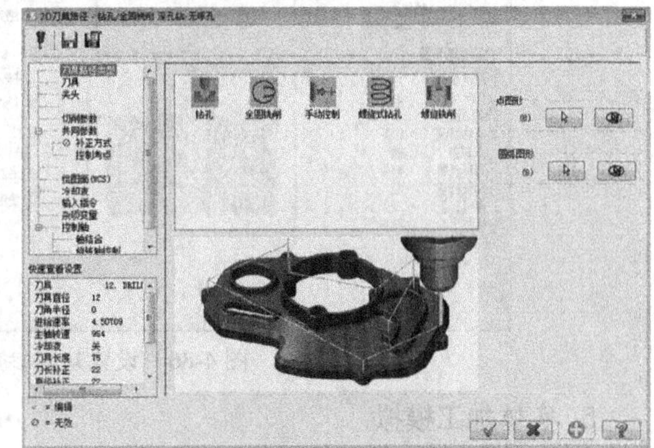

图 4-84　“2D 刀具路径-钻孔/全圆铣削 深孔钻-无啄钻”对话框

① 单击“刀具”标签，在“刀具”选项卡的刀具路径参数列表框的空白处右击，在弹出的快捷菜单中选择“刀具管理”命令，弹出“刀具管理”对话框，从刀具库中选择一把直径为 12 mm 的钻孔刀，然后单击“确定”按钮，如图 4-85 所示。

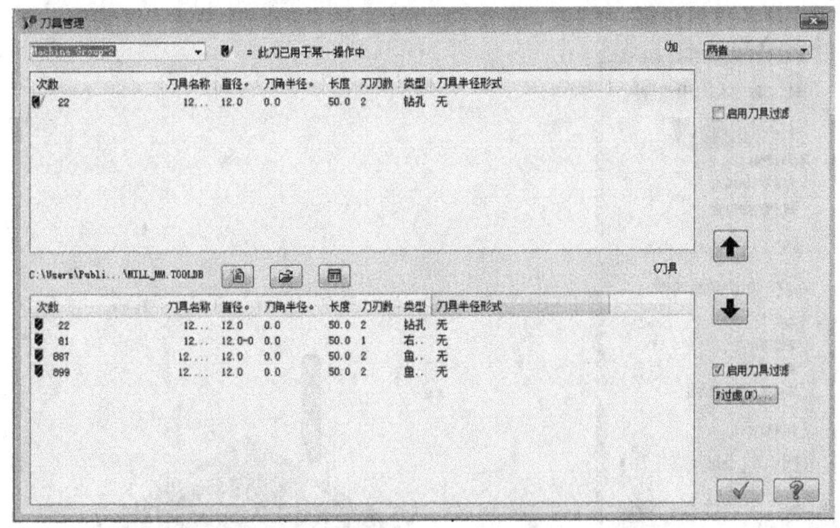

图 4-85　选择刀具（钻孔加工）

② 单击左侧的“共同参数”标签，在其选项卡中进行如下设置，如图 4-86 所示。

③ 设置完成后，单击“确定”按钮，退出对话框，则钻孔加工刀具路径创建完毕。

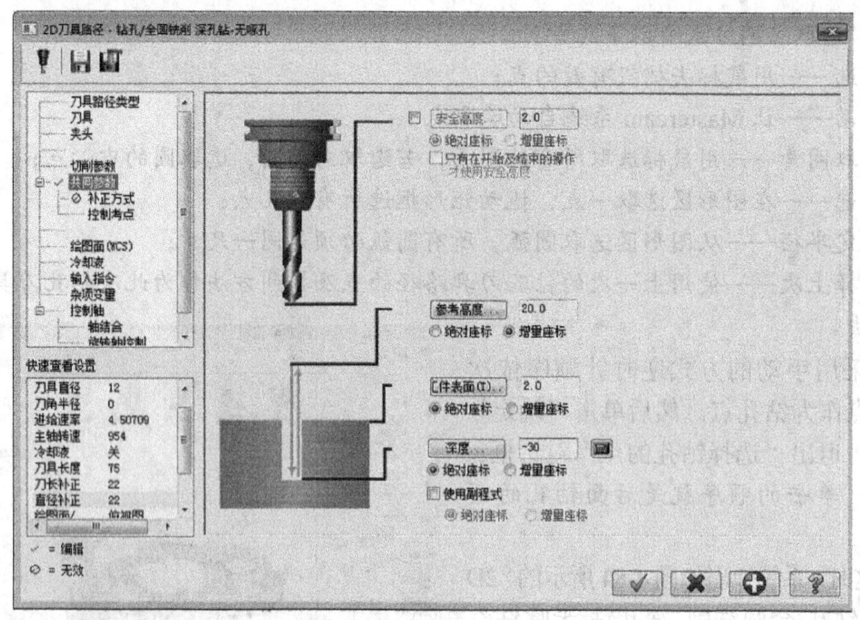

图 4-86 设置共同参数（钻孔加工）

5. 实体加工模拟

生产刀具路径后，便可以进行刀具路径仿真和实际加工仿真，进行验证。

（1）在操作管理的“刀具路径”选项卡中单击“验证”按钮，弹出如图 4-87 所示的对话框。

（2）单击“验证”对话框中的按钮，对加工过程进行加工模拟，最后的模拟结果如图 4-88 所示。

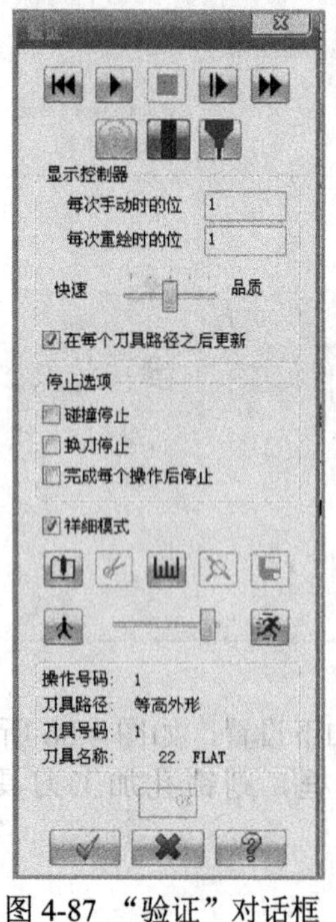

图 4-87 “验证”对话框

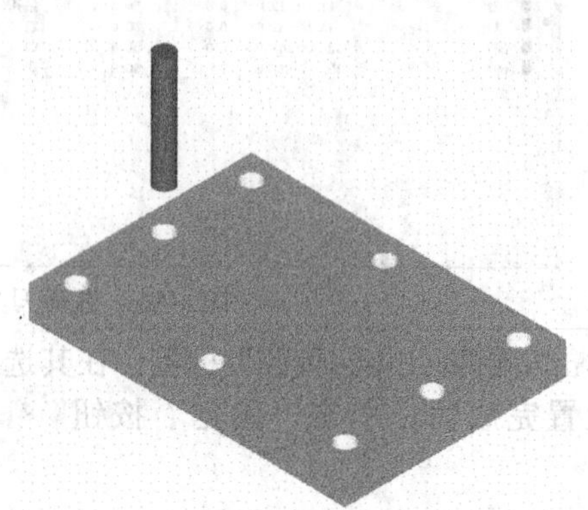

图 4-88 模拟加工

6. 后置处理

在确认刀具路径正确后，即可生成 NC 加工程序。

（1）单击操作管理的“刀具路径”选项卡中的“后处理”按钮 **G1**，系统弹出“后处理程式”对话框，按图 4-89 进行设置。

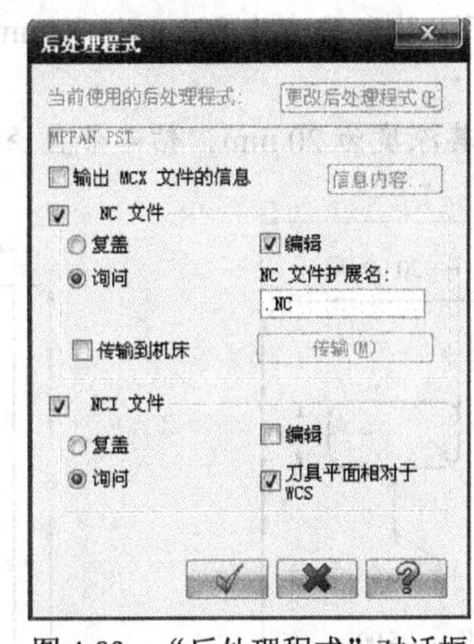

图 4-89　“后处理程式”对话框

（2）设置好后，单击“确定”按钮，系统会依次出现对话框，根据要求为 NCI 文件和 NC 文件取名、指定保存位置、保存类型等，之后单击“确定”按钮，则 NCI 文件和 NC 文件都极快地被创建出来并被保存。

（3）因为上面的对话框中 NC 文件选中“编辑”复选框，所以接着会打开编辑器，可供编辑，如图 4-90 所示。

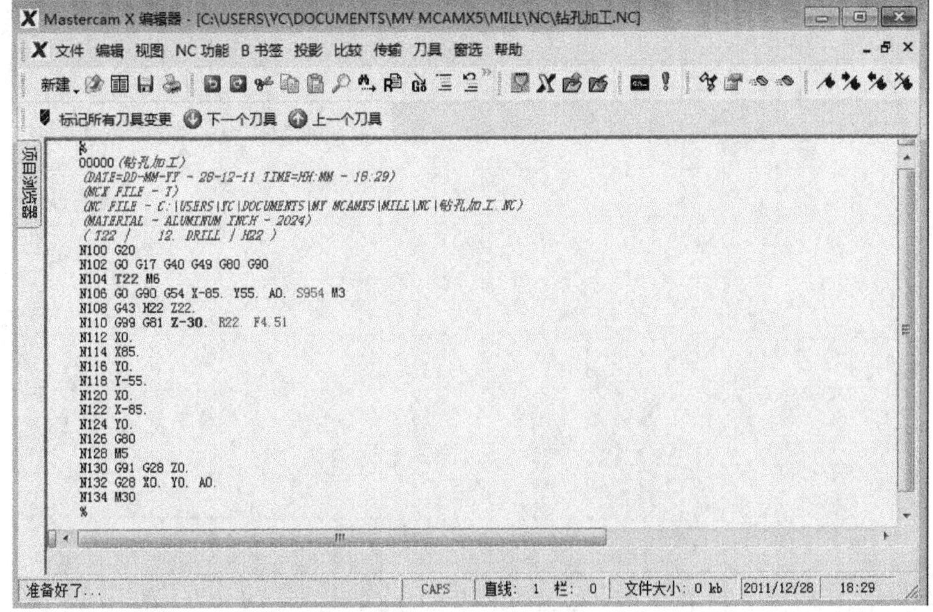

图 4-90　Mastercam 编辑器（钻孔加工）

习 题 4

1. 如图 4-91 所示的二维图形，外形尺寸为 80 mm×60 mm，顶平面高度不同的两个岛屿，对其进行挖槽加工。

2. 如图 4-92 所示的图形，其深度为 20 mm，钻 4 个直径相同的 8 mm 的通孔。

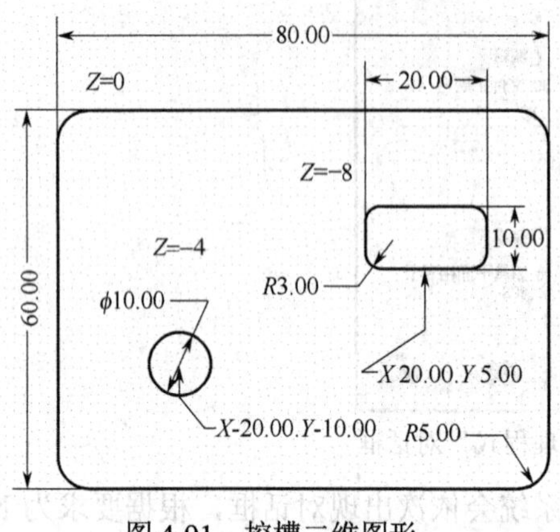

图 4-91 挖槽二维图形

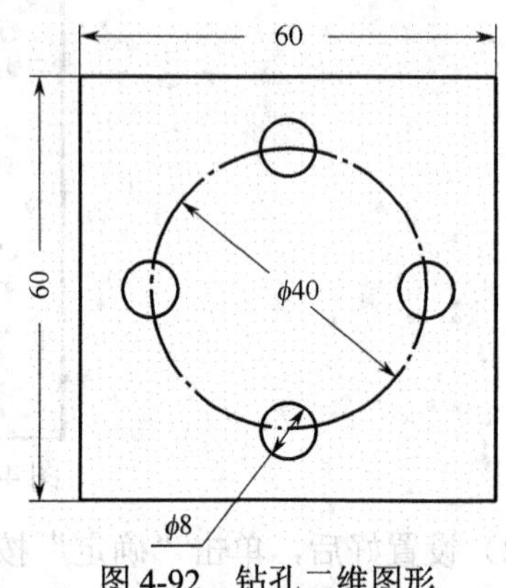

图 4-92 钻孔二维图形

第5章　曲面及曲面曲线

导　语

许多实体的复杂表面都是由曲面修剪出来的，而曲面又是由曲线构建的。曲面及曲面曲线是CAD/CAM技术中用来构建模型的重要手段，是Mastercam X5的核心功能之一，提供了多种曲面构建和编辑方法，帮助使用者快速、准确地构建出理想曲面。

学习目标

1. 理解并掌握Mastercam X5构图面、构图深度及视角；
2. 掌握Mastercam X5的曲面构建方法；
3. 掌握Mastercam X5的曲面编辑方法；
4. 掌握Mastercam X5的曲面曲线功能。

5.1　构图面、构图深度及视角

5.1.1　三维空间坐标系

Mastercam 的设计环境中提供了两种坐标系统，即系统坐标系和工作坐标系（WCS）。这两种坐标系一般情况下是重合的，并且都采用右手笛卡尔直角坐标系原则，如图5-1所示，即：三个坐标轴X、Y、Z两两垂直、三者的关系由右手定则确定，大拇指的方向指向X轴的正方向，食指的方向指向Y轴的正方向，中指的方向指向Z轴的正方向。

5.1.2　构图面

在 Mastercam 中所有的图素都是在构图面上绘制，必须将复杂的三维设计简化为二维设计，因此引入构图面的概念。

在Mastercam的二维设计中一般选择X、Y平面绘图；三维设计中可以在系统提供的7个构图面和用户自定义的构图面中选择。

构图面的设置可以通过选择“构图面”工具栏中的“顶部构图平面”按钮，打开对应下拉菜单进行设置，如图5-2所示。子菜单中各命令的功能见表5-1。这个菜单显示了系统提供的7种常见的构图面。

构图面也可以通过状态栏中的“刀具平面”按钮进行设置，这里提供几种用户可以定义的构图面。单击状态栏中“平面”，弹出如图5-3所示的菜单。子菜单中几个主要命令功能详见表5-2。

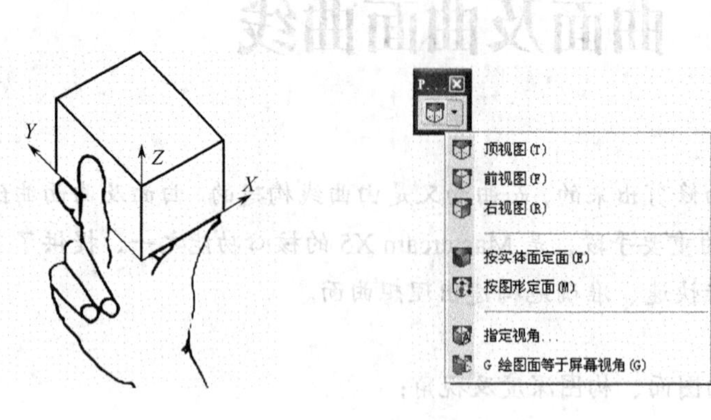

图 5-1　右手定则　　图 5-2　“顶部构图平面”下拉菜单　　图 5-3　“平面”子菜单

表 5-1　“顶部构图平面”下拉菜单功能表

选　项	功　能　说　明
顶视图	设置顶视图为构图面
前视图	设置右视图为构图面
右视图	设置右视图为构图面
按实体面定面	选取实体的某表面作为构图面
按图形定面	通过选取能够表达平面的图素，如圆弧、三个点或两条相交直线来确定构图面
指定视角	在系统的“视角选择”对话框中通过选择构图面名称来确定当前构图面
绘图面等于屏幕视角	设置与当前视角一致的构图面

表 5-2　刀具平面菜单功能表

选　项	功　能　说　明
等角视图	3D 空间构图面
旋转定面	通过旋转确定构图面
最后使用的绘图面	选择系统上一次所使用的构图面作为当前构图面
车床半径	以半径方式定义构图面
车床直径	以直径方式定义构图面
法向定面	所选线段是构图面的法线，即构图面与所选线段垂直
绘图面始终等于 WCS	以当前所选择的世界坐标系为当前构图面

5.1.3　构图深度

当构图面设定后，所绘制的图形就产生在平行于所设构图面的平面上，但是与设定构图面平行的平面有无数个，为了确定构图面的唯一性，必须引入构图深度的概念，即平面 Z 深度，设置在如图 5-4 所示的显示及线型工具栏中。

设置 Z 深度的方式有以下三种：

（1）直接在深度输入栏中输入数值。

（2）单击 Z 按钮，在图形中选取某一点作为当前深度。

（3）单击工具栏右侧的下拉箭头，从常用值中选择一个作为当前深度。

图 5-4　*Z* 深度设置

5.1.4　视角

视角的设置是为了方便用户观察、设计图形对象，单击“绘图视角”工具栏的按钮选择当前观察图形的视角，如图 5-5 所示。有俯视图、前视图、右视图和等角视图四种。

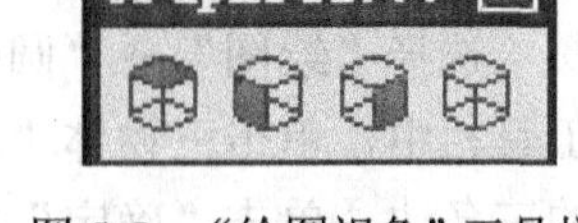

图 5-5　“绘图视角”工具栏

以上是在 Mastercam X5 系统中 3D 设计所涉及的三要素：构图面、构图深度和视角，在实际操作中注意以下几点：

（1）输入的构图深度值有正负之分，并且符合右手笛卡尔坐标系原则。

（2）构图深度 *Z* 并非指 WCS 中的 *Z* 轴坐标值，而是指与当前所选构图面相垂直坐标轴的坐标值。

（3）先设置视角再设置构图面，特别是将图形视角改成等角视图时，构图面会同时变更为俯视图。

【范例 1】构建如图 5-6 所示的三维空间线架。

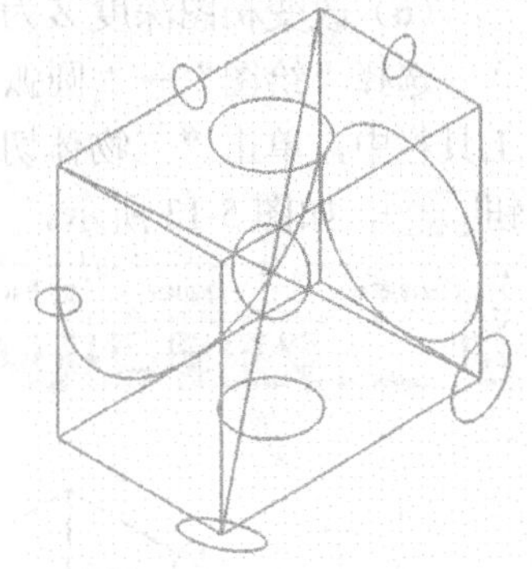

图 5-6　三维空间线架

具体操作方法和步骤如下：

（1）新建一个文件，将其命名为“三维线架.MCX”。设置视角和构图面为俯视图，构图深度 *Z* 为 0。

选择“绘图”→“矩形”命令，在如图 5-7 所示工具栏中设置中心点方式绘矩形，基准点为原点，矩形长度为 50，宽度为 80。单击“应用”按钮。

（2）改变构图深度 *Z* 为 70。

在如图 5-7 所示工具栏中设置中心点方式绘矩形，基准点为(0,0)，矩形长度为 50，宽度为 80。单击“确定”按钮。

图 5-7　“矩形”参数设置

选择“绘图”→“任意线”→“绘制任意线”命令，连接上下两矩形的对应角点，单击“确定”按钮退出，线架图形如图 5-8 所示。

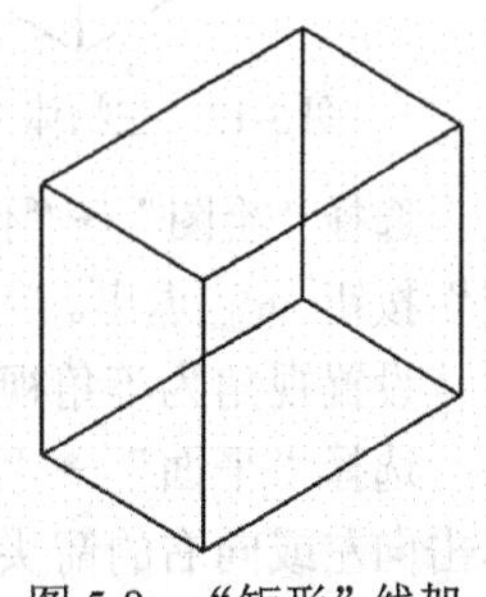

图 5-8　“矩形”线架

选择“绘图”→“圆弧”→“圆心+点”命令，设置如图 5-9 所示工具栏，输入圆心坐标为（0,0），半径为任意值（不超过 25），单击“应用”按钮。

（3）改变构图深度 *Z* 为 0。在如图 5-9 所示工具栏中设置圆心点为原点，半径为任意值（不超过 25）。单击“确定”按钮。

（4）改变构图深度 *Z* 为 35。在如图 5-9 所示工具栏中设置圆心点捕捉竖直线的中点，直径为 10，单击“确定”按钮，如图 5-10 所示。

设置视角为等角视图，构图面为前视图，构图深度 Z 为 0 长度 80 直线的中点。

选择“绘图”→“圆弧”“圆心+点”命令，设置如图 5-9 所示工具栏，圆心为长度 80 的直线中点，直径为 10，单击“确定”按钮。

图 5-9 圆心+点参数设置

（5）改变构图深度 Z 为−40。

选择“绘图”→“圆弧”→“切弧”命令，在如图 5-11 所示工具栏中，单击三物体“切圆”按钮，依次拾取所在平面矩形的三条边。单击“确定”按钮，如图 5-12 所示。

设置视角为等角视图，构图面为右视图，构图深度 Z 为 0（长度 50 直线的中点）。

选择“绘图”→“圆弧”→“圆心+点”命令，设置如图 5-9 所示工具栏，圆心为长度 50 的直线中点，直径为 10，单击“确定”按钮。

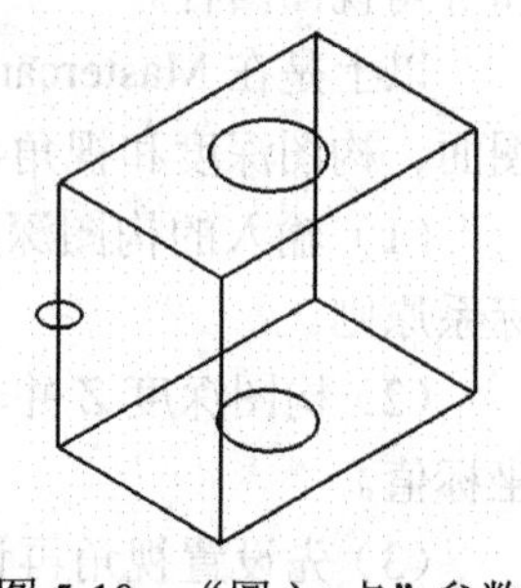

图 5-10 “圆心+点”参数设置后线架

（6）改变构图深度 Z 为−25。

选择“绘图”→“圆弧”→“切弧”命令，在如图 5-11 所示工具栏中，单击“三物体切弧”按钮，依次拾取所在平面矩形的三条边，单击“确定”按钮，如图 5-13 所示。

图 5-11 “切弧”参数设置

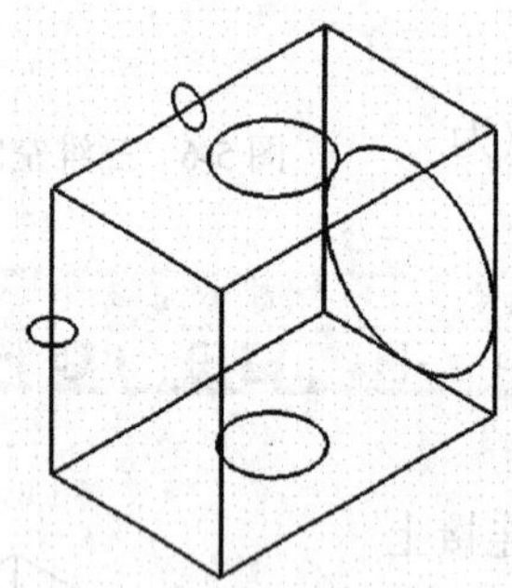

图 5-12 三物体“切圆”后线架

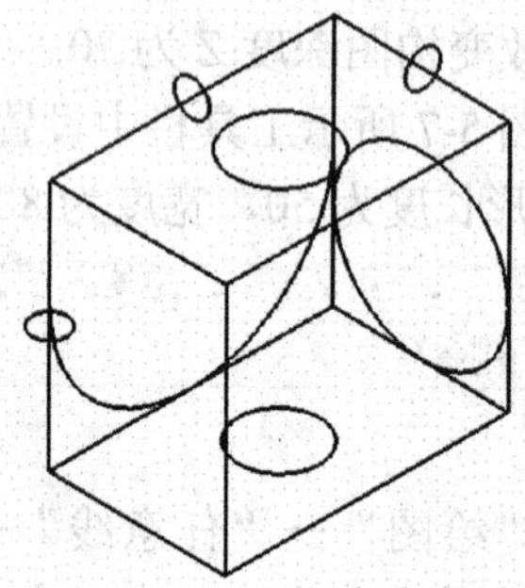

图 5-13 三物体“切弧”后线架

选择“绘图”→“任意线”→“绘制任意线”命令，连接长方体的两条体对角线，单击“确定”按钮退出。

设置视角为等角视图。

选择“平面”→“按图形定面”命令，拾取两条体对角线，弹出如图 5-14 所示对话框，单击向左或向右的箭头，可以改变图 5-15 中坐标轴的方向，选好后单击“确定”按钮。

弹出如图 5-16 所示对话框，可以重命名新建构图面的“名称”，单击“确定”按钮。此时绘图区左下角显示如图 5-17 所示。

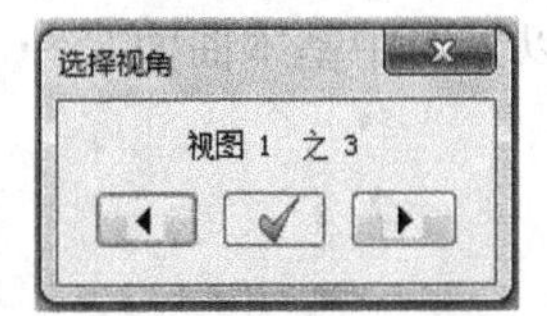

图 5-14　“选择视角”对话框

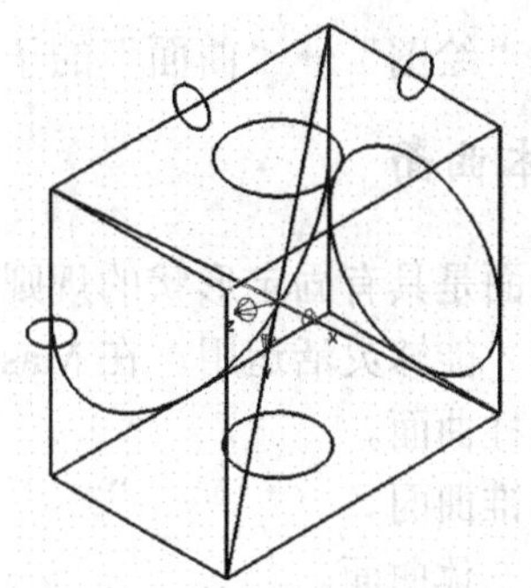

图 5-15　改变坐标轴方向后的线架

图 5-16　“新建视角”对话框

图 5-17　重命名新建构图平面的“名称”

选择“绘图”→“圆弧”→“圆心+点”命令，设置如图 5-9 所示工具栏，圆心为两条体对角线的交点，直径为 21，单击“确定”按钮，生成线架如图 5-18 所示。

在如图 5-4 所示的显示及线型工具栏中单击“平面”按钮，弹出如图 5-3 的子菜单。

选择“平面”→“法向定面”命令，拾取一条体对角线作为法线。

在弹出如图 5-14 所示对话框，单击向左或向右的箭头，可以改变图坐标轴的方向，选好后单击“确定”按钮。

弹出“新建视角”对话框，可以重命名新建构图面的“名称”，单击“确定”按钮。

选择“绘图”→“圆弧”→“圆心+点”命令，设置如图 5-9 所示工具栏，圆心为体对角线的端点，直径为 20，单击“确定”按钮，如图 5-19 所示。

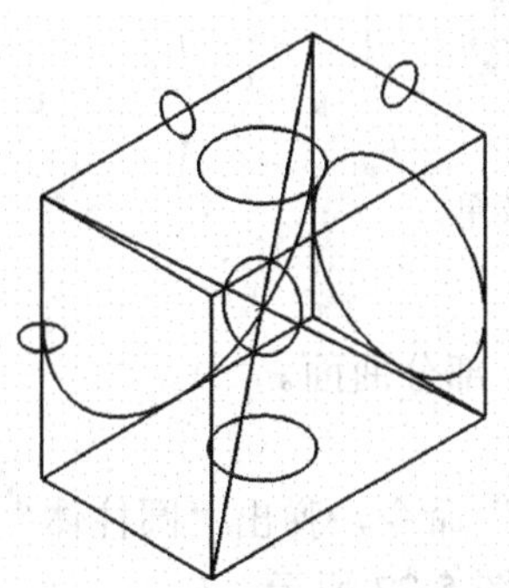

图 5-18　直径为 21 的线架

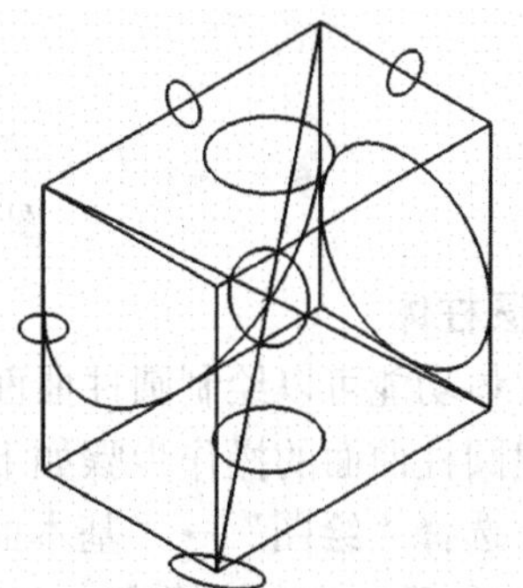

图 5-19　直径为 20 的线架

5.2　曲面的构建

Mastercam X5 的曲面构建方法有三类：一是提供常用基本曲面的快速构建方法；二是可以通过对基本曲线的拉伸、旋转等操作构建曲面；三是可以将实体表面转化为曲面。

在菜单“绘图”→“曲面”的子菜单中找到各种曲面构建功能。

5.2.1 基本曲面

基本曲面是具有固定形状的规则曲面，如圆柱曲面、球面等。这些曲面创建较为繁琐，需要熟练掌握才能够灵活运用。在 Mastercam X5 中可以创建以下 5 中基本曲面。

（1）圆柱曲面。

（2）圆锥曲面。

（3）立方体曲面。

（4）球面。

（5）圆环面。

Mastercam X5 的基本曲面功能在“绘图”→“基本曲面/实体”命令中实现，如图 5-20 所示。“基本曲面/实体”功能既能生成曲面也能生成相应的实体。

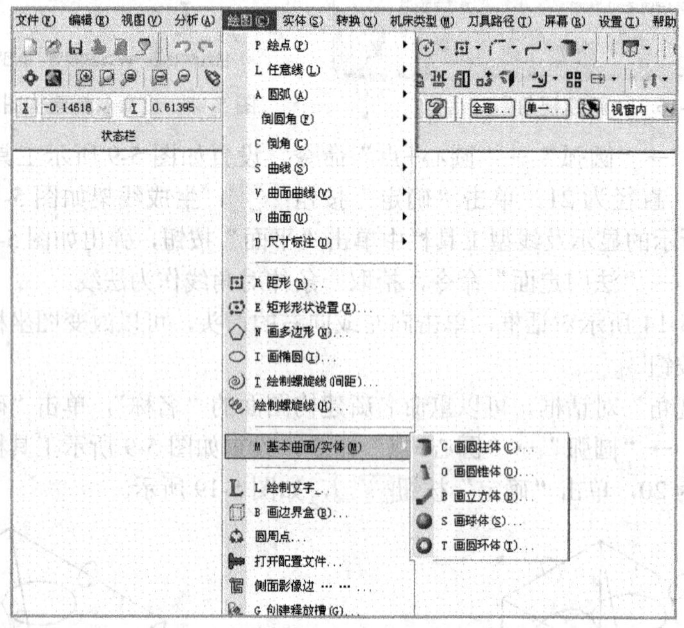

图 5-20 “基本曲面/实体”子菜单

1. 圆柱体

圆柱体功能可以绘制圆柱曲面，也可以绘制圆柱的某一部分曲面。

创建圆柱曲面的操作步骤如下：

（1）选择“绘图”→“基本曲面/实体”→“画圆柱体”命令，弹出“圆柱体”对话框，如图 5-21 所示。单击按钮，可以将对话框完全展开，如图 5-22 所示。

（2）在对话框上部选中“曲面”单选按钮，即将构建的是曲面，而选中“实体”单选按钮，建立的则是一个实体。

（3）根据对话框的提示选择一个点作为基准点，即圆柱底面的圆心在输入栏 0.0 中输入圆柱体的半径值 30；在输入栏 0.0 中输入圆柱体的高度值 20，生成如图 5-23 所示的圆柱曲面。

（4）单击对话框中的按钮，可以重新设置圆柱的基准点。

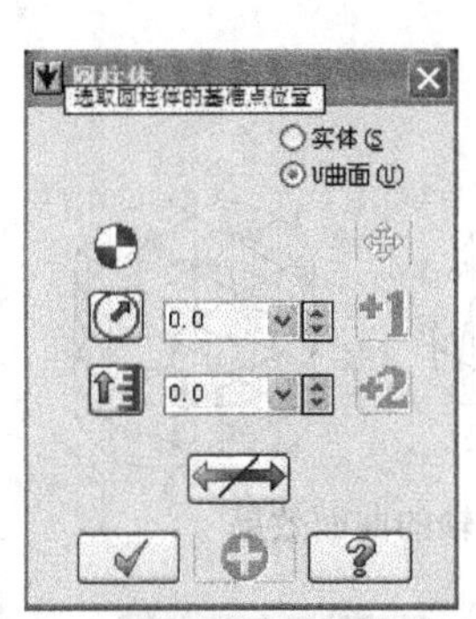
图 5-21　“圆柱体”选项对话框

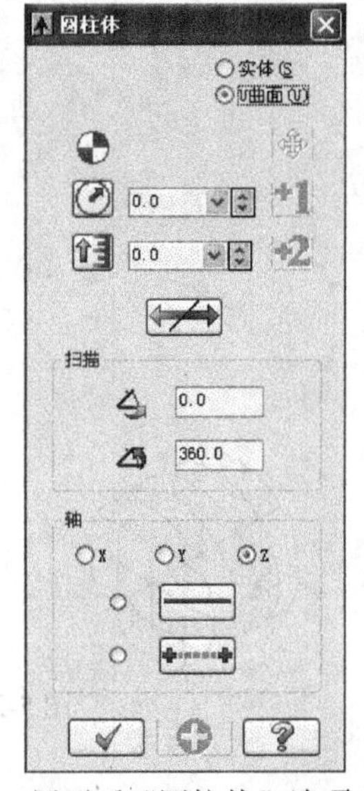
图 5-22　展开后“圆柱体”选项对话框

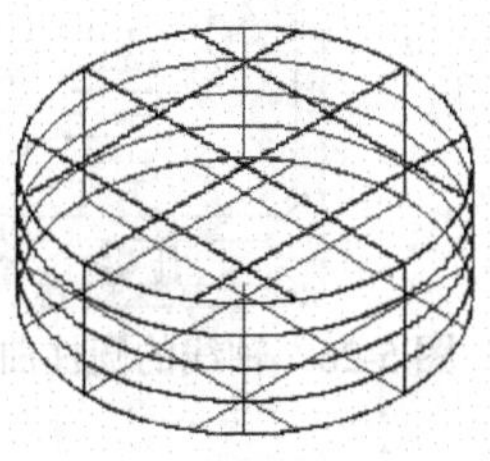
图 5-23　圆柱曲面

（5）单击按钮可以改变圆柱体的生成方向，如图 5-24 所示分别是箭头向右、向左，双向拉伸所生成的圆柱曲面。

（6）“扫描”设置默认是：起始 0°，终止 360°。若要绘制圆柱曲面的一部分可以在扫描设置的 0.0 输入栏中输入旋转起始角度 0°，在 360.0 输入栏中输入旋转终止角度 260°，生成如图 5-25 所示圆柱曲面。

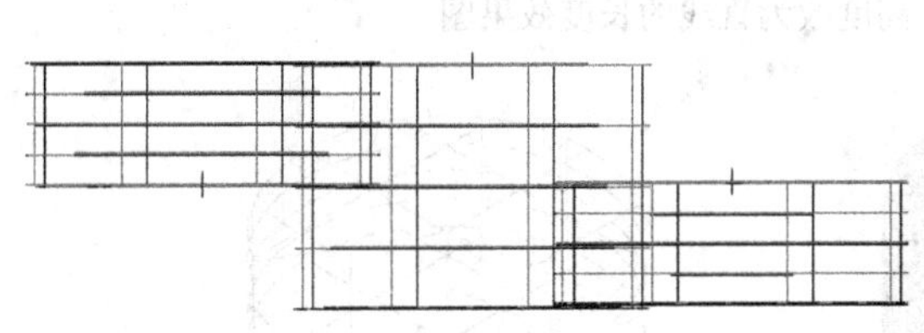
图 5-24　改变方向后的圆柱曲面

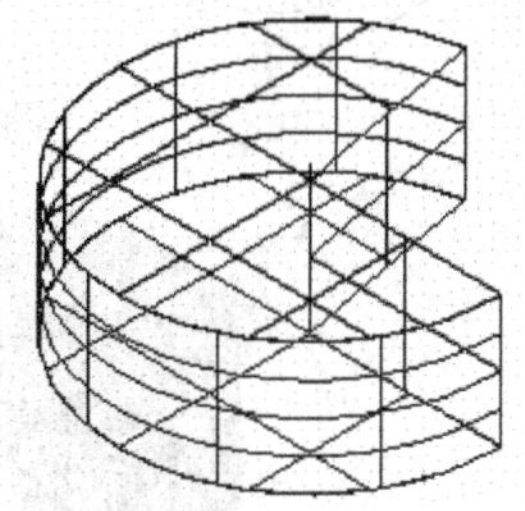
图 5-25　部分圆柱曲面

（7）在“轴”选项组中，可以选择圆柱的轴线方向，如图 5-26 所示为 X、Y、Z 三个方向轴线的圆柱曲面。选择按钮可以选择任意直线作为圆柱的轴线如图 5-27 所示，同时也可以根据需要将圆柱的高度改为直线的长度如图 5-28 所示。选择按钮可以选择任意两点确定圆柱轴线的方向，其作用和选择一条直线相同。

其他相关操作：

（1）圆柱曲面实际是由三个曲面围成（上表面、下底面和回转面），删除时可以只选择其中一部分。

（2）若要观察曲面的立体形状可以按住鼠标中键移动进行旋转。

（3）用户可以单击工具栏中按钮将三维图形（曲面、实体）以渲染形式显示；单击按钮则可以将三维图形（曲面、实体）以线框形式显示，如图 5-29 所示。

（4）同时，运用【Alt+S】组合键也可以实现渲染和线框两种显示方式之间的切换。

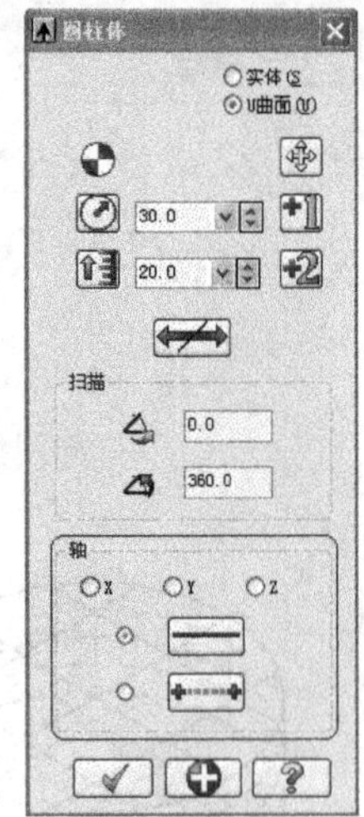

图 5-26　轴线的圆柱曲面对话框

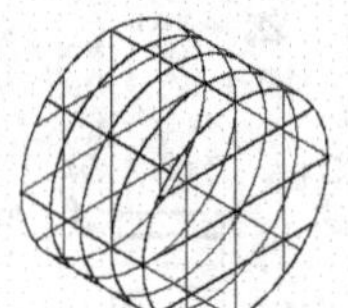
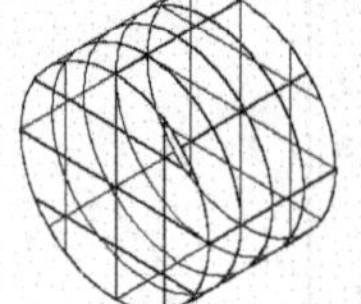
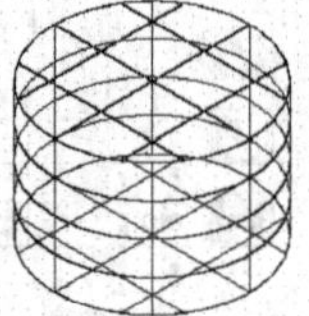

图 5-27　任意线为轴的曲面效果

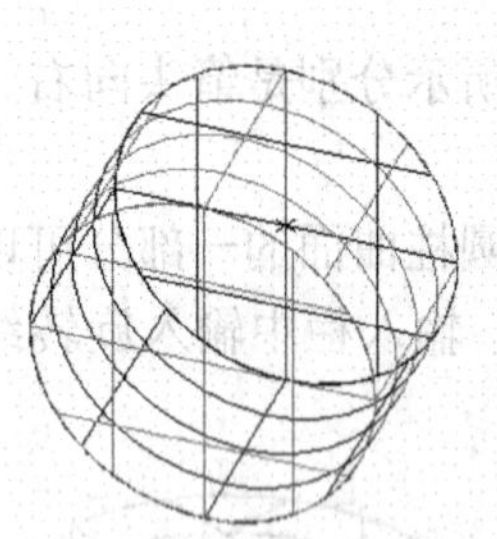
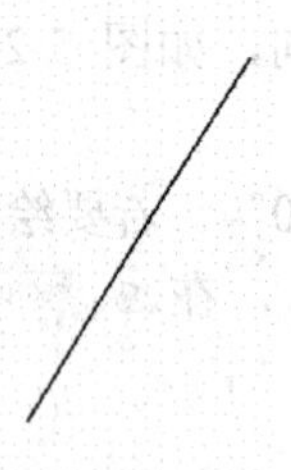
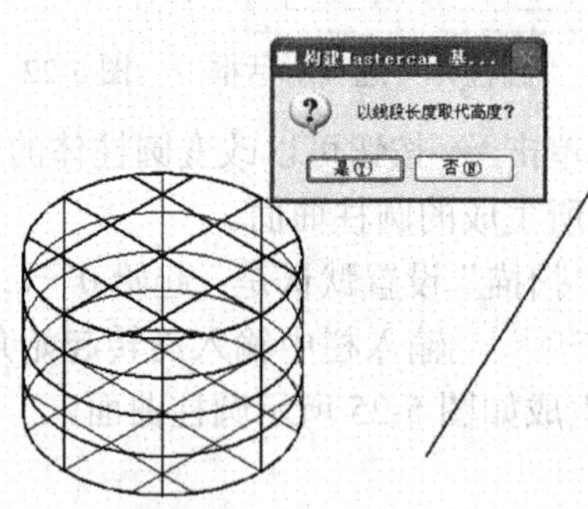

图 5-28　圆柱高度改为直线的长度效果图

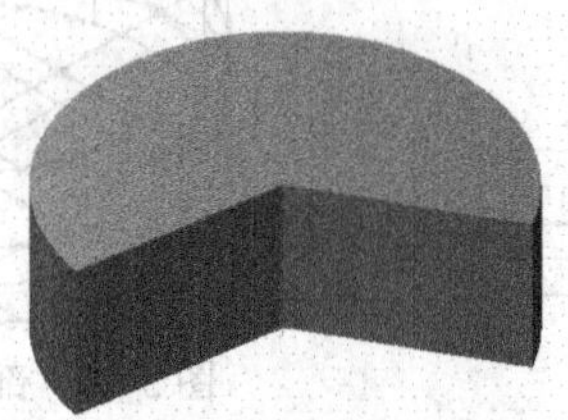
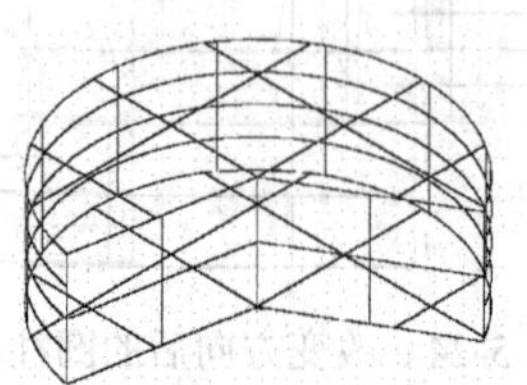

图 5-29　三维图形与线框形式显示对照图

2. 圆锥体

圆锥柱体功能可以绘制圆锥和圆台。

创建圆锥体曲面的操作步骤如下：

（1）选择“绘图”→“基本曲面/实体”→“画圆锥体”命令，弹出“圆锥柱”对话框，如图 5-30 所示。单击按钮，可以将对话框完全展开，如图 5-31 所示。

（2）根据对话框的提示选择一个点作为基准点，即圆锥底面的圆心在输入栏中输入圆锥底面半径值 30；在输入栏中输入圆锥的高度值 20，生成如图 5-32 所示的圆锥柱曲面。

（3）在输入栏中可以设置圆锥的顶角，输入 45°，生成如图 5-33 所示的圆台。也可以在输入栏中设置圆台顶部的半径，输入 5，生成如图 5-34 所示的圆台。

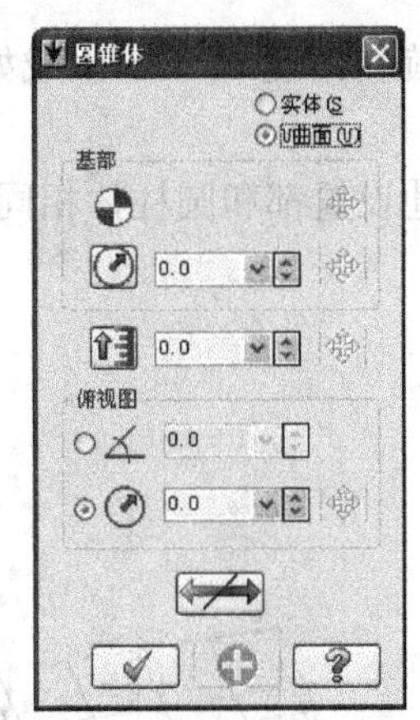

图 5-30　“圆锥体”对话框

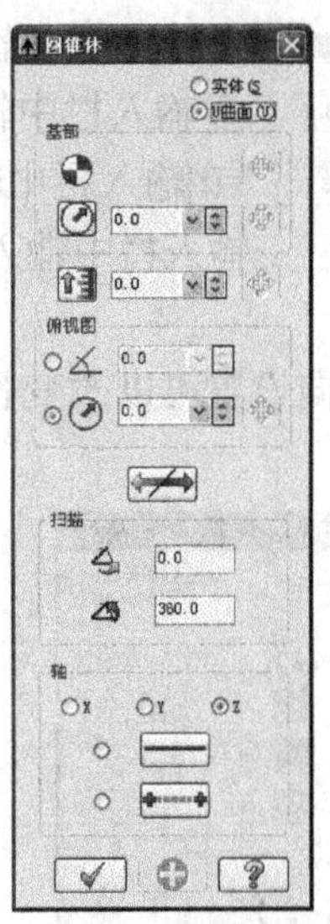

图 5-31　完全展开“圆锥体”对话框

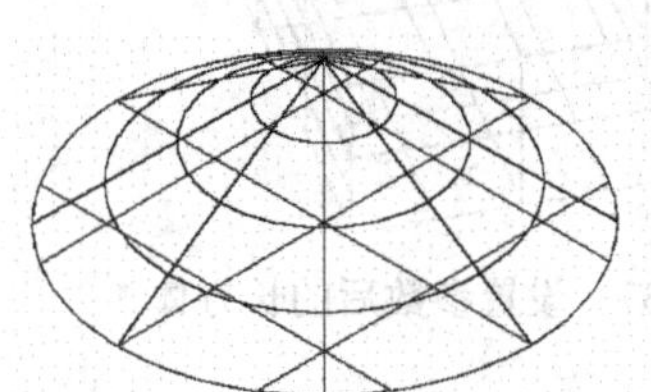

图 5-32　设置半径、高度后圆锥体曲面

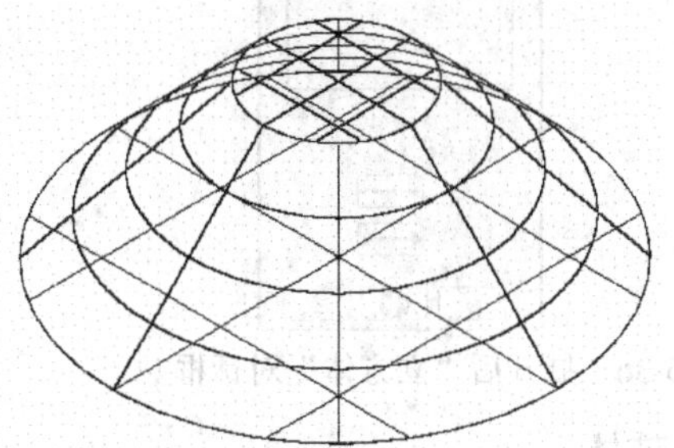

图 5-33　顶角为 45°的圆台

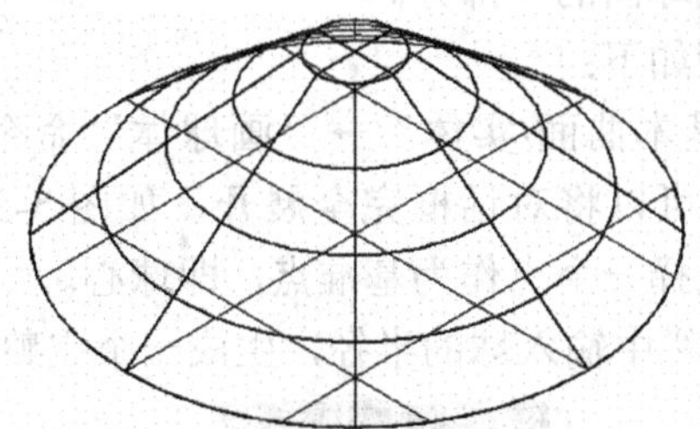

图 5-34　顶部半径为 5 的圆台

（4）其他的方向、轴、扫描的设置都和圆柱体相同，这里不再重复赘述。

3．立方体

立方体功能用于绘制符合长宽高要求的长方体曲面。

创建立方体曲面的操作步骤如下：

（1）选择“绘图”→“基本曲面/实体”→“画立方体”命令，弹出“立方体”对话框，如图 5-35 所示。单击按钮，可以将对话框完全展开，如图 5-36 所示。

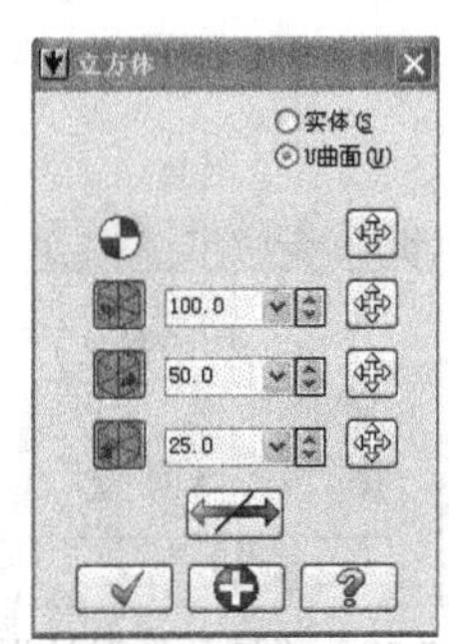

图 5-35　“立方体”对话框

（2）根据对话框的提示选择一个点作为基准点，这个点在

长方体中的固定位置可以从立方体对话框中的九个位置中选择。

（3）在输入栏中输入长方体的长度 100。

（4）在 50.0 输入栏中输入长方体的宽度 50。

（5）在 25.0 输入栏中输入长方体的高度 25。

（6）在 60.0 输入栏中输入长方体绕高度方向的旋转角度 60°，生成如图 5-37 所示长方体曲面。

（7）轴的方向设置可以改变长方体的高度方向。其他设置都和圆柱体相同，这里不再重复赘述。

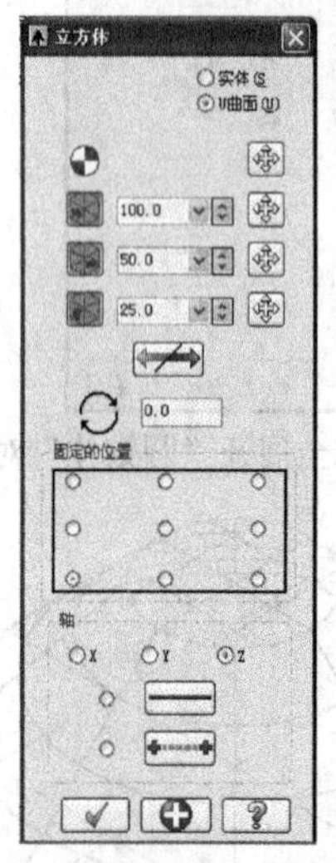

图 5-36 展开后“立方体”对话框

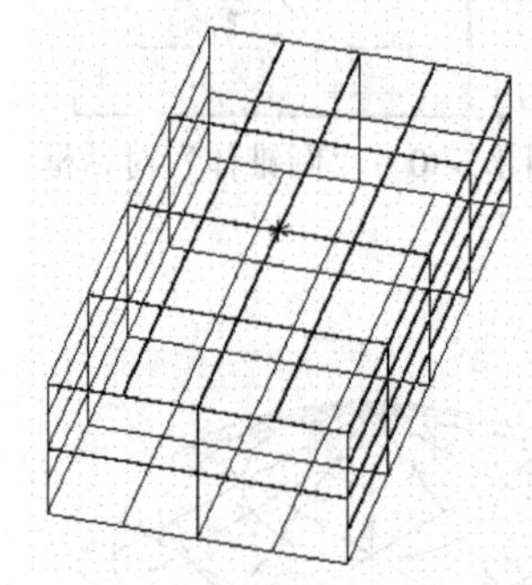

图 5-37 设置参数后的长方体

4．球体

球体功能可以绘制球面或球面的一部分。

创建球体曲面的操作步骤如下：

（1）选择“绘图”→“基本曲面/实体”→“画球体”命令，弹出“球体”对话框，如图 5-38 所示。单击按钮，可以将对话框完全展开，如图 5-39 所示。

（2）根据对话框的提示选择一个点作为基准点，即球心。

（3）在 50.0 输入栏中输入球的半径，生成一个完整球体，如图 5-40 所示。

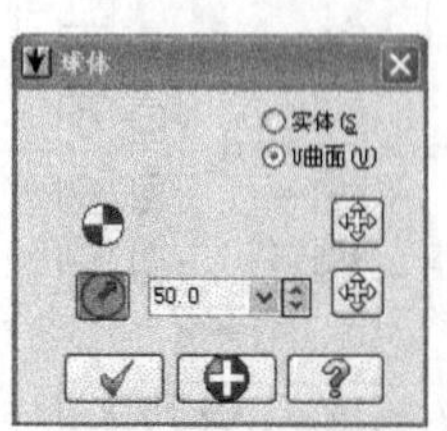

图 5-38 “球体”对话框

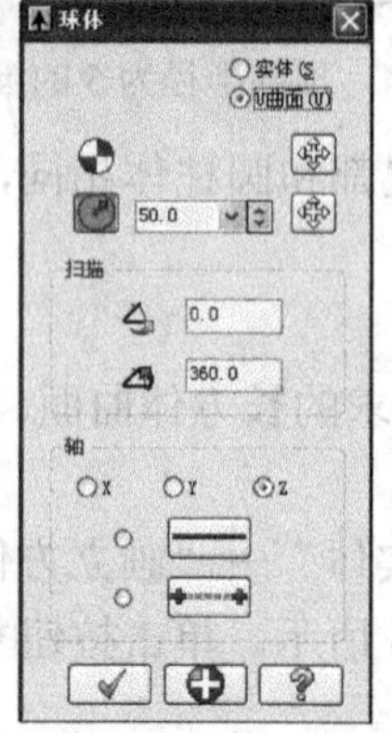

图 5-39 展开后“球体”曲面

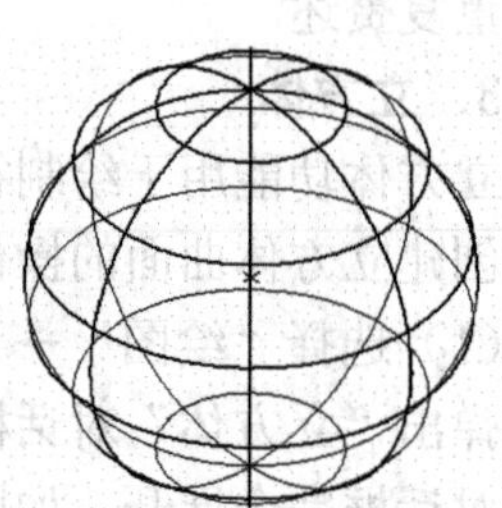

图 5-40 完整球体

（4）其他的方向、轴、扫描的设置都和圆柱体相同，这里不再重复赘述。

5．圆环体

圆环体功能可以创建圆环曲面或部分圆环的曲面。

创建圆环曲面的操作步骤如下：

（1）选择“绘图”→“基本曲面/实体”→“画圆环体”命令，弹出“圆环体”对话框，如图 5-41 所示。单击按钮，可以将对话框完全展开，如图 5-42 所示。

（2）选择一个点作为圆环中心线的圆心。

（3）在 0.0 输入栏中输入圆环中心线的半径值。

（4）在 0.0 输入栏中输入圆环截面的半径值。

（5）在扫描选项中设置旋转角度，生成如图 5-43 所示的圆环曲面。

（6）其他的设置都和圆柱体相同，这里不再重复赘述。

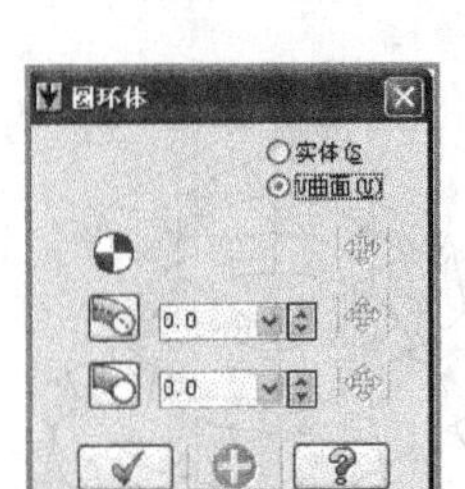

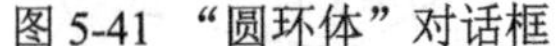

图 5-41　“圆环体”对话框

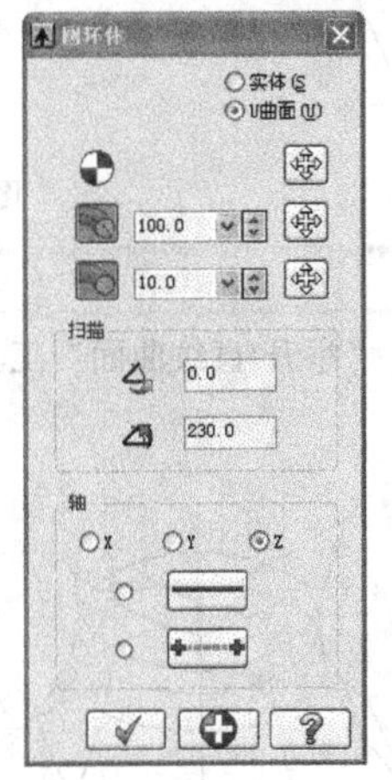

图 5-42　展开后“圆环体”对话框

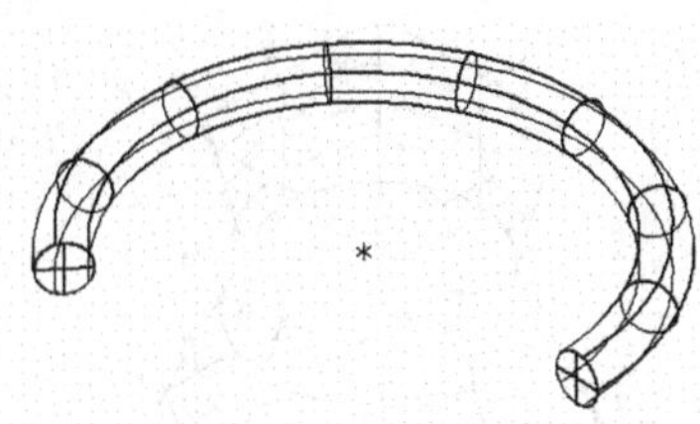

图 5-43　设置参数后的圆环曲面

5.2.2　直纹/举升曲面

构建“直纹/举升曲面”需要两个或两个以上的线架作为截面外形，以“直线/参数方式”熔接形成平滑的曲面。

创建“直纹/举升曲面”的步骤：

（1）绘制如图 5-44 所示的三维线架：设置视角为等角视图，*Z* 深 0 俯视图构图面绘制中心点在原点处的倒圆角 *R*8，外切圆半径为 50 的正六边形；*Z* 深 50 俯视图构图面绘制圆 *R*8，圆心在原点处；*Z* 深 85 俯视图构图面绘制中心点在原点处倒圆角 *R*8 的 40×40 的正方形。

（2）视角改为俯视图，将三个线架对应点打断，以保证选取各线架时箭头的位置和方向一致，否则曲面会发生扭曲。

（3）选择“绘图”→“曲面”→“直纹/举升曲面”命令，弹出如图 5-45 所示对话框，选择“串连”方式，依次选择正方形、圆、正六边形，单击“确认”按钮，在如图 5-46 所示工具栏中选择“直纹”方式，单击“确认”后生成曲面如图 5-47 所示；选择“举升”方式，单击“确认”按钮，如图 5-48 所示。

如果在选择“串连”方式后改变选取线架的先后顺序，依次选择圆、正方形、正六边形，单击“确认”按钮，在如图 5-46 所示工具栏中选择“直纹”方式，单击“确认”按钮，如图 5-49 所示；选择“举升”方式，单击“确认”按钮，如图 5-50 所示，单击“着色”按钮，如图 5-51 所示。

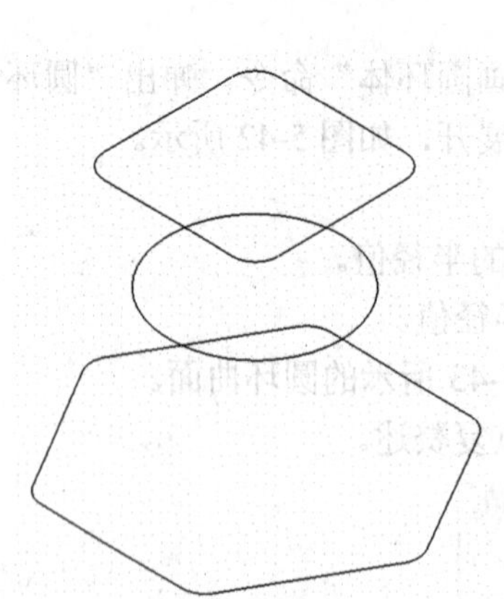

图 5-44　三维线架

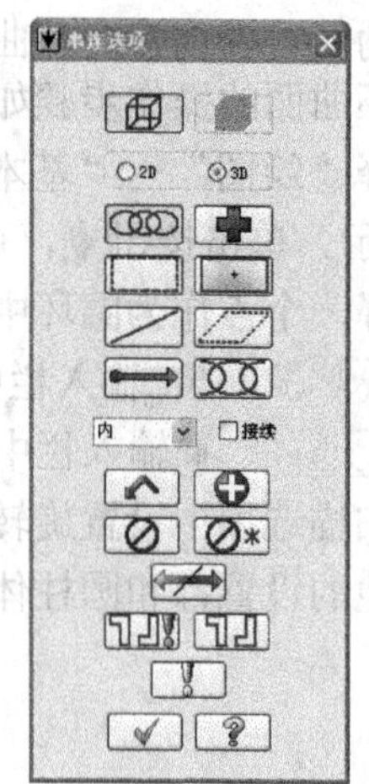

图 5-45　“串连选项”对话框

图 5-46　“举升/直纹曲面”工具栏

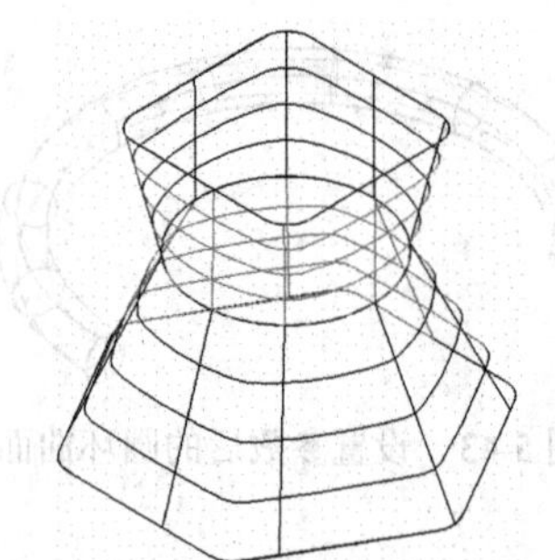

图 5-47　选择“直纹”方式后曲面

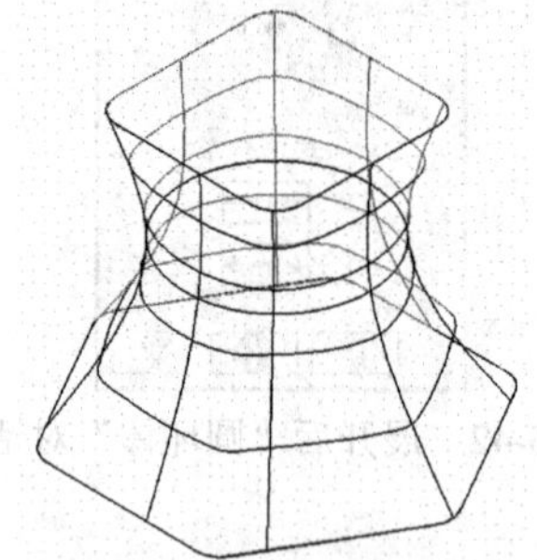

图 5-48　选择“举生”方式后曲面

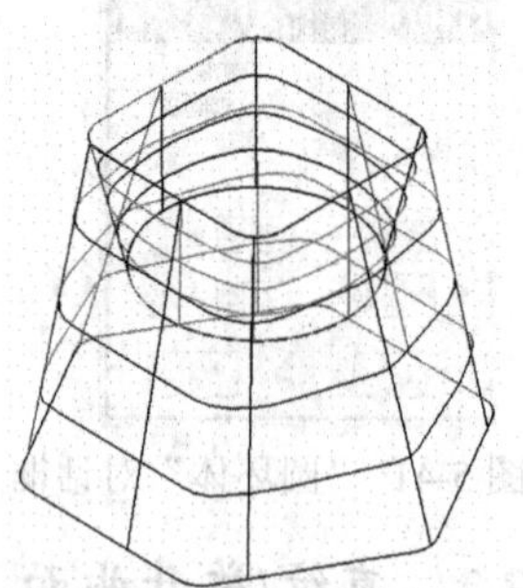

图 5-49　直纹曲面

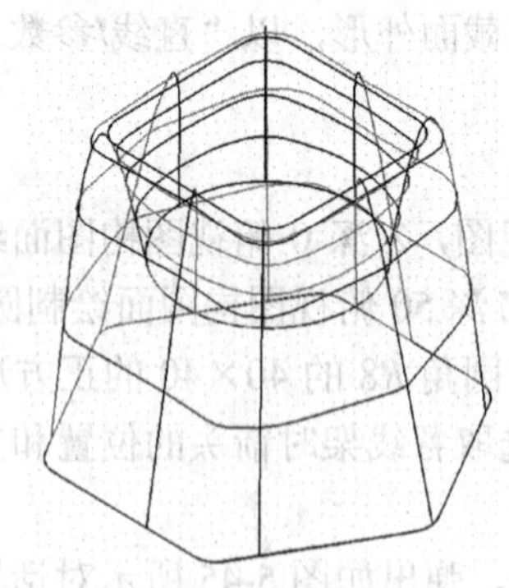

图 5-50　举升曲面

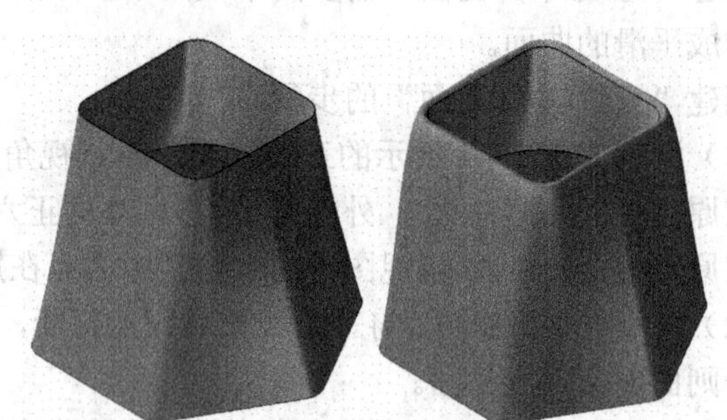

图 5-51　着色后曲面

总结：

（1）选择线架时必须在各轮廓的对应位置打断，以保证箭头位置相同；

（2）选择线架时控制箭头的指向相同；

（3）各轮廓线架的选择顺序不同所生成的曲面形状不同；

（4）直纹曲面用直线连接各线架，产生一个线性熔合曲面；举升曲面用参数线连接各线架，产生一个抛物线熔合曲面。

5.2.3　旋转曲面

旋转曲面的形成可以理解为几何对象绕着某一个轴线按指定的角度旋转，其轨迹所构成的曲面。因此旋转曲面的形状取决于几何形状本身和旋转的角度。

绘制如图 5-52 所示的圆弧（3 段三点画弧），作为被旋转的几何对象，直线作为旋转轴。

选择“绘图”→“曲面”→“旋转曲面”命令，在弹出的“串连选项”对话框中选择“串连”方式，选择圆弧，单击“确定”按钮，在如图 5-53 所示的工具栏中单击“轴”按钮，选择直线，输入起始角度为 0°，终止角度为 360°，生成旋转曲面如图 5-54 所示。若输入旋转的起始角度为 50°，终止角度为 200°，旋转曲面如图 5-55 所示；单击“方向”按钮改变方向，生成旋转曲面如图 5-56 所示。

图 5-52　原始曲面（圆弧）

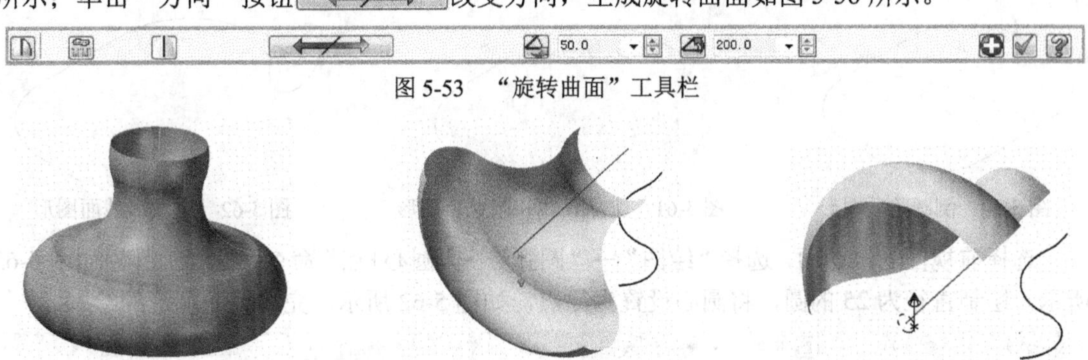

图 5-53　“旋转曲面”工具栏

图 5-54　旋转一周后的曲面　　图 5-55　改变起始、终止角度后的曲面　　图 5-56　改变方向后旋转曲面

总结：

（1）轴线的方向：根据鼠标点取直线的位置，从靠近鼠标的直线端点指向远离的端点；

（2）旋转曲面的旋转方向符合右手螺旋定则：拇指方向为选取轴线的方向，四指的环绕方向为生成曲面的旋转方向；

（3）若生成旋转曲面的几何图形为封闭图形，则最后的曲面是一个中空的闭合曲面。

5.2.4　扫描曲面

将截面图形沿着轨迹路径移动，其运动轨迹形成的曲面称为扫描曲面。其中截面图形和轨迹路径图形可以是一个或是多个。下面分别介绍 3 种方式的扫描曲面：一个截面和一个轨迹线；两个截面和一个轨迹线；一个截面和两个轨迹线。

1．一个截面和一个轨迹线

首先绘制截面图形和轨迹图形。设置 *Z* 深为 0 的俯视图为构图面，选择“绘图”→“矩形”命令，设置工具栏如图 5-57 所示，以原点为中心，绘制 100×80 的矩形如图 5-58 所示。选择“绘图”→“倒圆角”→“串连倒圆角”命令，在弹出的“串连选项”对话框中选择“串连”方式，选择矩形，单击“确认”按钮。在如图 5-59 所示的工具栏中输入倒圆角半径为 30，选择“普通”形式，“修剪”模式，单击“确认”按钮，如图 5-60 所示。删除一条直线和两条圆弧后为轨迹图形如图 5-61 所示。

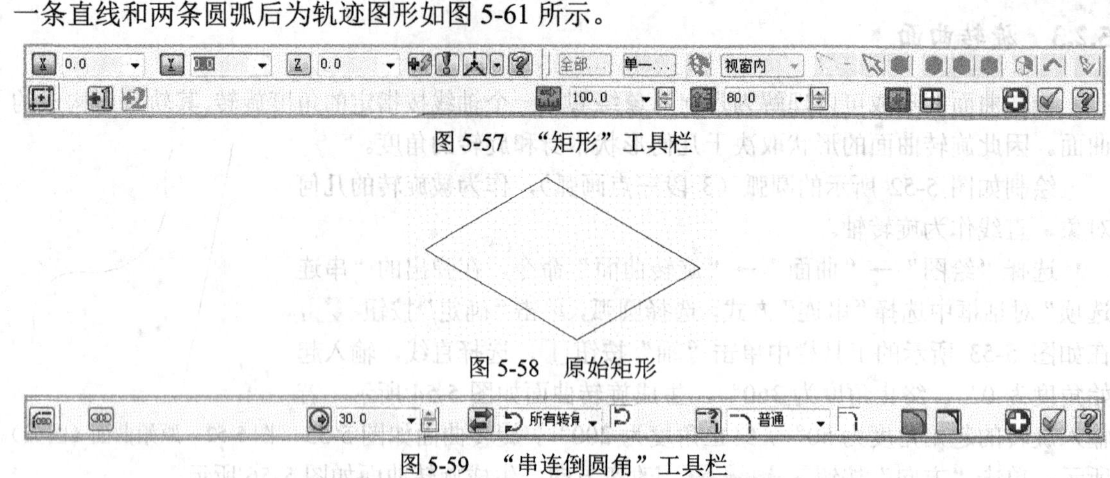

图 5-57 “矩形”工具栏

图 5-58 原始矩形

图 5-59 “串连倒圆角”工具栏

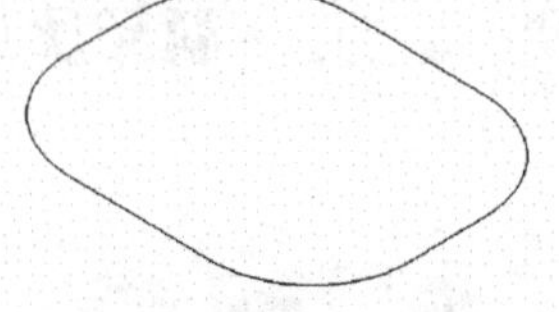

图 5-60 倒圆角后图形

图 5-61 删除直线和圆弧后图形

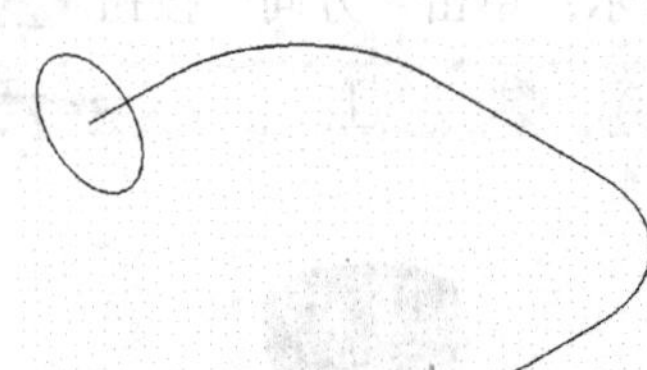

图 5-62 完成后截面图形

选择前视图为构图面，选择“绘图”→“圆弧”→“圆心+点”命令，设置工具栏如图 5-63 所示，绘制直径为 25 的圆，将圆心设置为原点，如图 5-62 所示。完成截面图形的绘制。

图 5-63 “编辑圆心点”工具栏

选择“绘图”→“曲面”→“扫描曲面”命令，在弹出的“串连选项”对话框中单击“单体”按钮，选择截面图形圆，单击“确定”按钮，再次弹出“串连选项”对话框，选择“部分串连”按钮，分别单击轨迹线的起始线段和终止线段，在工具栏如图 5-64 所示，选择“旋转”模式，生成曲面如图 5-65 所示，扫描过程中截面线随着轨迹线进行旋转。选择“转换”模式，生成曲面如图 5-66 所示，扫描过程中截面线始终平行于截面线所在的平面。

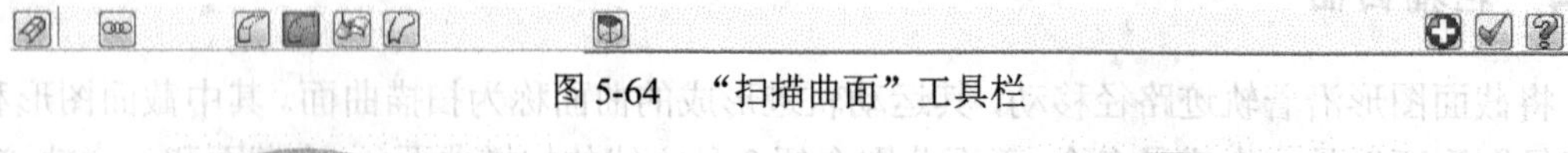

图 5-64 “扫描曲面”工具栏

图 5-65 旋转后曲面

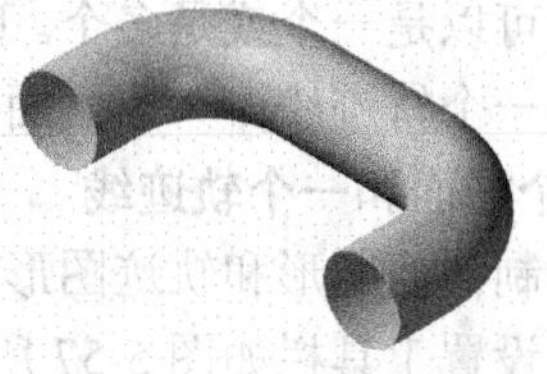

图 5-66 转换后曲面

2. 两个或多个截面和一个轨迹线

在图 5-62 的基础上在绘制一个截面图形。设置"前视图"为构图面，选择"绘图"→"矩形"命令，设置工具栏如图 5-67 所示，绘制 30×20 的矩形，将其中心点设在轨迹线的终点。选择"绘图"→"倒圆角"→"串连倒圆角"命令，在弹出的"串连选项"对话框中选择串连方式，选择矩形，单击"确认"按钮，在如图 5-59 所示的工具栏中输入倒圆角半径为 10，选择"普通"形式，"修剪"模式，单击"确认"按钮，生成的截面图形如图 5- 68 所示。

图 5-67 设置矩形参数工具栏

将两个截面图形圆和倒圆角正方形在各自轮廓对应点打断，以保证生成曲面光滑不扭曲。

选择"绘图"→"曲面"→"扫描曲面"命令，在弹出的"串连选项"对话框中选择串连方式，选择第一个截面图形圆，再选择第二个截面图形正方形，单击"确定"按钮，如果有多个截面可以继续选择完成后再单击"确认"按钮；再次弹出"串连选项"对话框，选择"部分串连"方式，分别单击轨迹线的起始线段和终止线段，单击"确认"按钮，选择"旋转"模式，生成曲面如图 5-69 所示。

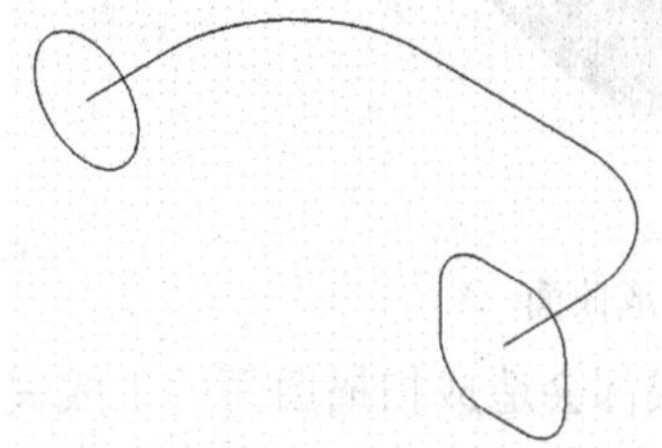

图 5-68 两个不同截面图形

图 5-69 不同截面旋转后曲面

3. 一个截面和两个或多个轨迹线

Mastercam X5 也可以在两个轨迹线间适当缩放一个截面轮廓。

首先绘制两个轨迹线。设置当前构图面为 Z 深度的俯视图，绘制 40×80 的矩形，中心点为原点，如图 5-70 所示；选择"绘图"→"圆弧"→"三点画弧"命令，绘制第一条轨迹线如图 5-71 所示，同样方法绘制第二条轨迹线，并删除矩形定位线，如图 5-72 所示。

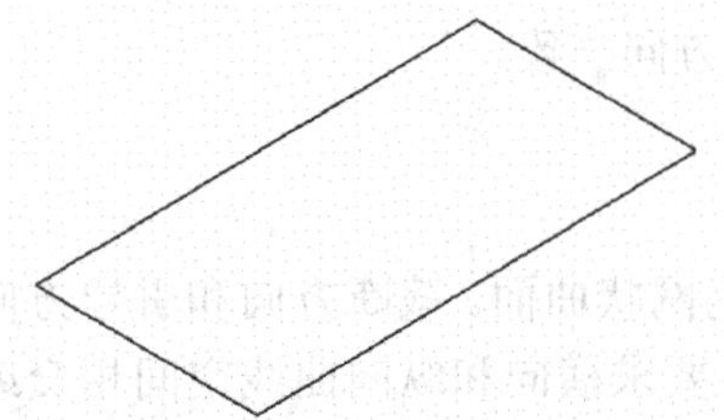

图 5-70 中心点为圆点的矩形

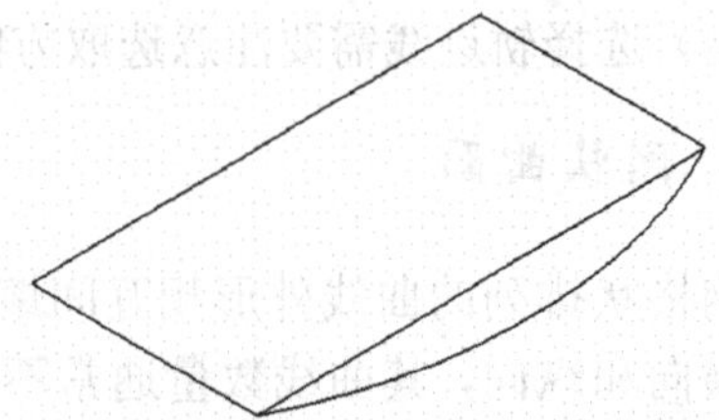

图 5-71 绘制等一条轨迹线后的矩形

然后绘制截面图形。设置前视图为构图面，选择"绘图"→"圆弧"→"两点画弧"命令，选择两轨迹线的端点，在工具栏中设置圆弧半径 22 或直径 44 如图 5-74 所示，选择符合要求的圆弧部分，如图 5-73 所示。

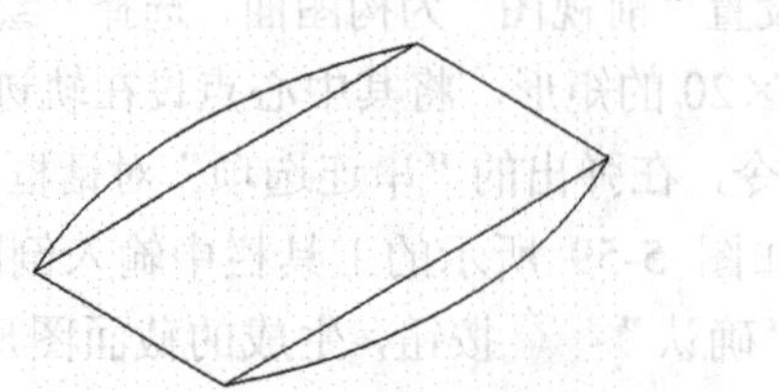

图 5-72　绘制第二条轨迹线后的矩形

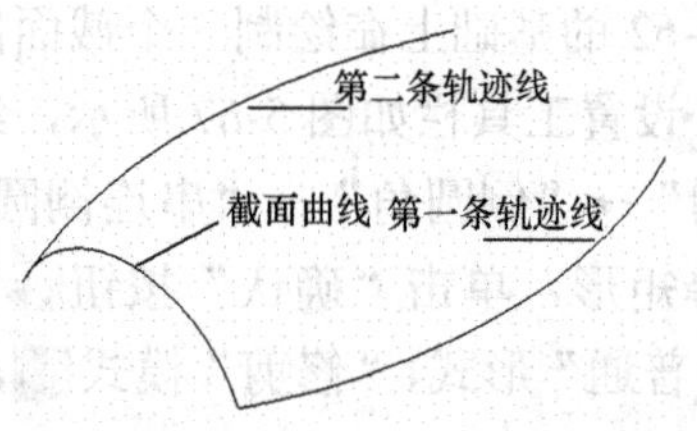

图 5-73　选择符合要求的圆弧部分

图 5-74　“两点画弧”工具栏

选择“绘图”→“曲面”→“扫描曲面”命令，在弹出的“串连选项”对话框中选择“单体”方式，选择截面图形 $R22$ 的圆弧，单击“确定”按钮；再次弹出“串连选项”对话框，选择“单体”方式，分别单击第一条轨迹线和第二条轨迹线，单击“应用”按钮，生成曲面如图 5-75 所示。

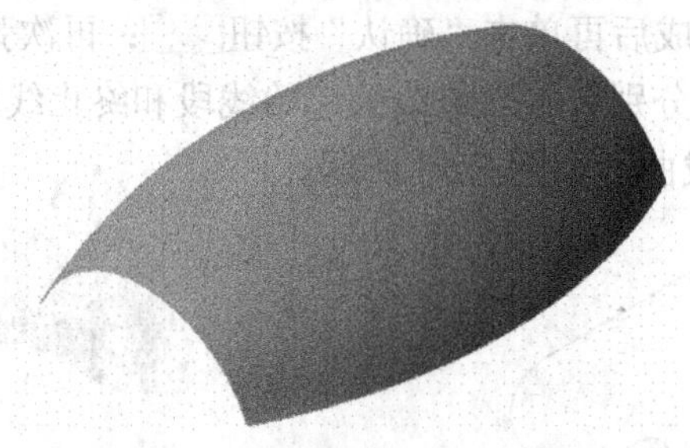

图 5-75　单击轨迹线后生成曲面

作图中需要特别注意以下几点，任何一个设置有误都会造成扫描曲面的生成失败。

（1）使用部分串连方式要注意，选取起始和终止线段的方向是根据鼠标点取位置，从靠近的直线端点指向另一端点，要求保证箭头指向和实际的扫掠方向相同，否则，单击“串连选项”对话框中的按钮改变箭头方向。

（2）多个截面和一个轨迹线的扫描曲面，需要将截面线在对应位置打断，防止曲面的扭曲，选择时还需注意箭头方向相同；

（3）串连选项中的“单一”方式可以帮助绘图者选择串连图素中的某一个图素，灵活运用可以方便作图。

（4）选择轨迹线需要注意选取方向必须和实际扫描方向一致。

5.2.5　网状曲面

网格状排列的曲线外形相互间熔接产生的曲面称为网状曲面。截断方向和引导方向或者称为横向和纵向，其曲线数量通常不少于两个。同时不要求横向和纵向曲线空间相交或端点相交。

绘制如图 5-76 所示三维线架，线架的横向和纵向不固定，由绘图者自行定义，设定一个方向为横向，另一个方向自然就是纵向了。

选择“绘图”→“曲面”→“网状曲面”命令，在弹出的“串连选项”对话框中选择“单体”方式，选择图 5-77 中曲线 1、曲线 3、曲线 4、曲线 6，单击“确定”按钮，生成如图 5-78 所示曲面。

上面网状曲面的操作中所选择的的曲线没有方向要求也没有先后次序，因为系统会自动判断哪条是横向曲线，哪条是纵向曲线。这种做法适用于线架较为简单或要求不高的网状曲面。如果线架较复杂或曲面要求较高时，应该采用下面的方法来构建。

绘制如图 5-77 所示线架，由多条横向曲线和多条纵向曲线组成。我们用它来构建一个封闭的网状曲面。

选择“绘图”→“曲面”→“网状曲面”命令，在弹出的“串连选项”对话框中选择“单体”方式，此时工具栏如图 5-80 所示，在“截断方向”下拉列表框中选择“截断方向”选项，选择截断方向的曲线：曲线 1、曲线 2、曲线 3，重新设置工具栏中的“引导方向”下拉列表框为“引导方向”，选择引导方向的曲线：曲线 4、曲线 5、曲线 6，单击“确定”按钮，生成如图 5-79 所示曲面。

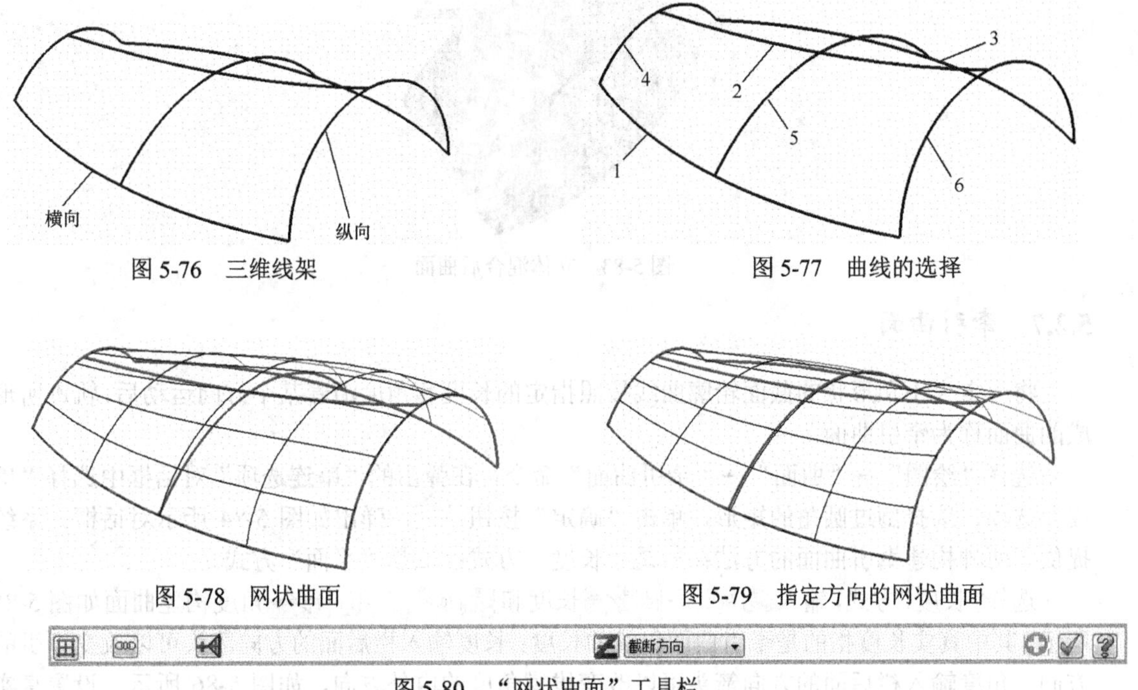

图 5-76　三维线架　　图 5-77　曲线的选择

图 5-78　网状曲面　　图 5-79　指定方向的网状曲面

图 5-80　“网状曲面”工具栏

对比两种方法生成的曲面会发现后者误差较小，建立的网状曲面完全贴合在线架上。

5.2.6　围篱曲面

利用线段、曲线或圆弧等在曲面上产生垂直于该曲面或是与该曲面成一定扭曲角度的曲面称为围篱曲面。

这里我们在前面网状曲面的基础上来建立围篱曲面，操作步骤如下：

设置前视图为构图面，选择“绘图”→“圆弧”“三点画弧”命令，绘制如图 5-81 所示的圆弧作为线架。

选择“绘图”→“曲面”→“围篱曲面”命令，如图 5-82 所示，单击“选择曲面”按钮，选择已经构建完成的网状曲面，在弹出的“串连选项”对话框中选择“单体”方式，选择圆弧线架，单击“确定”按钮。在“相同圆角”熔接方式下拉栏中选择“立体混合”方式，设置起始高度为 15，终止高度为 8，起始角度为-30°终止角度为 30°，单击“应用”按钮，结果如图 5-83 所示。

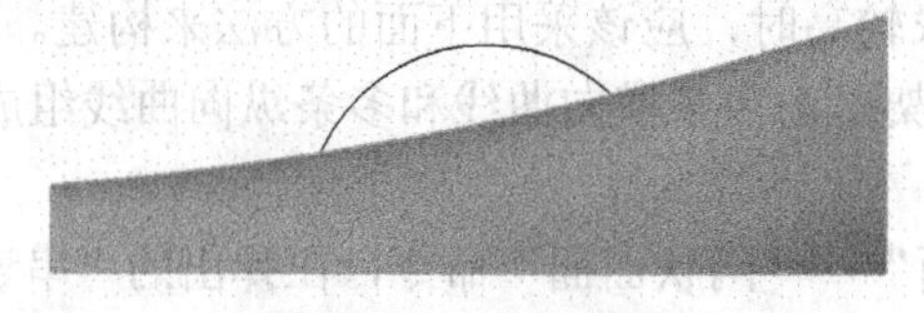

图 5-81　绘制圆弧

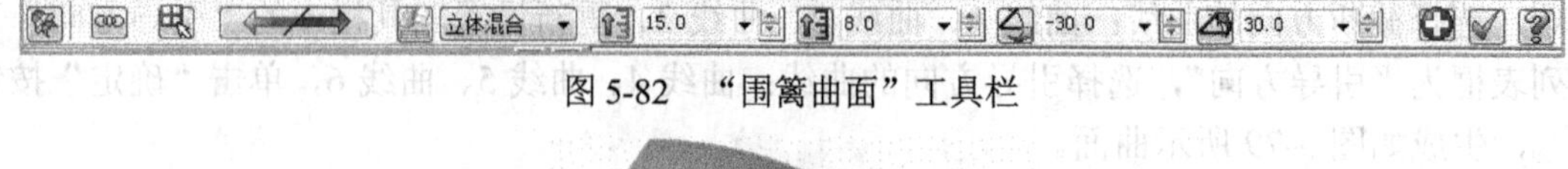

图 5-82　“围篱曲面”工具栏

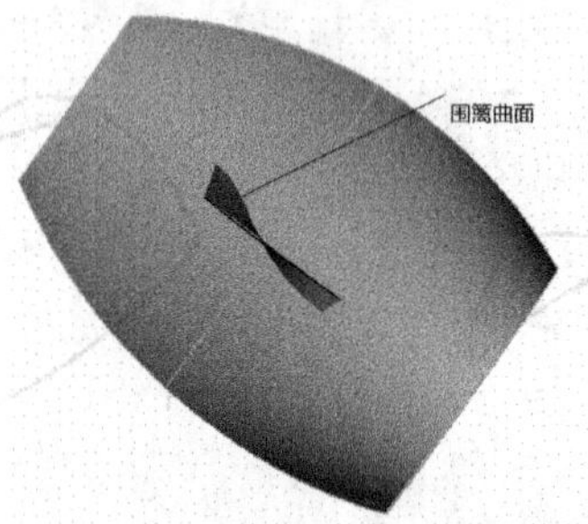

图 5-83　立体混合后曲面

5.2.7　牵引曲面

将一定大小和形状的截面轮廓曲线按照指定的长度和角度沿着某个方向运动后，轨迹所形成的曲面称为牵引曲面。

选择“绘图”→“曲面”→“牵引曲面”命令，在弹出的“串连选项”对话框中选择“串连”选项，选择倒过圆角的矩形，单击“确定”按钮，弹出如图 5-84 所示对话框。系统提供了两种构建牵引曲面的方法：一是“长度”方式；二是“平面”方式。

选择“长度”方式，输入 50.0 长度和 0.0 角度构建曲面如图 5-85 所示。其中真实长度指的是牵引曲面斜线的长度；长度输入栏后面的方向箭头可以改变牵引的方向；角度输入栏后面的方向箭头可以改变拔模角度的内外方向，如图 5-86 所示，设置真实长度 20，角度 10°，生成牵引曲面如图 5-87 所示；改变角度方向，曲面如图 5-88 所示；改变长度方向，生成曲面如图 5-89 所示。

图 5-84　“牵引曲面”对话框

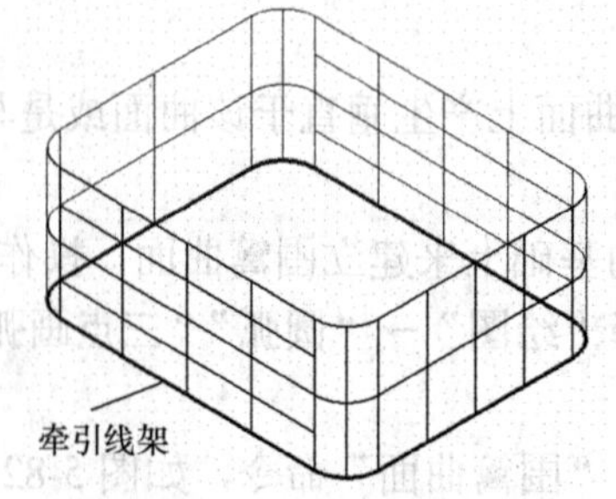

图 5-85　设置长度、角度后的牵引曲面

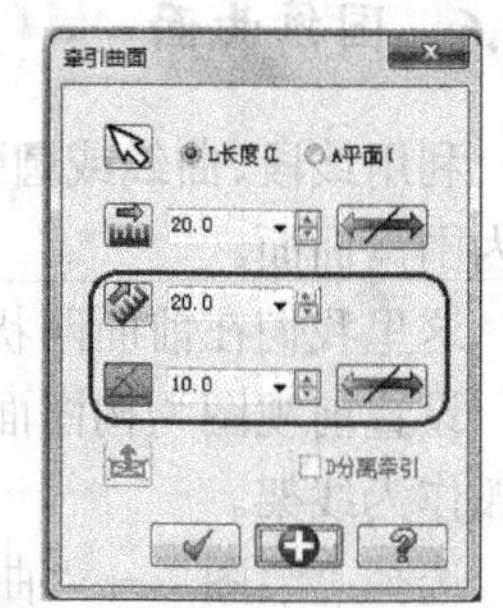

图 5-86　“牵引曲面”参数设置

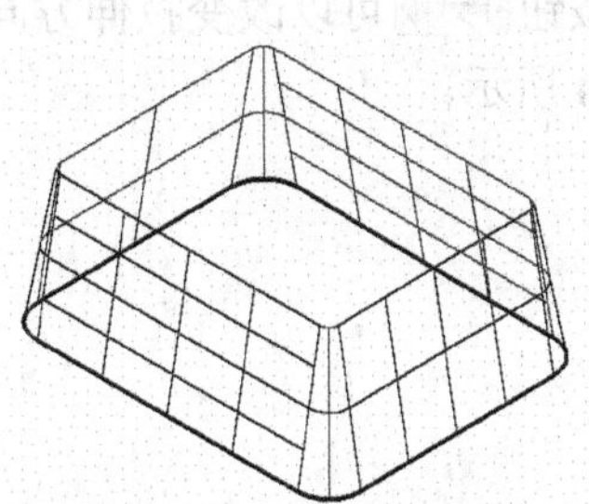

图 5-87 拔模角度内外方向改变的牵引曲面

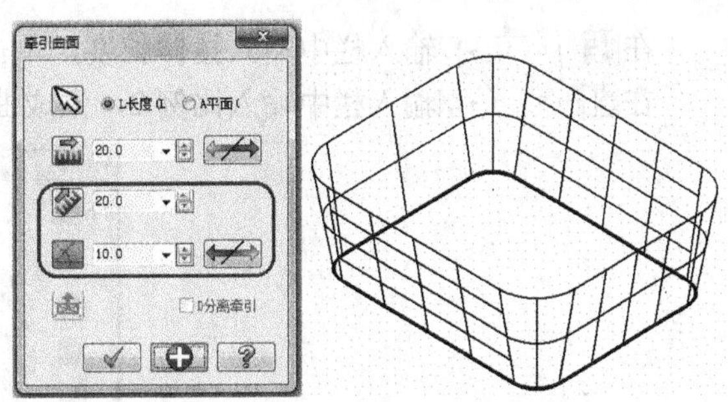

图 5-88 改变角度方向后的曲面

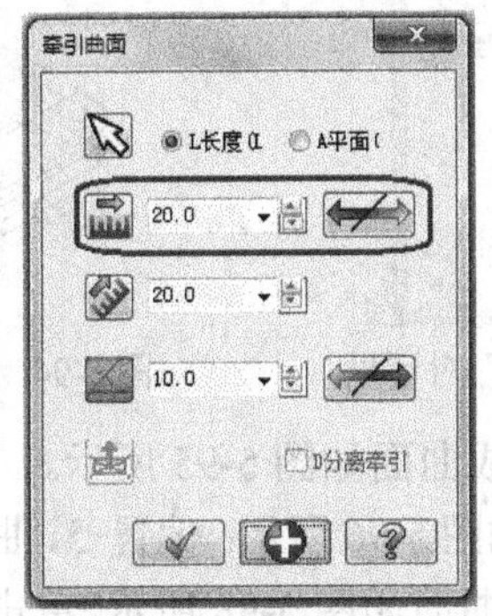

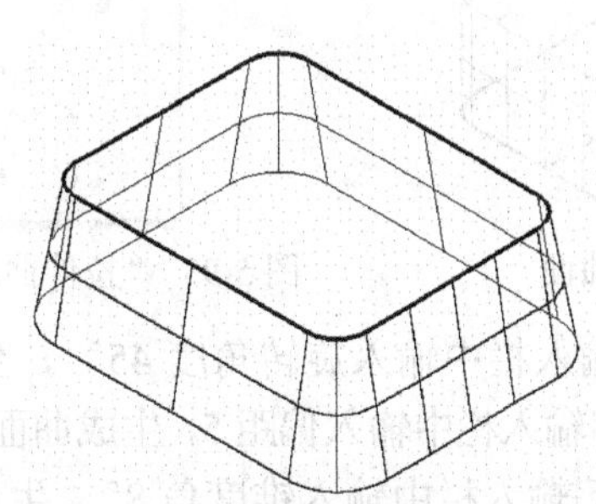

图 5-89 改变长度方向后的牵引曲面

选择平面方式对话框如图 5-90 所示，单击“平面”，单击按钮，弹出如图 5-91 所示对话框。可以通过直线、三点、图素、平面法向、视角方式选择平面，并可以设置所选平面的 Z 深度。平面方式中的角度功能和长度方式相同，所选的平面是线架沿着路径运动的终止位置。

图 5-90 选择平面方式对话框

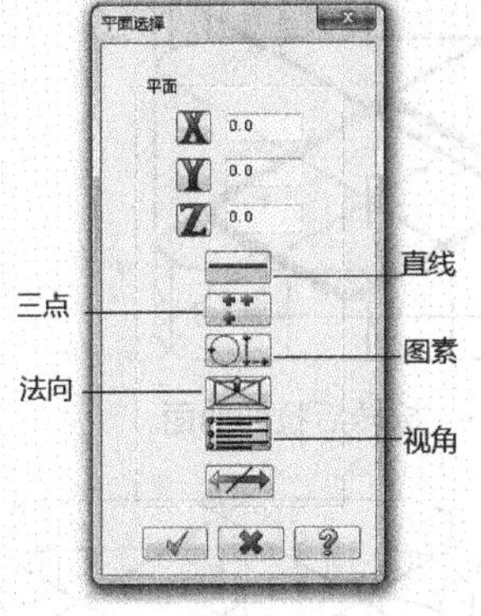

图 5-91 “平面选择”对话框

5.2.8 挤出曲面

将截面图形沿着其法线方向运动，其轨迹形成的曲面称为挤出曲面。选择挤出的线架同举升曲面相同，长度相同，生成挤出曲面如图 5-92 所示，它与牵引曲面的区别是增加了上下两个顶面。

选择“绘图”→“曲面”→“挤出曲面”命令，在弹出的“串连选项”对话框中选择“串连”方式，选取倒好圆角的矩形作为挤出的线架，弹出“拉伸曲面”对话框如图 5-93 所示。

单击对话框中按钮，选择一个点作为挤出曲面的基准点。

在 1.0 输入栏中输入拉伸长度，单击“方向”按钮可以改变拉伸方向。

在 1.0 输入栏中输入比例 2，生成曲面如图 5-94 所示。

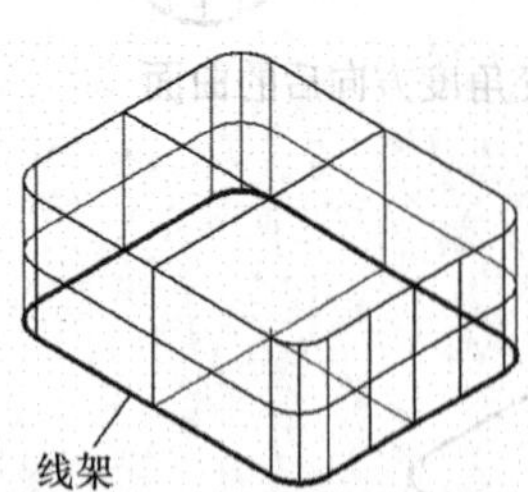

图 5-92 挤出曲面

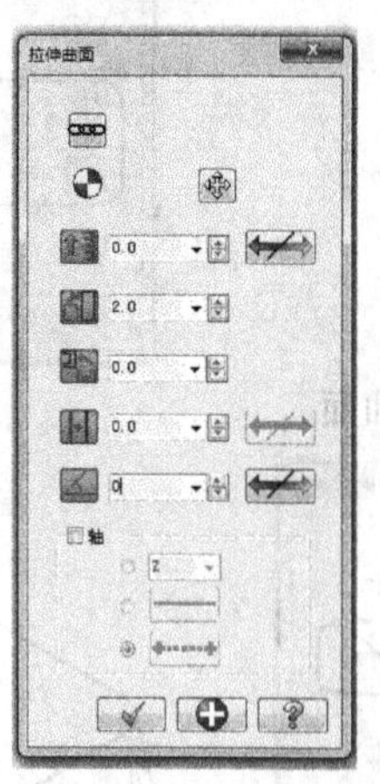

图 5-93 “拉伸曲面”对话框

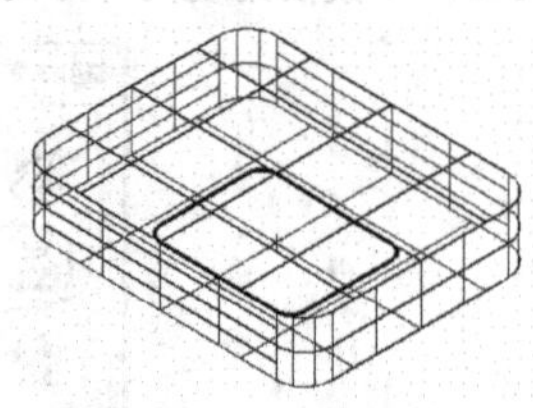
图 5-94 调比例后拉伸曲面

在 0.0 输入栏中输入旋转角度 45°，生成曲面如图 5-95 所示。

在 0.0 输入栏中输入偏距 5，生成曲面如图 5-96 所示；偏置−5，曲面如图 5-97 所示。

在 0.0 输入栏中输入锥度角 8°，生成曲面如图 5-98 所示，单击“方向”按钮曲面改变为图 5-99 所示。

选中“轴”复选框中可以改变拉伸的轴向。可以选择 Z *X*、*Y*、*Z* 坐标轴，也可以选择任意直线，或是选择两点确定轴线。

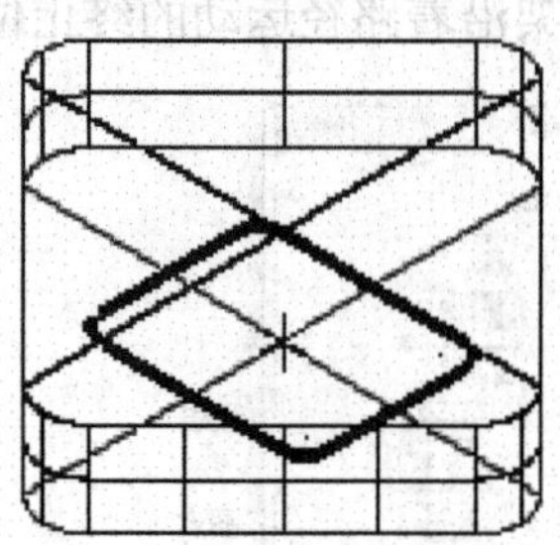
图 5-95 旋转后拉伸曲面

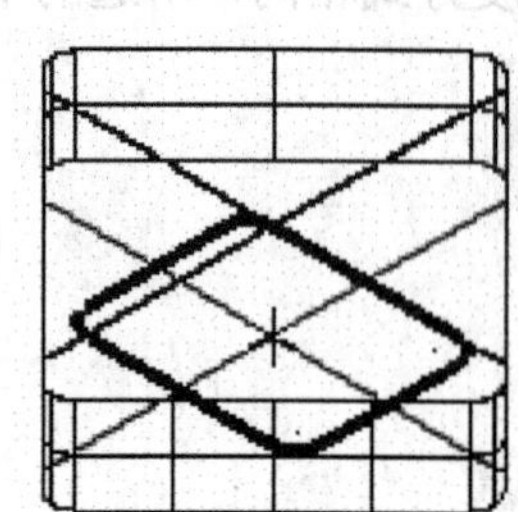
图 5-96 输入偏距后拉伸曲面

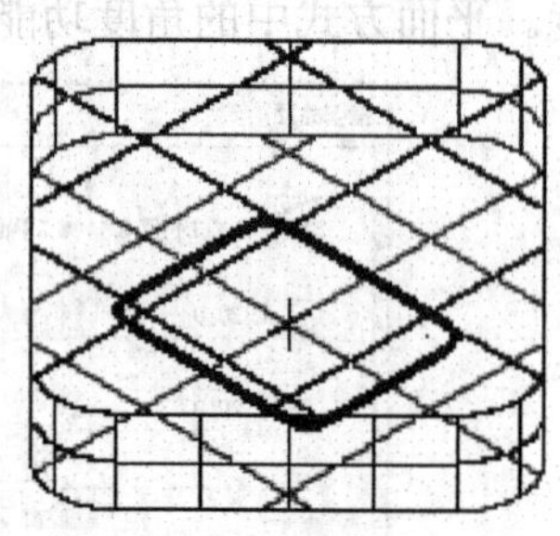
图 5-97 偏置后拉伸曲面

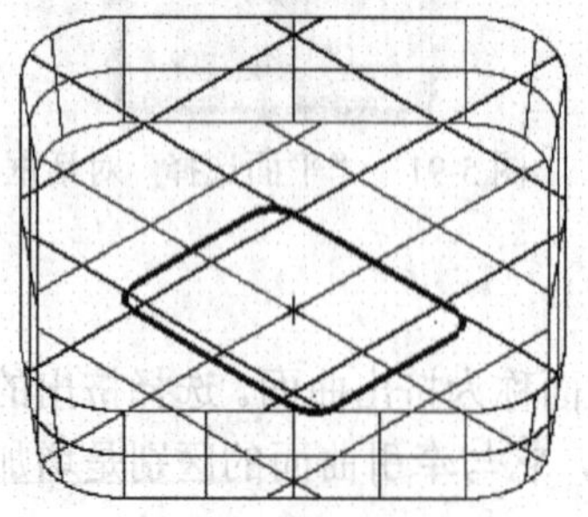
图 5-98 输入锥度后拉伸曲面

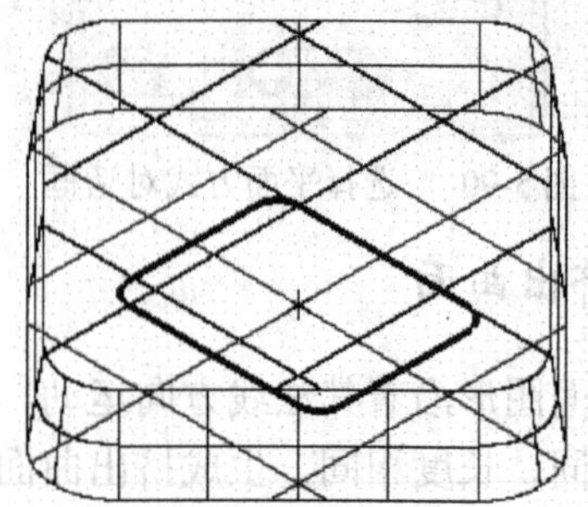
图 5-99 改变方向后拉伸曲面

5.2.9 由实体生成曲面

将构建的实体模型表面或体转换成曲面的方式称为由实体生成曲面。

操作步骤如下

（1）创建三维实体模型。

（2）选择“绘图”→“曲面”→“由实体生成曲面”命令，选择要生成曲面的实体，按【Enter】键确认，使用鼠标点取实体。注意观察鼠标右下角的图标选择实体的“表面”或“体”。

（3）移开实体模型，得到曲面。

【范例 2】前面介绍了 Mastercam X5 中的曲面构建方法，本节我们将通过综合曲面 1 的构建，如图 5-100 所示，具体学习这些方法的综合运用。

具体操作方法和步骤如下：

新建一个文件夹，将其命名为“综合曲面 1.MCX”。

1．构建三维线架

根据图 5-101 构建各曲面所需线架。

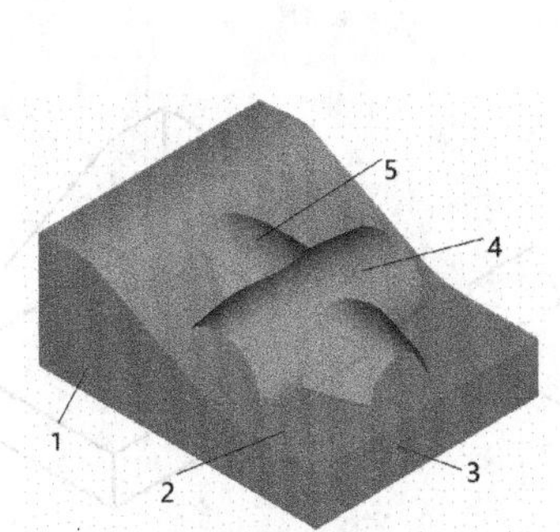

图 5-100　综合曲面 1

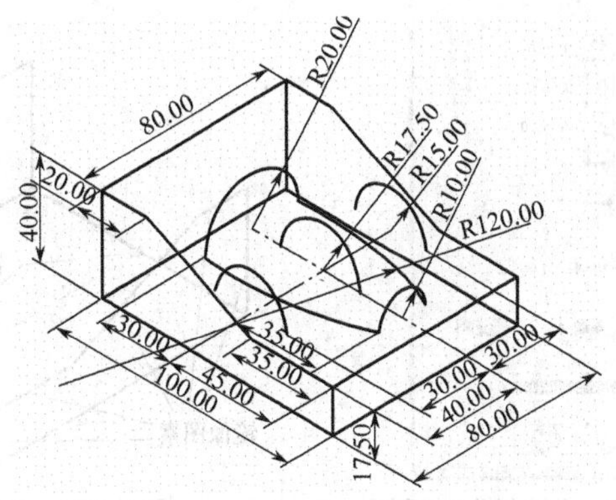

图 5-101　综合曲面 1 尺寸标注

设置视角为等角视图，构图面为俯视图，构图深度 Z 为 0 。

选择“绘图”→“矩形”命令，绘制矩形，在如图 5-102 工具栏中选择中心点方式，选择原点为中心，输入长为 100，宽为 80，如图 5-103 所示。

图 5-102　“矩形”工具栏

设置构图面为前视图，单击“构图深度”Z 按钮 Z 0.0 中字母 Z，根据提示点取矩形左下角点，深度 Z 值自动变更为对应数值：40 。设置视角和构图面为前视图，选择“绘图”→“任意线”→“绘制任意线”命令，工具栏如图 5-105 所示，依次选择端点，输入长度，绘制线架如图 5-104 所示。

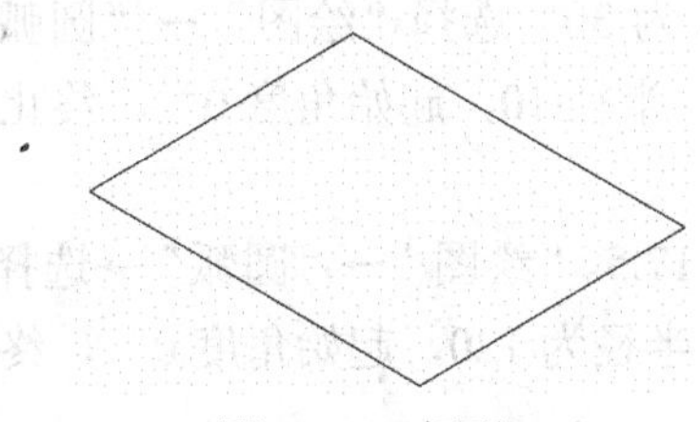

图 5-103　矩形

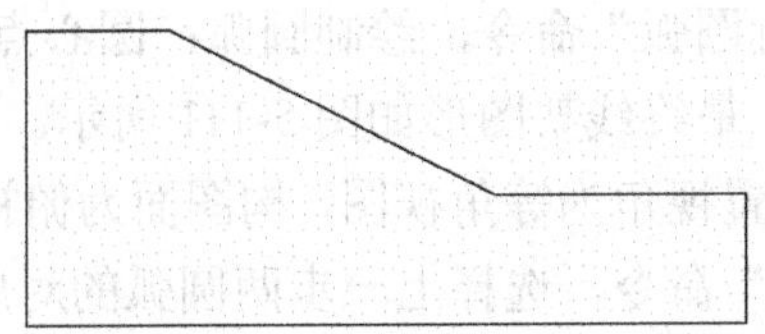

图 5-104　线架绘制图

图 5-105 “直线”工具栏

设置视角为等角视图，构图面为俯视图。选择“转换”→“镜像”命令，选择如图 5-104 所示镜像图素，按【Enter】键确认，弹出“镜像选项”对话框如图 5-106 所示，选择“复制”，“⟷”两点轴方式，选择图 5-107 中的镜像轴上两点（注意选择点所在的直线取点，中点模式）。确认退出，调用“直线”命令连接特征点后，线架如图 5-108 所示。

设置视角为等角视图，构图面为前视图，构图深度 Z 为 0。选择“绘图”→“圆弧”→“极坐标圆弧”命令，在如图 5-109 所示工具栏中输入圆心点坐标：(0, 17.5)，半径 17.5，起始角度 0°，终止角度 180°，绘制圆弧。

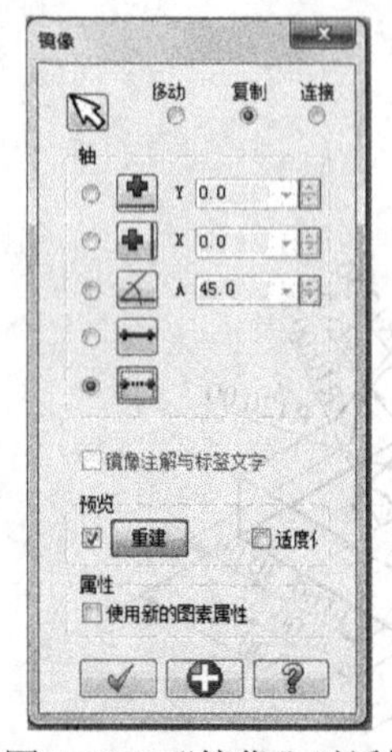

图 5-106 “镜像”对话框

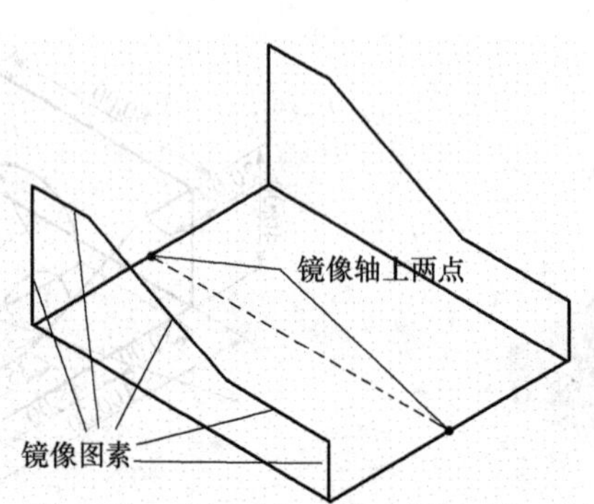

图 5-107 镜像轴上点的选择

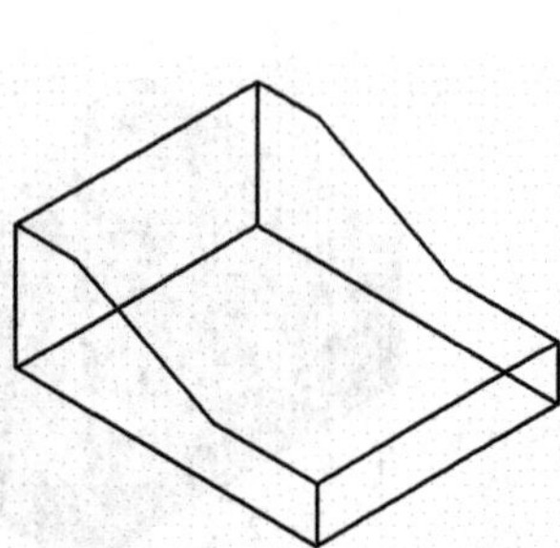

图 5-108 连接特征点后线架

设置视角为等角视图，构图面为前视图，构图深度 Z 为-30。完成上一步极坐标圆弧操作，圆弧半径为 15。

设置视角为等角视图，构图面为前视图，构图深度 Z 为-30，完成上一步相同圆弧操作。最终线架图形如图 5-110 所示。

图 5-109 “极坐标圆弧”工具栏

设置视角为等角视图，构图面为右视图，构图深度 Z 为 30。选择“绘图”→“圆弧”→“极坐标圆弧”命令，绘制圆弧：圆心点坐标：(0, 17.5)，半径 20，起始角度 0°，终止角度 180°。

设置视角为等角视图，构图面为右视图，构图深度 Z 为 30。选择“绘图”→“圆弧”→“极坐标圆弧”命令，绘制圆弧：圆心点坐标：(0, 17.5)，半径 10，起始角度 0°，终止角度 180°，最终线架图形如图 5-111 所示。

设置视角为等角视图，构图面为俯视图，构图深度为 17.5。“绘图”→“圆弧”→选择“两点画弧”命令，选择上一步两圆弧的对应点为圆弧两点，半径为 120，起始角度 0°，终止角度 180°，最终线架图形如图 5-112 所示。

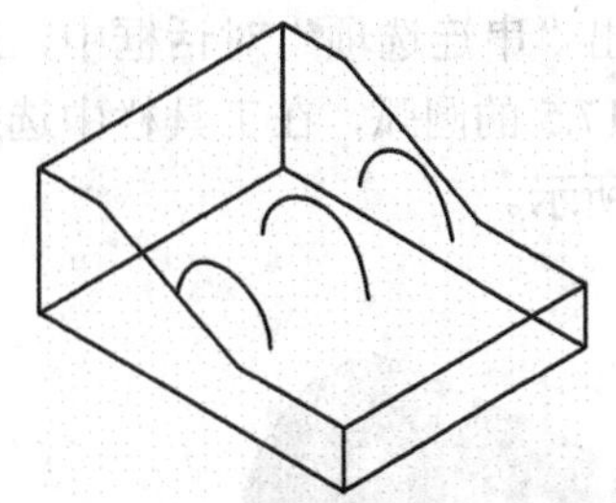
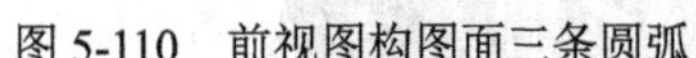
图 5-110　前视图构图面三条圆弧

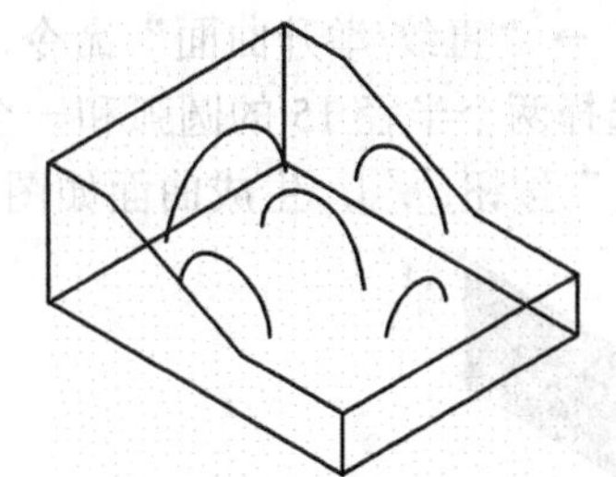
图 5-111　增加右视图构图面两条圆弧

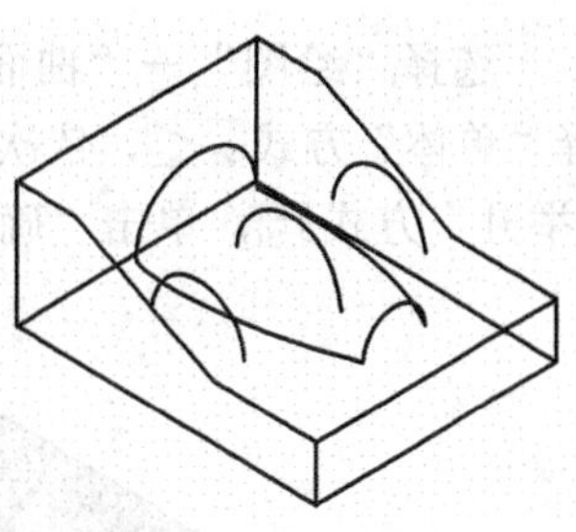
图 5-112　最终线架

2．分析曲面

根据线架选择合理的曲面构建方法。本例中的综合曲面有五种不同的曲面组合而成，下面我们逐一展开分析。

曲面 1：根据线架可以理解为一个截面和两条轨迹线的扫描曲面。

曲面 2：截面 1 和截面 2 之间是以直线方式熔接的，所以可采用直纹曲面。

曲面 3：方法很多，可以采用一个截面一个轨迹线的扫描曲面或是直纹曲面、举升和挤出曲面构建方法也可以实现。

曲面 4：由三条截面轮廓构成，各界面轮廓之间以抛物线方式进行熔接，因此，只能采用举升曲面来构建。

曲面 5：由 4 条空间曲线构建，经分析只能采用网状曲面构建，2 条横向曲线和两条纵向曲线构建完成。

3．构建曲面

选择“绘图”→“曲面”→“扫描曲面”命令，在弹出的“串连选项”对话框中选择“单体”方式，选择长度为 40 的直线，单击“确定”按钮；再次弹出“串连选项”对话框，选择“单体”方式，单击轨迹线 1；再次弹出“串连选项”对话框，选择“部分串连”方式，选择轨迹线 2，单击“应用”按钮，生成曲面如图 5-113 所示。

选择“绘图”→“曲面”→“直纹/举升曲面”命令，在弹出“串连选项”对话框中，选择“部分串连”方式，依次选择两组图 5-113 中的轨迹线 2，在工具栏中选择直纹方式，单击“确认”按钮，曲面如图 5-114 所示。

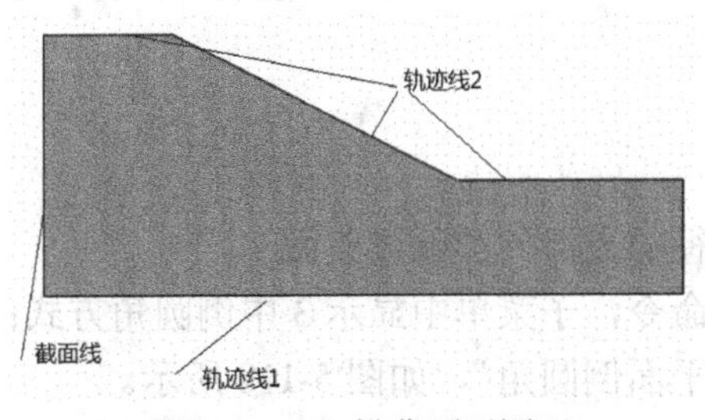

图 5-113　扫描曲面后图形

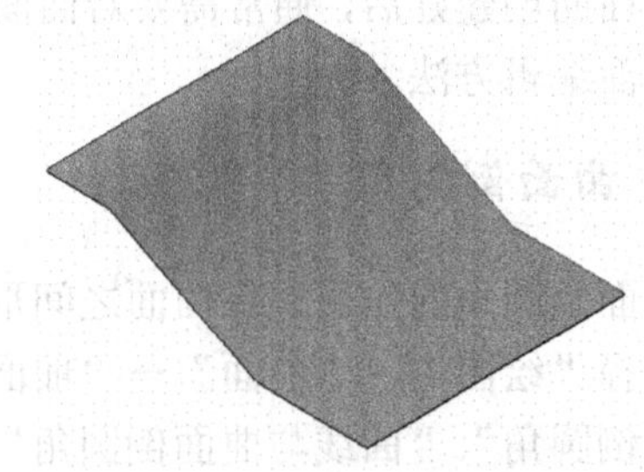
图 5-114　直纹后曲面

选择“绘图”→“曲面”→“扫描曲面”命令，在弹出的“串连选项”对话框中选择“单体”方式，选择直线，单击“确定”按钮；再次弹出“串连选项”对话框，选择“单体”方式，选择另一条直线；单击“确定”按钮，单击“应用”按钮，生成曲面如图 5-115 所示。

选择“绘图”→“曲面”→“直纹/举升曲面”命令，在弹出“串连选项”对话框中，选择“单体”方式，依次选择两个半径 15 的圆弧和一个半径 17.5 的圆弧，在工具栏中选择“举升”方式，单击“确认”按钮，生成曲面如图 5-116 所示。

图 5-115 扫描后曲面

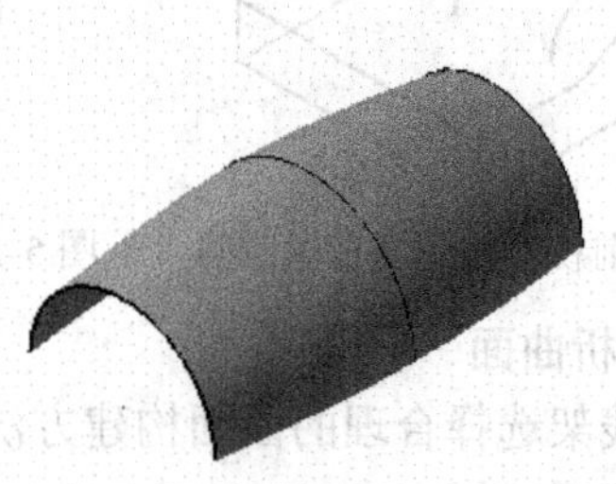

图 5-116 举并后曲面

选择“绘图”→“曲面”→“网状曲面”命令，在弹出的“串连选项”对话框中选择“单体”方式，选择 4 条空间曲线，单击“确定”按钮，生成如图 5-117 所示曲面，生成曲面如图 5-100 所示。单击“保存”按钮，将图形保存在要求目录下。

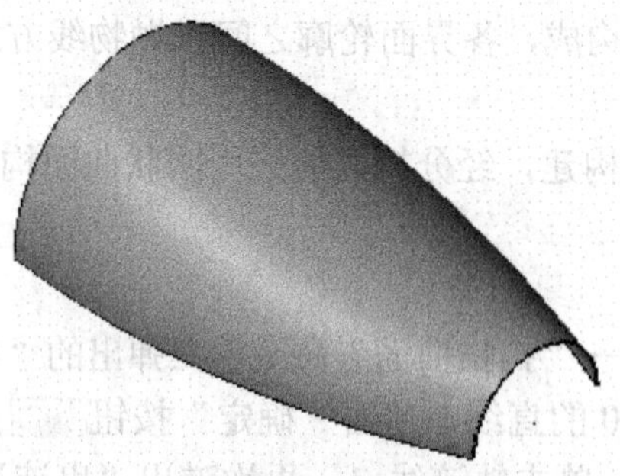

图 5-117 网状曲面

5.3 曲面的编辑

在曲面创建好后，通常需要对曲面进行编辑处理。这部分将介绍倒圆角、修剪、熔接等常用的曲面编辑方法。

5.3.1 曲面倒圆角

曲面倒圆角的作用是在曲面之间形成给定半径的光滑的圆弧过渡面。

选择“绘图”→“曲面”→“曲面倒圆角”命令，子菜单中显示 3 中倒圆角方式：“曲面与曲面倒圆角”、“曲线与曲面倒圆角”、“曲面与平面倒圆角”，如图 5-118 所示。

1．曲面与曲面倒圆角

曲面与曲面倒圆角要求两组曲面的法线方向指向圆角过渡曲面的圆弧中心，并且倒圆角半径值不能超过两曲面的容纳范围。

首先绘制原始曲面如图 5-119 所示。

选择“绘图”→“曲面”→“曲面倒圆角”→“曲面与曲面倒圆角”命令。

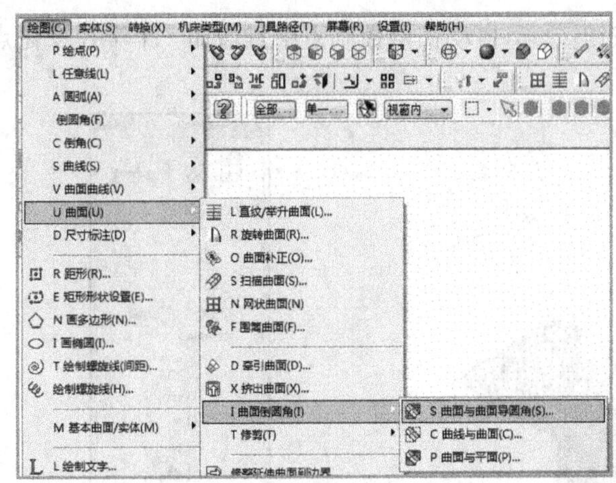

图 5-118　“曲面倒圆角”子菜单

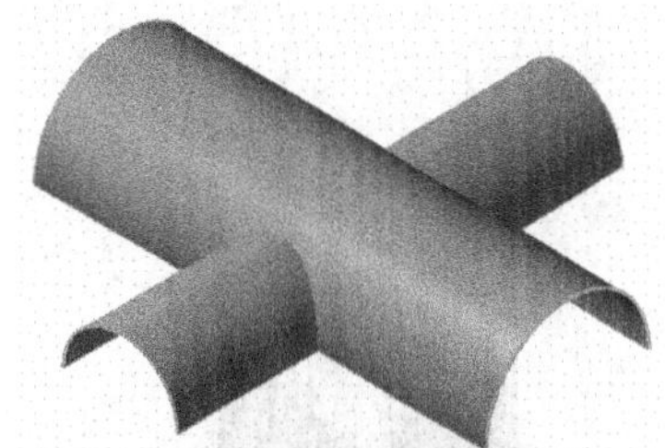

图 5-119　原始曲面

根据提示选择第一组曲面，可以选择一张曲面也可以选择多张曲面，选好后按【Enter】键确认，此时提示选择第二组曲面，也可以选择一张曲面或多张曲面作为第二组曲面。弹出图 5-120 所示对话框，同时绘图区出现倒圆角后的曲面预览。在 8.0 输入栏输入倒圆角半径 8，曲面如图 5-121 所示。选中“修剪”复选框，生成圆角曲面的同时将修剪掉原始曲面，若单击“换向”按钮，可以改变曲面的法线方向，则曲面如图 5-122 所示。

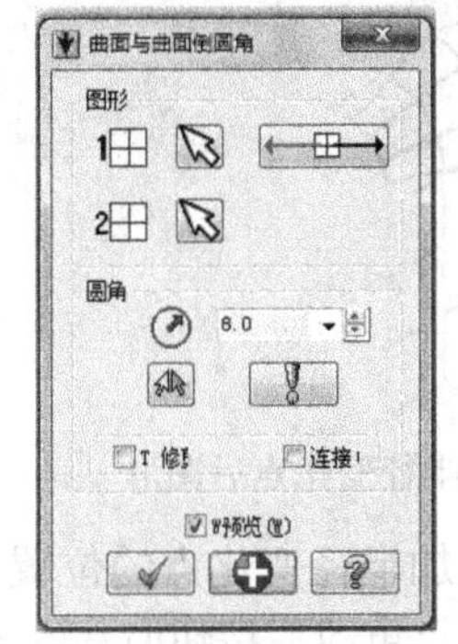

图 5-120　“曲面与曲面倒圆角”对话框

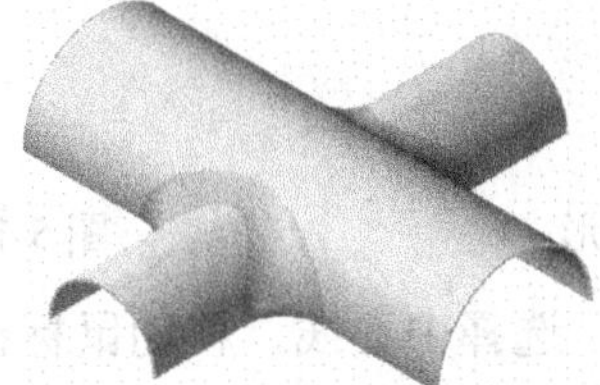

图 5-121　输入倒圆角后原始图形

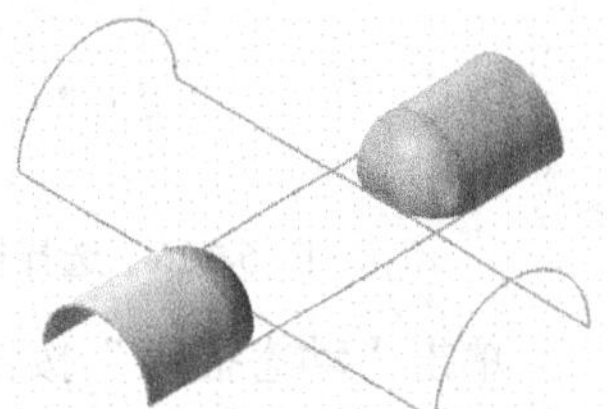

图 5-122　修剪后原始图形

以上是固定半径倒圆角，曲面与曲面之间也可以进行变化半径倒圆角。

绘制如图 5-123 所示正方体曲面。删除其中 4 个面，留下相邻的两个面，如图 5-124 所示。

选择“绘图”→“曲面”→“曲面倒圆角”→“曲面与曲面倒圆角”命令，根据提示分别选择相邻的两个面作为倒圆角的两组曲面。在 8.0 输入栏中输入倒圆角半径值 15，单击按钮，选项对话框展开后如图 5-125 所示。选中“变化圆角”复选框，选项对话框如图 5-126 所示。在 0.25 输入栏中输入新增加点的圆角半径值；单击“动态插入”按钮，可以动态确定一个点作为新增的半径变化点。单击“插入中心”按钮，可以在两个已经存在点的中点位置增加一个半径变化点。单击“更改”按钮，选择需要改变半径的变化点，接着在 8.0 输入栏中重新输入新的半径值，可以重新设定这个点的半径值。单击“移除边界”按钮，选择某一需要移除掉的半径变化点，可以移除改点。单击“循环”按钮，可以循环检测所有的半径变化点。单击“插入中心”按钮，选择图 5-126 中交线的两个端点作为控制点，单击“确定”按钮，自动在两控制点中点增加一个半径变化点，其半径值为 15，如图 5-127 所示。

图 5-123　正方体曲面

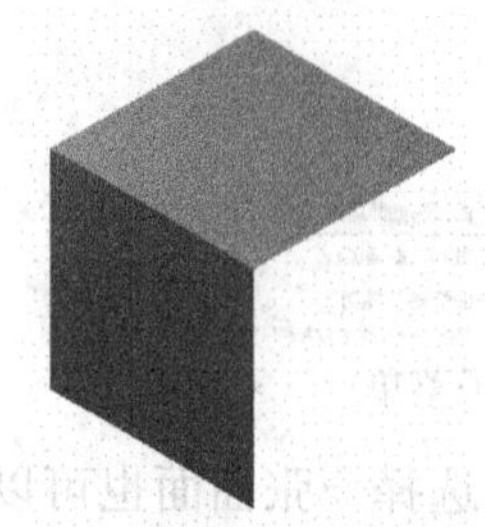
图 5-124　删除 4 个面后的正方体曲面

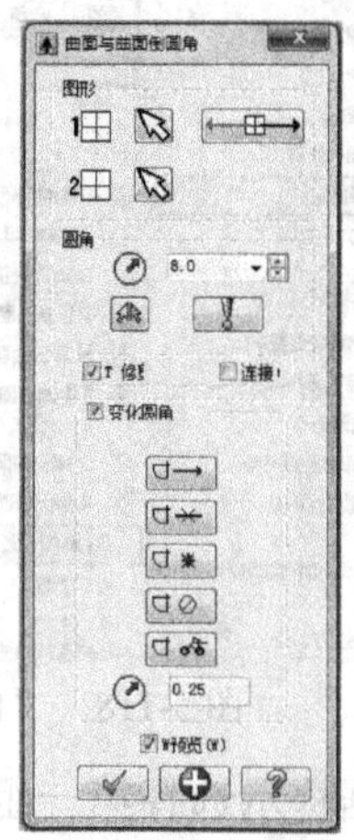
图 5-125　展开后“曲面与曲面倒圆角”对话框

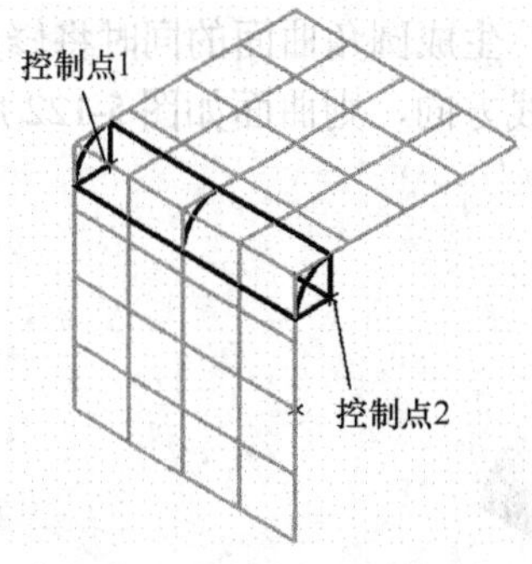

图 5-126　选择控制点图形

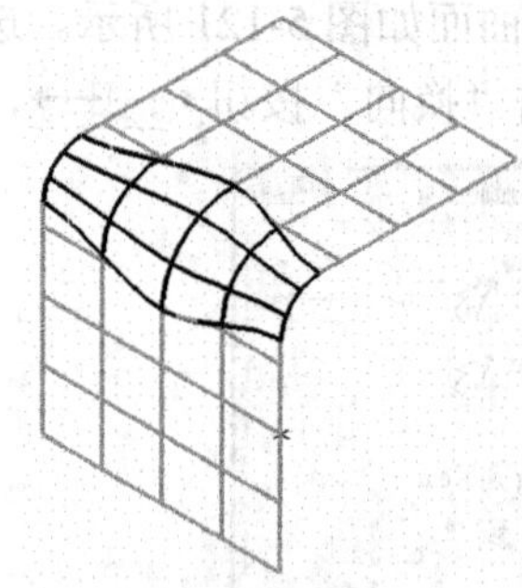
图 5-127　增加半径变化点后图形

单击“动态插入”按钮，选择中心线，移动鼠标在需要增加半径变化点的位置单击（以鼠标尾部为准如图 5-128 所示），结果曲面如图 5-129 所示。单击“更改”按钮，选择上一步中增加的点，重新输入半径值 8，曲面如图 5-130 所示。单击“移除”按钮，选择前面动态插入的点，曲面恢复成图 5-127 所示。单击“循环”按钮，弹出“半径输入”栏，如图 5-131 所示，重新设定半径值 10，按【Enter】键确认；依次弹出第二个点的“半径输入栏”，如图 5-132 所示，不改变半径值，按【Enter】键确认；依次弹出第三个点的半径输入栏，如图 5-133 所示，按【Enter】键确认。

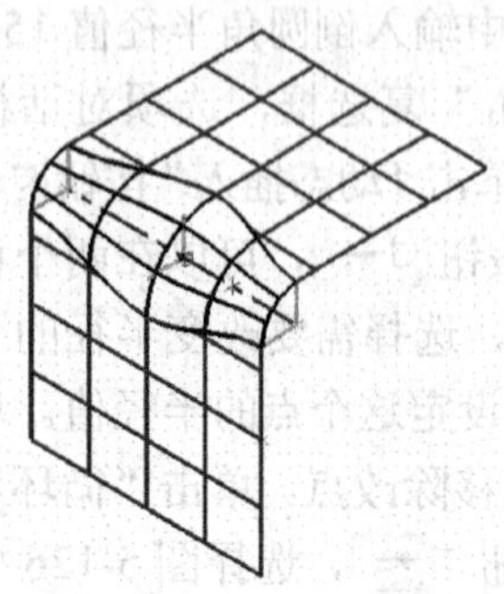
图 5-128　选择中心线

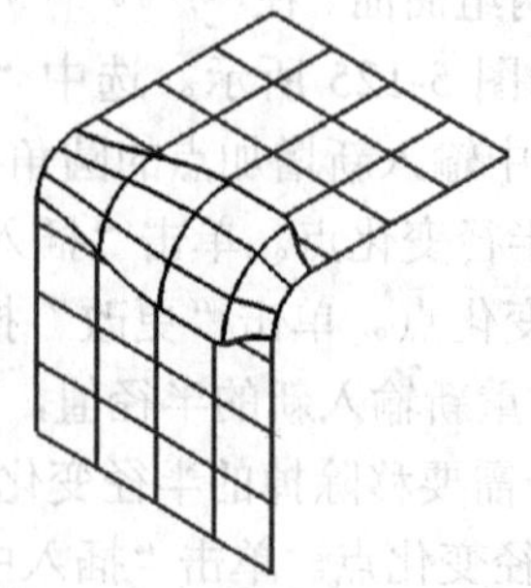
图 5-129　选择中心线后图形

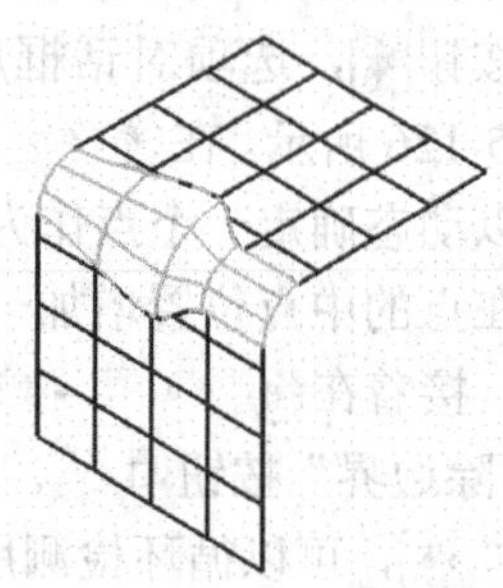
图 5-130　更改后图形

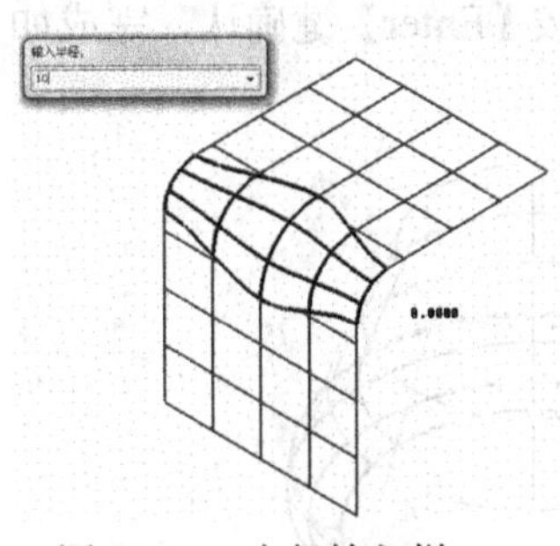

图 5-131　半径输入栏

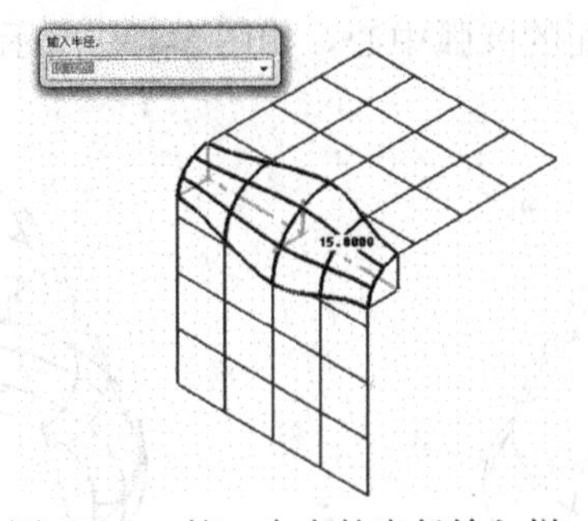

图 5-132　第二个点的半径输入栏

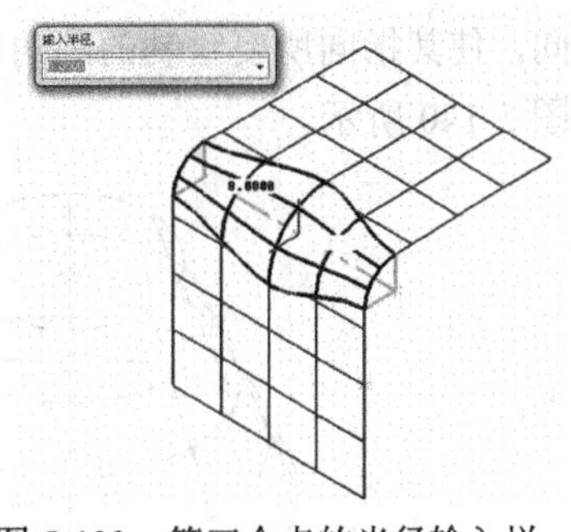

图 5-133　第三个点的半径输入栏

2．曲线与曲面倒圆角

此功能用于在一组曲线和一组曲面之间构建圆角过渡曲面。

绘制原始曲线和曲面如图 5-134 所示。绘制一个直纹曲面，在曲面附近手动方式绘制一条曲线。

选择“绘图”→“曲面”→“曲面倒圆角”→“曲线与曲面”命令。

根据提示选择曲面，按【Enter】键确认，弹出“串连选项”对话框，选择“单体”方式，选取曲线，单击“确定”按钮，弹出如图 5-135 所示对话框。输入倒圆角半径值为 15（半径值不能太小，否则倒圆角曲面无法形成），选中“修剪”复选框，单击“确定”按钮，生成曲面如图 5-136 所示。

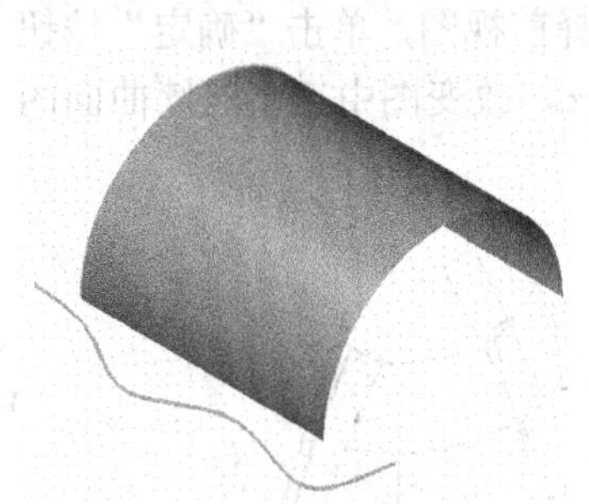

图 5-134　原始曲线和曲面

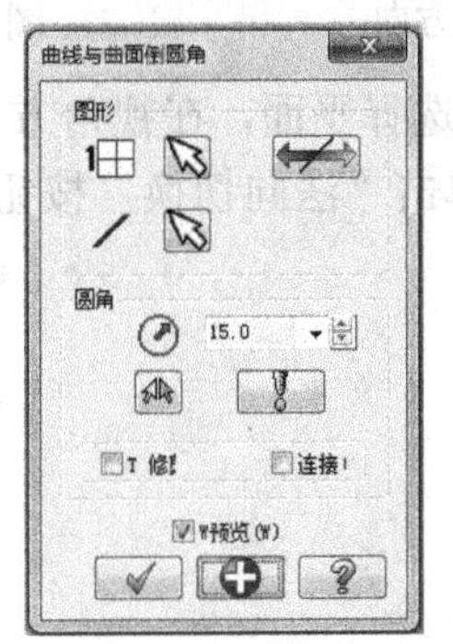

图 5-135　“曲线与曲面倒圆角”对话框

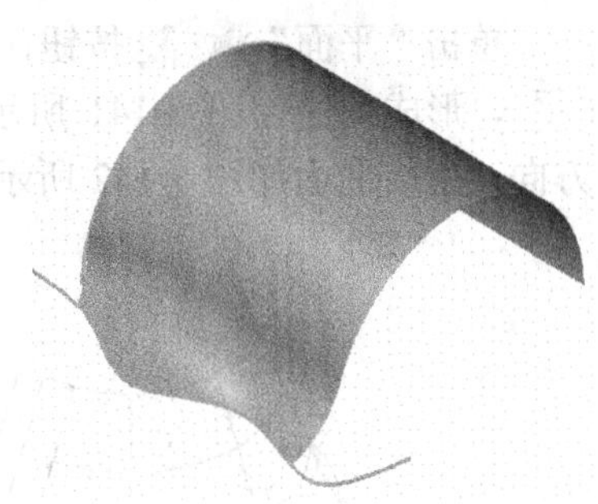

图 5-136　“修剪”后曲面

3．平面与曲面倒圆角

此功能可以在原始曲面和指定的平面之间构建圆弧过渡曲面，这里的平面可以是实际存在的也可以是虚拟的。

选择“绘图”→“基本曲面/实体”→“画圆锥体”命令，绘制一个高度为 60，下底面半径为 50，上表面半径为 25 的圆锥曲面，作为原始曲面，如图 5-137 所示。

选择“绘图”→“曲面”→“曲面倒圆角”→“曲面与平面”命令。

根据状态栏的提示信息，选择圆台侧面作为倒圆角面，这里的曲面可以选择一个也可以选择多个。

弹出“平面选项”对话框，单击“视角”按钮，选择俯视图，单击“确定”按钮退出，在曲面与平面倒圆角选项对话框中输入半径值 10，选中“修剪”复选框，预览曲面如图 5-138 所示；单击“法向切换”按钮，按照工具栏的提示信息选取曲面改变法向方向，使其指向所要绘制的圆角曲面的圆弧中心，如图 5-139 所示，按【Enter】键确认，完成如图 5-140 所示。

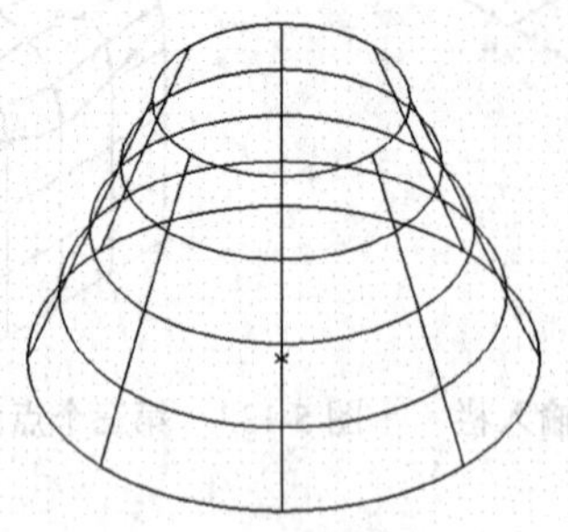

图 5-137 原始圆锥曲面

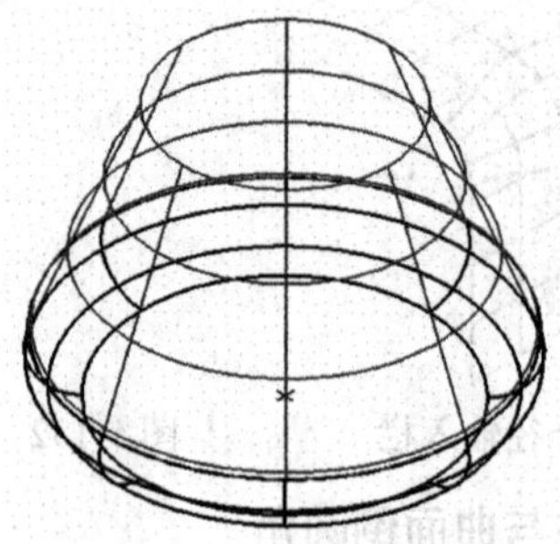

图 5-138 修剪后圆弧曲面

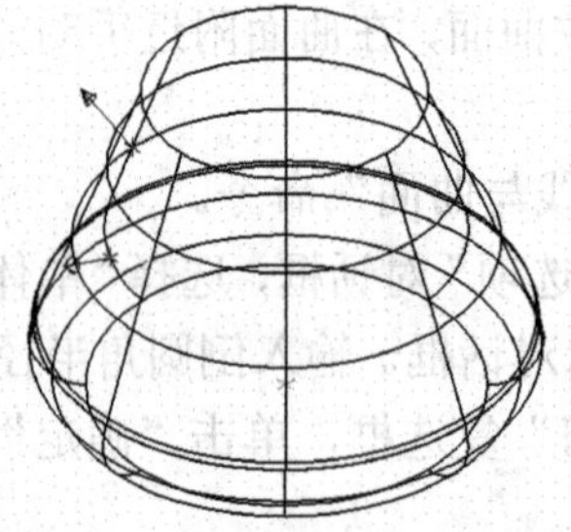

图 5-139 选择曲面改变法向方向

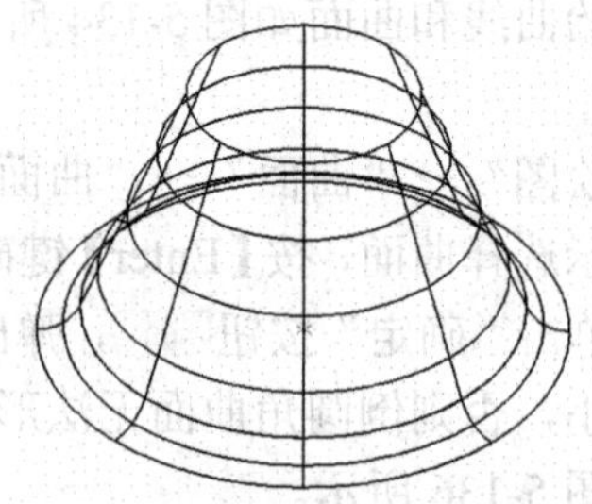

图 5-140 改变法向方向后图形

单击“平面”按钮，重新选择平面，在视角方式中选择前视图，单击“确定”按钮，形成曲面如图 5-141 所示，单击“法向切换”按钮，改变图中三个连续曲面的方向，生成曲面如图 5-142 所示。

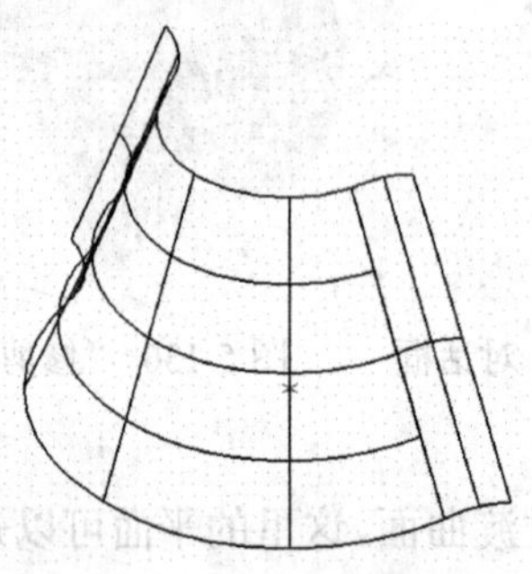

图 5-141 选择前视图后图形

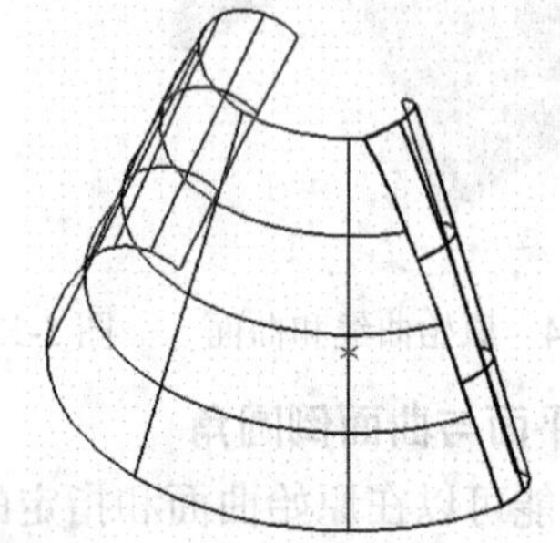

图 5-142 改变曲面方向后的图形

5.3.2 曲面补正

曲面补正即曲面偏移，也叫偏置曲面，其功能是将选取的一个或多个曲面沿法线方向移动指定的距离。

首先绘制原始曲面如图 5-143 所示，由三张连续的曲面组成。

选择“绘图”→“曲面”→“曲面补正”命令。

根据状态栏的提示信息，选择三张曲面所构成的一组曲面，在如图 5-146 所示工具栏中设置补正参数。

在 20.0 输入栏中，输入补正距离 5，曲面预览如图 5-144 所示。单击“单一转换”

按钮，曲面预览如图 5-146 所示，可以改变本组曲面中某一个或几个曲面的补正方向。选择中间曲面，改变其方向，如图 5-147 所示。在 20.0 输入栏中，改变补正距离为−5，曲面预览如图 5-148 所示。单击“复制”按钮，补正后保留原始曲面。单击“移动”按钮，补正后删除原始曲面，如图 5-149 所示。

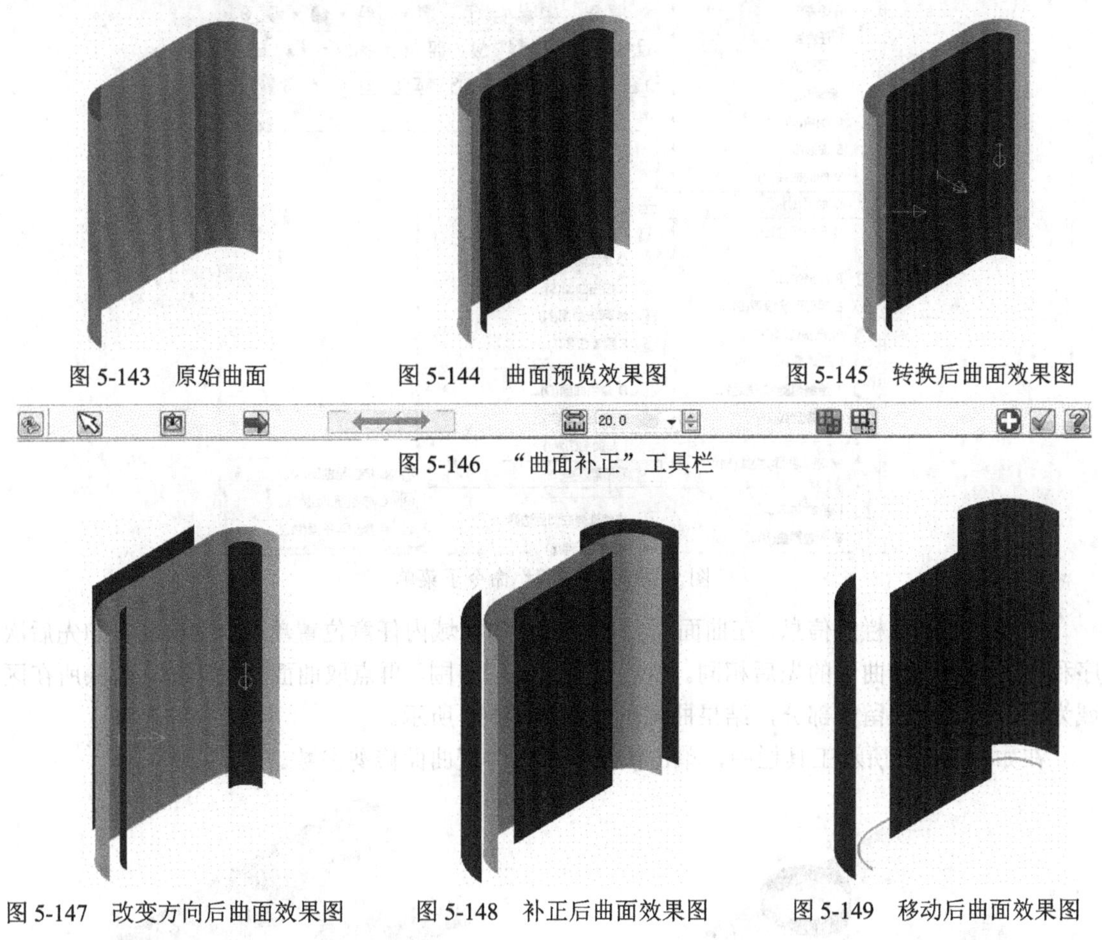

图 5-143　原始曲面

图 5-144　曲面预览效果图

图 5-145　转换后曲面效果图

图 5-146　“曲面补正”工具栏

图 5-147　改变方向后曲面效果图

图 5-148　补正后曲面效果图

图 5-149　移动后曲面效果图

曲面补正要点：

（1）可以通过输入负数距离改变补正的方向。

（2）已经编辑过的曲面不能进行补正。

5.3.3　修剪曲面

对已构建曲面进行修剪或延伸得到新的曲面称为修剪曲面。用于修剪曲面的图素可以是曲线、曲面或平面。

选择“绘图”→“曲面”→“修剪”命令，子菜单中显示 3 种修剪方式：“修整至曲面”、“修整至曲线”和“修整至平面”，如图 5-150 所示。

1．修整至曲面

选择一个曲面并对其进行修剪，实际上是将两个曲面在交线处剪开，保留指定部分，删除其余部分，绘制如图 5-151 所示原始曲面。

选择“绘图”→“曲面”→“修剪”→“修整至曲面”命令。

依照状态栏的提示信息选择第一组曲面，在这里选择图 5-151 中的曲面 1，按【Enter】键确认；再选择第二组曲面，这里选择曲面 2，按【Enter】键确认。选择曲面时需注意：每一组曲面可以是一个曲面也可以是多个曲面。

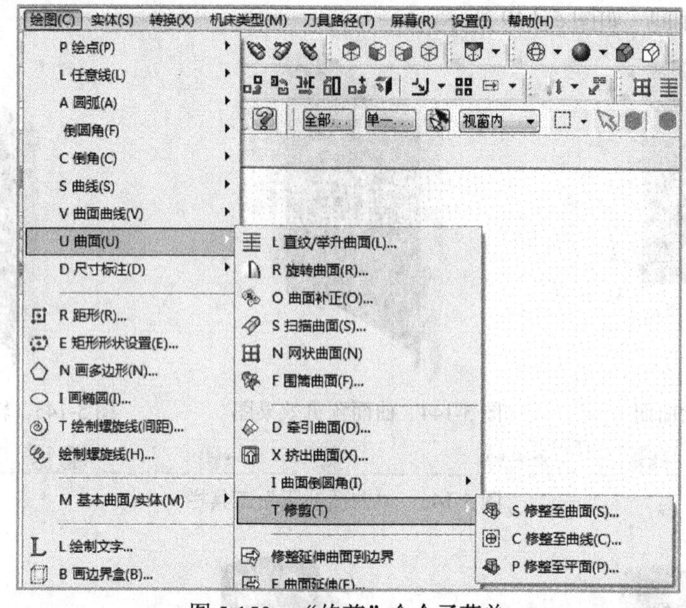

图 5-150 “修剪”命令子菜单

继续依照状态栏的信息，在曲面需要保留部分的区域内任意位置单击，注意单击的先后次序和上一步中选择曲面的先后相同。先点取曲面 1 的外围，再点取曲面 2 的下部，箭头所在区域为最终修剪后保留的部分，结果曲面预览如图 5-152 所示。

在如图 5-153 所示工具栏中，单击按钮，可以改变曲面修剪参数。

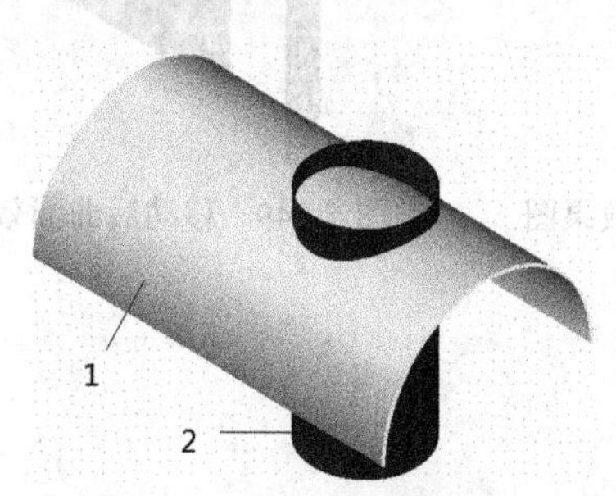

图 5-151 所需修剪曲面

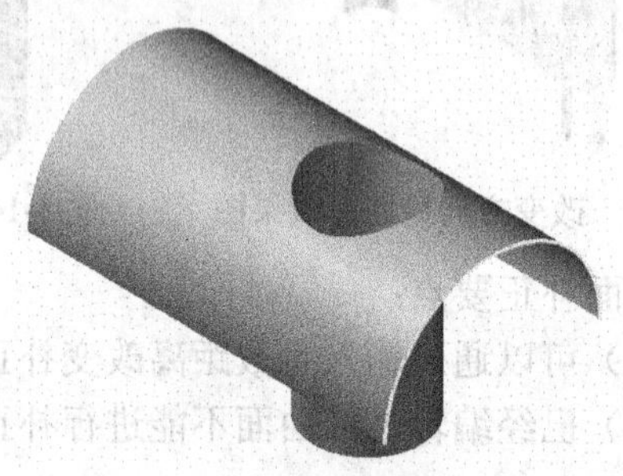

图 5-152 修剪后曲面效果图

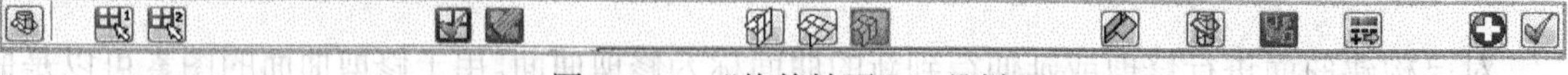

图 5-153 “修整轴面”工具栏

单击按钮，可以重新选择第一组曲面，以及曲面修剪后保留的部分。重新选择曲面 1，点取内围作为保留部分，修剪后曲面如图 5-154 所示。

单击按钮，可以重新选择第二组曲面，以及曲面修剪后保留的部分。重新选择曲面 2，点取上部作为保留部分，修剪后曲面如图 5-155 所示。

单击按钮，修剪后曲面删除原始曲面，如图 5-155 所示。

单击按钮，修剪后仍保留原始曲面，如图 5-156 所示。

单击按钮，只修剪第一个曲面，不修剪第二个曲面，如图 5-157 所示。

单击按钮，不修剪第一个曲面，只修剪第二个曲面，如图 5-158 所示。

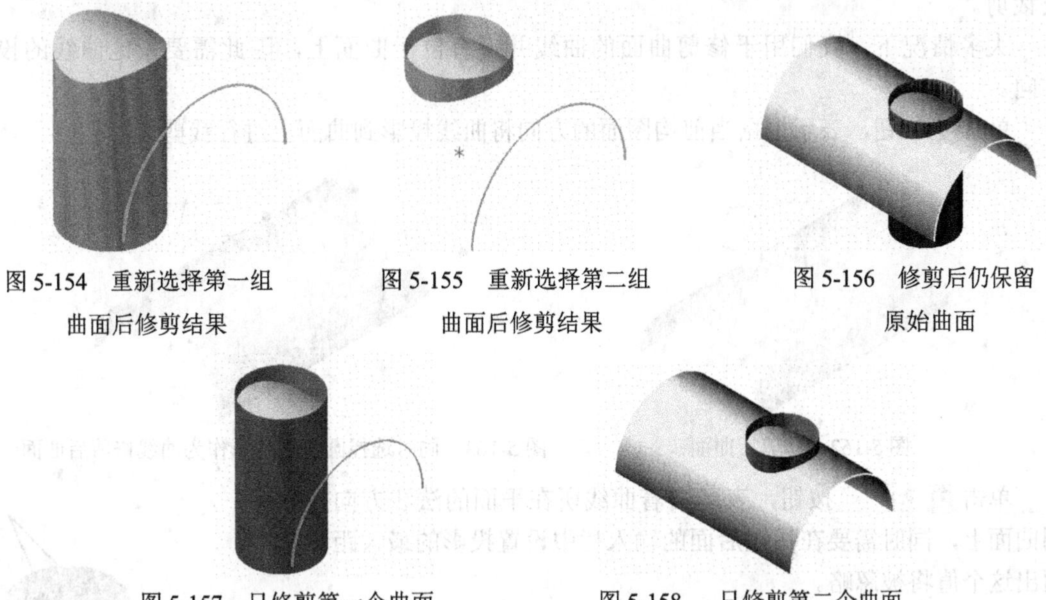

图 5-154 重新选择第一组曲面后修剪结果

图 5-155 重新选择第二组曲面后修剪结果

图 5-156 修剪后仍保留原始曲面

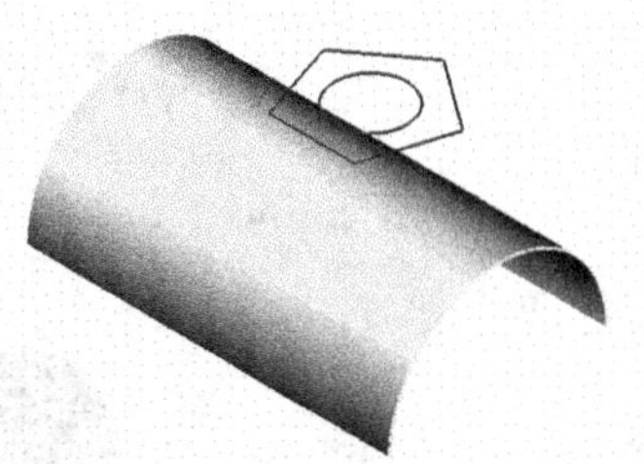

图 5-157 只修剪第一个曲面

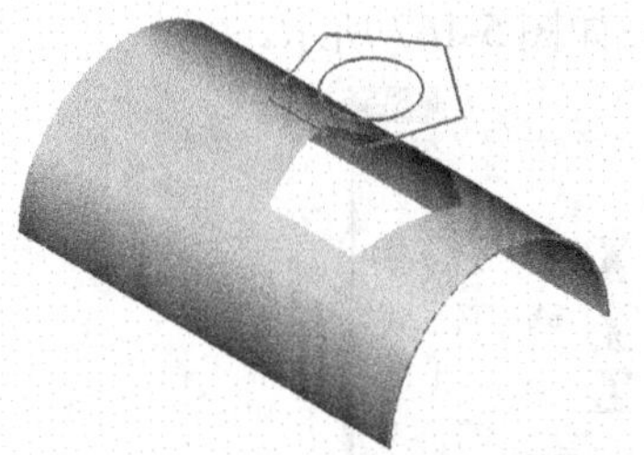

图 5-158 只修剪第二个曲面

2. 修整至曲线

该功能可以用封闭的曲线来裁剪指定的曲面，并保留选定区域。绘制如图 5-159 所示原始曲面。

选择“绘图”→“曲面”→“修剪”→“修整至曲线”命令。

依照状态栏的提示信息选择曲面，在这里选择图 5-159 中的曲面，按【Enter】键确认；弹出“串连选项”对话框，选择“串连”方式，再选择正五边形，单击“确定”按钮。根据提示，用鼠标点取五边形在曲面上投影区域以外任意位置，曲面修剪后如图 5-160 所示。

图 5-159 两个曲面都修剪

图 5-160 需裁剪曲面

单击如图 5-161 所示工具栏中的按钮可以改变修剪的对应参数。

图 5-161 “修整至曲面”工具栏

单击按钮，可以重新选择被修剪的曲面。

单击按钮，可以重新选择修剪曲线。单击该按钮，在弹出的“串连选项”对话框中选择“单体”方式，选择圆作为修剪曲线，修剪完成后曲面如图 5-162 所示。若同时选择圆和五边形作为曲线，修建完成后曲面如图 5-163 所示。单击“确认”按钮，完成裁剪。

大多情况下，我们用于修剪曲面的曲线并没有位于曲面上，因此需要指定曲线的投影方向。

单击按钮，表示根据当前构图面的方向将曲线投影到曲面上进行裁剪。

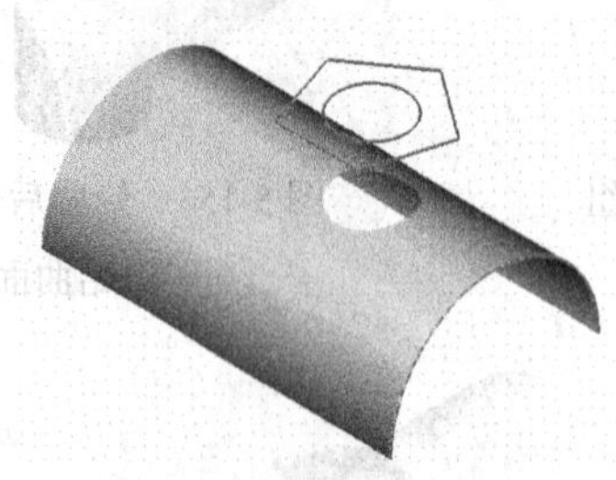

图 5-162 修剪后曲面

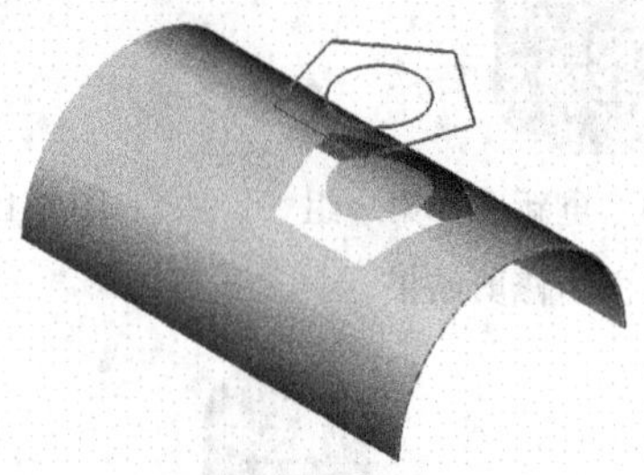

图 5-163 同时选择圆和五边形作为曲线修剪后曲面

单击 0.1 按钮，表示沿着曲线所在平面的法线方向投影到曲面上，同时需要在按钮后面的输入栏中设置投影的最大距离，超出这个值将被忽略。

3. 修剪至平面

修剪至平面是指利用指定平面将曲面分为两部分，保留指定部分，删除其余部分，绘制如图 5-164 所示原始曲面。

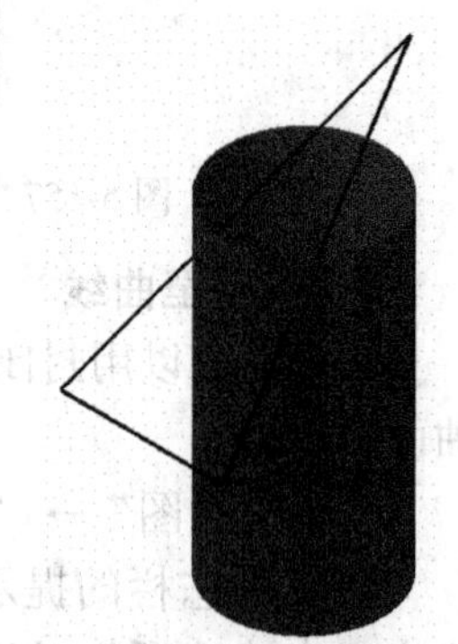

图 5-164 所需修整曲面

选择“绘图”→“曲面”→“修剪”→“修整至平面”命令，依照状态栏的提示信息选择曲面，按【Enter】键确认；弹出“平面选项”对话框，如图 5-165 所示。选择“三点平面”方式，点取三条直线的三个交点，修剪平面如图 5-166 中平面符号所示，箭头方向指向修剪后保留的一侧，单击“方向”按钮，箭头指向相反方向。单击“确定”按钮。根据提示，用鼠标点取三角形在曲面上投影区域以外任意位置，曲面修剪后如图 5-167 所示。

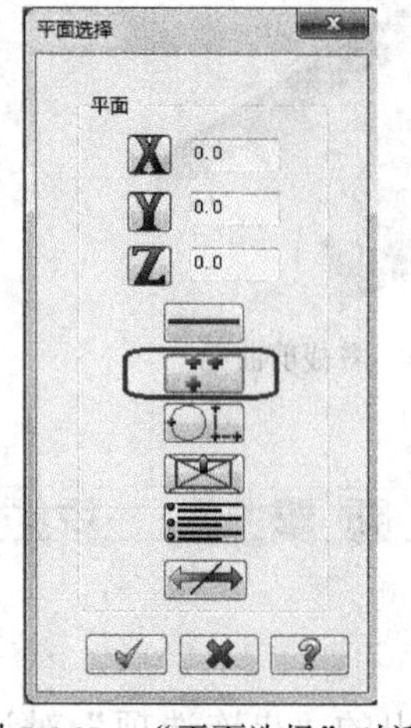

图 5-165 “平面选择”对话框

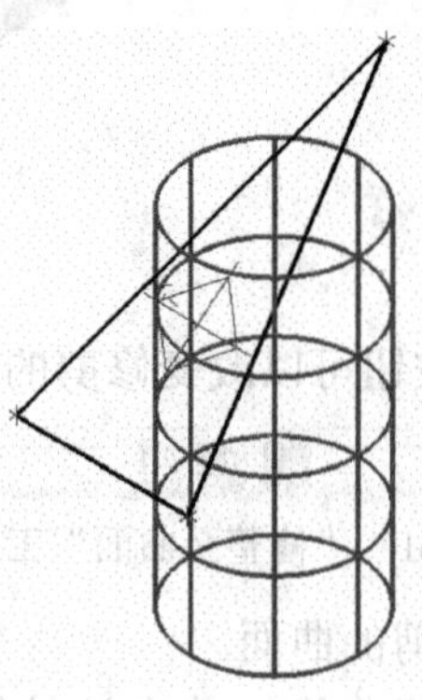

图 5-166 平面符号

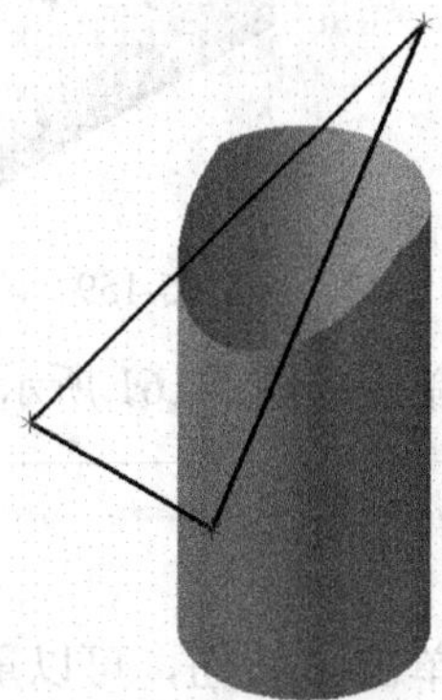

图 5-167 修整至平面后曲面

单击工具栏中的按钮可以改变修剪的对应参数。单击按钮，可以重新选择被修剪的曲面。单击按钮，可以重新选择用于修剪的平面。在平面选项对话框中重新选择平面方式为“视角”方式，选择右视图，平面位置及方向如图 5-168 所示，单击“确定”按钮，修剪后曲面如图 5-169 所示。

4．恢复修剪

运用前面三种方法对曲面进行修剪后，如果需要将曲面恢复成修剪之前的状态，可以运用恢复曲面修剪命令。

具体操作如下：

选择“绘图”→“曲面”→“恢复修剪曲面”命令。选择需要修剪的曲面，单击“确定”按钮，曲面便可恢复至未修剪状态。

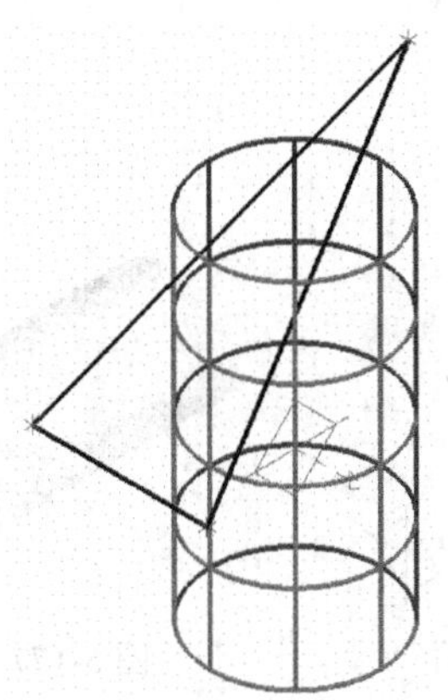

图 5-168　被修剪曲面平面位置及方向

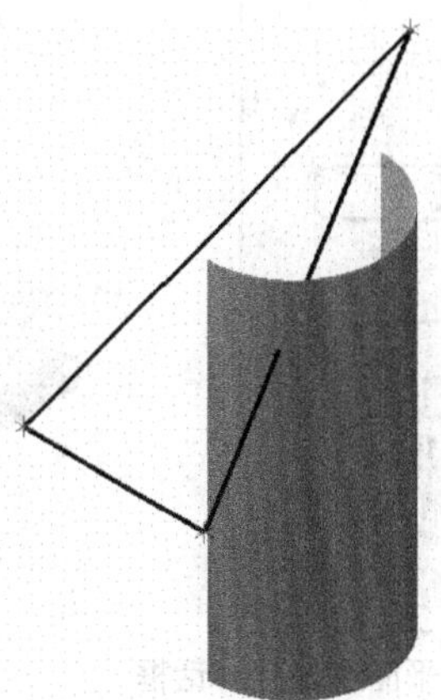

图 5-169　修剪后曲面

5.3.4　曲面延伸

曲面延伸命令可以将曲面的边界延伸指定长度或是延伸到指定的平面，绘制如图 5-170 所示的延伸曲面。

选择“绘图”→“曲面”→“曲面延伸”命令，工具栏如图 5-171 所示。根据状态栏提示单击原始曲面，移动箭头到要延伸的边界处，如图 5-172 所示，单击生成曲面如图 5-173 所示。单击 10.0 对话框，可以输入延伸曲面的指定长度。单击“非线性”按钮，将模式修改为非线性方式，则按照曲率相等延伸，结果如图 5-174 所示。单击“平面”按钮，设置曲面的延伸模式为线性，则沿着切线方向延伸，结果如图 5-170 所示。

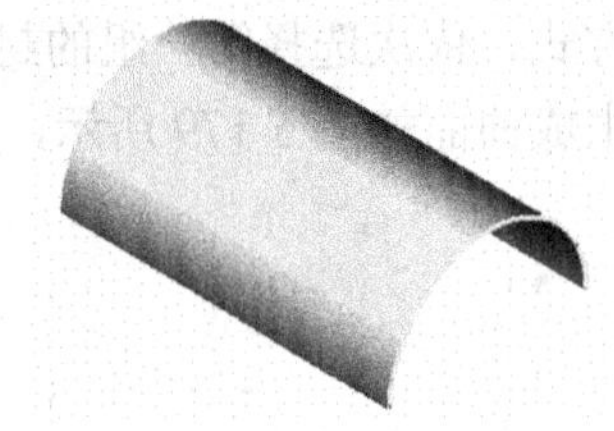

图 5-170　所需延伸曲面

图 5-171　“曲面延伸”工具栏

单击“线性”按钮，弹出“平面选择”对话框，设定一个虚拟平面作为曲面延伸到的平面。在如图 5-175 所示的对话框中选择“图素方式”确定平面，选择生成原始曲面的圆弧线架，在 Z 坐标输入栏中输入数值 100。虚拟平面如图 5-176 所示，生成曲面如图 5-177 所示。

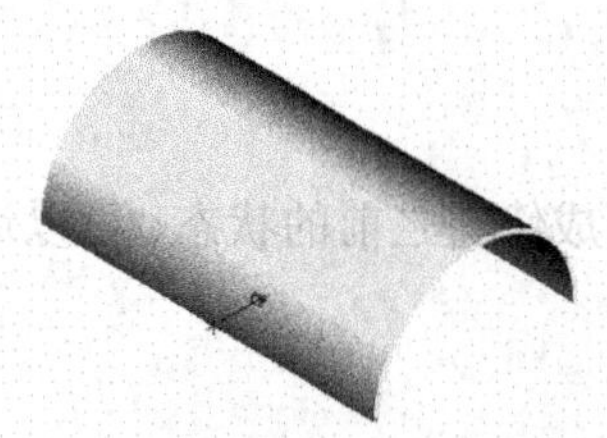
图 5-172 移动箭头到延伸的边界处

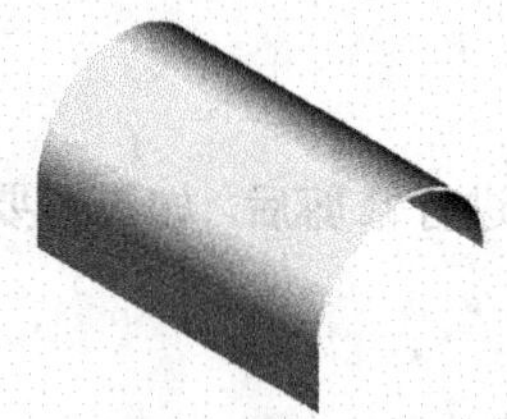
图 5-173 用非线性方式延伸后曲面

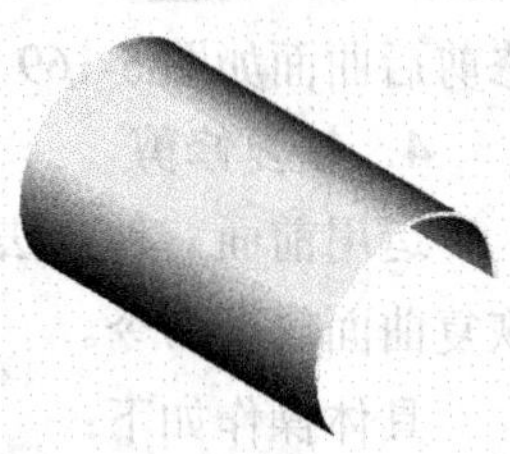
图 5-174 延伸后曲面

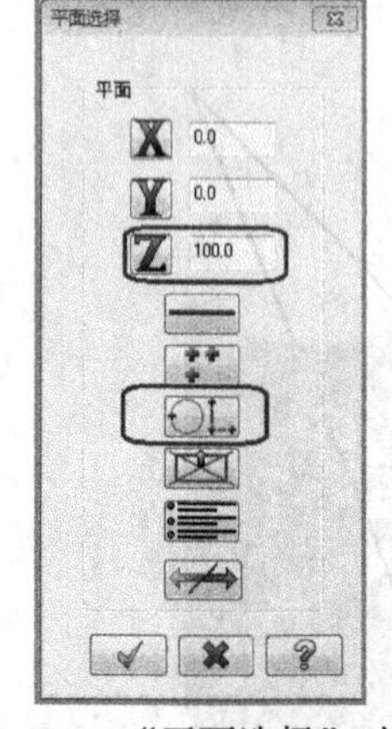

图 5-175 “平面选择”对话框

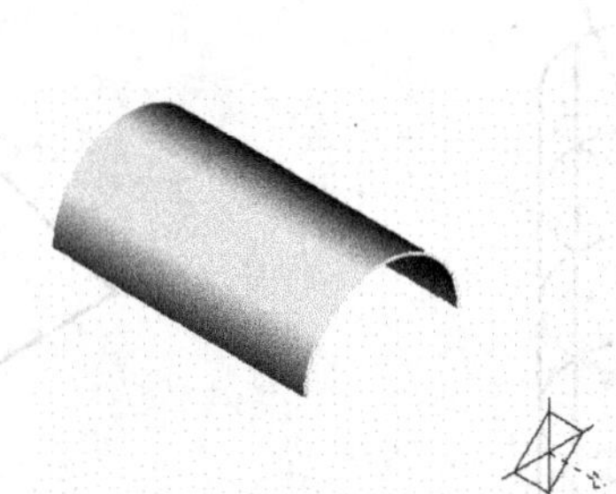
图 5-176 虚拟平面

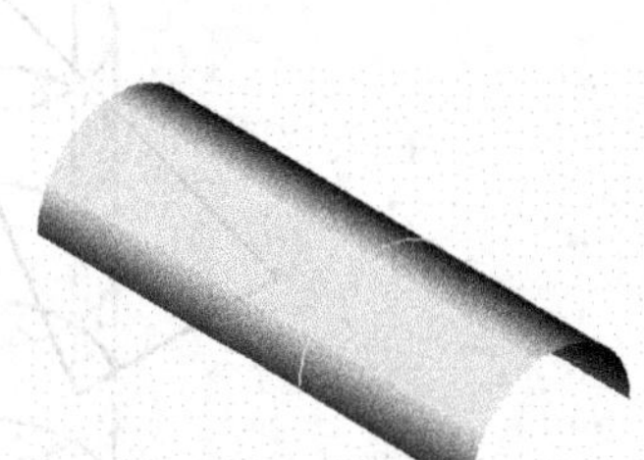
图 5-177 生成的曲面

5.3.5 平面修剪

平面修剪功能用于形成平面，一般由封闭的平面图形作为线架来形成，绘制如图 5-178 所示原始线架。

选择“绘图”→“曲面”→“平面修剪”命令。弹出“串连选项”对话框，选择“串连”方式，依次选择第一组的封闭线架（注意选取线架的方向要相同）。单击“确定”按钮，生成曲面如图 5-179 所示，此时工具栏如图 5-180 所示。

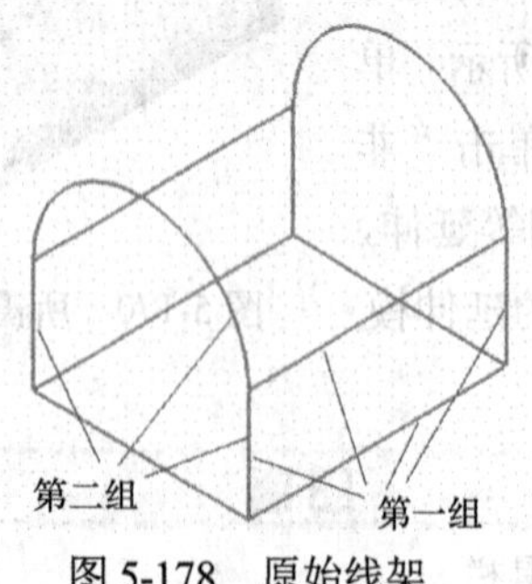

图 5-178 原始线架

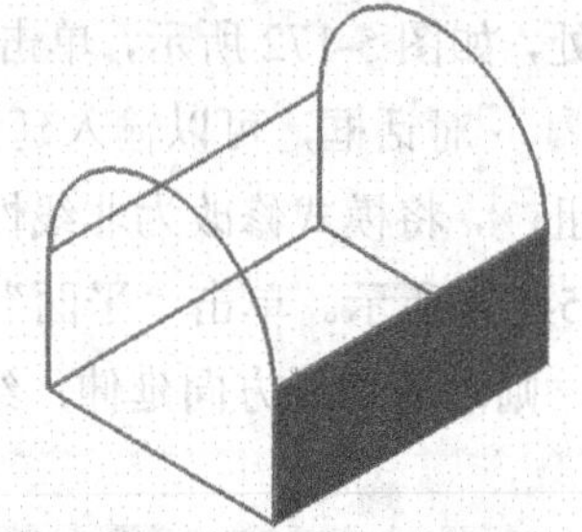
图 5-179 增加第一组封闭线架后图形

图 5-180 “平面修剪”工具栏

单击“增加串连”按钮，再次弹出“串连选项”对话框，依次选择图 5-178 中第二组线架，单击“确定”按钮，生成曲面如图 5-181 所示。

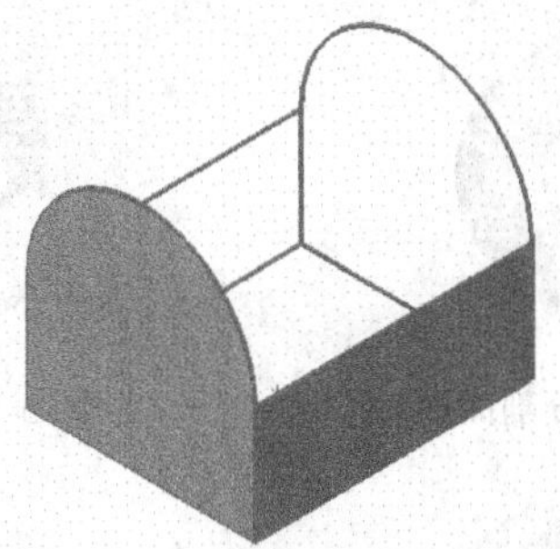

图 5-181 增加第二组封闭线架后图形

5.3.6 填补内孔

填补内孔的作用是建立一张独立的曲面填补曲面上的孔洞，绘制如图 5-182 所示原始曲面。

选择“绘图”→“曲面”→“填补内孔”命令。根据状态栏提示选择曲面。移动鼠标至如图 5-183 所示内孔边界处单击，曲面填补后如图 5-184 所示，单击“确定”按钮退出。

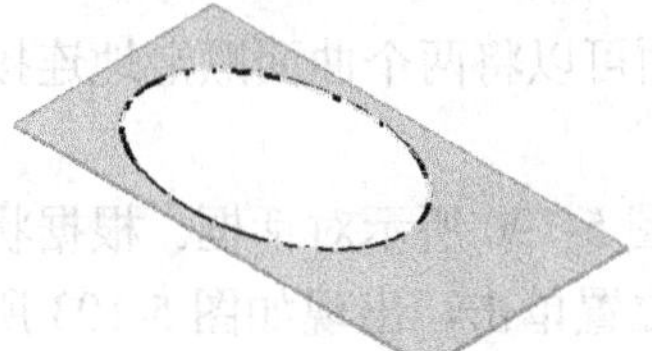

图 5-182 原始曲面（填补内孔）

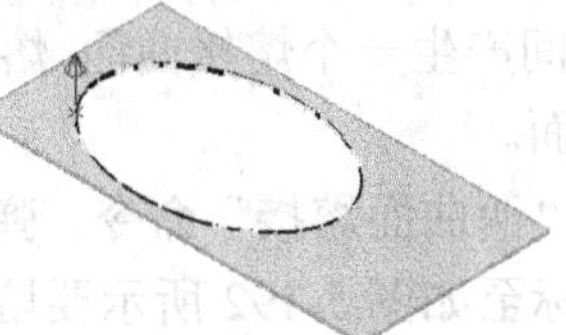

图 5-183 移至内孔边界

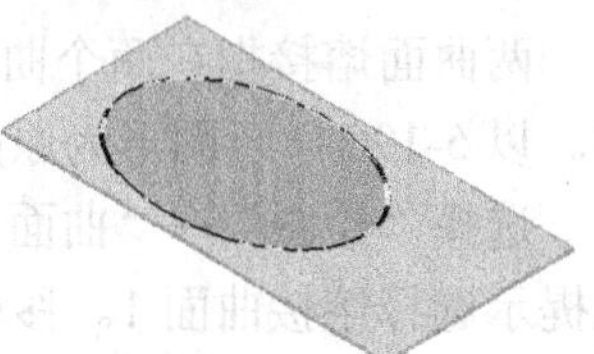

图 5-184 曲面填补后图形

5.3.7 恢复曲面边界

恢复边界命令是针对填补孔洞的，作用是移除封闭孔洞，以 5-184 所示图形为原始曲面。

选择“绘图”→“曲面”→“恢复曲面边界”命令，根据状态栏提示选择曲面。移动鼠标至如图 5-185 所示要恢复的曲面边界处单击，结果如图 5-182 所示，单击“确定”按钮退出。

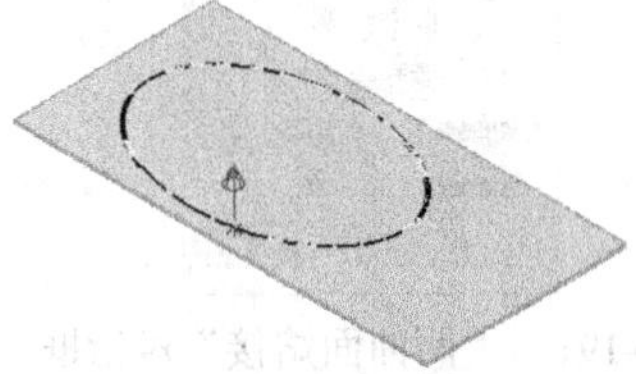

图 5-185 所需恢复曲面

5.3.8 分割曲面

分割曲面的功能是将一张曲面沿着横向或纵向分割成多张曲面，以 5-186 所示图形为原始曲面。

选择“绘图”→“曲面”→“分割曲面”命令。根据状态栏提示选择曲面，移动鼠标至如图 5-187 所示要分割的位置单击，预览曲面如图 5-188 所示。工具栏中单击“方向”按钮，可以改变曲面被分割的横纵方向，预览曲面如图 5-189 所示，单击“确定”按钮退出。

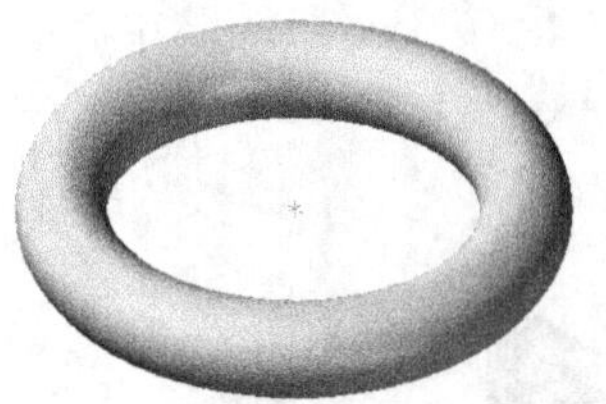

图 5-186　原始曲面（分割曲面）

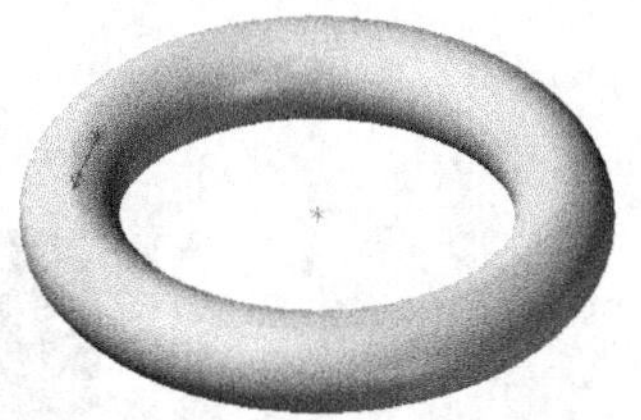

图 5-187　选择所需分割位置

图 5-188　分割后曲面

图 5-189　改变曲面的分割方向后图形

5.3.9　两曲面熔接

两曲面熔接指在两个曲面之间产生一个熔接曲面，熔接曲面可以将两个曲面顺滑地连接起来。以 5-190 所示图形为原始曲面。

选择“绘图”→“曲面”→“两曲面熔接”命令。弹出如图 5-190 所示对话框。根据状态栏提示选择熔接曲面 1。移动鼠标至如图 5-192 所示要熔接的位置单击，出现如图 5-193 所示熔接线，即熔接曲面的边界。经判断这条熔接线的方向不符合要求方向，在选项对话框中单击曲面 1 对应的“方向”按钮，改变熔接线的方向如图 5-194 所示。

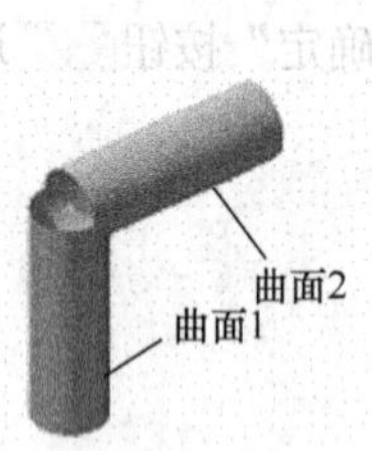

图 5-190　原始曲面（熔接）

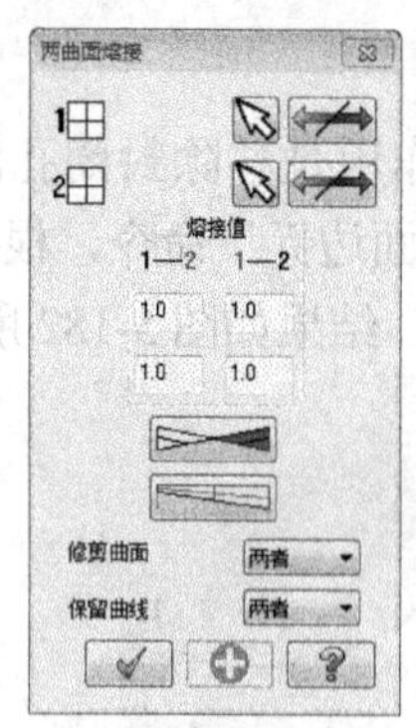

图 5-191　“两曲面熔接”对话框

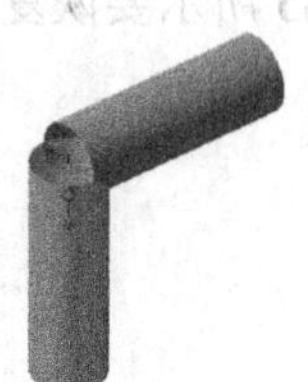

图 5-192　选择要求熔接曲面位置 1

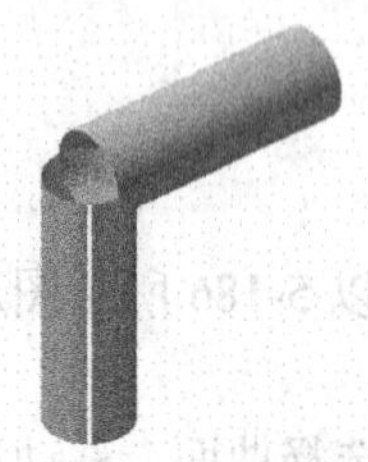

图 5-193　熔接曲面边界

图 5-194　改变方向后熔接曲面

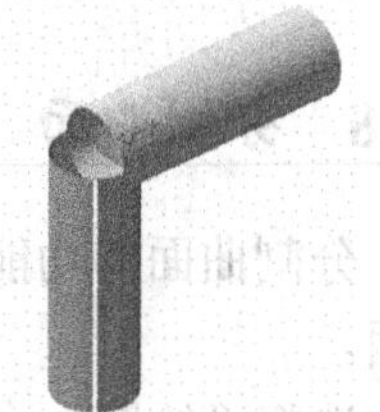

图 5-195　选择熔接曲面 2

根据状态栏提示选择熔接曲面 2。移动鼠标至如图 5-195 所示要熔接的位置单击，预览曲面如图 5-196 所示。显然曲面 2 的熔接线方向不正确，在选项对话框中单击曲面 2 对应的“方向”按钮，改变熔接线的方向，预览曲面改变为如图 5-197 所示。在对话框的“熔接值”输入栏中，输入不同的熔接值，得到不同的熔接曲面形状如图 5-198 所示。

单击对话框中的“扭转”按钮，可以改变曲面的熔接方向和顺序，如图 5-199 所示。单击对话框中的“更改端点”按钮，选择一条熔接边界，移动鼠标，可以改变熔接的端点位置。在“修剪”曲面下拉框中，可以选择需要保留的熔接原始曲面。在“保留”曲线下拉框中，可以选择是否保留熔接原始曲面或保留其中某一个。

图 5-196　预览曲面（熔接）

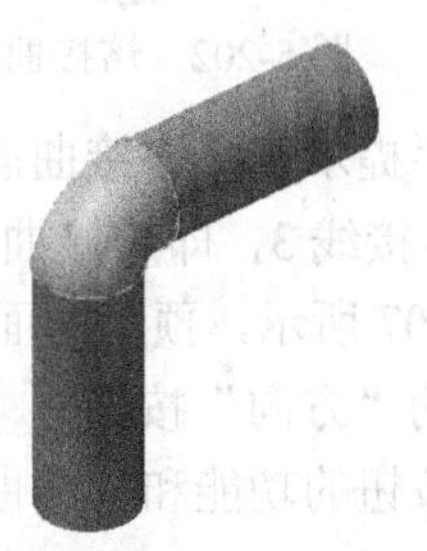

图 5-197　改变熔接线方向后预览曲面

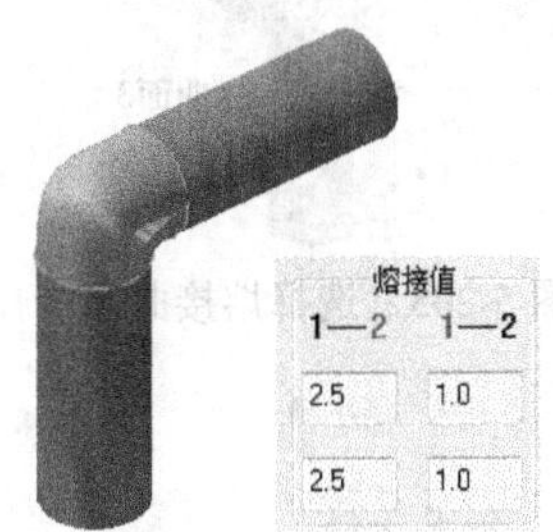

图 5-198　输入熔接值后的预览曲面

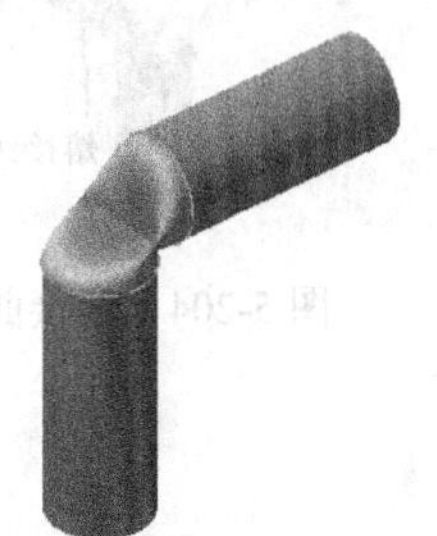

图 5-199　改变方向和顺序后的熔接预览曲面

5.3.10　三曲面熔接

在三个曲面之间产生一个熔接曲面并将三个曲面顺滑地连接起来称为三曲面熔接，以图 5-200 所示图形为原始曲面。

选择“绘图”→“曲面”→“三曲面间熔接”命令。根据状态栏提示选择熔接曲面 1。移动鼠标至如图 5-201 所示要熔接的位置单击，出现如图 5-202 所示熔接线 1，即熔接曲面 1 的边界。

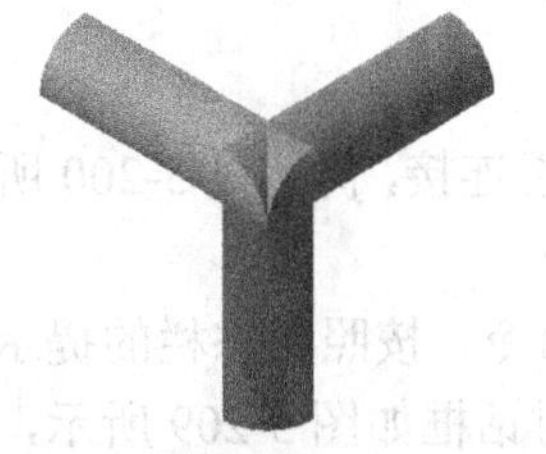

图 5-200　原始曲面（三曲面熔接）

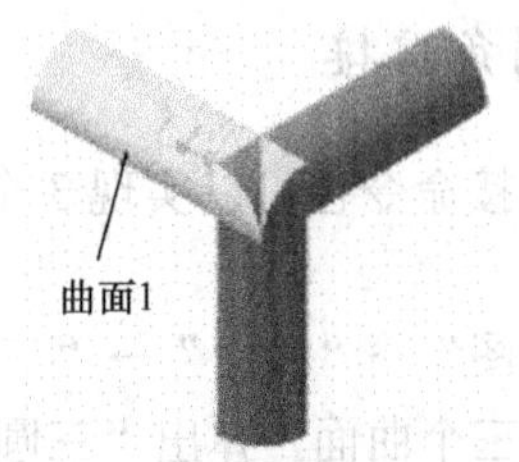

图 5-201　选择熔接曲面 1

根据状态栏提示选择熔接曲面2。移动鼠标至如图5-203所示要熔接的位置单击，出现如图5-204所示熔接线2，即熔接曲面2的边界。

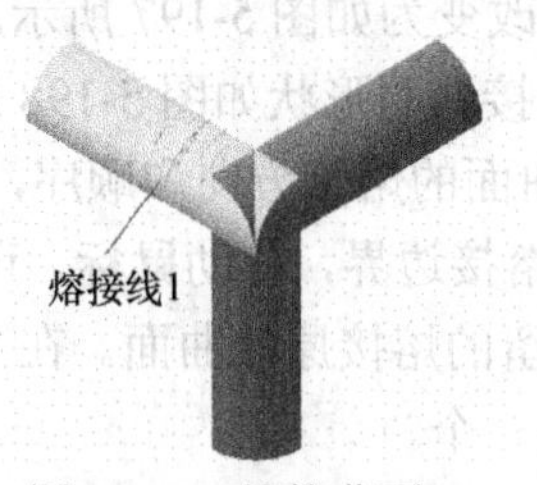

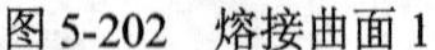

图5-202 熔接曲面1

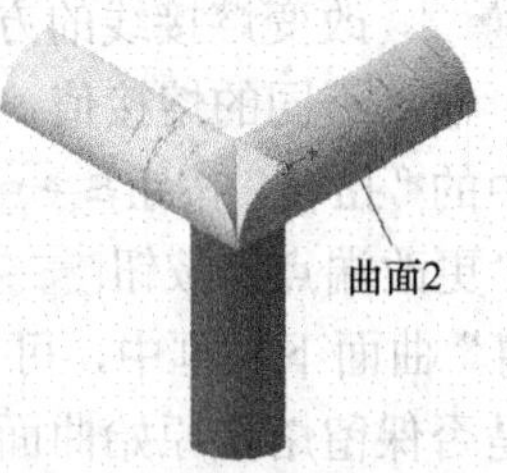

图5-203 选择熔接曲面2

根据状态栏提示选择熔接曲面3。移动鼠标至如图5-205所示要熔接的位置单击，出现如图5-206所示熔接线3，即熔接曲面3的边界，按【Enter】键确认。弹出“三曲面熔接”选项对话框如图5-207所示，预览曲面如图5-208所示。如果预览曲面不正确，可以通过单击对话框中各个曲面的“方向”按钮来改变曲面的形状。单击“确定”按钮退出。对话框中其他按钮的功能和“两曲面熔接”相同，这里不再赘述。

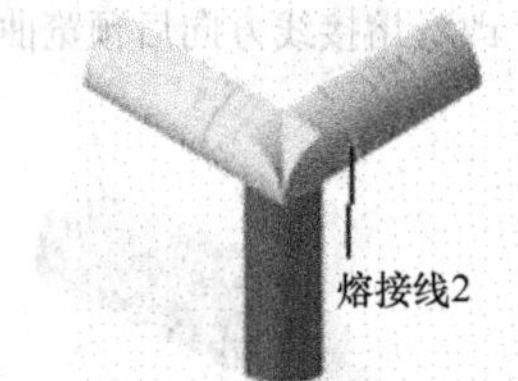

图5-204 熔接曲面2

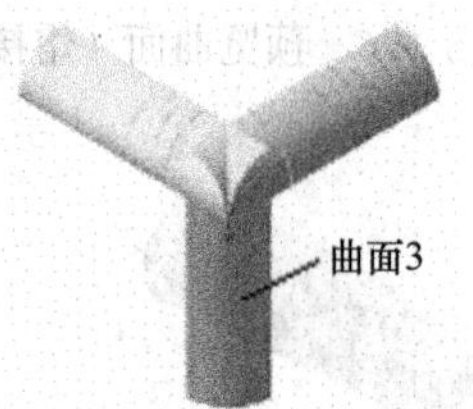

图5-205 选择熔接曲面3

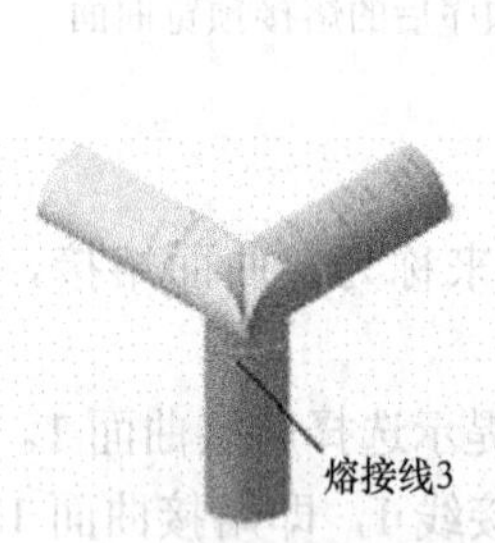

图5-206 熔接曲面3

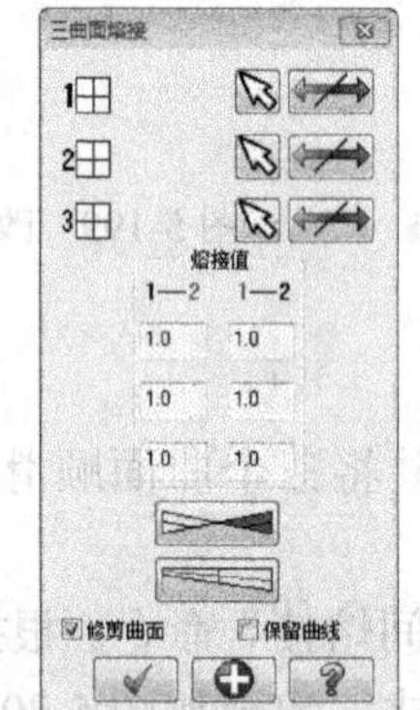

图5-207 “三曲面熔接”对话框

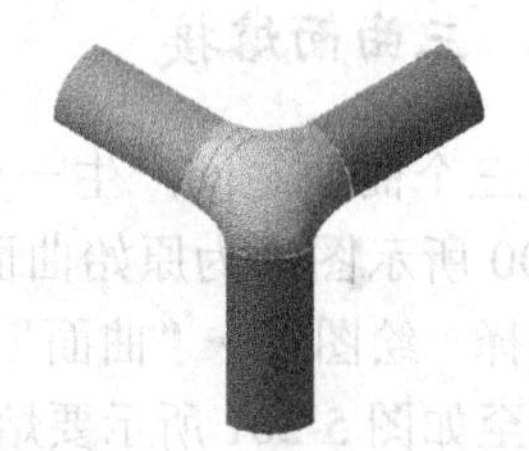

图5-208 三曲面熔接效果图

5.3.11 三圆角熔接

三圆角熔接命令也可以实现3个圆角曲面之间的光滑连接，仍然以5-200所示图形为原始曲面。

选择“绘图”→“曲面”→“三角圆角曲面熔接”命令。按照状态栏的提示，依次选择第一、第二、第三个曲面，弹出“三圆角曲面熔接”选项对话框如图5-209所示，熔接后曲面预览如图5-210所示，此时生成的熔接曲面是由3条边界线构成的。

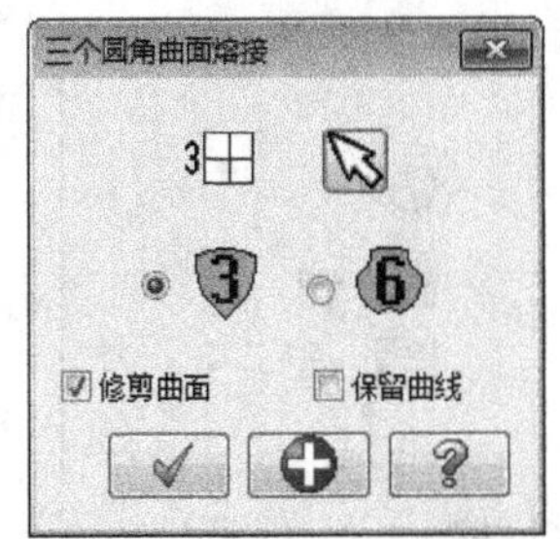

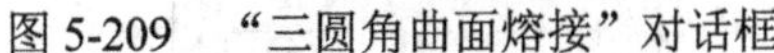
图 5-209　“三圆角曲面熔接”对话框

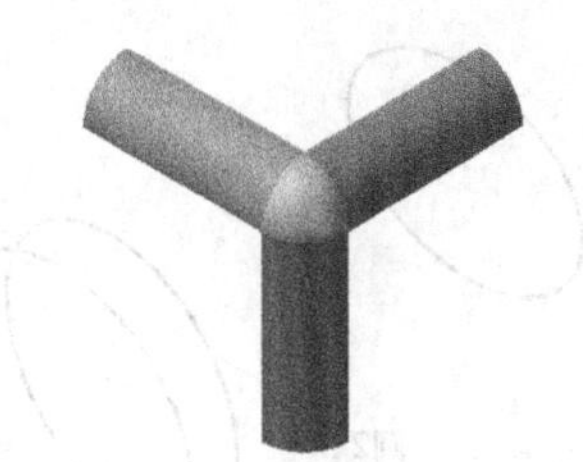
图 5-210　熔接后曲面预览图

在对话框中选中复选框，可以生成 6 条边界构成的熔接曲面。“修剪曲面”可以设置原始曲面是否被修剪，“保留曲线”可以设置熔接后是否在熔接处生成曲线。

【范例 3】前面学习了曲面的编辑方法，下面我们将通过电吹风曲面模型的构建，具体学习这些功能的综合运用。电吹风曲面模型如图 5-211 所示。

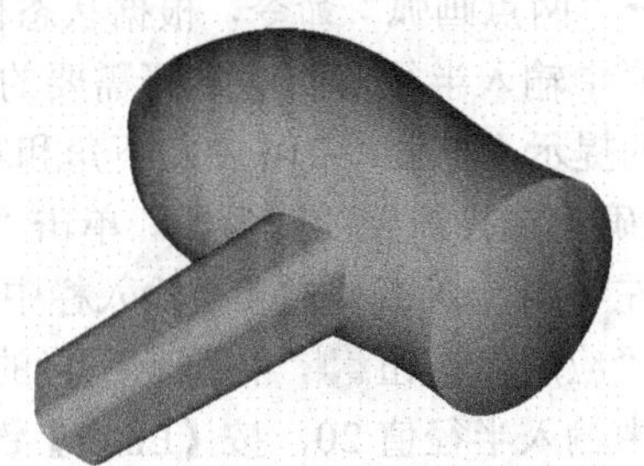
图 5-211　电吹风曲面模型

具体操作方法和步骤如下：

新建一个文件夹，将其命名为“电吹风曲面.MCX”。

1. 电吹风机身曲面

设置视角为等角视图，构图面为右视图，构图深度 Z 为 0。

选择“绘图”→“圆弧”→“圆心+点”命令，在如图 5-212 所示工具栏中选择原点作为圆心，输入直径值为 84，生成如图 5-213 所示的圆 1。

图 5-213　“圆心+点”工具栏

设置视角为等角视图，构图面为右视图，构图深度 Z 为−20。

选择“绘图”→“圆弧”→“圆心+点”命令，在如图 5-212 所示工具栏中输入圆心坐标(0,0)，输入直径值为 80，生成如图 5-213 所示的圆 2。

设置视角为等角视图，构图面为右视图，构图深度 Z 为−140。

选择“绘图”→“画椭圆”命令。根据状态栏提示输入基准点坐标，X 0.0　Y 0.0　Z -140.0。弹出如图 5-214 所示对话框，输入椭圆长轴半径为 40，输入椭圆短轴半径 30，单击“确定”按钮退出，生成如图 5-214 所示的椭圆。

设置视角为等角视图，构图面为右视图，构图深度 Z 为−160。

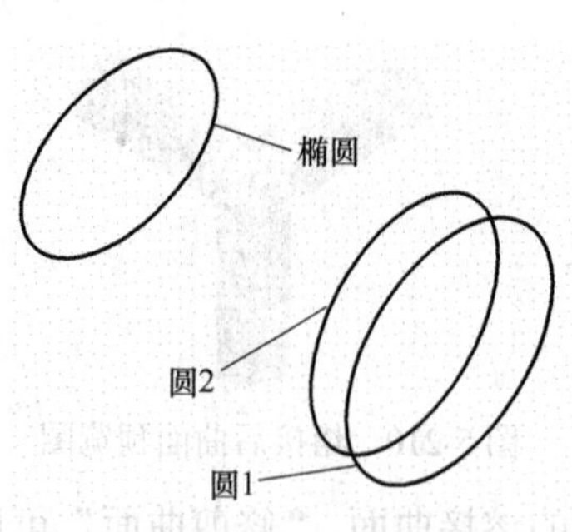

图 5-213　设置参数后椭圆

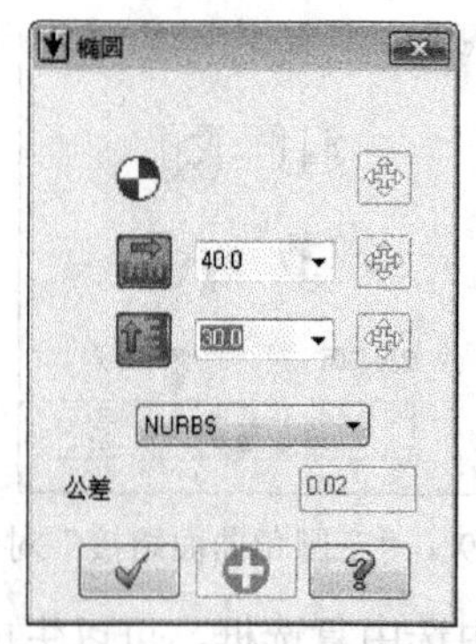

图 5-214　“椭圆”对话框

选择“矩形”命令，在如图 5-215 所示工具栏中输入基准点坐标（0,0,−160），长为 44，宽为 22，生成线架如图 5-216 所示。

选择“绘图”→“圆弧”→“两点画弧”命令，根据状态栏的提示点取图 5-216 中左上角和右上角，在工具栏半径输入栏中输入半径值 40。选择需要的圆弧段，单击“应用”按钮，确【Enter】键确定根据状态栏的提示点取图 5-216 中左下角和右下角，在工具栏半径输入栏中输入半径值 40，按【Enter】键确定选择需要的圆弧段。单击“应用”按钮，根据状态栏的提示点取图 5-216 中左上角和左下角，在工具栏半径输入栏中输入半径值 20，按【Enter】键确定选择需要的圆弧段。单击“应用”按钮，根据状态栏的提示点取图 5-216 中右上角和右下角，在工具栏半径输入栏中输入半径值 20，按【Enter】键确定选择需要的圆弧段。

单击“确定”按钮，生成线架如图 5-217 所示。

图 5-215　“矩形”工具栏

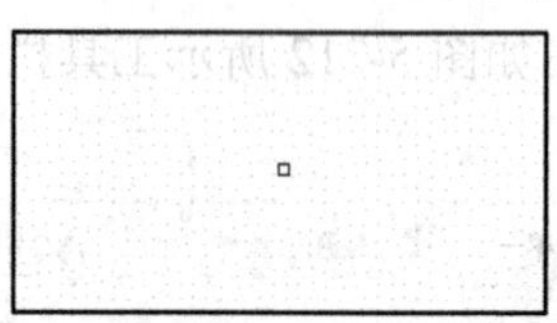
图 5-216　矩形线架

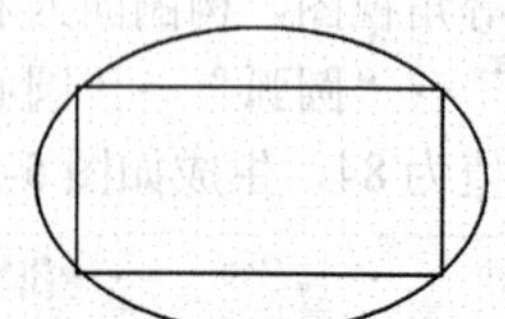
图 5-217　画椭圆后线架

选择“编辑”→“删除”命令，选择矩形四条边，按【Enter】键确认。

选择“绘图”→“倒圆角”→“串连倒圆角”命令。弹出“串连选项”对话框，选择“串连”方式，选择图 5-218 所示线架，单击“确定”按钮退出。在工具栏中输入倒圆角半径值为 8，单击“应用”按钮，线架如图 5-219 所示。

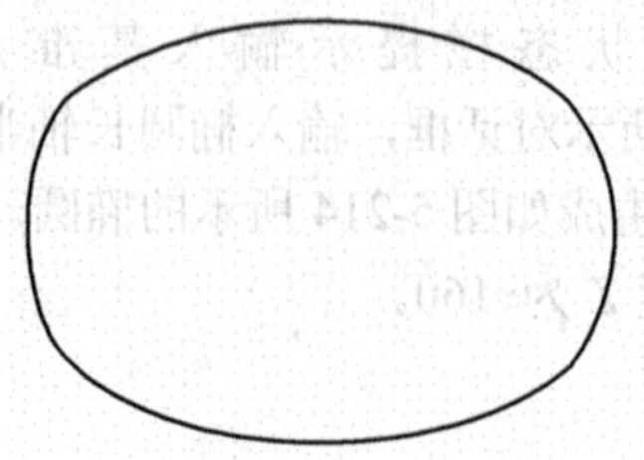
图 5-218　所需线架

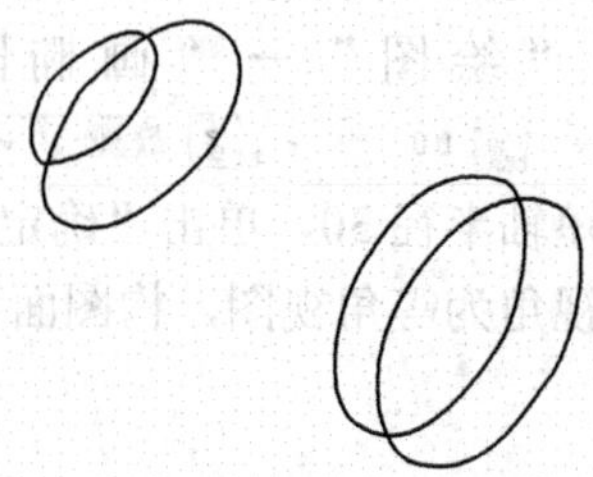
图 5-219　串连倒圆角后线架

设置视角为等角视图，如图 5-219 所示线架要构建生成电吹风的机身曲面需要采用“举升曲面”。构建“举升曲面”要求箭头位置对应且箭头指向相同。

首先将三个线架在对应位置打断。设置视角为右视图，线架如图 5-220 所示。

选择“编辑”→“修剪/打断”→“两点打断”命令，选择直径 84 的圆作为被打断图素，选择四等分位点作为被打断点；重复上述方法，打断直径 80 的圆和椭圆；最后选择 *R*40 的圆弧作为被打断图素，选择中点作为被打断点。

选择“绘图”→“曲面”→“直纹/举升曲面”命令。弹出“串连选项”对话框，选择“串连”方式，依次选择直径 84 的圆、直径 80 的圆、椭圆和四段圆弧线架，单击“确认”按钮，在工具栏中选择“举升”方式。单击“应用”按钮后生成曲面如图 5-221 所示。

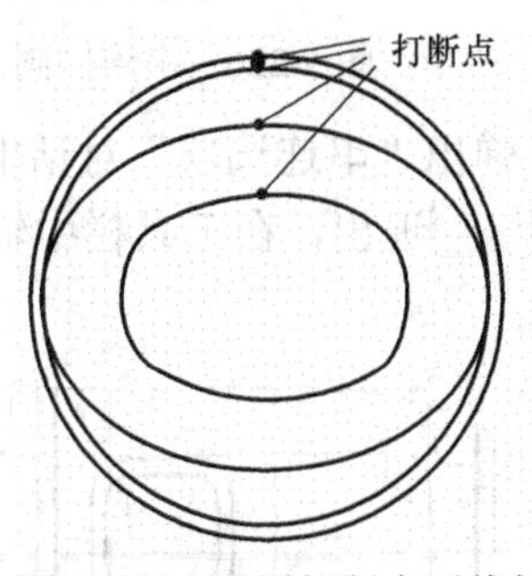

图 5-220　设置打断点后线架

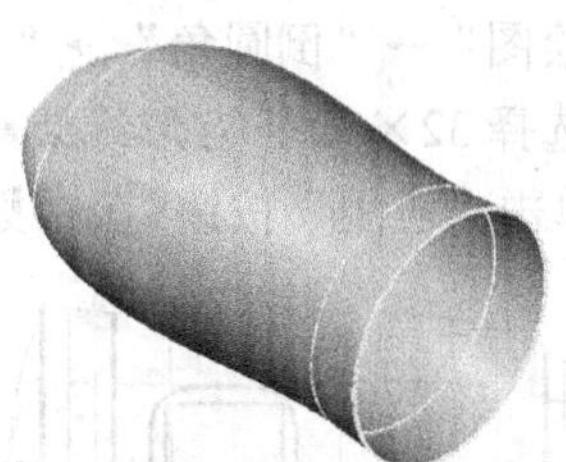
图 5-221　举升后曲面

2. 电吹风后盖曲面

设置视角为俯视图，构图面为俯视图，构图深度为 0。

选择“绘图”→“圆弧”→“两点画弧”命令，根据状态栏提示选择如图 5-222 所示两点，在工具栏中输入圆弧半径为 100。

选择“绘图”→“任意线”→“绘制任意线”命令，绘制一条经过原点的水平线作为旋转轴。

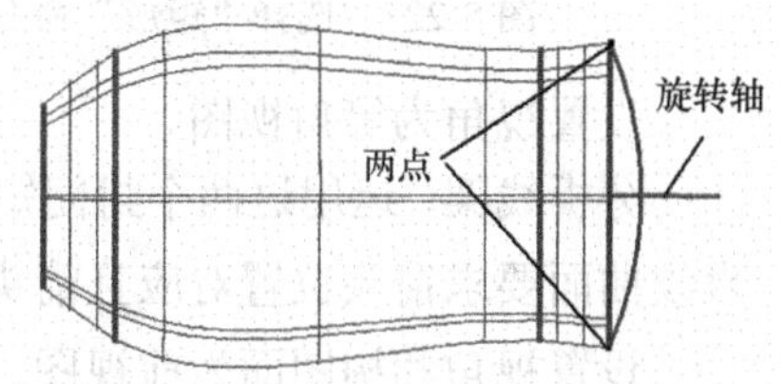

图 5-222　电吹风后盖曲面线架

经分析，运用这两条线架构建电吹风后盖曲面，可以运用旋转曲面方法。

选择“绘图”→“曲面”→“旋转曲面”命令，在弹出的“串连选项”对话框中选择“单体”方式，选择圆弧，单击“确定”按钮，在如图 5-223 所示的工具栏中单击“轴”按钮，选择直线，输入起始角度为 0°，终止角度为 180°，生成旋转曲面如图 5-224 所示。

图 5-223　“旋转曲面”工具栏

3. 电吹风手柄曲面

设置视角和构图面为前视图，构图深度为 0。

选择“绘图”→“矩形”命令，在如图 5-213 所示工具栏中输入中心点坐标为（−50,0,0），长为 40，宽为 40，生成线架如图 5-225 所示。

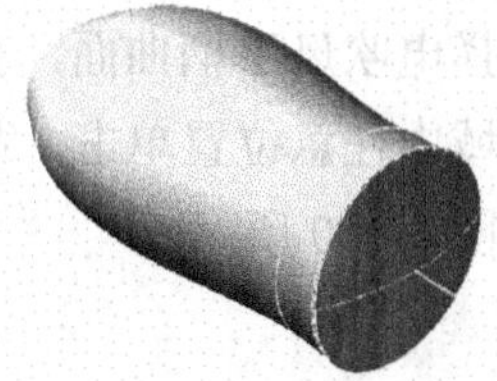
图 5-224　生成旋转曲面

选择“绘图”→“倒圆角”→“串连倒圆角”命令。弹出“串连选项”对话框，选择“串连”方式，选择 40×40 正方形线架，单击“确定”按钮，退出，在工具栏中输入倒圆角半径值为 10，单击“应用”按钮，线架如图 5-226 所示。

设置视角和构图面为前视图，构图深度为 150。

选择“绘图”→“矩形”命令，在工具栏中输入中心点坐标为（−50,0,0），长为 32，宽为 32，生成线架如图 5-227 所示。

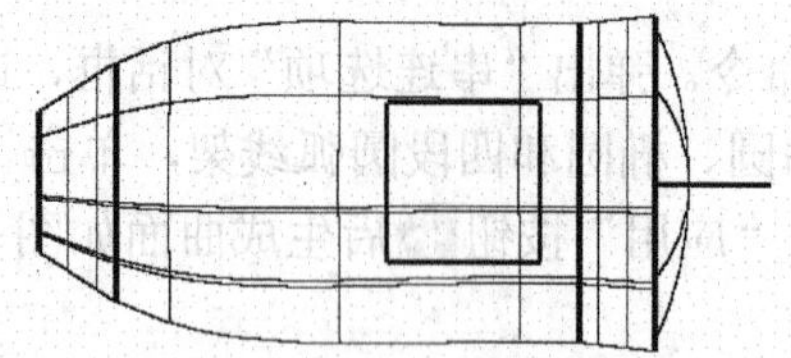

图 5-225　参数设置后电吹风手柄曲面线架

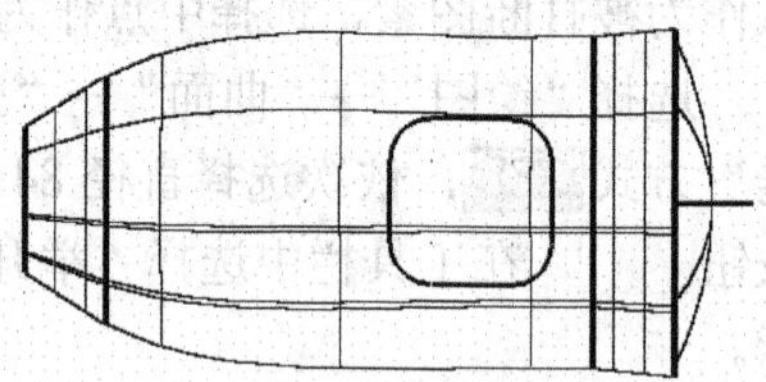

图 5-226　串连倒圆角后线架

选择“绘图”→“倒圆角”→“串连倒圆角”命令。弹出“串连选项”对话框，选择“串连”方式，选择 32×32 正方形线架，单击“确定”按钮，退出，在工具栏中输入倒圆角半径值为 8，单击“应用”按钮，线架如图 5-228 所示。

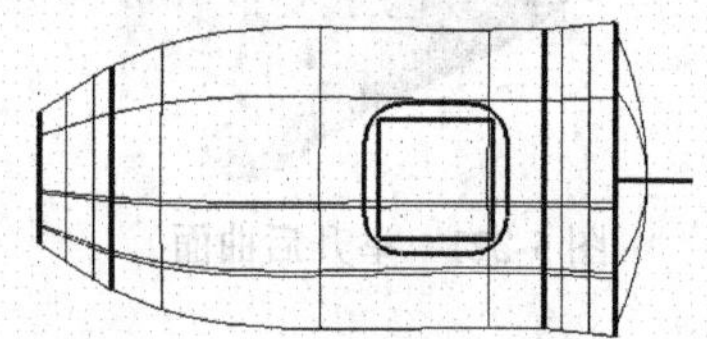

图 5-227　选择“矩形”命令后线架

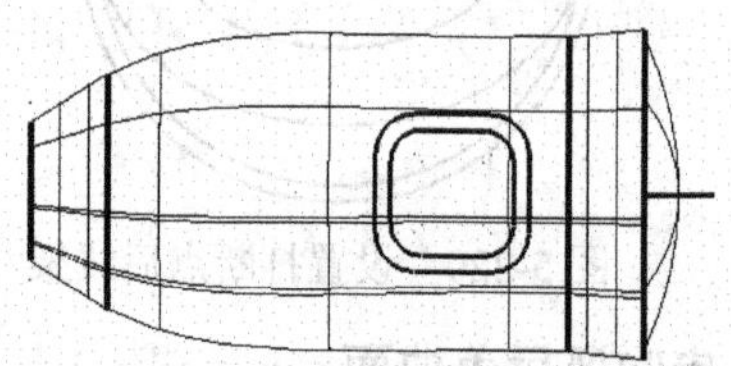

图 5-228　电吹风手柄曲面最终线架

设置视角为等角视图。

分析线架，运用这两个封闭矩形线架构建电吹风手柄曲面，可以运用直纹曲面方法。构建直纹曲面要求箭头位置对应且箭头指向相同。

设置视角和构图面为前视图，将两矩形对应直线在中点处打断。

选择“绘图”→“曲面”→“直纹/举升曲面”命令。弹出“串连”选项对话框，选择“串连方式”，依次选择 40×40 的矩形和 32×32 的矩形，单击“确认”按钮，在工具栏中选择“直纹”方式。单击“应用”按钮后生成曲面如图 5-229 所示。

4．修剪手柄和机体

从图 5-229 中我们可以看出电吹风的机体和手柄需要进行修剪。被修剪的对象都是曲面，因此需要采用将曲面修剪至曲面方式。

选择“绘图”→“曲面”→“修剪”→“修整至曲面”命令。依照状态栏的提示信息选择第一组曲面，在这里选择电吹风机体曲面，按【Enter】键确认；再选择第二组曲面，这里选择电吹风手柄曲面，按【Enter】键确认。继续依照状态栏的信息，在曲面需要保留部分的区域内任意位置单击，先点取机体曲面的前端，再点取机身曲面的手柄外区域，结果曲面预览如图 5-230 所示。

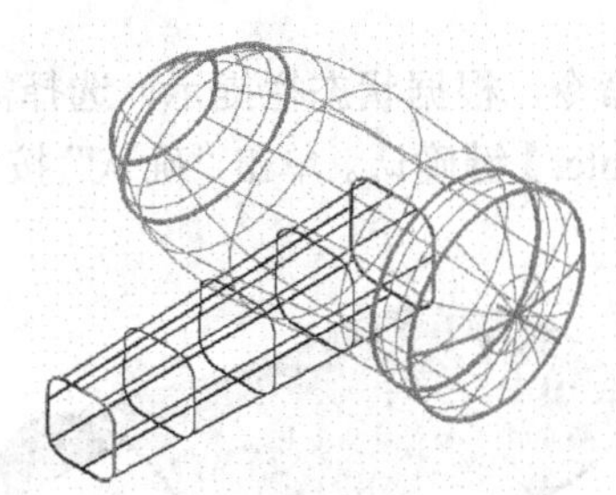

图 5-229　选择“直纹”命令后线架

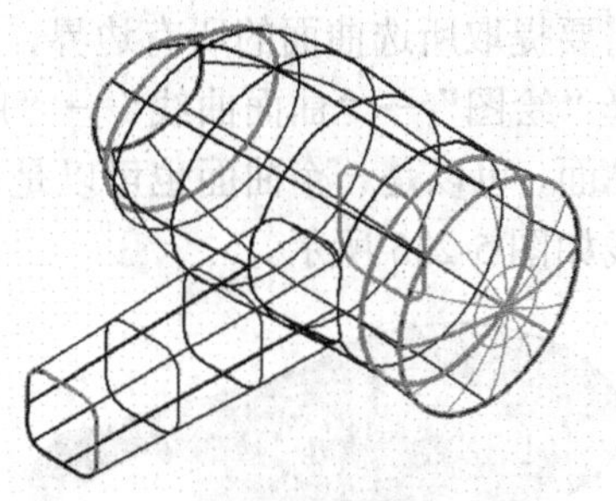

图 5-230　修整至曲面后线架

若曲面修剪后出现部分曲面没有修剪的情况可以通过工具栏中的按钮来进行调整。为了曲面看起来更美观，可以隐藏线架。

选择“屏幕”→“隐藏图素”命令，选择构建三个曲面的线架，按【Enter】键确认。单击“图形着色”按钮，如图 5-211 所示。

5.4　曲面曲线的构建

曲面曲线是指从曲面上提取出来的曲线，通常为空间曲线。

在 Mastercam X5 中有多种构建曲面曲线的方法。选择“绘图”→“曲面曲线”命令，子菜单如图 5-231 所示。

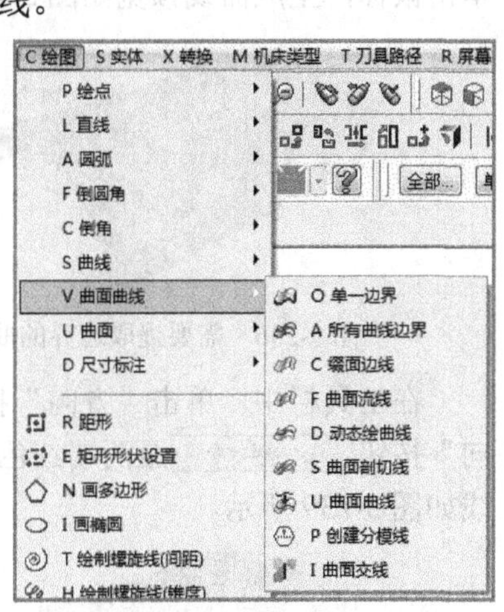

图 5-231　“曲面曲线”命令子菜单

5.4.1　曲面边界

构建曲面边界既可以绘制曲面的某条边界也可以绘制曲面的所有边界，包括“单一边界”和“所有边界”两种方式。

选择“绘图”→“曲面曲线”→“单一边界”命令。根据状态栏提示，选择需要提取边界的曲面，这里选择如图 5-232 所示曲面。移动鼠标到想要的曲面边界处，如图 5-233 所示。单击鼠标，生成预览曲面曲线如图 5-234 所示。如果需要继续提取任意曲面的其一边界，在工具栏中单击“应用”按钮，根据状态栏提示信息继续前面步骤的操作，在工具栏中单击“确认”按钮退出。

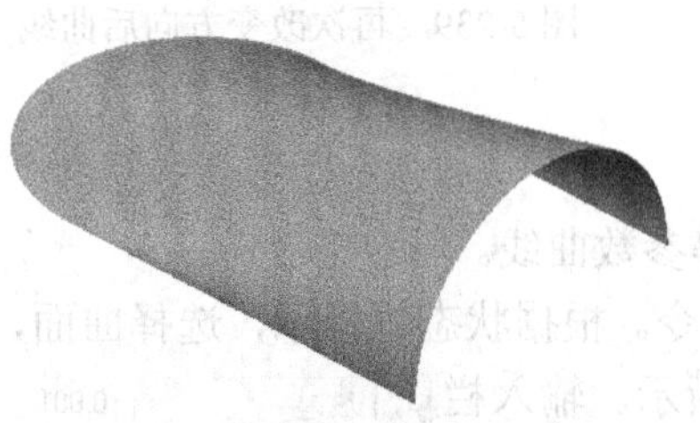

图 5-232　所需提取边界的曲面

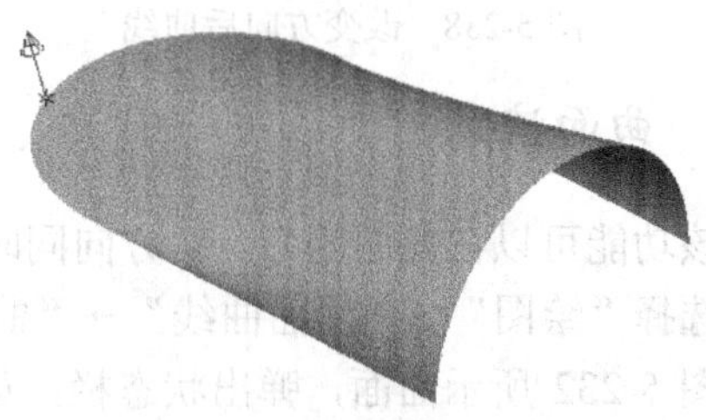

图 5-233　选取曲面边界

若需要提取所选曲面的所有边界，具体操作如下：

选择“绘图”→“曲面曲线”→“所有曲线边界”命令。根据状态栏提示，选择需要提取边界的曲面，可以是一个曲面也可以是多个曲面。按【Enter】键确认。单击“确认”按钮，生成曲线如图 5-235 所示。

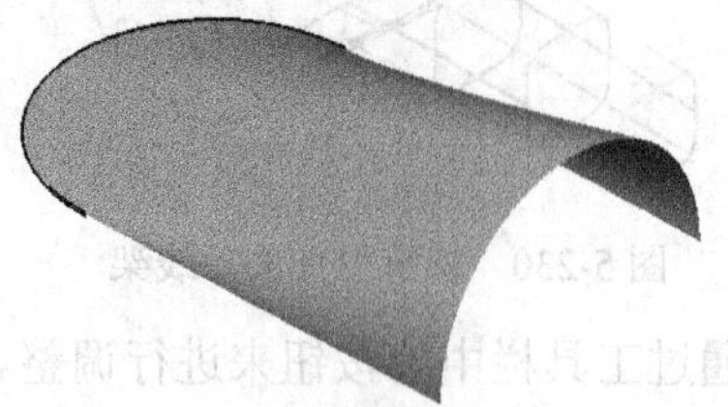

图 5-234 生成预览曲面曲线

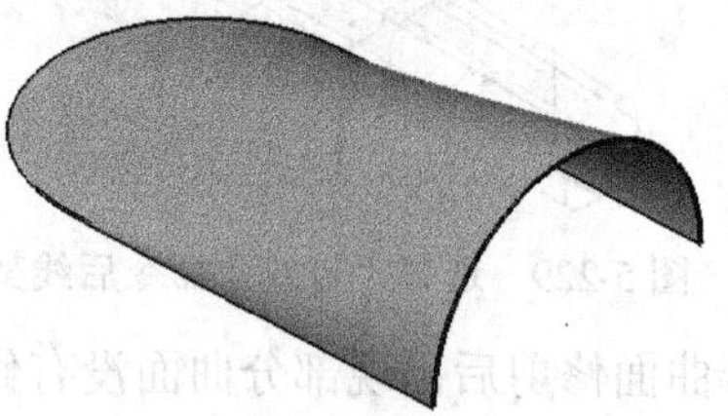

图 5-235 选取多个曲面边界

5.4.2 缀面边线

该功能可以在曲面某位置生成 U、V 两个方向的曲线。

选择“绘图”→“曲面曲线”→“缀面边线”命令。根据状态栏提示，选择需要提取边界的曲面，这里选择如图 5-232 所示曲面。移动鼠标至需要生成曲线的位置，如图 5-236 所示。单击鼠标，生成曲线预览如图 5-237 所示。

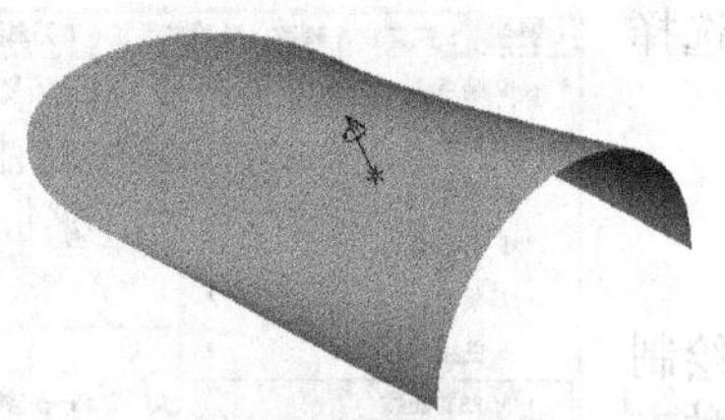

图 5-236 需要提取边界的曲面

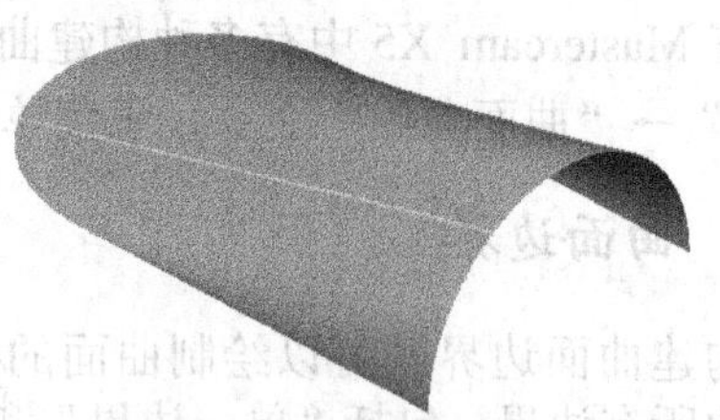

图 5-237 曲线预览图

在工具栏中，单击“方向”按钮，生成曲线如图 5-238 所示。再次单击“方向”按钮至两端红色，生成 U、V 两个方向的曲线，按【Enter】键确认，生成曲线如图 5-239 所示。

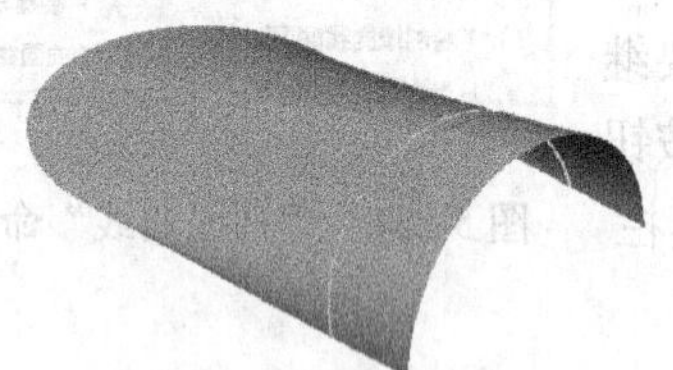

图 5-238 改变方向后曲线

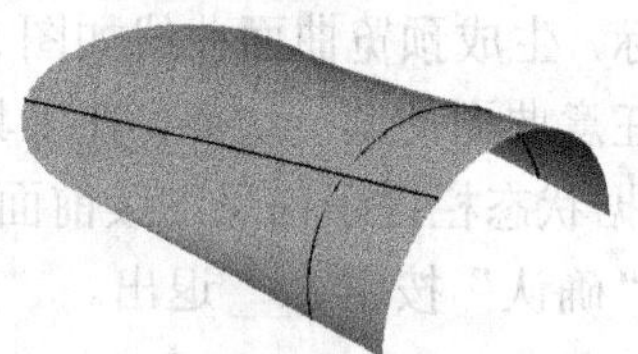

图 5-239 再次改变方向后曲线

5.4.3 曲面流线

该功能可以在曲面的 U、V 方向同时建立多条等参数曲线。

选择“绘图”→“曲面曲线”→“曲面流线”命令。根据状态栏提示，选择曲面，这里选择如图 5-232 所示曲面，弹出状态栏，如图 5-240 所示。输入栏 弦差 0.001 表示曲线的品质，输入栏 弦差 5.0 提供了 3 种生成流线的方式。

“弦高”方式表示可以控制相邻的两条流线在曲面上的弦高差，以此来确定生成流线的密度，设置的数值越大，流线就越稀疏。

“数量”方式表示可以设置生成流线的数量，控制流线的密度。

“距离”方式表示可以通过设定两条流线之间的距离，控制流线的生成密度。输入距离值为 10，曲线预览如图 5-241 所示。

单击“方向”按钮，可以转换曲线的流线方向，曲线预览如图 5-242 所示。

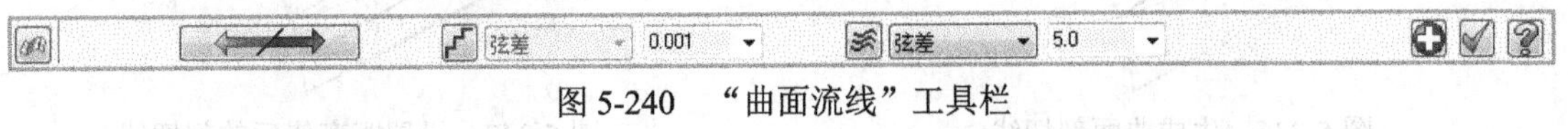

图 5-240　“曲面流线”工具栏

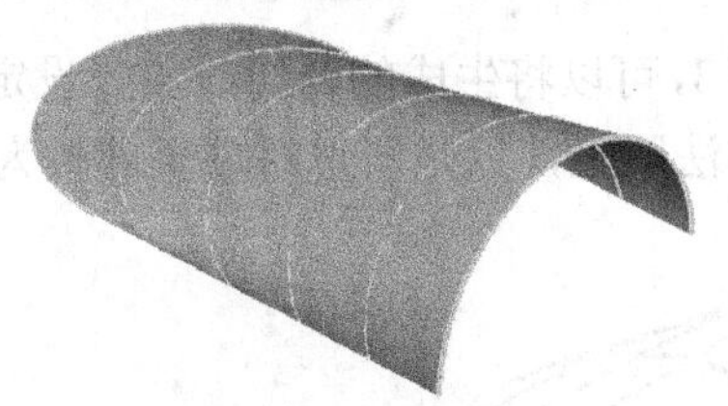

图 5-241　曲线预览

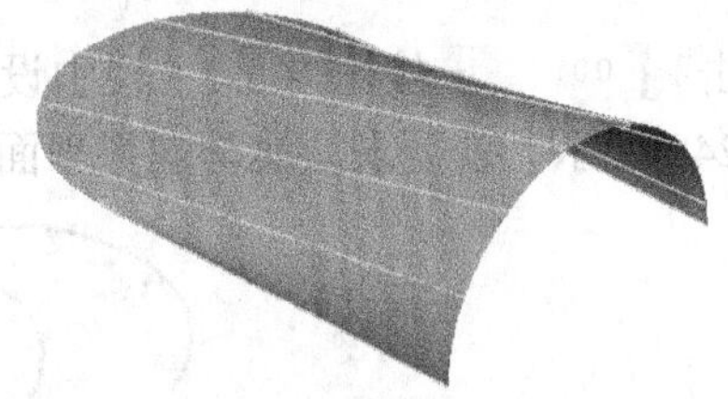

图 5-242　转换曲线的流线方向后图形

5.4.4　动态绘曲线

该功能通过光滑连接曲面上的若干选定点建立一条曲面上的曲线。

选择“绘图”→“曲面曲线”→“初态绘曲线”命令。根据状态栏提示，选择“曲面”，仍然选择如图 5-232 所示曲面。移动鼠标至选定点的位置单击，依次选定如图 5-243 所示 6 个点，按【Enter】键确认。单击“确定”按钮，生成曲线如图 5-244 所示。

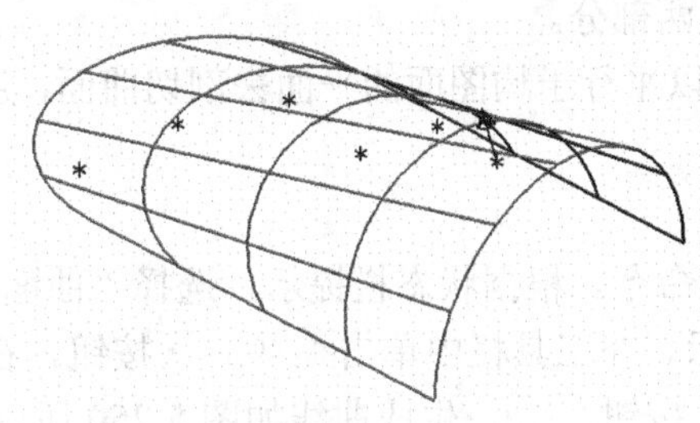

图 5-243　选定曲面

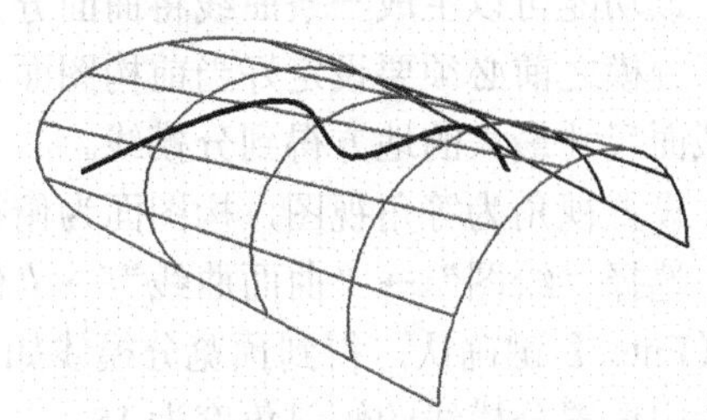

图 5-244　生成曲线

5.4.5　曲面剖切线

该功能可以绘制曲面与平面的交线或是曲线与平面的交点。这里的平面是虚拟设定的。

选择“绘图”→“曲面曲线”→“曲面剖切线”命令。根据状态栏提示，选择曲面，仍然选择如图 5-232 所示曲面。工具栏显示如图 5-245 所示。

图 5-245　“曲面剖切线”工具栏

单击“平面”按钮，弹出“平面选择”对话框。选择对话框中的“视角平面”方式，选择俯视图，单击“确定”按钮，在 Z 0.0 输入栏中输入 10，再单击“确定”按钮，单击“应用”按钮，生成曲线如图 5-246 所示。

单击 0.0 按钮，在输入栏中设置距离值为 5，可以创建一系列与上一步建立的平面相平行的平面，这些平面与曲面生成一系列交线即剖切线，如图 5-247 所示。

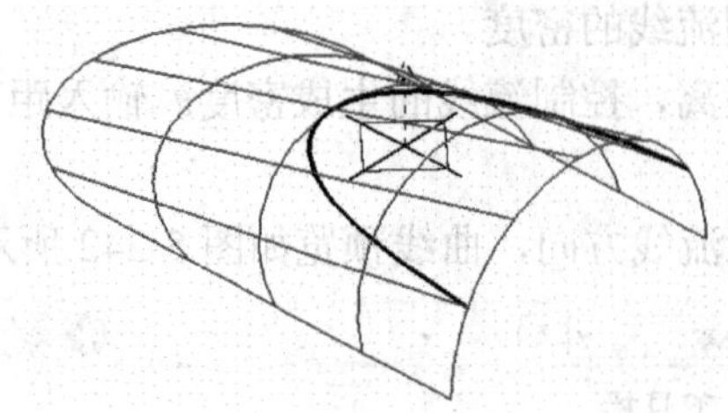

图 5-246 生成曲面剖切线

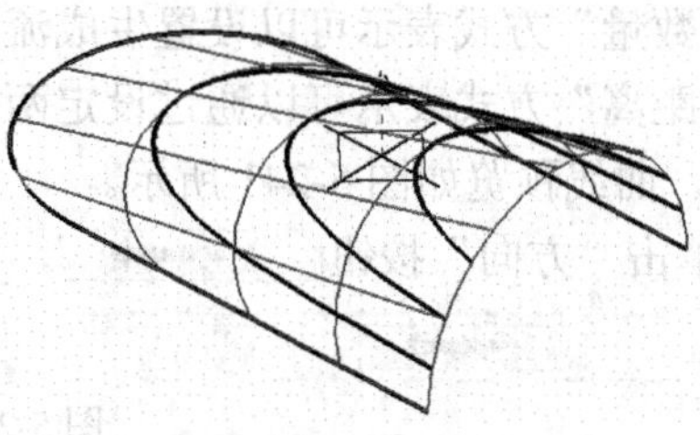

图 5-247 设置距离值后的剖切线

单击 0.0 按钮，在输入栏中设置补正值为 3，可以将生成的剖切线偏置设定的数值，如图 5-248 所示。若要求曲线与虚拟平面的交点，方法同上，只是所选对象全部改为曲线。

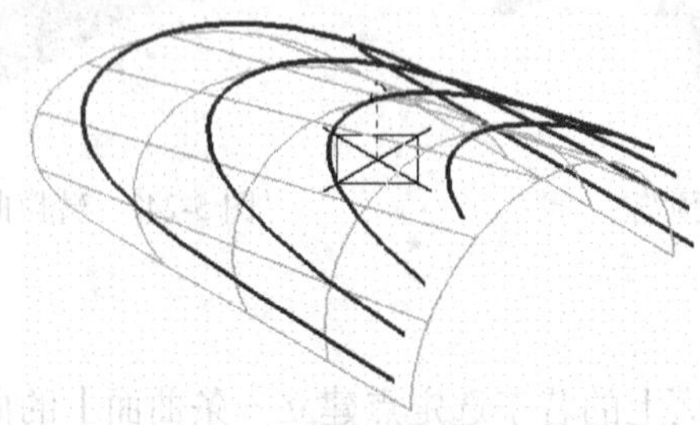

图 5-248 设置补正值后的剖切线

5.4.6 分模线

该功能可以生成一条曲线将曲面分为上模和下模两部分。

分模之前必须要设定好当前构图面。系统往往是以平行于构图面的平面去剖切曲面，并且在截面尺寸最大的地方得到分模线。

设置视角为等角视图，构图面为俯视图。

选择“绘图”→“曲面曲线”→“创建分模线”命令。根据状态栏提示，选择“曲面”，按【Enter】键确认，得到预览分模线如图 5-249 所示。在工具栏中单击 0.0 按钮，在输入栏中设置分模线的倾斜角度为 15°。单击“确定”按钮，生成曲线如图 5-250 所示。

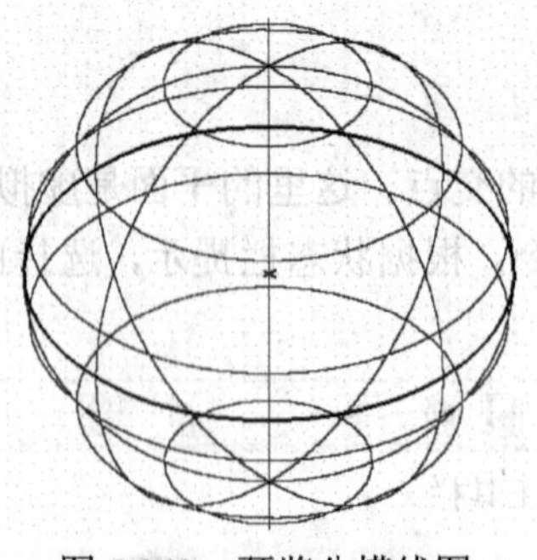

图 5-249 预览分模线图

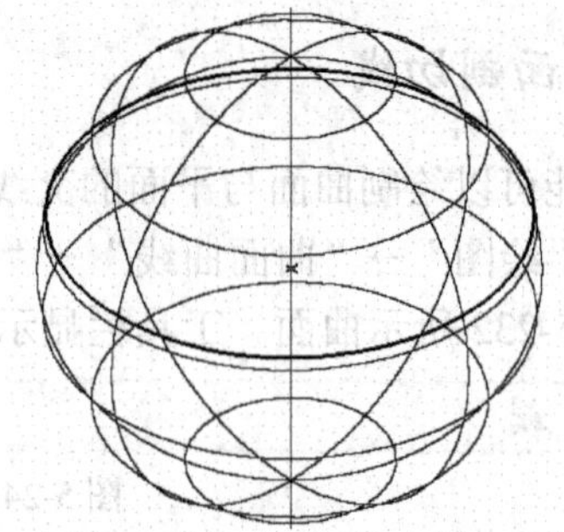

图 5-250 设置分模线的倾斜角度后图形

5.4.7 曲面交线

该功能用于创建两曲面之间的交线。

绘制如图 5-251 所示两曲面。单击按钮，取消着色显示。选择“绘图”→“曲面曲线”→“曲面交线”命令。根据状态栏提示，选择第一组曲面，可以是一张曲面或多张曲面。选择扫掠曲面作为第一组曲面，按【Enter】键确认；选择圆柱曲面作为第二组曲面，按【Enter】键确认，两曲面交线预览如图 5-252 所示曲面，工具栏如图 5-253 所示。单击按钮，可以重新选择第一组曲面；单击按钮，可以重新选择第二组曲面。

图 5-251　原始两曲面

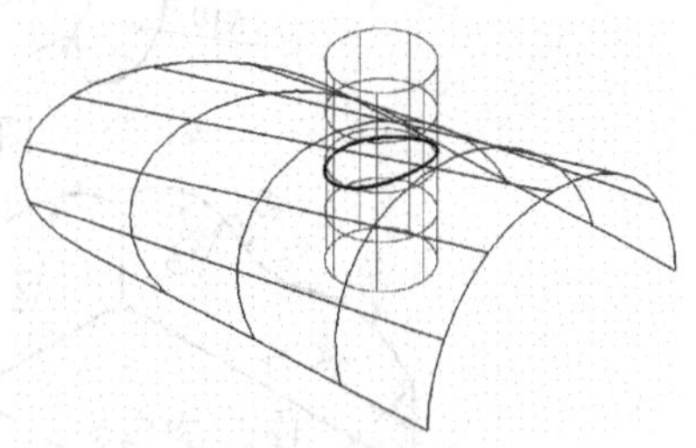

图 5-252　两曲面交线预览图

在 0.0 输入栏中输入数值 5，可以将曲面交线在第一组曲面上偏置距离 5，如图 5-254 所示。在 0.0 输入栏中输入数值 3，可以将曲面交线在第二组曲面上偏置距离 3，如图 5-255 所示。

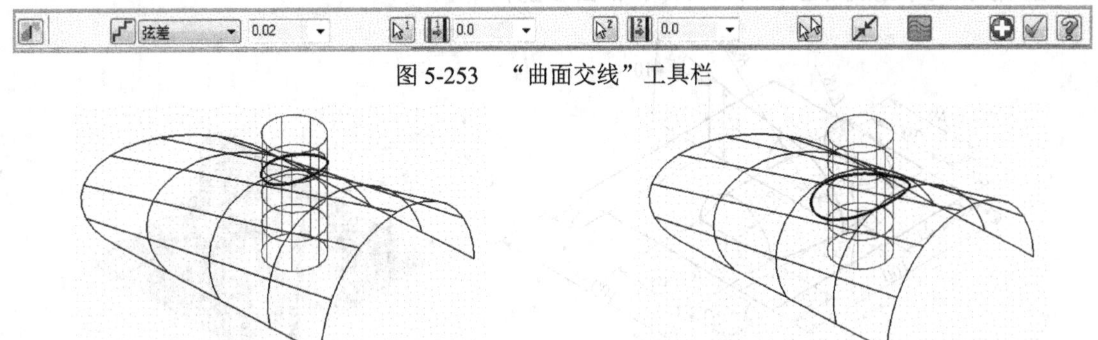

图 5-253　“曲面交线”工具栏

图 5-254　设置曲面交线与第一组曲面的偏置距离

图 5-255　设置曲面交线与第二组曲面的偏置距离

习 题 5

1. 根据尺寸完成同 5-256 中的三组线架，并选用合适的方法构建曲面。

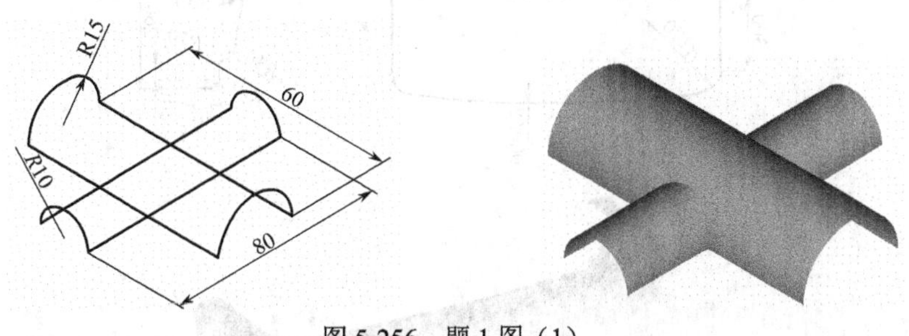

图 5-256　题 1 图（1）

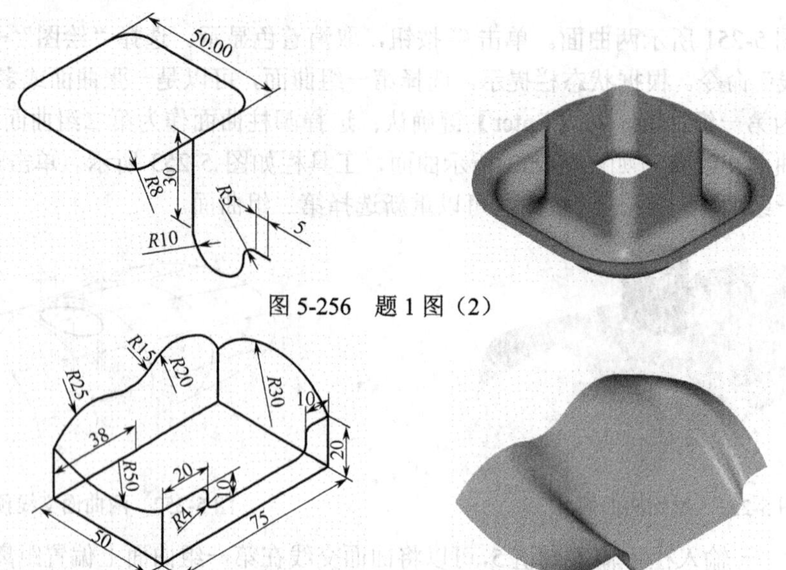

图5-256 题1图（2）

图5-256 题1图（3）

2．根据尺寸完成综合曲面的构建，如图5-257所示。

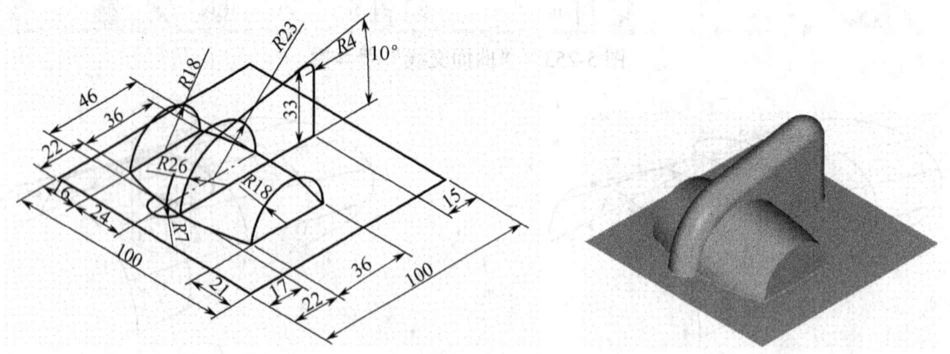

图5-257 题2图

3．根据线架尺寸绘制汽车保险杠曲面，如图5-258所示。

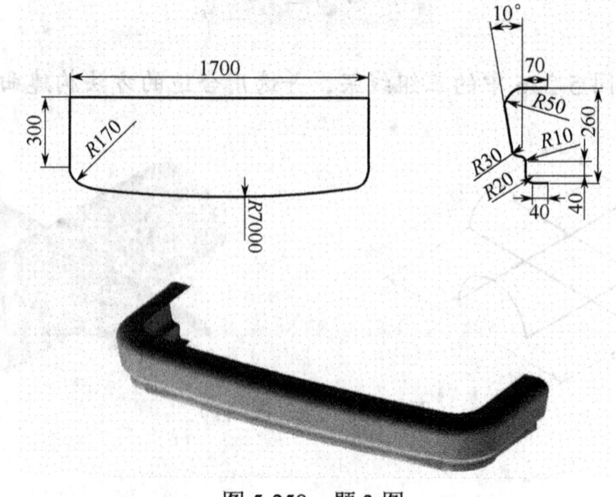

图5-258 题3图

4．根据尺寸完成如图5-259所示茶壶盖曲面的构建。

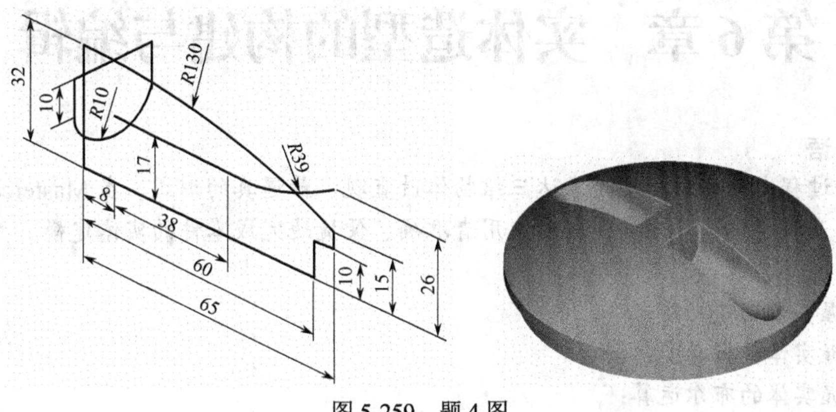

图5-259　题4图

第6章　实体造型的构建与编辑

导　语

在设计过程中，实体模型是表达三维物体最直观、最逼真的形式。在 Mastercam X5 的系统中提供了多种实体设计方法，帮助使用者准确、便捷地完成零件的实体建模。

学习目标

1．掌握实体创建功能；

2．掌握实体编辑功能；

3．掌握实体的布尔运算；

4．掌握实体管理器的应用。

6.1　基本实体

基本实体是指具有规则形状的常用实体，如圆柱体、球体等。系统提供了 5 种基本实体的设计功能。选择“绘图”→“基本曲面/实体”命令，弹出如图 6-1 所示基本实体子菜单。

其中各命令功能如下：

① “画圆柱体”命令用于构建一个指定半径和高度的圆柱体。

② “画圆锥体”命令用于构建一个指定半径和高度的圆锥体或圆台。

③ “画立方体”命令用于创建一个指定长度、宽度和高度的立方体。

④ “画球体”命令用于创建一个指定半径的球体。

⑤ “画圆环体”命令用于创建一个指定轴心圆半径和截面圆半径的圆环体。

具体操作的详细步骤与第 5 章“5.2.1 基本曲面”中圆柱曲面、圆锥曲面、立方体曲面、球面及圆环面——对应相同。

只需要在“圆柱体”对话框、“圆锥体”对话框、“立方体”对话框、“球体”对话框和“圆环体”对话框中的选项中选中“实体”单选按钮即可，如图 6-2 所示。

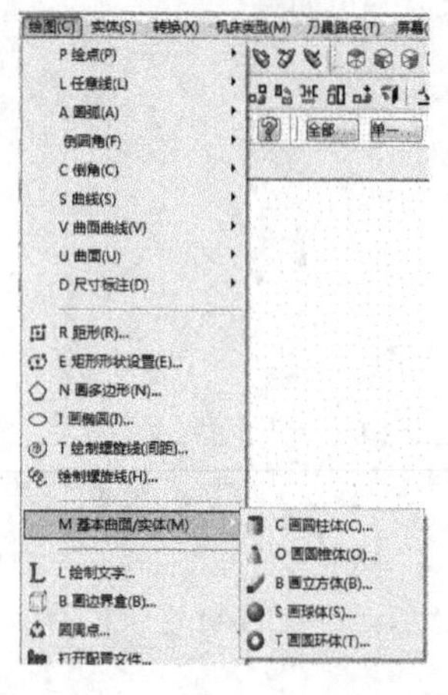

图 6-1　“基本曲面/实体”子菜单

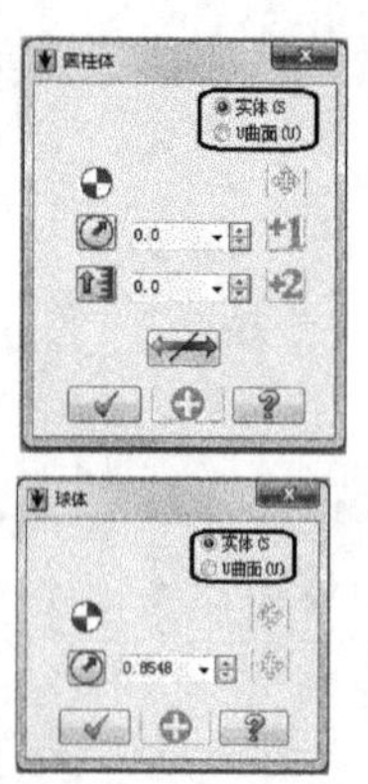

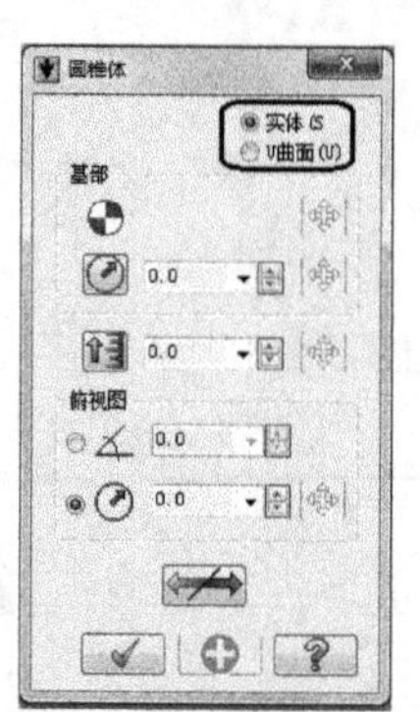

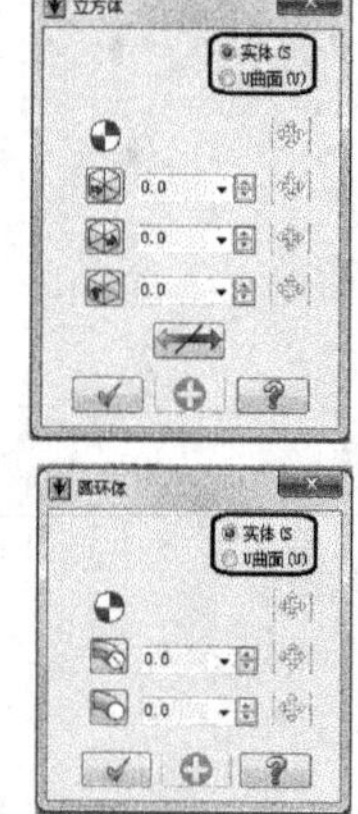

图 6-2　“实体”单选按钮

6.2　曲线创建实体

6.2.1　挤出实体

“挤出实体”就是将二维轮廓图形沿着某一方向拉伸指定长度，而产生的实体或薄壁体。

选择“实体”→“挤出实体”命令，或直接在如图 6-3 所示“实体”工具栏上单击“挤出实体”按钮。弹出如图 6-4 所示“串连选项”对话框，选择“单体”方式，拾取图 6-5 中的曲线 1，单击“确定”按钮。弹出如图 6-6 所示“实体挤出的设置”对话框，包括“挤出”和“薄壁设置”两个选项卡。

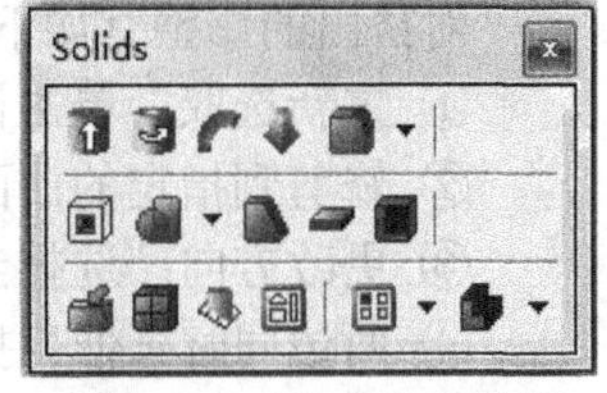

图 6-3　“实体”工具栏

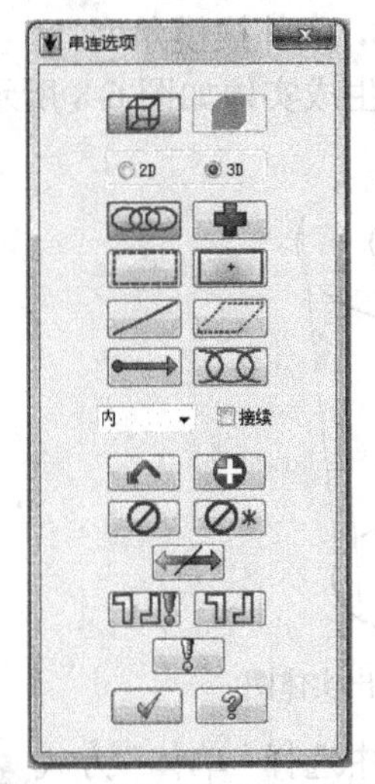

图 6-4　“串连选项”对话框

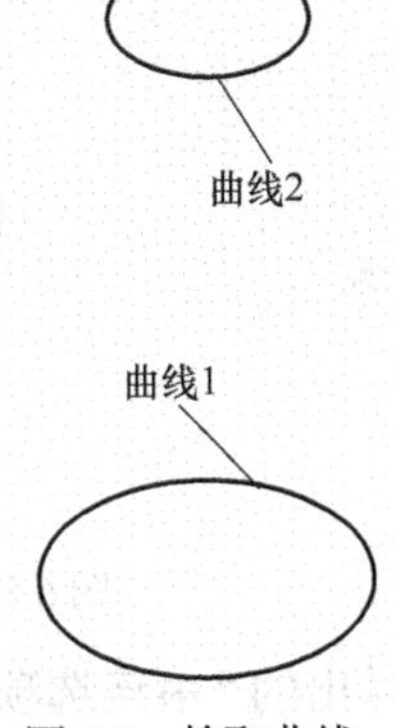

图 6-5　拾取曲线

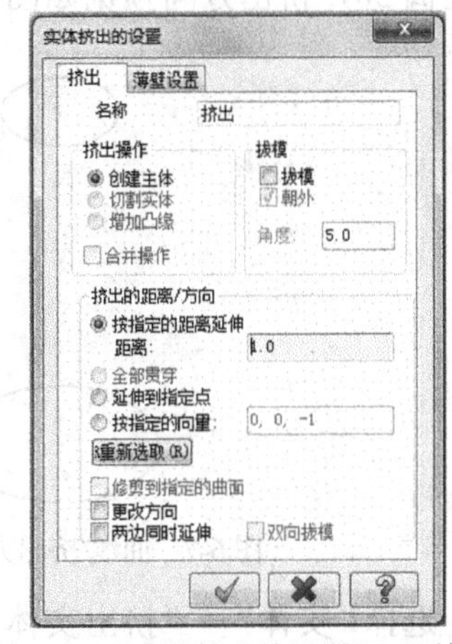

图 6-6　“实体挤出的设置”对话框

1.“挤出”选项卡

在“名称”输入栏中填入拉伸实体的名称。

“挤出操作”选项组用于设置挤出操作的模式，分为三种：创建主体、切割实体和增加凸缘。其中“创建主体”是独立的实体模式，不需要借助于其他的实体；“切割实体”和“增加凸缘”都需要借助已经生成的实体来构建。因此当设计中已构建实体的数目为 0 时，这三种操作模式只有“创建主体”模式可选，另外两种模式都处于不可选状态，具体含义如下：

① 创建主体：建立全新的实体。

② 切割实体：创建实体用于切除其他实体。即把挤出的实体作为工具实体或选取的目标实体进行布尔求差运算。

③ 增加凸缘：在其他实体的基础上再增加一个挤出实体。即把挤出的实体作为工具实体和选取的目标实体布尔求和运算。

“拔模”选项组用于建立挤出实体的倾斜方向和角度。

① 拔模：选中该复选框表示拔模设置生效，否则挤出实体没有拔模。

② 朝外：选中该复选框表示拔模方向朝外，否则朝内。

③ 角度：设置沿着拔模方向的角度。

“挤出的距离/方向”选项组用于指定挤出的方向和距离。共有 4 种方式，具体含义如下：

① 按指定的距离延伸：通过在距离输入栏中输入数值来确定挤出的距离。

② 全部贯穿：在“切割实体”模式下，切割距离完全贯穿被切割的目标实体。

③ 延伸到指定点：选取一个点，作为实体挤出到的位置。

④ 按指定的向量：通过向量来确定挤出实体的挤出方向和距离。比如向量（0, X, 0），则表示沿着 Y 轴方向挤出 X 个距离。

对挤出的修整有如下设置：

① 重新选取：单击该按钮可以重新设置挤出的方向。

② 修剪到指定的曲面：将实体挤出到某一指定曲面

③ 更改方向：选择当前已选方向的反方向作为挤出的方向。

④ 两边同时延伸：挤出操作同时在正反两个方向生成。

⑤ 双向拔模：在双向挤出的同时设置相同的双向拔模角度。

在“实体挤出的设置”对话框选择“挤出”选项卡，选择创建主体，向外拔模角度 5°，挤出距离 50，挤出方向预览如图 6-7 所示，单击“确定”按钮，生成实体如图 6-8 所示。

图 6-7 曲线/挤出方向预览图

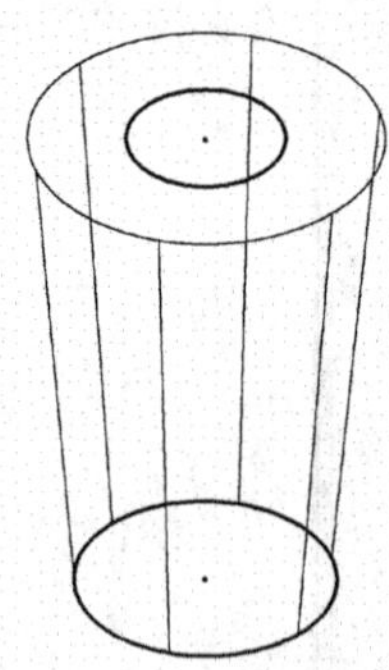

图 6-8 曲线 1 挤出实体图

选择“实体”→“挤出实体”命令，在弹出的“串连选项”对话框中选择“单体”方式，拾取图 6-5 中的曲线 2，单击“确定”按钮，预览方向如图 6-9 所示。

弹出“实体挤出的设置”对话框，选择“挤出”选项卡，选择切割主体，没有拔模，选择全部贯穿，并选中“更改方向”复选框，单击“确定”按钮，生成实体如图 6-10 所示。

若在上述弹出的“实体挤出的设置”对话框中选择“挤出”选项卡，选择增加凸缘，设置拔模角度向内 5°，指定挤出的向量为（0,0,80），单击“确定”按钮，生成实体如图 6-11 所示。

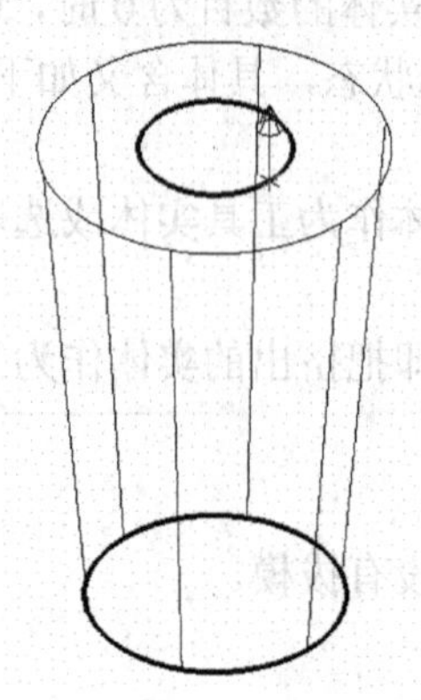

图 6-9 曲线 2 出方向预览图

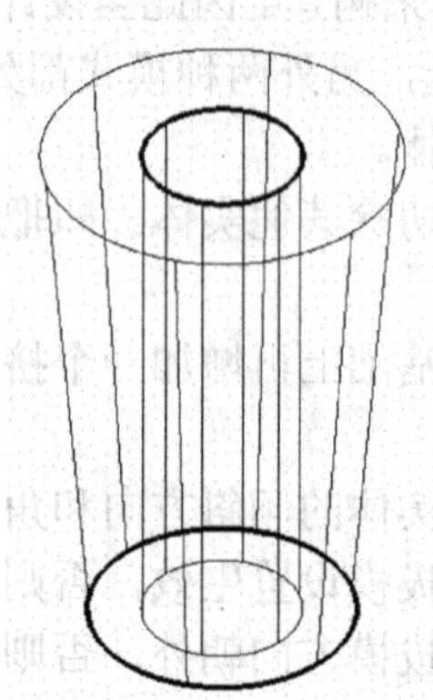

图 6-10 曲线 2 挤出实体图

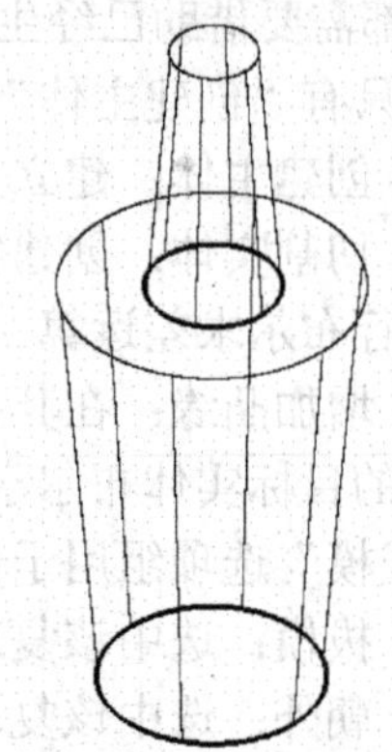

图 6-11 增加凸缘实体图

2.“薄壁设置” 选项卡

选择“实体挤出的设置”对话框中的“薄壁设置”选项卡，如图 6-12 所示。其中相关选项含义如下：

① 薄壁设置：生成薄壁实体与否的开关选项。

② 厚度朝内：以轮廓线向内加厚生成薄壁实体。

③ 厚度朝外：以轮廓线向外加厚生成薄壁实体。

④ 朝内的厚度：向内加厚的薄壁厚度。

⑤ 朝外的厚度：向外加厚的薄壁厚度。

在“实体挤出的设置”对话框中选择“挤出”选项卡，选择创建主体，不设拔模，挤出距离 30；然后选择“薄壁设置”选项卡，选中“薄壁设置”复选框，选中“厚度朝外”单选按钮，设置朝内厚度为 1，朝外厚度为 2，挤出方向预览如图 6-7 所示，单击“确定”按钮，生成薄壁体如图 6-13 所示。

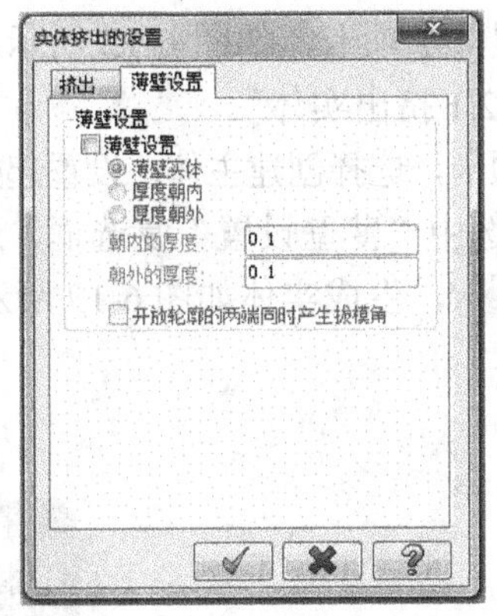

图 6-12　“薄壁设置”选项卡

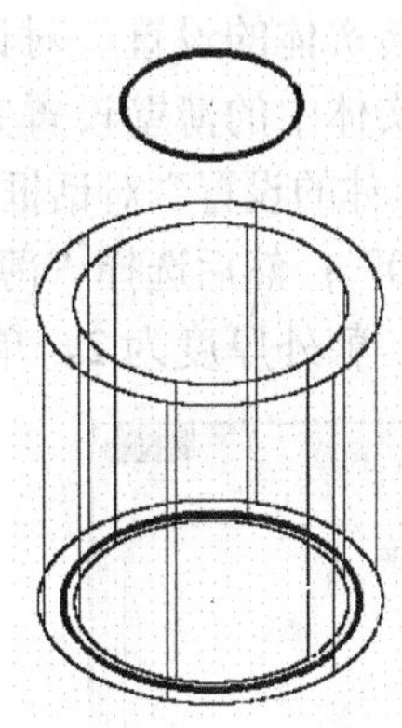

图 6-13　薄壁

6.2.2　旋转实体

“旋转实体”就是指将旋转截面图形绕着指定的旋转轴线，旋转指定角度而生成的实体或薄壁体。

选择“实体”→“实体旋转”命令，或直接在如图 6-3 所示“实体”工具栏上单击“实体旋转”按钮，弹出如图 6-4 所示对话框，选择“区域”方式，拾取图 6-14 中的截面图形区域中任意位置，单击“确定”按钮。根据状态栏提示选择图 6-14 中的直线作为旋转轴线。弹出如图 6-15 所示对话框，同时旋转实体的旋转方向预览在绘图区中，如图 6-16 所示。单击 (A) 按钮，可以重新选择旋转轴；单击 R换向(R) 按钮，可以切换旋转方向。旋转实体和旋转曲面的方向判断方法相同，都符合右手螺旋定则。单击“确定”按钮。弹出如图 6-17 所示对话框，包括“旋转”和“薄壁设置”两个选项卡。

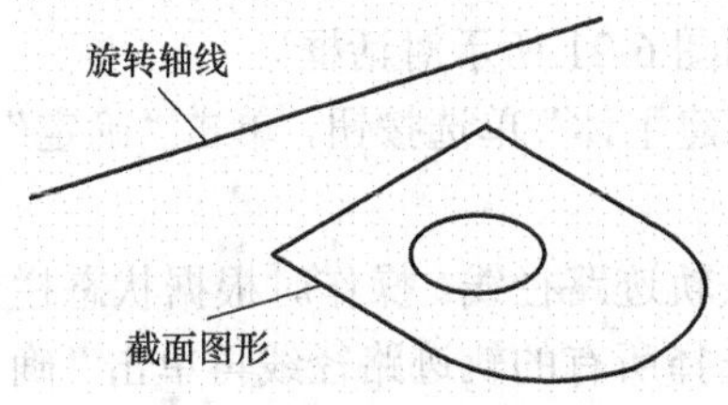

图 6-14　原图（旋转实本）

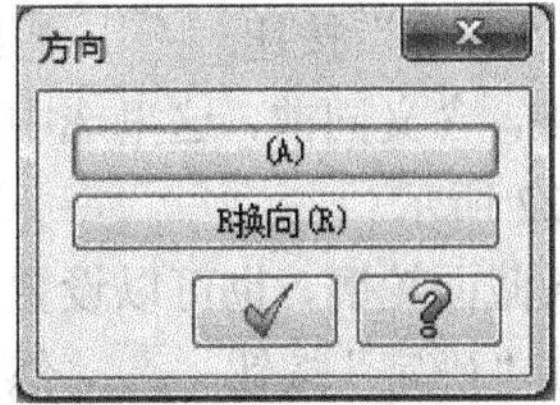

图 6-15　“方向”对话框

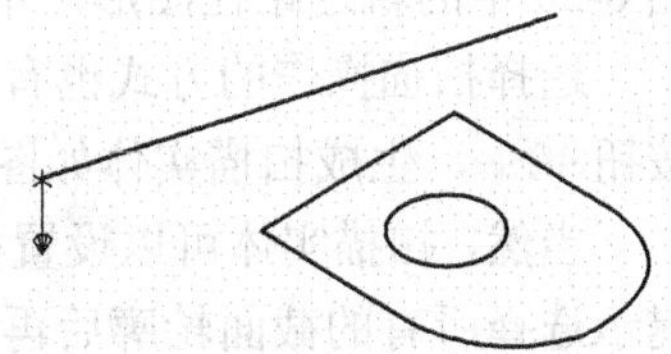

图 6-16　旋转实体方向预览图

1.“旋转” 选项卡

在“名称”输入栏中填入旋转实体的名称。

“旋转操作”选项组用于设置三种模式：创建主体、切割实体和增加凸缘。它们的含义和挤出实体的对应模式相同，详细介绍见 “6.2.1 挤出实体”。

“角度/轴向”选项组用于设置旋转轴的方向和截面图形的旋转角度。

① 起始角度：截面被旋转的起始角度。

② 终止角度：截面被旋转的终止角度。

③ 重新选取：重新选取旋转轴和方向。

④ 换向：更改旋转方向为已设置方向的反向。

在“旋转实体的设置”对话框中选择“旋转”选项卡，选择创建主体；设置起始角度为 0°，终止角度为 180°；单击“确定”按钮，生成实体如图 6-18 所示。

2.“薄壁设置” 选项卡

选择“旋转实体的设置”对话框中的“薄壁设置”选项卡，如图 6-12 所示。其中相关选项含义与挤出实体中的薄壁设置完全相同，详见“6.2.1 挤出实体”。

在“旋转实体的设置”对话框中选择“旋转”选项卡，选择创建主体；设置起始角度为 0°，终止角度为 220°；然后选择“薄壁设置”选项卡，选中“薄壁设置”复选框，选中“厚度朝外”单选按钮，朝外厚度为 2，单击“确定”按钮，生成实体如图 6-19 所示。

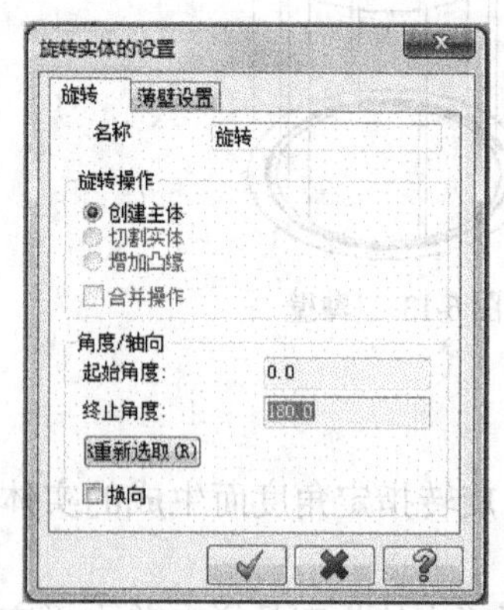

图 6-17 “旋转实体的设置”对话框

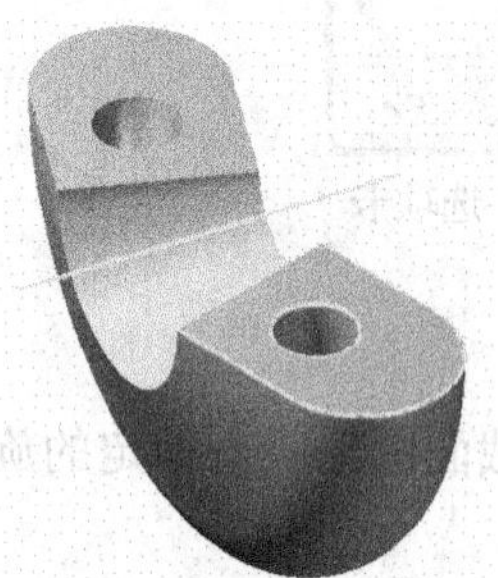

图 6-18 设置“旋转”参数后的实体

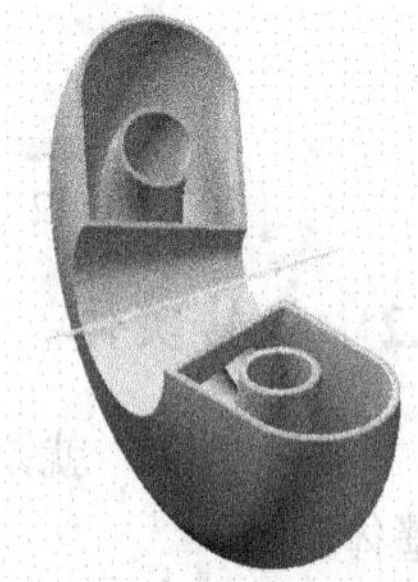

图 6-19 薄壁设置后的实体

6.2.3 扫描实体

“扫描实体”就是指将截面图形沿着指定的路径轨迹移动而形成的实体。

选择“实体”→“扫描实体”命令，或直接在如图 6-3 所示“实体”工具栏上单击“扫描实体”按钮，弹出如图 6-4 所示对话框，选择“串连”方式，拾取图 6-20 中的截面图形，单击“确定”按钮。再次弹出如图 6-4 所示对话框，选择“串连”方式，拾取图 6-20 中的轨迹路径图形，单击“确定”按钮，弹出如图 6-21 所示对话框。

选择扫描操作的方式也有三种，含义同前，这里选中“创建主体”单选按钮，单击“确定”按钮，生成扫描实体如图 6-22 所示。

当然，扫描实体可以设置多条截面轮廓，也可以设置多条轨迹路径线。操作时根据状态栏提示选择所有的截面轮廓后再单击“确定”按钮，然后选择所有的轨迹路径线再单击“确认”按钮即可。

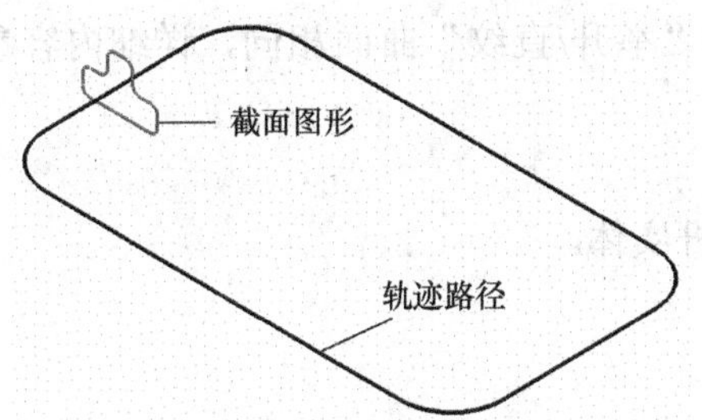

图 6-20　轨迹路径图形

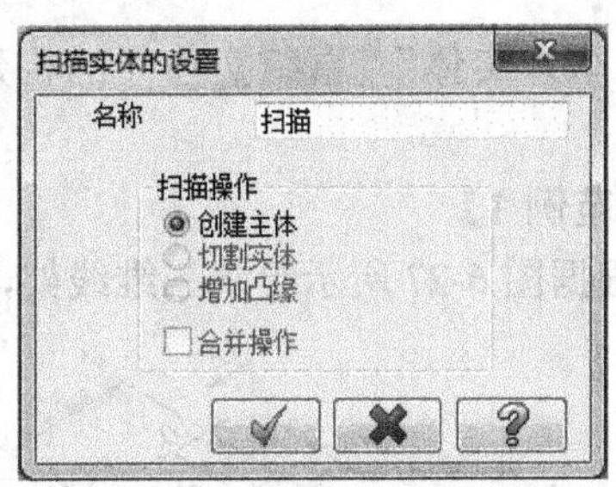

图 6-21　“扫描实体的设置”对话框

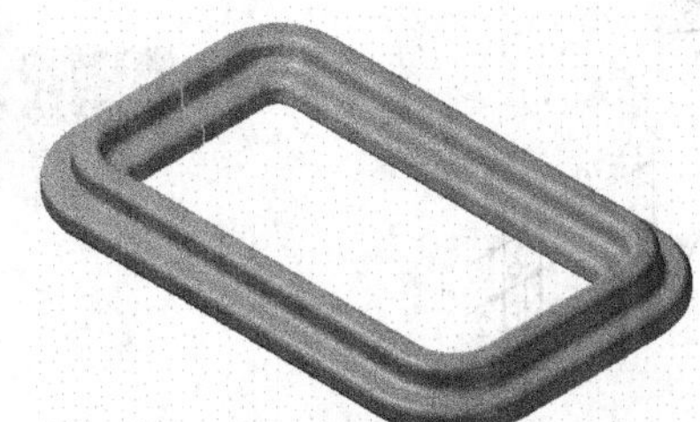

图 6-22　扫描实体

6.2.4　举升实体

“举升实体”是指选择多个截面图形产生的平滑实体。

选择“实体”→“举升实体”命令，或直接在如图 6-3 所示“实体”工具栏上单击“举升实体”按钮。弹出如图 6-4 所示对话框，选择“串连”方式，依次拾取图 6-23 中的截面图形，单击“确定”按钮。

弹出“举升实体的设置”对话框，选中“创建主体”单选按钮，如图 6-24 所示，单击“确定”按钮，生成举升实体如图 6-25 所示。

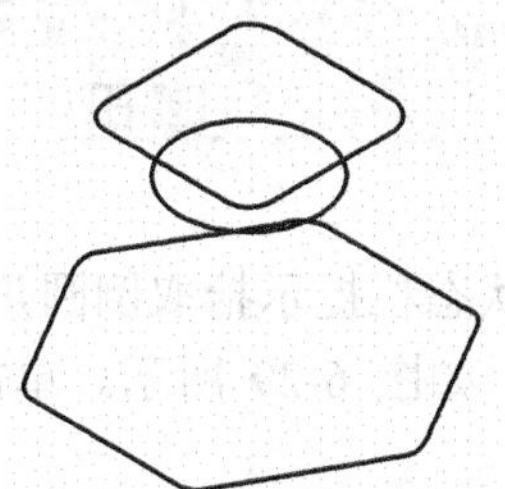

图 6-23　原图（举升实体）

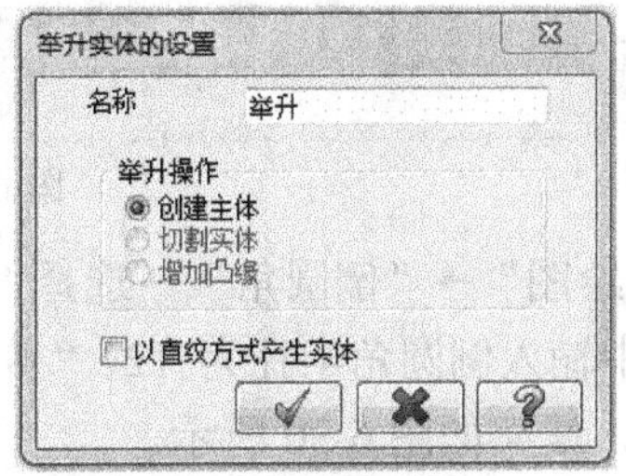

图 6-24　“创建主体”选项

若选中“以直纹方式产生实体”复选框，则生成实体如图 6-26 所示。

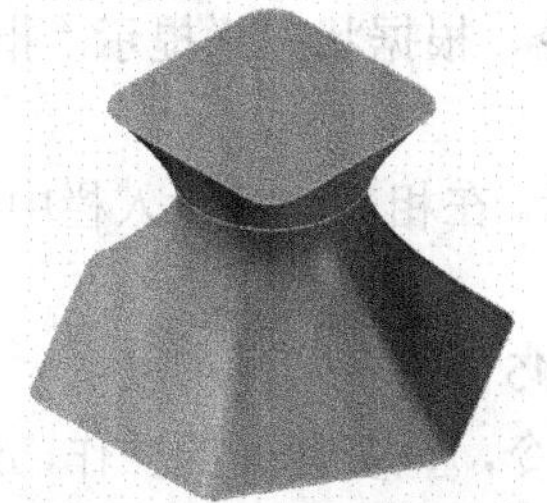

图 6-25　举升实体

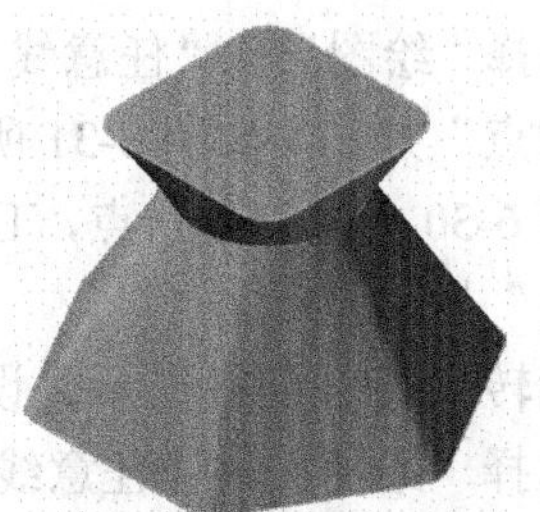

图 6-26　直纹实体

“举升实体”“直纹实体”的构建注意事项和“举升/直纹”曲面相同，详细内容参见第 5 章。

【范例 1】

根据图 6-27 所示绘制三维线架，构建异形连杆实体。

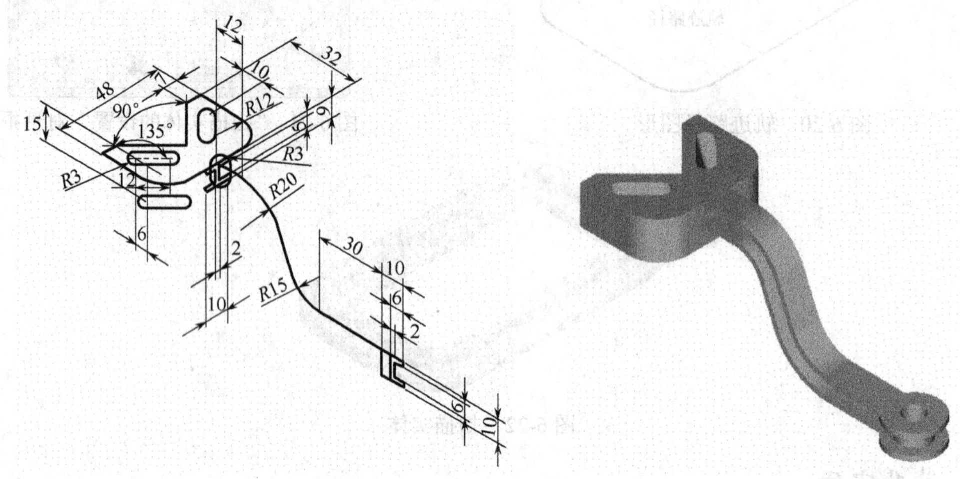

图 6-27　三维线架及异形连杆实体

具体操作方法和步骤如下：

新建一个文件，将其命名为“异形连杆.MCX”。

1. 连杆头部

（1）设置“视角”和“构图面”为俯视图，构图深度 Z 为 0。

（2）选择“绘图”→“矩形”命令，在如图 6-28 所示工具栏中设置中心点方式绘矩形，基准点为原点，矩形长度为 32，宽度为 48，单击“确定”按钮 ✓。

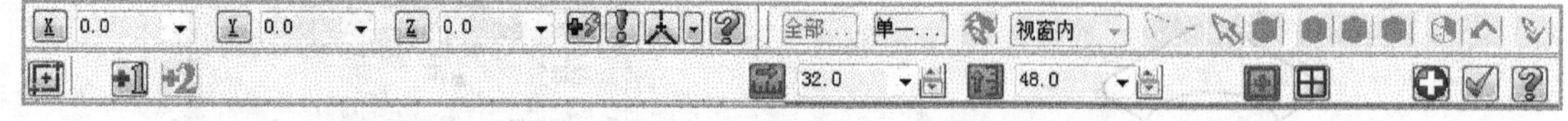

图 6-28　“矩形”工具栏

（3）“绘图”→“倒圆角”→选择“倒圆角”命令，根据状态栏提示拾取倒圆角的两条边，在工具栏中输入倒圆角半径为 12，“普通”类型，修剪模式，如图 6-29 所示。单击“确定”按钮 ✓，线架如图 6-30 所示。

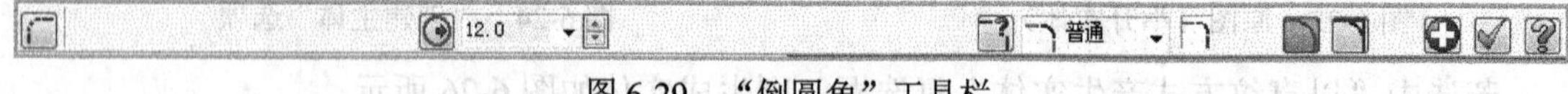

图 6-29“倒圆角”工具栏

（4）选择“绘图”→“任意线”→“绘制任意线”命令，根据状态栏提示“指定第一点”，选择“相对点”方式，如图 6-31 所示。

拾取图 6-30 中的左上角点，工具栏转换成图 6-32 所示。在相对坐标输入栏中输入“y-7”，单击“确定”按钮 ✓。

工具栏转化成图 6-33 所示，设置长度为 25，角度为-45°。

（5）选择“绘图”→“任意线”→“绘制任意线”命令，重复前面的操作，选择图 6-30 的左下角点作为相对点，在相对坐标输入栏中输入“y7”，设置长度为 25，角度为 45°。生成线架如图 6-34 所示。

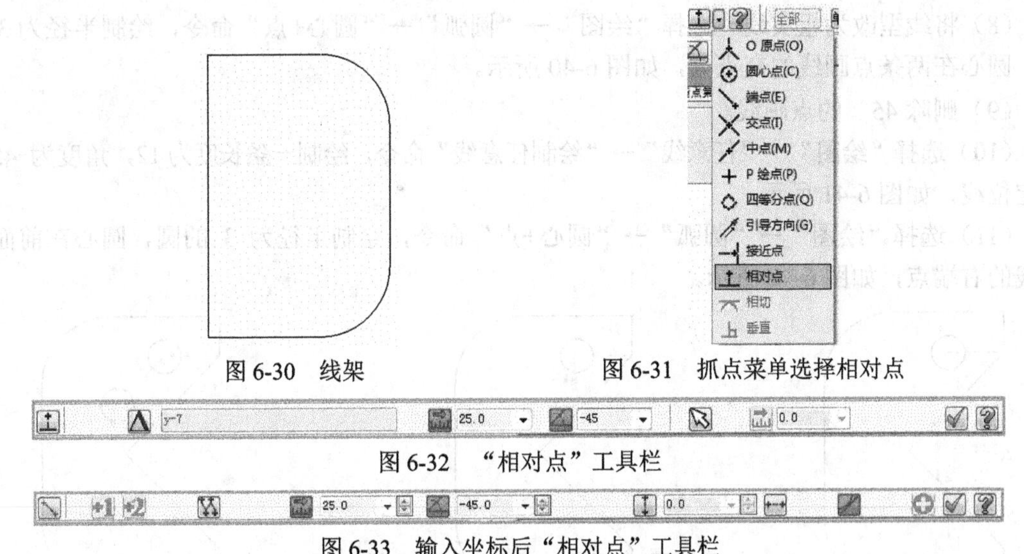

图 6-30　线架　　图 6-31　抓点菜单选择相对点

图 6-32　“相对点”工具栏

图 6-33　输入坐标后“相对点”工具栏

（6）选择“编辑”→“修剪打断”→“修剪/打断/延伸”命令，在工具栏中选择“修剪二物体”图标如图 6-35 所示，根据状态栏提示选择需要修剪的两图素即上一步骤绘制的两条线，单击“确定”按钮 。选择“编辑”→“修剪打断”“在交点处打断”命令，分别拾取图 6-36 中两个打断点相交的三条直线，按【Enter】键确定。删除两打断点之间的直线段，图形如图 6-37 所示。

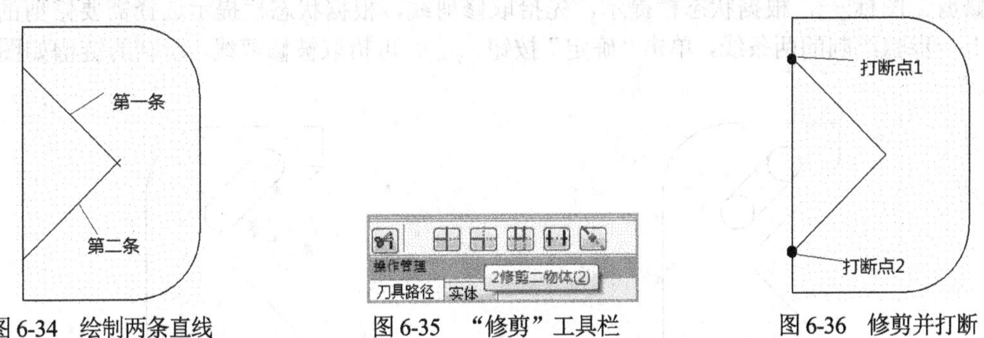

图 6-34　绘制两条直线　　图 6-35　“修剪”工具栏　　图 6-36　修剪并打断

（7）将线型设置为点画线。“绘图”→“任意线”→“绘制任意线”命令，过点做长度为 10 的水平线作为定位线，如图 6-38 所示。选择“绘图”→“任意线”→“绘制平行线”命令，做 45° 线段的平行线，且经过 10 mm 水平线的右端点，如图 6-39 所示。

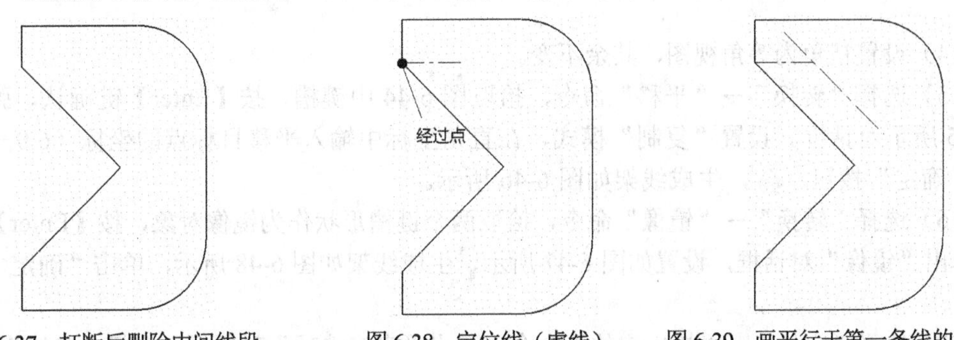

图 6-37　打断后删除中间线段　　图 6-38　定位线（虚线）　　图 6-39　画平行于第一条线的线段

（8）将线型改为粗实线。选择“绘图”→“圆弧”→“圆心+点”命令，绘制半径为 3 的圆，圆心在两条点画线的交点处，如图 6-40 所示。

（9）删除 45° 的点画线。

（10）选择“绘图”→“任意线”→“绘制任意线”命令，绘制一条长度为 12，角度为-45° 的定位线，如图 6-41 所示。

（11）选择“绘图”→“圆弧”→“圆心+点”命令，绘制半径为 3 的圆，圆心在前面定位线的右端点，如图 6-42 所示。

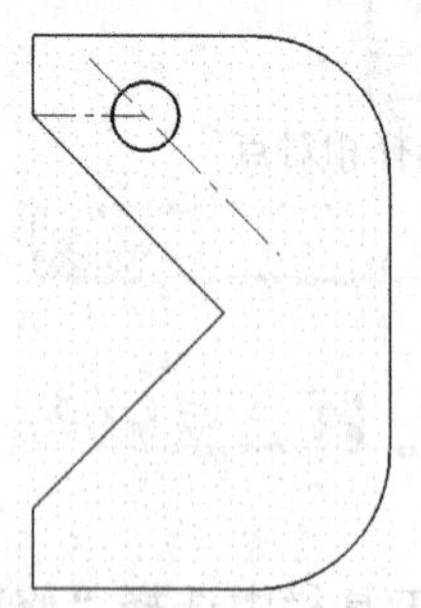

图 6-40 绘制半径为 3 的圆

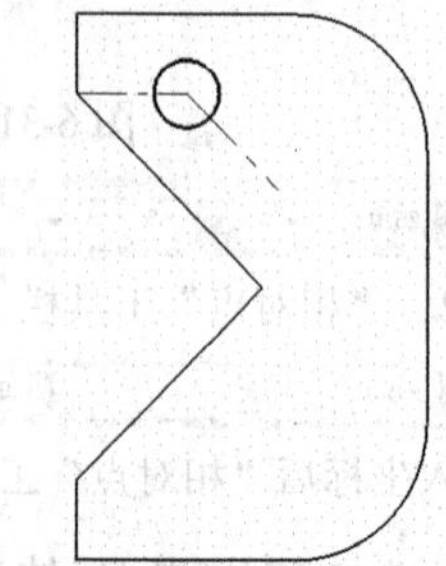

图 6-41 绘制余长度为 12 的定位线

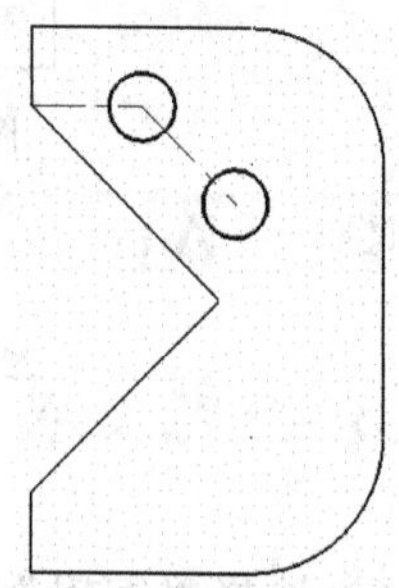

图 6-42 绘制第二个半径为 3 的圆

（12）选择“绘图”→“任意线”→“绘制任意线”命令，分别拾取与直线相切的两圆，绘制两条切线如图 6-43 所示。

（13）选择“编辑”→“修剪/打断”→“修剪/打断/延伸”命令，在工具栏中选择“单一物体修剪”图标，根据状态栏提示，先拾取修剪线，根据状态栏提示选择需要修剪的两图素即上一步骤绘制的两条线，单击“确定”按钮。再拾取被修剪线，绘制的链槽如图 6-44 所示。

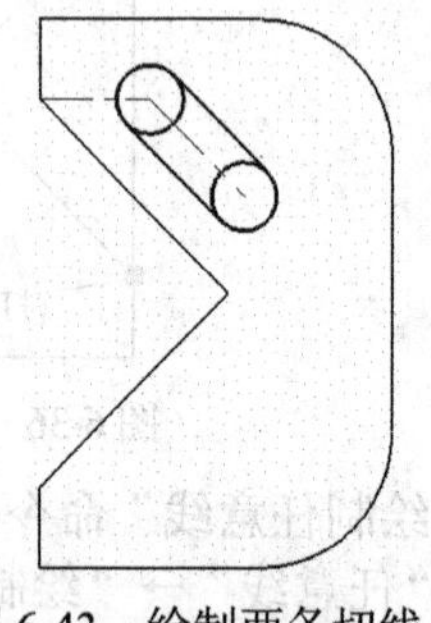

图 6-43 绘制两条切线

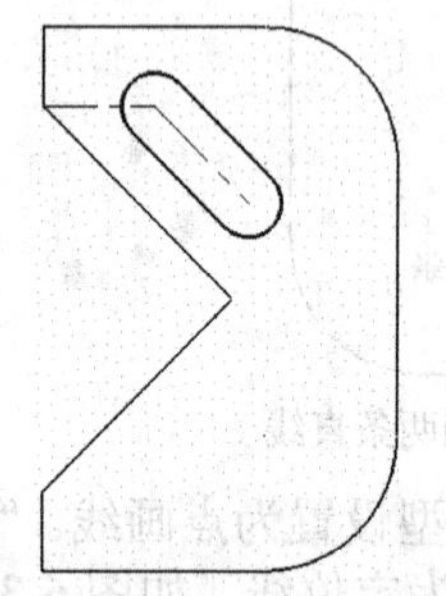

图 6-44 绘制的键槽

（14）设置视角为等角视图，其余不变。

（15）选择“转换”→“平移”命令，拾取图 6-44 中键槽，按【Enter】键确认，弹出如图 6-45 所示对话框。设置“复制”模式，在直角坐标中输入平移目标点的坐标（6,0,-15），单击“确定”按钮，生成线架如图 6-46 所示。

（16）选择“转换”→“镜像”命令，拾取两个键槽形状作为镜像对象，按【Enter】键确认，弹出“镜像”对话框，设置如图 6-47 所示，生成线架如图 6-48 所示，单击“确定”按钮。

（17）选择“实体”→“挤出实体”命令，弹出“串连选项”对话框，选择“串连”方式，拾取图形中外框线架，单击“确定”按钮。

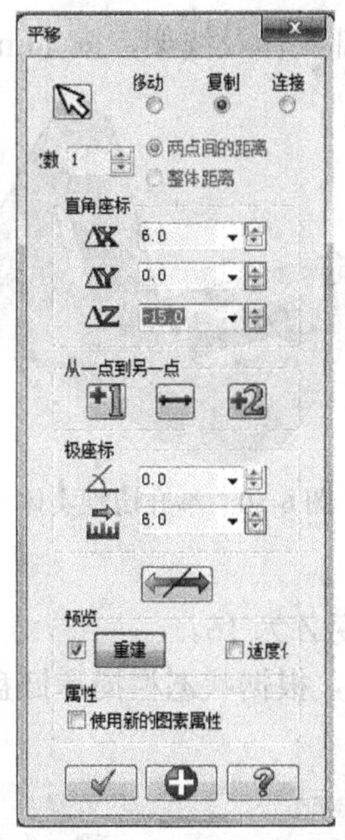

图 6-45　“平移”对话框

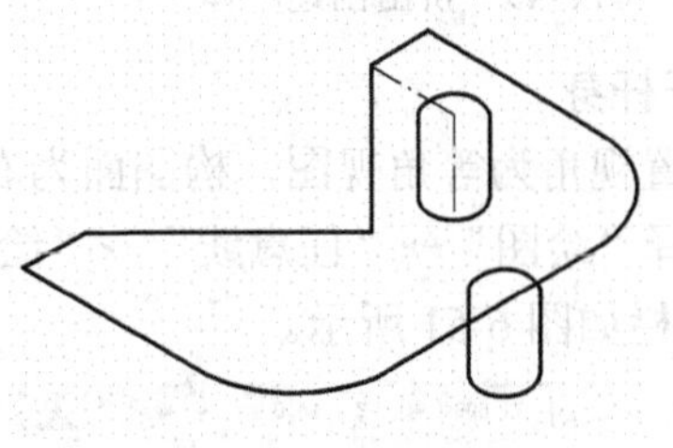

图 6-46　平移结果

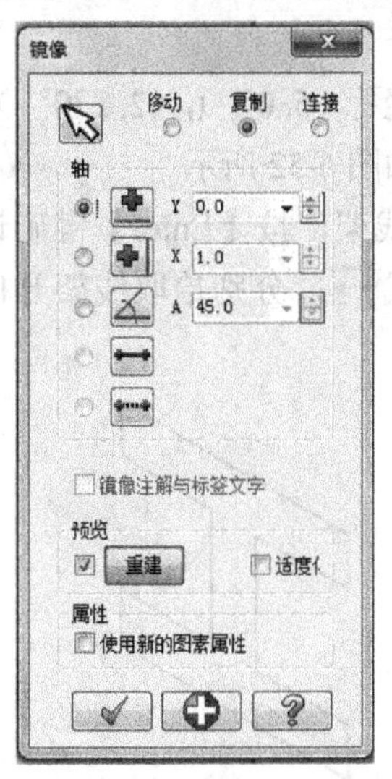

图 6-47　“镜像”对话框

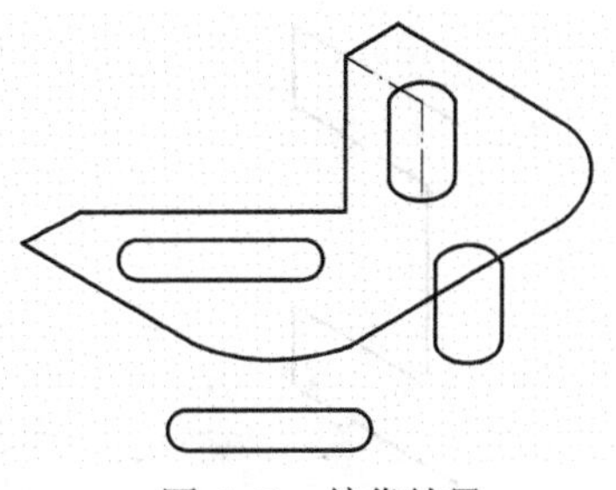

图 6-48　镜像结果

弹出“实体挤出的设置”对话框，选择创建主体，无拔模，指定延伸距离设为 15，挤出方向向下，生成实体如图 6-49 所示。

（18）选择“实体”→“举升实体”命令，弹出“串连选项”对话框，选择“串连”方式，拾取图形中对应上下一组，单击“确定”按钮。

弹出“举升实体的设置”对话框，选择切割主体，选中“以直纹方式产生实体”复选框，单击“确定”按钮。

（19）选择“实体”→“举升实体”命令，弹出“串连选项”对话框，选择“串连”方式，拾取图形中另一组上下对应的键槽，单击“确定”按钮。

弹出“举升实体的设置”对话框，选择切割主体，选择“以直纹方式产生实体”复选框，单击“确定”按钮，生成实体如图 6-50 所示。

（20）选择“屏幕”→“隐藏图素”命令，拾取连杆头部实体及线架，按【Enter】键确认。

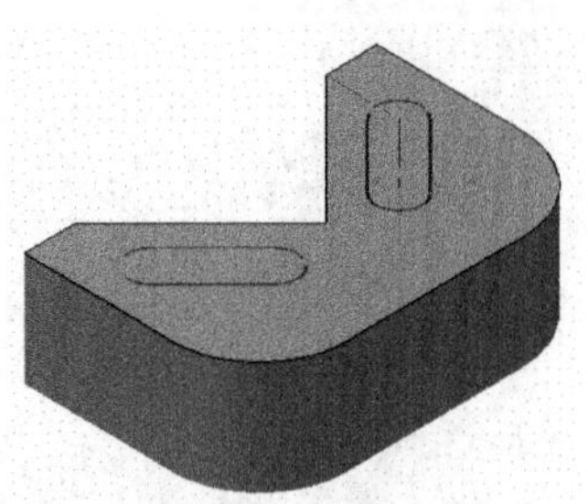

图 6-49 挤出创建产体

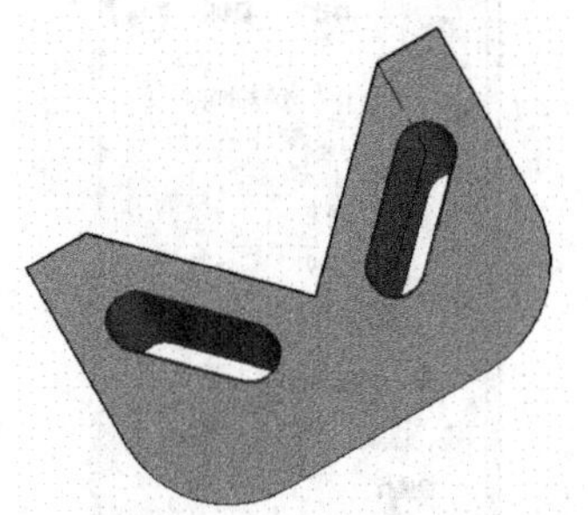

图 6-50 举升切割实体

2．连杆杆身

（1）设置视角为等角视图，构图面为右视图，构图深度 Z 为 16。

（2）选择“绘图”→“任意线”→“绘制任意线”命令，根据状态栏提示键盘输入第一点（0,0），工具栏如图 6-51 所示。

图 6-51 “直线”工具栏

单击“连续线”按钮，依次在极坐标输入栏中输入坐标（5, 0°），(2, 270°），(4, 180°），(5, 270°），(4, 0°），(2, 270°），(5, 180°），生成线架如图 6-52 所示。

（3）选择“转换”→“镜像”命令，图 6-52 中所有线架，按【Enter】键确认，弹出“镜像”对话框。设置：复制模式，对称轴选用“两点”方式，分别拾取线架开口的两端点，生成线架如图 6-53 所示，单击“确定”按钮。

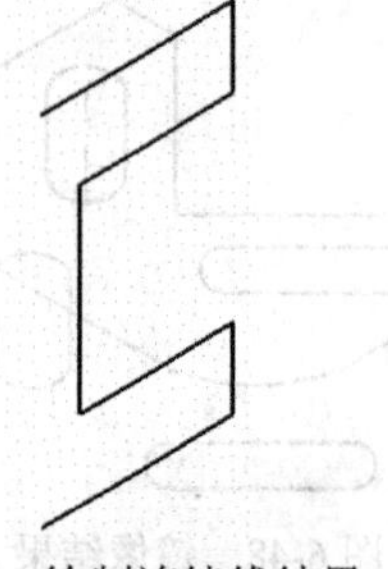

图 6-52 绘制连续线结果

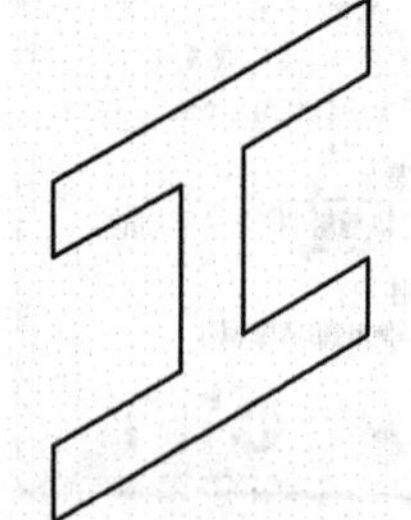

图 6-53 镜像结果（杆身）

（4）设置视角为等角视图，构图面为前视图，构图深度 Z 为 0。

（5）选择“绘图”→“任意线”→“绘制任意线”命令，根据状态栏提示键盘输入第一点（16,0），第二点在工具栏中输入（12,0°），单击“确定”按钮。

（6）选择“绘图”→“圆弧”→“极坐标画弧”命令，在如图 6-54 所示工具栏中单击“终点”按钮。拾取直线右端点作为终点，输入半径为 20，起始角度 0°，终止角度为 90°，单击“确定”按钮，生成线架如图 6-55 所示。

图 6-54 “极坐标画弧”工具栏

（7）选择“绘图”→“圆弧”→“极坐标画弧”命令，在如图 6-54 所示工具栏中单击“起点”按钮。拾取前面所绘圆弧终点，输入半径为 15，起始角度 180°，终止角度为 270°，单击“确定”按钮，生成线架如图 6-55 所示。

（8）选择“绘图”→“任意线”→“绘制任意线”命令，根据状态栏提示拾取第一点作为图 6-55 中圆弧终点，第二点在工具栏中输入长度 30，角度 0°。单击“确定”按钮生成线架如图 6-56 所示。

（9）选择“屏幕”→“恢复隐藏的图素”命令。拾取连杆头部实体，按【Enter】键确认。

（10）选择“实体”→“扫描实体”命令，弹出“串连选项”对话框，选择“串连”方式，根据状态栏提示拾取扫描的截面图形工字型线架，单击“确定”按钮，再拾取扫描路径线架，单击“确定”按钮，弹出“扫描实体的设置”对话框，选择“增加凸缘”模式，单击“确定”按钮。实体如图 6-57 所示。选择“屏幕”→“隐藏图素”命令。拾取连杆头部和杆部实体，按【Enter】键确认。

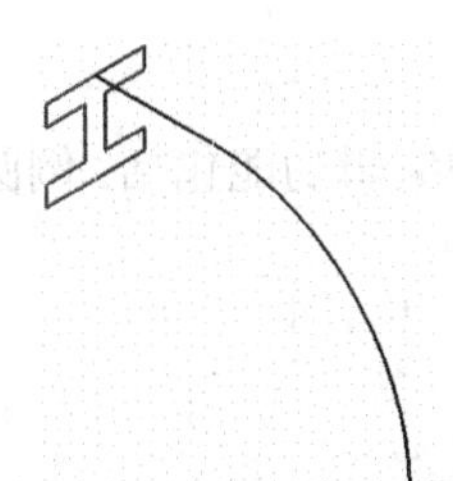

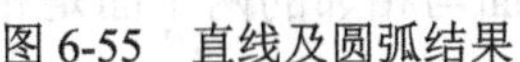

图 6-55　直线及圆弧结果

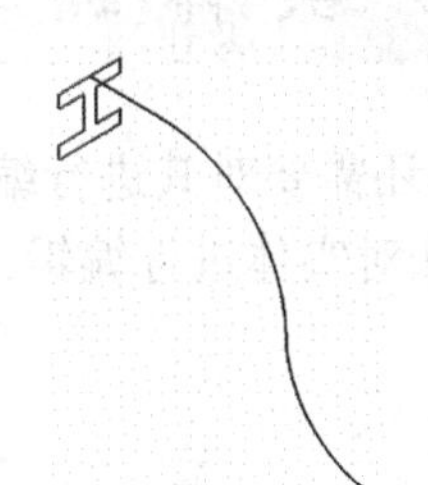

图 6-56　直线及两条圆弧结果

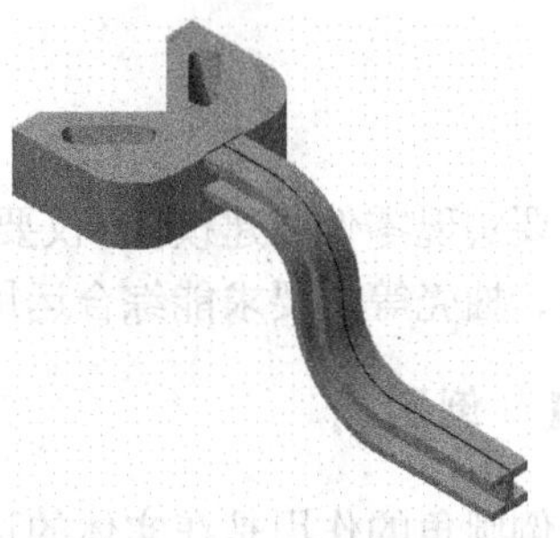

图 6-57　扫描实体

3. 连杆尾部

（1）设置视角为等角视图，构图面为前视图，构图深度 Z 为 0。

（2）选择“绘图”→“矩形”命令，根据状态栏提示拾取长度为 30 的直线右端点，在工具栏中输入长度为 4，高度为-10，生成线架如图 6-58 所示。

（3）选择“屏幕”→“隐藏图素”命令。拾取连杆杆部实体的线架，按【Enter】键确认。

（4）选择“绘图”→“任意线”→“绘制任意线”命令，根据状态栏提示拾取矩形右上角点作为第一点，在工具栏中单击“连续线”按钮，依次在极坐标输入栏中输入坐标（6, 0°），（2, -90°），（4, -180°），（6, -90°），（4, 0°），（2, 270°），（6, 180°），生成线架如图 6-59 所示。选择“屏幕”→“恢复隐藏的图素”命令。拾取连杆杆身实体，按【Enter】键确认。

（5）选择“实体”→“实体旋转”命令，弹出“串连选项”对话框，选择“串连”方式，拾取图 6-59 中矩形右侧的图形，单击“确定”按钮。根据状态栏提示选择图 6-59 中的矩形左边竖线作为旋转轴线。弹出“方向”对话框，单击“确定”按钮，弹出“旋转实体的设置”对话框，选择“增加凸缘”模式，设置起始角度为 0°，终止角度为 0°，单击“确定”按钮，生成实体如图 6-60 所示。

（6）选择“实体”→“实体旋转”命令，弹出“串连选项”对话框，选择“串连”方式，拾取图 6-59 中矩形图形，单击“确定”按钮。

（7）根据状态栏提示选择图 6-59 中的矩形左边竖线作为旋转轴线。弹出“方向”对话框，单击“确定”按钮，弹出“旋转实体的设置”对话框，选择“切割实体”模式，设置起始角度为 0°，终止角度为 360°，单击“确定”按钮 。选择“屏幕”→“隐藏图素”命令。拾取连杆实体的线架，按【Enter】键确认，生成实体如图 6-27 所示。

图 6-58　连杆尾部矩形线架　　图 6-59　绘制连杆尾部连续线　　图 6-60　旋转实体

6.3 实体编辑

要实现零件的建模，不仅要构建实体还需要对其进行编辑。实体的编辑功能包括：倒圆角、倒角、抽壳等。要求能综合运用编辑方法对实体进行编辑。

6.3.1 倒圆角

倒圆角的作用是在实体的边生成设定曲率半径的圆形表面，该曲面与相邻的两个面是相切关系。

选择“实体”→“倒圆角”命令，弹出如图 6-61 所示子菜单。倒圆角方式包括两种类型：一种是实体倒圆角，另一种是面与面倒圆角，两种倒圆角的拾取条件不同。

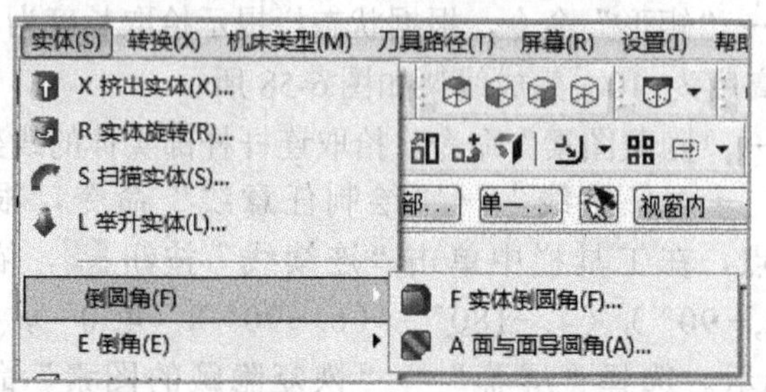

图 6-61　“倒圆角”子菜单

1. 实体倒圆角

“实体倒圆角”命令：倒圆角的对象可以是边界、平面或实体。

首先绘制原始实体如图 6-62 所示，选择“实体”→“倒圆角”→“实体倒圆角”命令。拾取图 6-62 中需要倒圆角的边线，按【Enter】键确认。弹出如图 6-63 所示“实体倒圆角参数”对话框。选中“固定半径”复选框，在“半径”输入栏中设定圆角半径值 10。单击“确定”按钮 ，生成如图 6-64 所示的倒圆角曲面。

在窗口左侧栏目的特征树中右击选择 圆角 项目，在弹出的快捷菜单中选择“删除”命令，然后单击上方的“全部重建”按钮，前面构建的圆角即可删除。

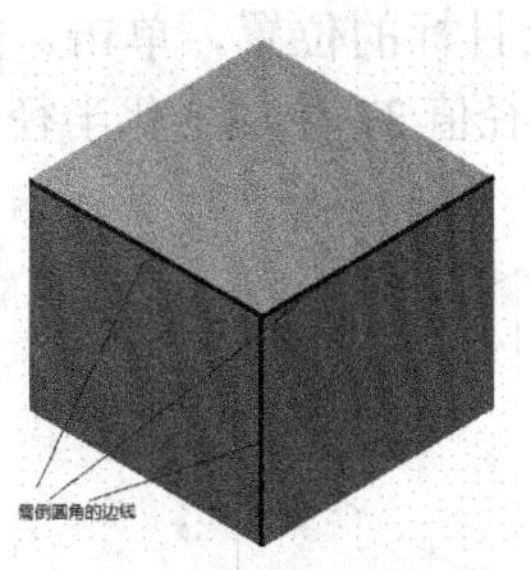
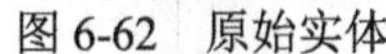

图 6-62　原始实体

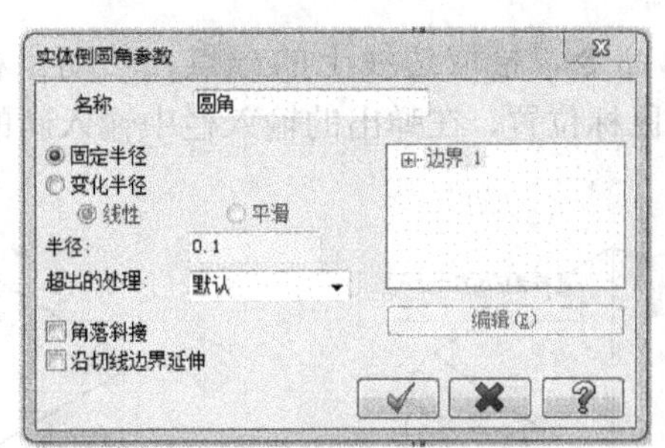

图 6-63　“实体倒圆角参数”对话框

图 6-64　倒圆角曲面

在“实体倒圆角参数”对话框的最下方有两个复选框，一个是“角落斜接”复选框。该复选框只有在“固定半径”方式时才能使用，用于设置相交于一个交点的三条或三条以上的边进行倒圆角操作时交点处的倒圆角处理方式。不选中该复选框可以生成一个光滑的曲面，若选择该复选框则生成非光滑曲面。在“实体倒圆角参数”对话框中选中“角落斜接”复选框，生成圆角曲面如图 6-65 所示。三条边线的交汇处出现一个尖点。另一个是“沿切线边界延伸”复选框，选中该复选框可以自动选取与选取边线相切的其他边。倒圆角命令对于这些边线都生效。

将长方体的 4 条竖边倒圆角，半径为 10，如图 6-66 所示。

选择“实体”→“倒圆角”→“实体倒圆角”命令，选择图 6-66 中的边线，在对话框中设定倒圆角半径为 8，生成圆角如图 6-67 所示。如果在对话框中选择“沿切线边界延伸”复选框，所有与之相切的边线都被选中，倒圆角结果如图 6-68 所示。

图 6-65　“角落斜接”倒圆角结果

图 6-66　“沿切线边界延伸”倒圆角结果

图 6-67　选中边线倒圆角结果

在窗口左侧栏目的特征树中删除前面所有倒圆角，选择一条边线进行变化半径倒圆角。

在如图 6-69 所示“实体倒圆角参数”对话框中选中“变化半径”复选框，单击“编辑”按钮，弹出如图 6-69 所示的下拉菜单。

选择“中点插入”命令，可以在两个点的中点处插入一个点。状态提示“目标边界中的一段”，在任意位置单击，弹出如图 6-70 所示输入栏，输入新的半径值 5，按【Enter】键确认，单击对话框中的“确定”按钮，生成变化半径圆角如图 6-70 所示。

图 6-68　再次“沿切线边界延伸”到圆角结果

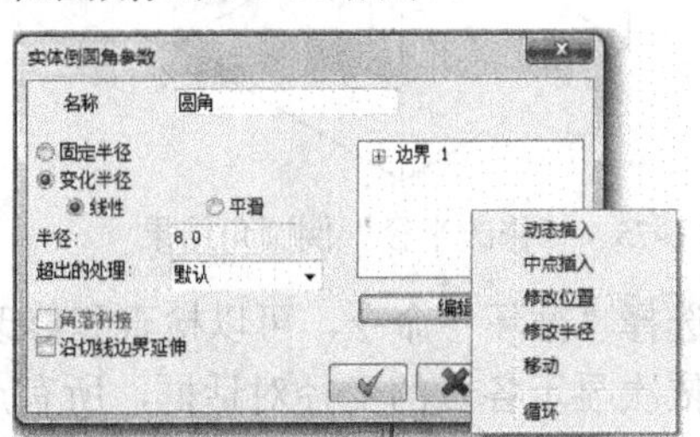

图 6-69　编辑下拉菜单

（1）选择“动态插入”命令，拾取边线上的一点，移动鼠标至目标的位置，单击。如图 6-71 所示箭头尾部代表鼠标位置，在弹出的输入栏中输入新的半径值 3，生成变化半径圆角如图 6-72 所示。

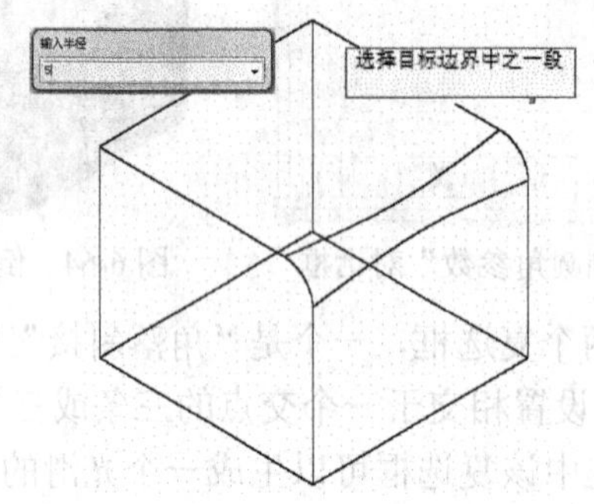

图 6-70 中点插入生成的变化半径圆角

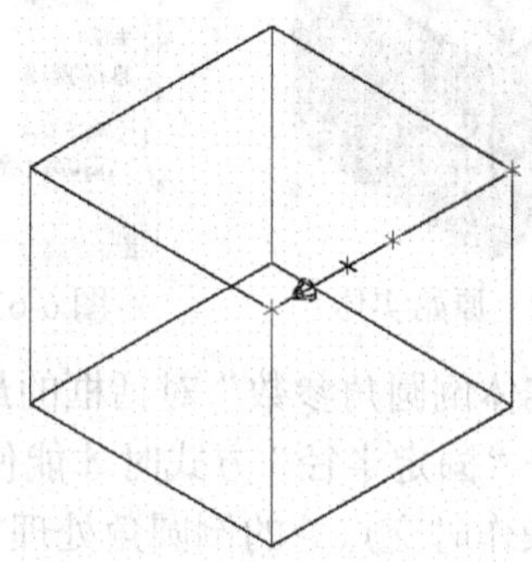

图 6-71 拾取边线上的一点

（2）选择“修改位置”命令，拾取边线上的动态插入点，移动鼠标至目标位置，单击。如图 6-73 所示，单击“确定”按钮 ✓，生成变化半径圆角如图 6-74 所示。

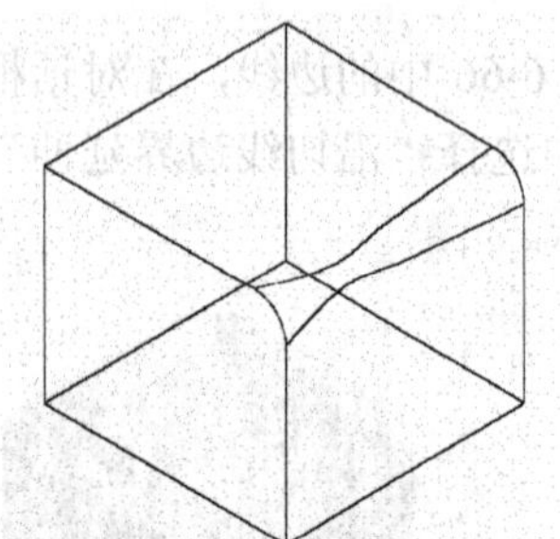

图 6-72 初态插入生成的变化半径圆角

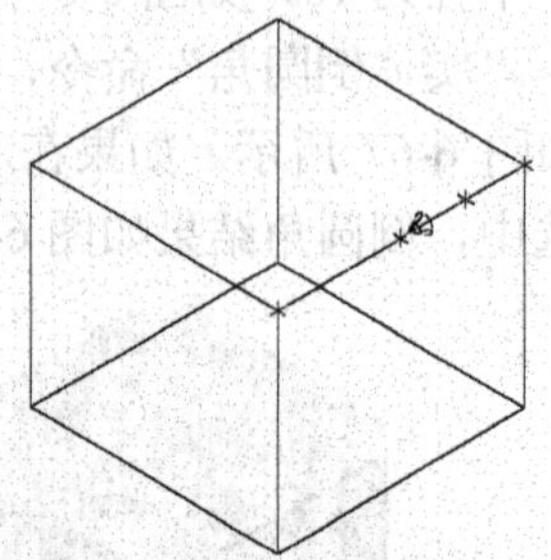

图 6-73 修改位置点

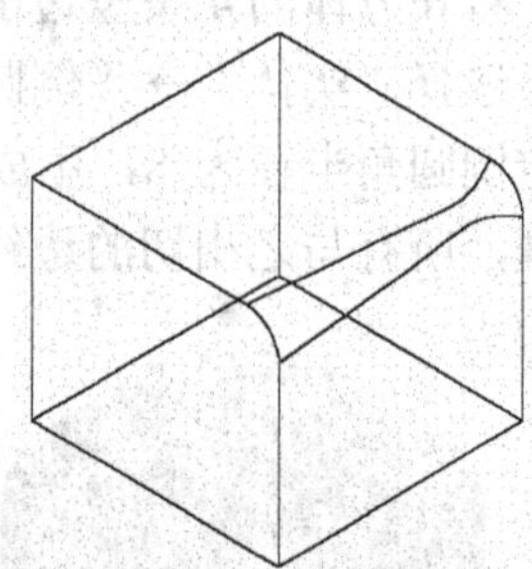

图 6-74 修改位置生成的变化半径圆角

（3）选择“修改半径”命令，选择边线上的中点，在弹出的输入栏中设置半径值为 8，按【Enter】键确认，生成圆角曲面如图 6-75 所示。

（4）选择“移动”命令，可以移除之前建立的边线上的点，选择边线上的中点，按【Enter】键确认，生成圆角曲面如图 6-76 所示。

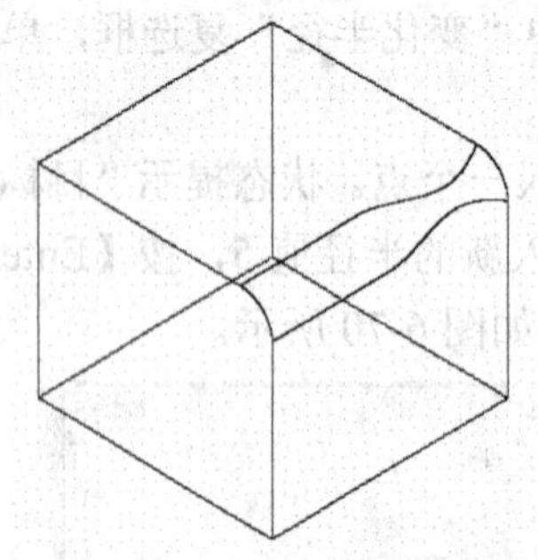

图 6-75 “修改半径”倒圆角结果

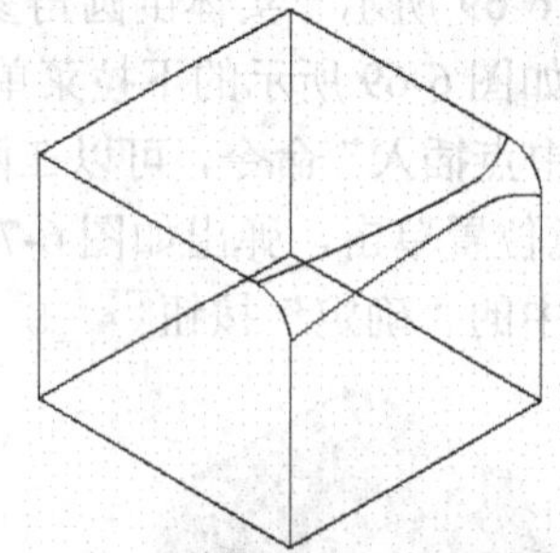

图 6-76 “移动”倒圆角的结果

（5）选择“循环”命令，可以检查和修改边线上已经建立点的位置和半径值，按【Enter】键，确认依次显示各点的半径对话框，所有点检查完毕后会弹出“实体倒圆角参数”对话框，单击“确定”按钮 ✓。

在变化半径倒圆角中有“线性”和“平滑”两种模式。生成圆角的图形也不同，线性方式的曲面较为生硬，平滑方式的曲面较圆滑些。

倒圆角的对象可以是边线、曲面或实体。在选取时要注意鼠标右下方的图标显示要和拾取的对象性质保持一致。或者可以通过工具栏中的按钮来约束，如图 6-77 所示。单击第一个按钮，限制拾取对象只能是线；单击第二个按钮，限制拾取对象只能是面；单击第三个按钮，限制拾取对象只能是体，当然也可以根据需要同时选择两个按钮或是三个按钮。当需要拾取实体背面的某平面时可以先单击图 6-77 中的“从背面”按钮来实现。

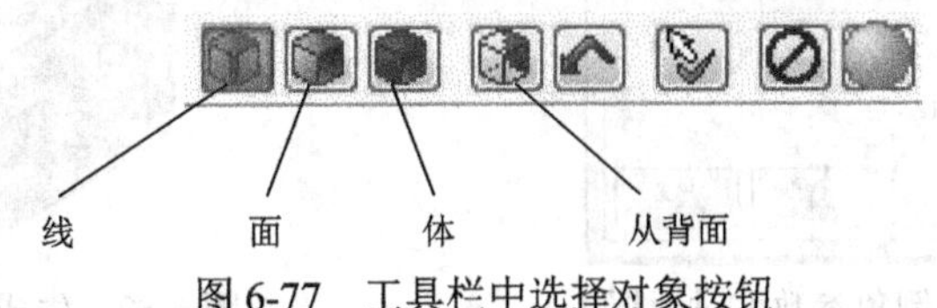

图 6-77　工具栏中选择对象按钮

2. 面与面倒圆角

绘制原始实体如图 6-62 所示。选择“实体”→“倒圆角”→“面与面导圆角”命令。

根据状态栏提示拾取第一组曲面：四周的铅垂面，按【Enter】键确认；拾取第二组曲面：上表面，按【Enter】键确认。弹出如图 6-78 所示对话框。在“半径”输入栏中设定圆角半径值 10，单击“确定”按钮，生成倒圆角如图 6-79 所示。

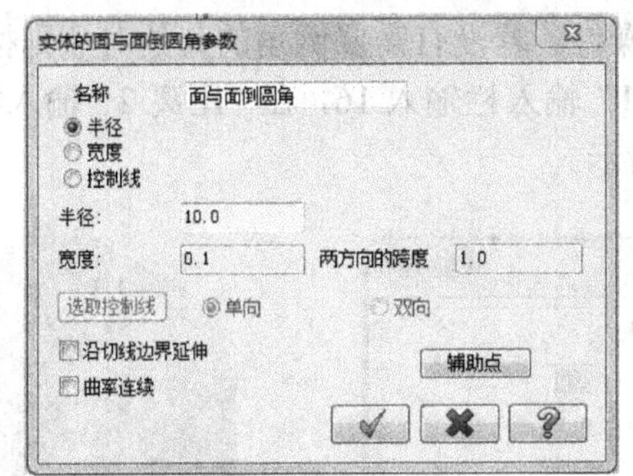

图 6-78　“实体面与面倒圆角参数”对话框

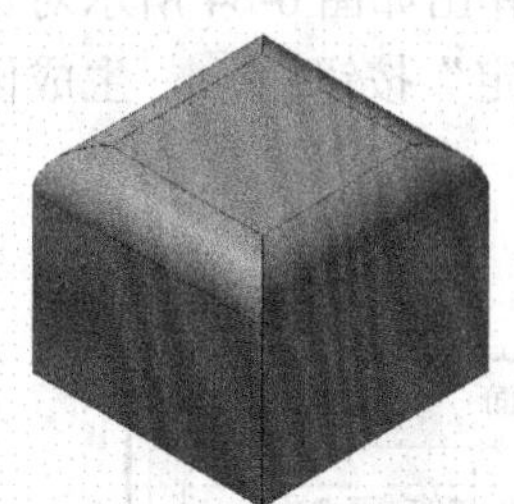

图 6-79　生成倒圆角结果

6.3.2　倒角

倒角功能可以在实体的边界线处生成一个指定角度的斜面。根据提供的条件不同分为三种类型：“单一距离倒角”、“不同距离”倒角和“距离/角度”倒角。

选择“实体”→“倒角”命令，弹出如图 6-80 所示子菜单。

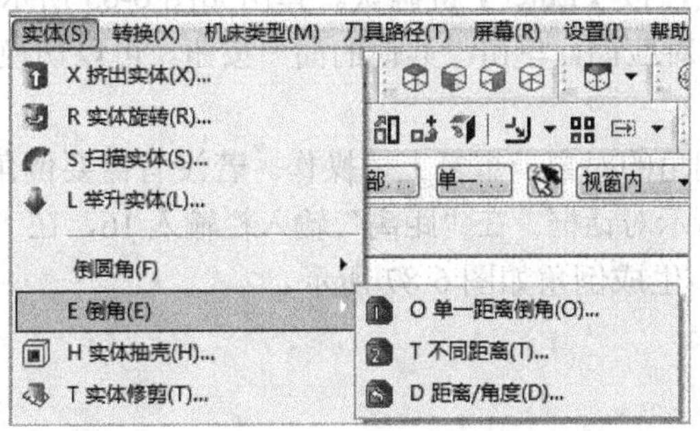

图 6-80　“倒角”子菜单

1．单一距离倒角

绘制原始实体如图 6-62 所示，选择“实体”→“倒角”→“单一距离倒角”命令。根据状态栏提示拾取需要倒角的上表面，按【Enter】键确认。弹出如图 6-81 所示“实体倒角参数”对话框 1，输入距离 8，单击“确定”按钮✓，生成倒角如图 6-82 所示。

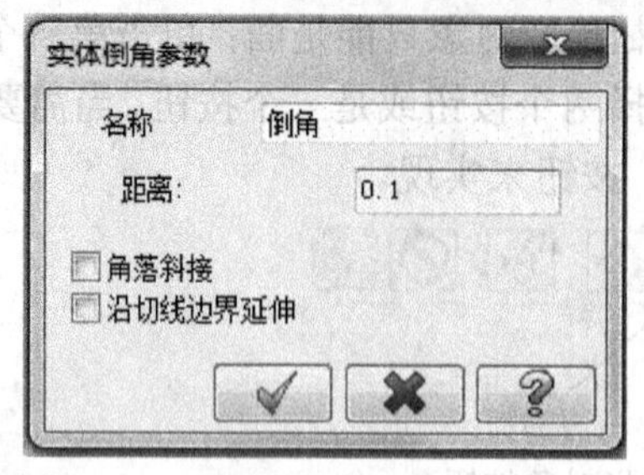

图 6-81 “实体倒角参数”对话框 1

图 6-82 生成的单一距离倒角

2．不同距离倒角

绘制原始实体如图 6-62 所示，选择“实体”→“倒角”→“不同距离”命令，根据状态栏提示拾取需要倒角棱线，按【Enter】键确认。弹出如图 6-83 所示对话框，此时绘图区高亮的曲面将作为“距离 1”的对应面，单击“其他的面”按钮，可以切换高亮曲面，选择好后单击“确定”按钮✓。

继续选择其他需要倒角的对象，重复上述操作。若没有需要倒角的其他对象则按【Enter】键确认。弹出如图 6-84 所示对话框。在“距离 1”输入栏输入 16，在“距离 2”输入栏输入 8。单击“确定”按钮✓，生成倒角如图 6-85 所示。

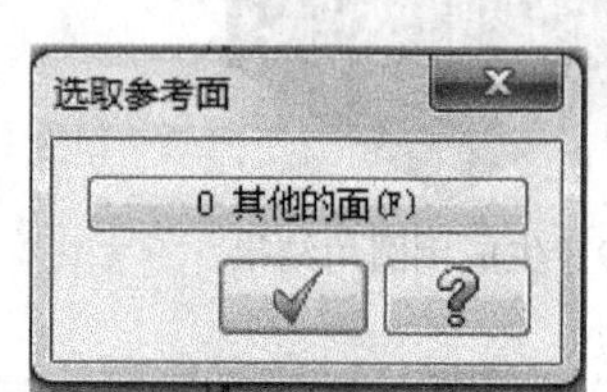

图 6-83 “选取参考面”对话框

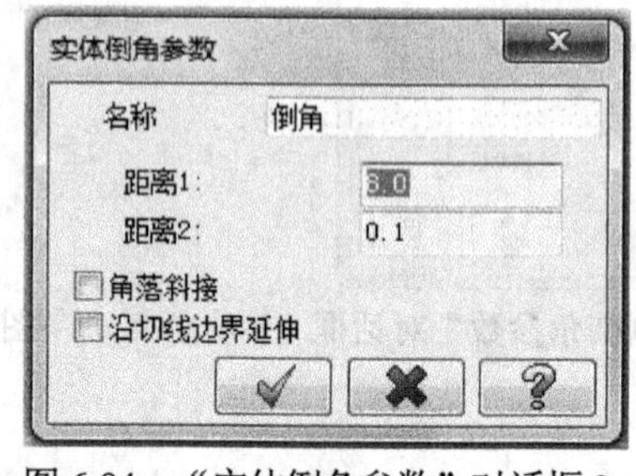

图 6-84 “实体倒角参数”对话框 2

图 6-85 生成不同距离倒角

3．距离/角度倒角

绘制原始实体如图 6-62 所示，选择“实体”→“倒角”→“距离/角度”命令，根据状态栏提示拾取需要倒角棱线，按【Enter】键确认。弹出如图 6-83 所示对话框，此时绘图区高亮的曲面将作为“距离”的对应面，单击“其他的面”按钮，可以切换高亮曲面。选择好后单击“确定”按钮✓。

继续选择其他需要倒角的对象，重复上述操作。若没有需要倒角的其他对象则按【Enter】键确认。弹出如图 6-86 所示对话框。在“距离”输入栏输入 16，在“角度”输入栏输入 30°。单击“确定”按钮✓，生成倒角如图 6-87 所示。

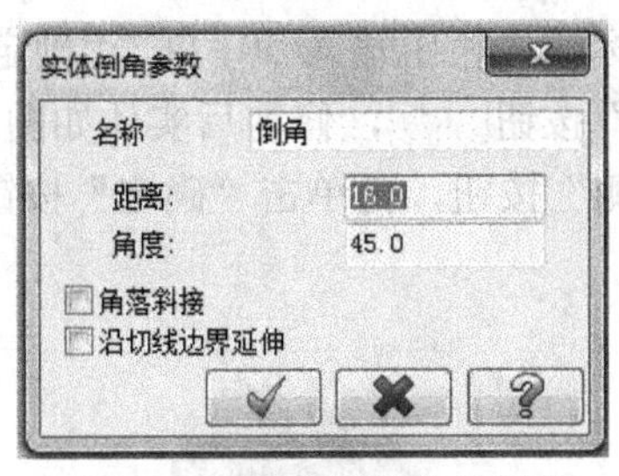

图 6-86　实体倒角参数设置

图 6-87　生成距离/角度倒角

6.3.3　实体抽壳

实体抽壳功能就是将实心的实体转变为具有一定厚度的空心实体。根据实际需要分为面抽壳和体抽壳。其中面抽壳结果是开放的薄壁实体，体抽壳结果是封闭的薄壁实体。

选择“实体”→“实体抽壳”命令。拾取需要开启的面，可以选择多个面，完成后按【Enter】键确认。弹出如图 6-88 所示对话框，设置薄壳方向朝内，厚度为 5，单击“确定”按钮，生成抽壳实体如图 6-89 所示。

如果不拾取面，拾取需要抽壳的体，完成后按【Enter】键确认。弹出如图 6-88 所示对话框，设置薄壳方向朝内，厚度为 5，单击“确定”按钮，生成抽壳实体无变化，按【Alt+S】组合键，生成实体如图 6-90 所示。实体变成了一个封闭的空心实体，每个面的壁厚都为 5。

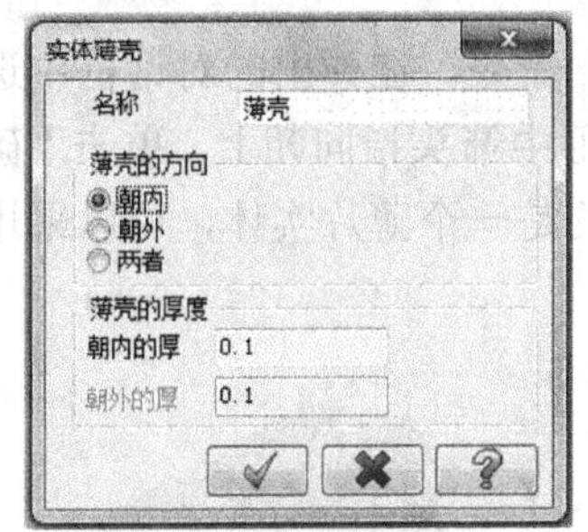

图 6-88　“实体薄壳”对话框

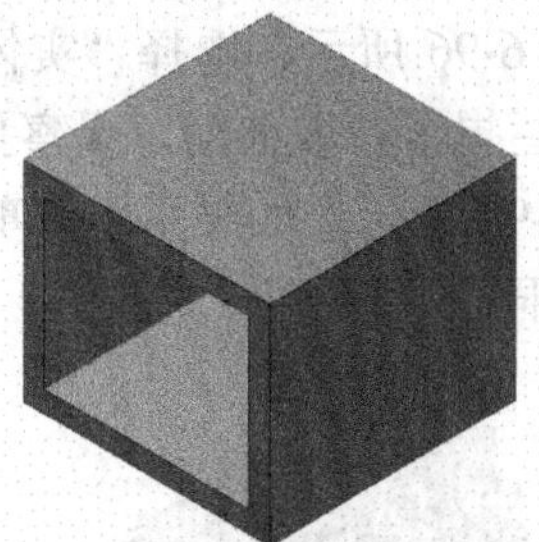

图 6-89　选择面抽壳结果

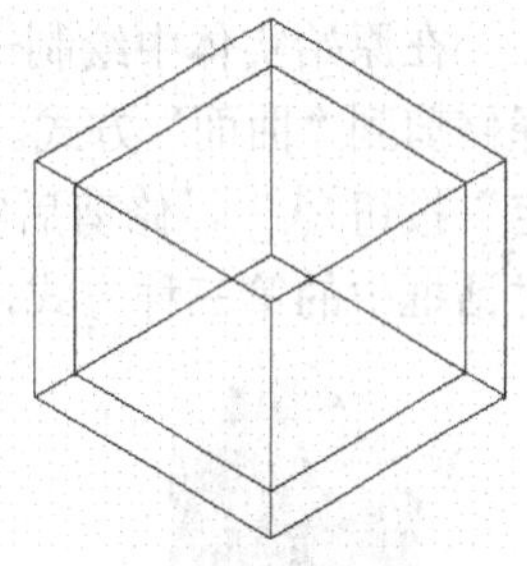

图 6-90　选择体抽壳结果

6.3.4　实体修剪

实体修剪功能可以运用平面、曲面或薄壁实体对实体进行裁剪。

（1）绘制原始实体如图 6-91 所示，选择“实体”→“实体修剪”命令，弹出如图 6-92 所示对话框，在对话框中选择修剪到“平面”方式。弹出“平面选择”对话框，单击“视角”按钮。弹出“视角选择”对话框，选择俯视图，单击“确定”按钮。

图 6-91　原始实体

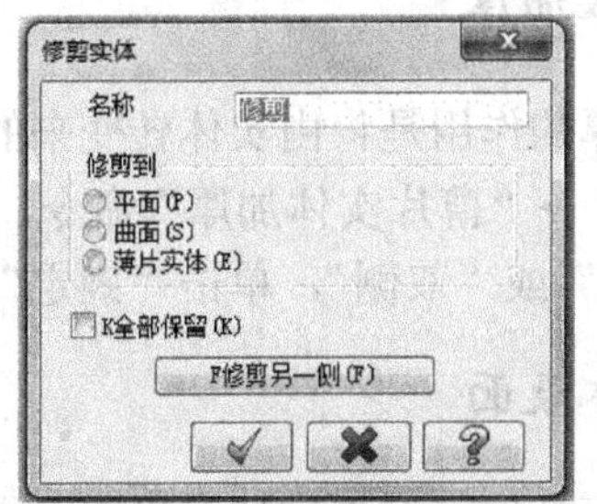

图 6-92　“修剪实体”对话框

（2）返回“平面选择”对话框，在 Z 0.0 坐标输入栏中输入50，单击“确定”按钮。

（3）返回“修剪实体”对话框，单击“确定”按钮，修剪后实体如图6-93所示。

若单击“修剪实体”对话框中的“修剪另一侧”按钮，再单击“确定”按钮，修剪后实体如图6-94所示。

图6-93 修剪后实体

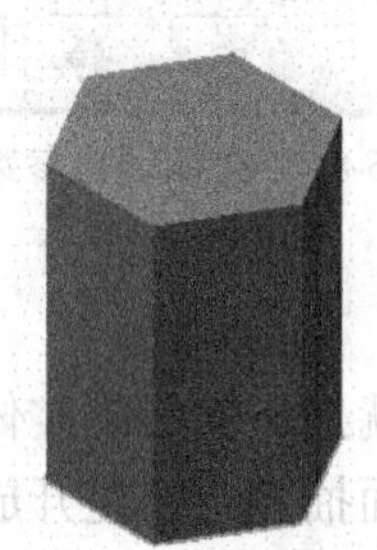

图6-94 修剪到平面结果

选择方向时注意平面符号上的箭头指向哪一方，那个方向最终被保留，另外一部分则被修剪。若选中“修剪实体”对话框中的“全部保留”复选框，再单击“确定”按钮，修剪后实体如图6-95所示。只修剪不删除。

在窗口左侧栏目的特征树中右击“修剪”项目，在弹出的快捷菜单中选择“删除”命令，然后单击上方的“全部重建”按钮，恢复修剪前的实体。

在原始实体中绘制一曲面如图6-96所示。选择“实体修剪”命令，在弹出的对话框中选择修剪到“曲面”方式。根据状态栏提示拾取曲面，观察预览图形中箭头指向朝上。单击“确定”按钮，修剪后实体如图6-97所示。如果用于修剪实体的是一个薄片实体，可以采用对话框中的第三种方式，具体方法同前两种。

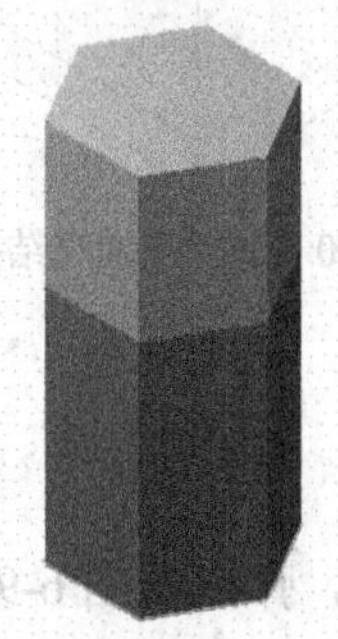

图6-95 修剪后全部保留

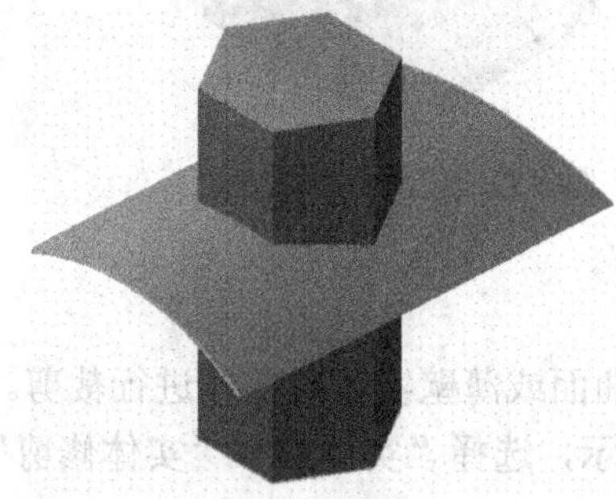

图6-96 原始实体中绘制一曲面

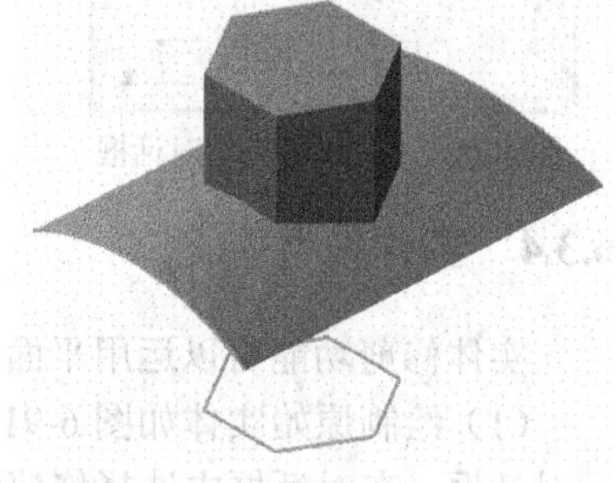

图6-97 修剪到曲面结果

6.3.5 薄片实体加厚

薄片实体加厚的作用是将由实体转变来的曲面进行加厚。

选择“实体”→“薄片实体加厚”命令，弹出“增加薄片实体的厚度”对话框，设置“厚度”，选择“单侧”或“双侧”，单击“确定”按钮。

6.3.6 移动实体表面

移动实体表面功能可以将实体面进行一定角度的倾斜，以便脱模。

绘制原始实体如图 6-98 所示。选择“实体”→“移动实体表面”命令，根据状态栏提示选取需要移除面的实体：圆柱；再选择需要移除的面：圆柱的上表面。按【Enter】键确认，弹出如图 6-99 所示对话框，选择原始实体“删除”方式，单击“确定”按钮，生成实体如图 6-100 所示。

图 6-98　原始实体（移动表面）

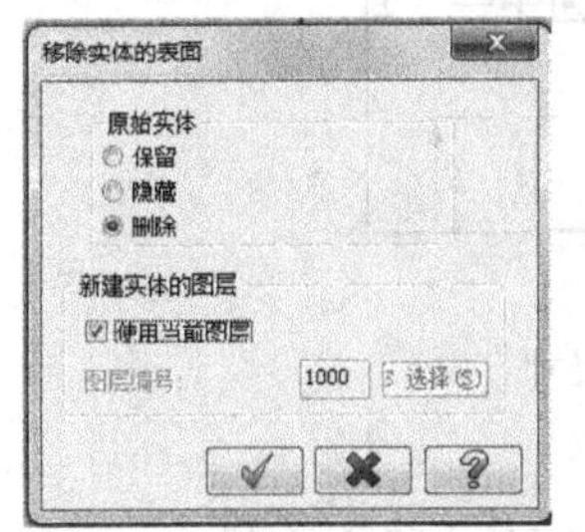

图 6-99　“移除实体的表面”对话框

图 6-100　移除实体表面结果

6.3.7　牵引实体

牵引实体功能可以将选择的实体面倾斜一定的角度。

绘制原始实体如图 6-101 所示。选择“实体”→“牵引实体”命令，根据状态栏提示选取需要牵引的实体面如图 6-101 所示，按【Enter】键确认，弹出如图 6-102 所示对话框，选中“牵引到实体面”单选按钮，在“牵引角度”输入栏设置角度为 5°，单击“确定”按钮。再根据状态栏提示拾取牵引到的实体面，按【Enter】键确认。弹出如图 6-103 所示对话框，此时绘图区预览箭头方向即为牵引方向，单击“确定”按钮，牵引实体如图 6-104 所示。如果需要改变拔模方向，可以单击对话框中的“换向”按钮来换向。

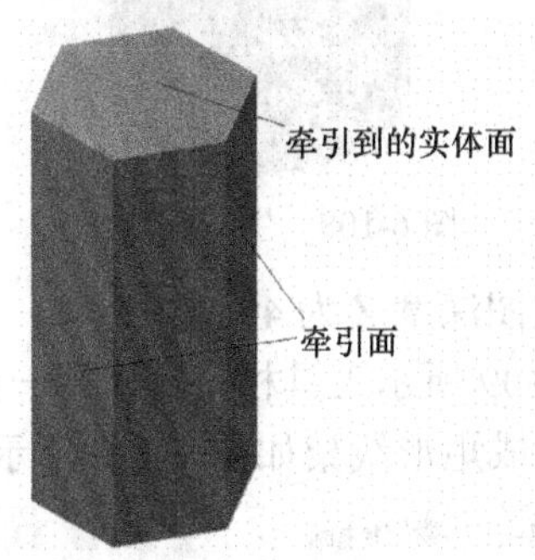

图 6-101　选择牵引面

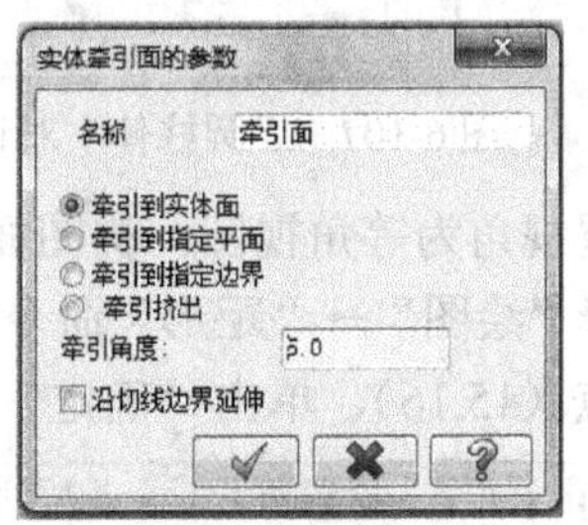

图 6-102　“实体牵引面的参数”对话框

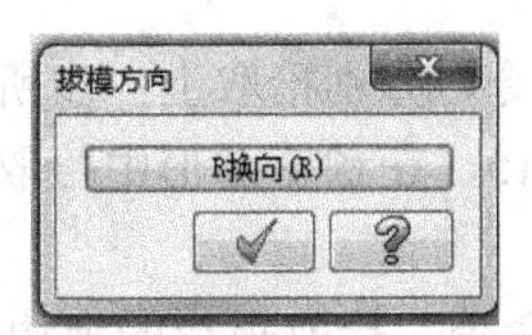

图 6-103　“拔模方向”对话框

图 6-104　牵引体结果

【范例 2】

前面学习了实体的编辑方法，下面我们将通过实体模型的构建，具体学习这些功能的综合运用。模型尺寸如图 6-105 所示，实体模型如图 6-106 所示。

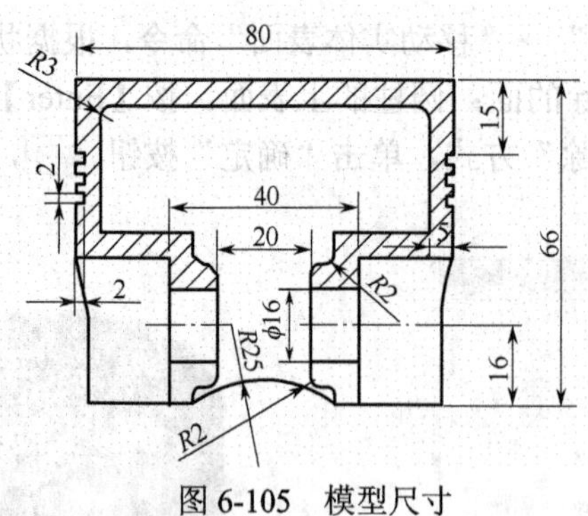

图 6-105 模型尺寸

图 6-106 实体模型

具体操作方法和步骤如下：

（1）新建一个文件夹，将其命名为“活塞实体.MCX”。

（2）设置视角为等角视图，构图面为俯视图，构图深度 Z 为 0 。

（3）选择“绘图”→“基本曲面/实体”→“画圆柱体”命令，弹出如图 6-107 所示对话框，选中“实体”单选按钮，设置原点作为圆柱基准点，半径为 40，高度为 66，单击“确定”按钮生成实体，如图 6-108 所示。

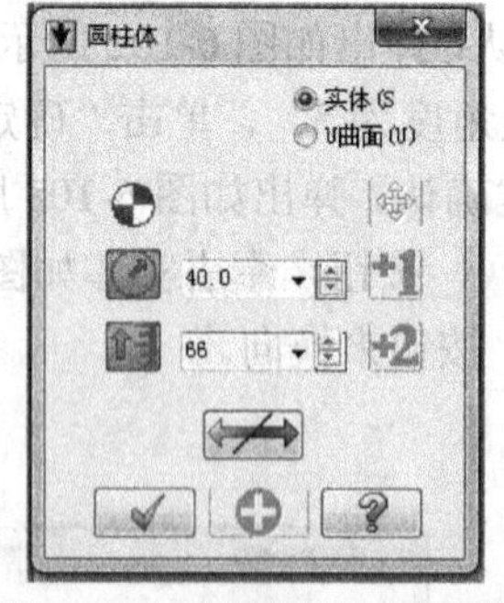

图 6-107 “圆柱体”对话框

图 6-108 生成圆柱体

（4）设置视角为等角视图，构图面为前视图，构图深度 Z 为 40。

（5）选择“绘图”→“距形”命令，弹出如图 6-109 所示工具栏，输入第一角点（-15,0），输入第二角点（15,16），单击“确定”按钮，生成矩形线架如图 6-110 所示。

图 6-109 “矩形”工具栏

（6）选择“绘图”→“圆弧”→“两点画弧”命令，分别拾取上一步所绘矩形的左上角点和右上角点，在工具栏的半径输入栏中设置半径为 15，在预览图形中拾取需要保留的圆弧部分，单击“确定”按钮。

（7）选择“编辑”→“删除”→“删除图素”命令，拾取矩形的上边线，按【Enter】键确认，生成 U 形框如图 6-111 所示。

（8）设置视角为等角视图，构图面为俯视图。

（9）选择“转换”→“镜像”命令，框选 U 形框图形，按【Enter】键确认。弹出“镜像”对话框，选中 “复制”单选按钮，设置 Y 0.0 作为镜像轴，单击对话框中的“确定”

按钮，生成镜像线架如图 6-112 所示。

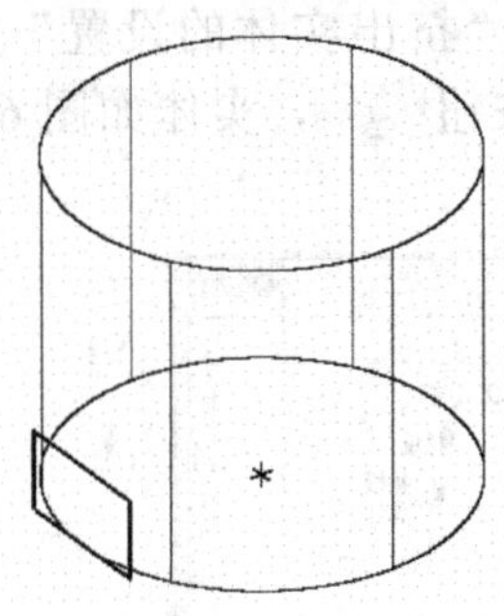
图 6-110　绘制矩形

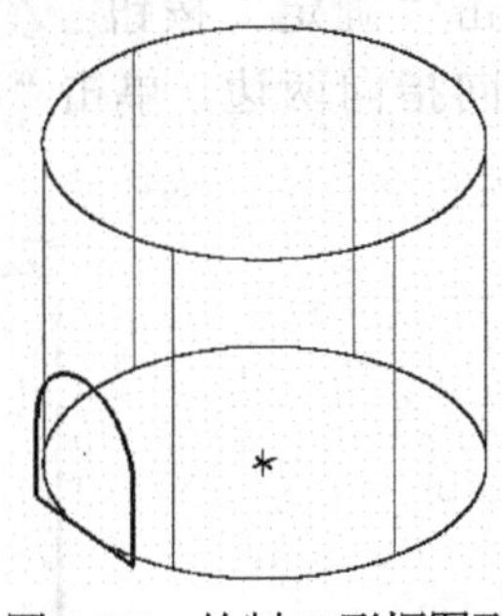
图 6-111　绘制 U 形框图形

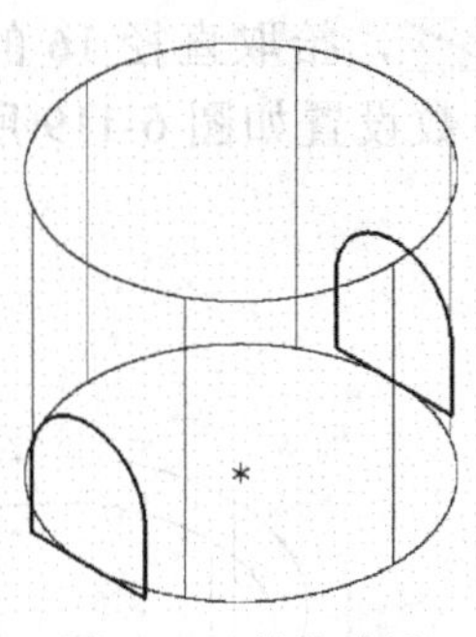
图 6-112　镜像结果

（10）选择“实体”→“挤出实体”命令，弹出“串连选项”对话框，选择“串连”方式，拾取前面的 U 形框，单击“确定”按钮。弹出“挤出实体的设置”对话框，设置如图 6-113 所示，方向指向圆柱内部，单击“确定”按钮，生成实体如图 6-114 所示。

（11）重复上一步的“挤出实体”操作，拾取后方的 U 形线架，动态旋转实体如图 6-115 所示。选择“实体”→“实体抽壳”命令，单击工具栏中的“从背面”按钮，选取图 6-114 圆柱的下底面，按【Enter】键确认。弹出“实体薄壳”对话框，参数设置如图 6-116 所示。单击“确定”按钮，生成实体如图 6-117 所示。

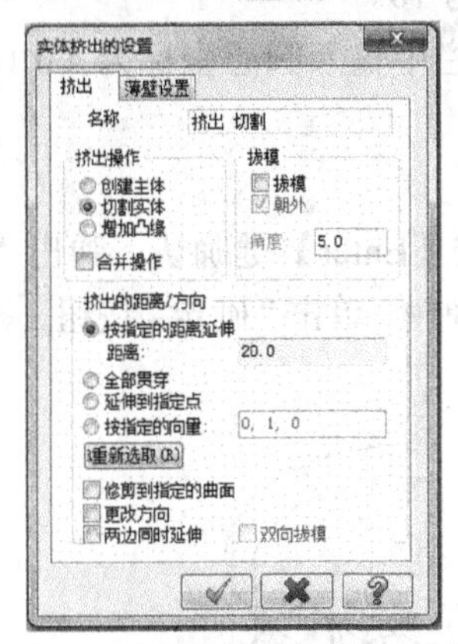

图 6-113　“实体挤出设置”对话框

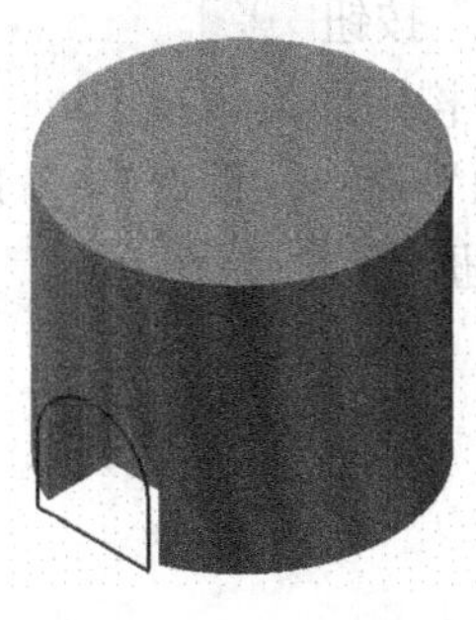
图 6-114　挤出切割实体结果

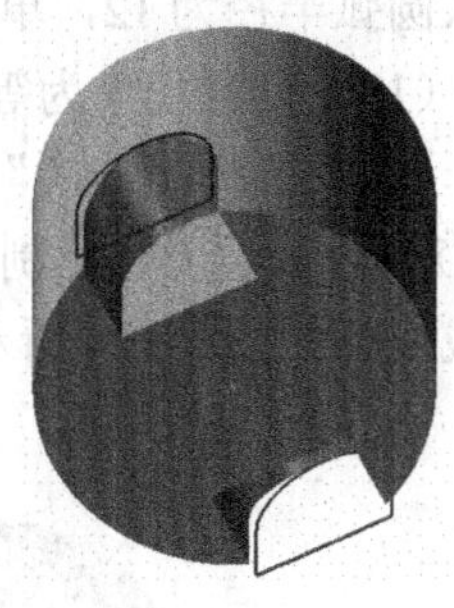
图 6-115　动态旋转实体

（12）设置视角为等角视图，构图面为前视图，构图深度 Z 为 0。

（13）选择“绘图”→“圆弧”→“圆心+点”命令，在工具栏中输入圆心坐标为（0,16），输入圆弧半径为 8，单击“确定”按钮，生成小圆如图 6-118 所示。

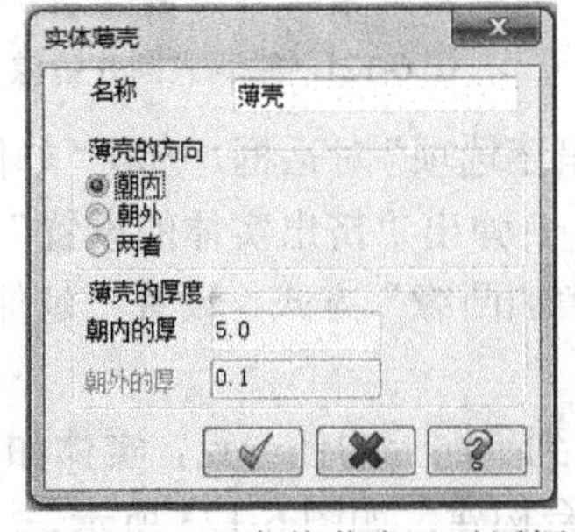

图 6-116　“实体薄壳”对话框

图 6-117　抽壳结果

（14）选择“实体”→“挤出实体”命令，弹出“串连选项”对话框，选取“单体”方式，拾取直径16的圆，单击“确定”按钮。弹出“挤出实体的设置”对话框，参数设置如图6-119所示，方向指向两边，单击“确定”按钮，实体如图6-120所示。

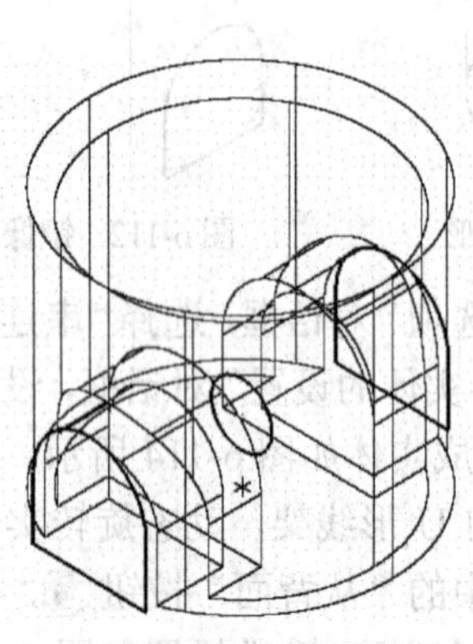

图6-118 绘制小圆

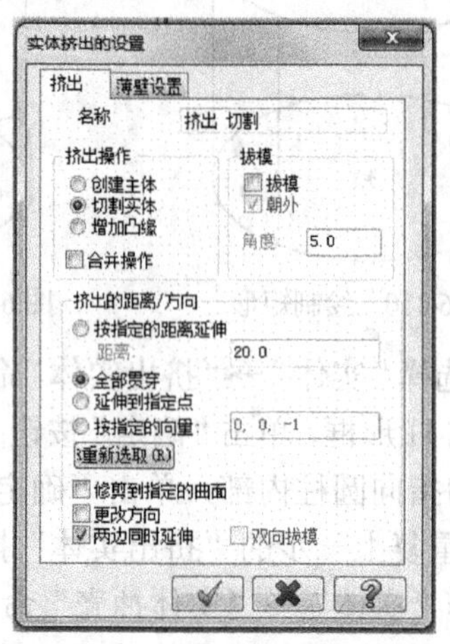

图6-119 挤出实体设置（圆）

（15）设置视角为等角视图，构图面为前视图，构图深度Z为10。

（16）选择“绘图”→“圆弧”→“圆心+点”命令，在工具栏中输入圆心坐标为（0,16），输入圆弧半径为12，单击“确定”按钮。

（17）设置视角为等角视图，构图面为俯视图。

（18）选择“转换”→“镜像”命令，框选半径12的圆，按【Enter】键确认。弹出“镜像”对话框，选中“复制”单选按钮，设置 Y 0.0 作为镜像轴，单击“确定”按钮，生成线架如图6-121所示。

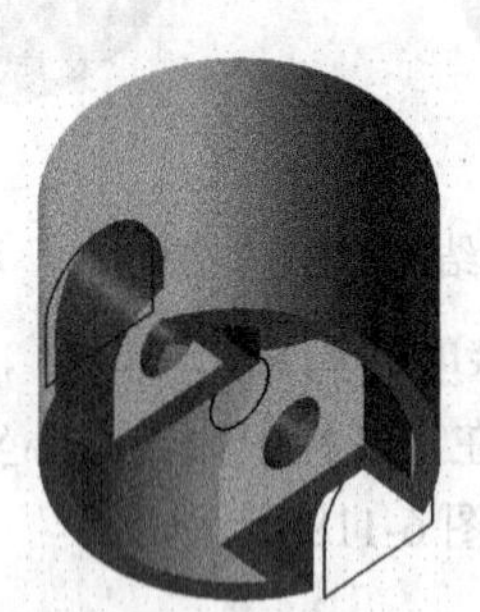

图6-120 挤出切割实体结果

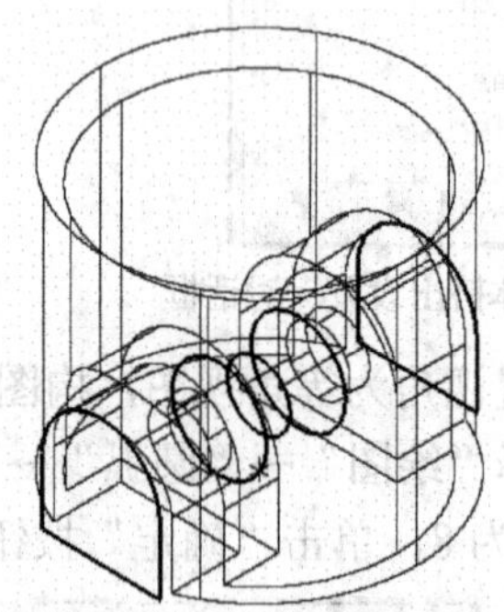

图6-121 绘制大圆并镜像

（19）选择“实体”→“挤出实体”命令，弹出“串连选项”对话框，选取“单体”方式，拾取前面一个直径2的圆，单击“确定”按钮。弹出“挤出实体的设置”对话框，参数设置如图6-122所示，方向指向圆柱外侧，选择“增加凸缘”方式，设置“延伸到指定点”方式，单击“确定”按钮。

（20）根据状态栏提示，在构图面上拾取要延伸到平面上的任一点，实体如图6-123所示。重复上一步挤出实体操作，完成对称位置的圆柱凸台构建，如图6-123所示。

（21）选择“绘图”→“曲面曲线”→“单一边界”命令，分别拾取图 6-123 中延伸到的两个平面，移动鼠标至底部，按【Enter】键确认，生成线架如图 6-124 所示。

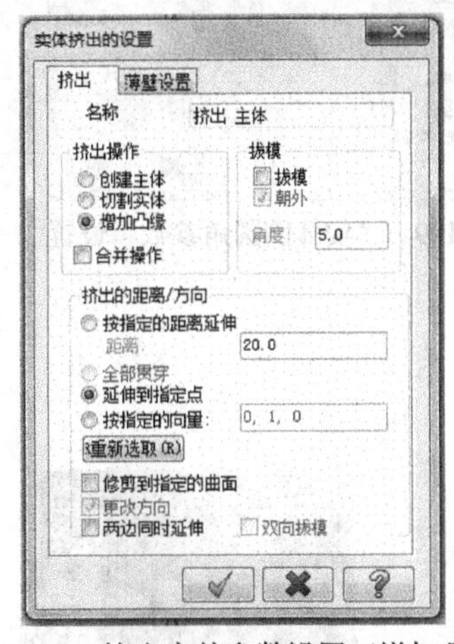

图 6-122　挤出实体参数设置（增加凸缘）

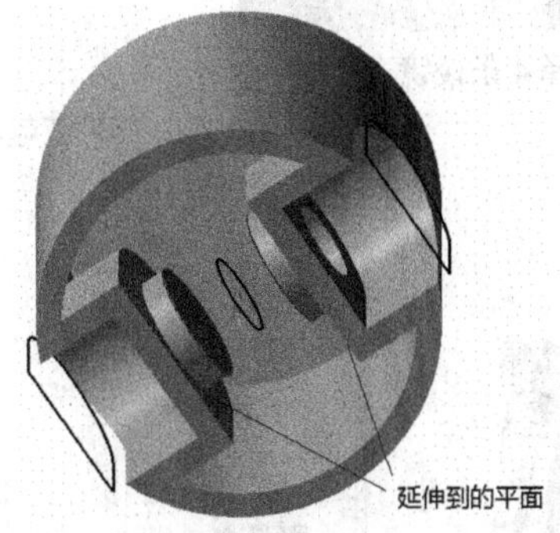

图 6-123　圆柱台凸台构建实体

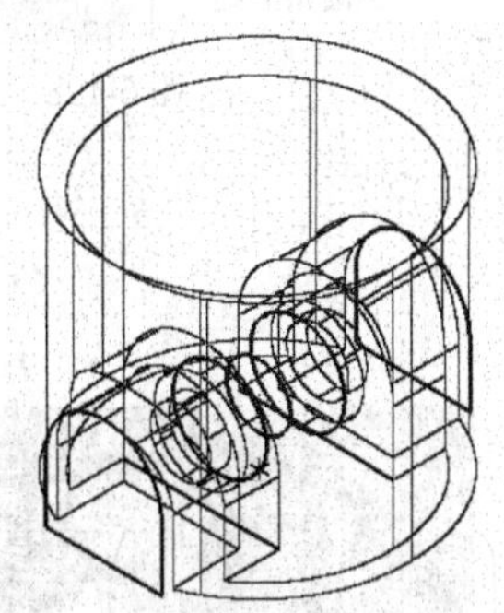

图 6-124　构建曲面边界

（22）设置视角为等角视图，构图面为右视图，构图深度 Z 为 0。

（23）选择“绘图”→“圆弧”→“两点画弧”命令，拾取上一步中两条直线的中点作为两端点，在工具栏中输入半径 25，鼠标点取符合要求的圆弧段，单击“确定”按钮。选择“绘图”→“任意线”→“绘制任意线”命令，连接上一步中圆弧的两端点，如图 6-125 所示。选择“实体”→“挤出实体”命令，弹出“串连选项”对话框，选取“串连”方式，拾取上一步中的劣弧，单击“确定”按钮。弹出“挤出实体的设置”对话框，设置如图 6-126 所示，方向指向两边，选择“切割实体”方式，设置“全部贯穿”方式，单击“确定”按钮，生成实体如图 6-127 所示。选择“F 实体倒圆角”命令，根据状态栏提示拾取图 6-128 所示 4 条棱线，按【Enter】键确认。弹出如图 6-129 所示对话框，选择“固定半径”方式，“半径”输入栏设置为 2，单击“确定”按钮，结果如图 6-130 所示。选择“实体”→“挤出实体”命令，弹出“串连选项”对话框，选取“单体”方式，拾取直径 16 的圆，单击“确定”按钮。弹出“挤出实体的设置”对话框，设置如图 6-131 所示，方向指向两边，单击“确定”按钮，实体如图 6-132 所示。

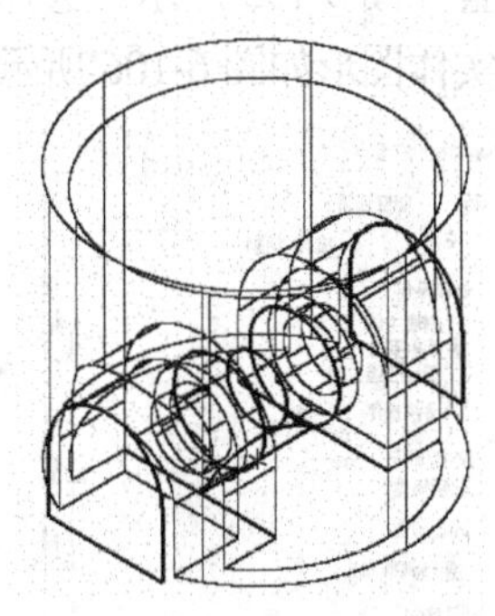

图 6-125　绘制圆弧及直线

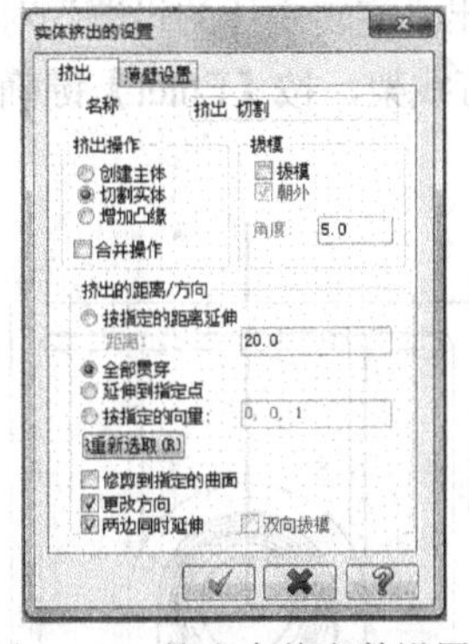

图 6-126　挤出实体参数设置

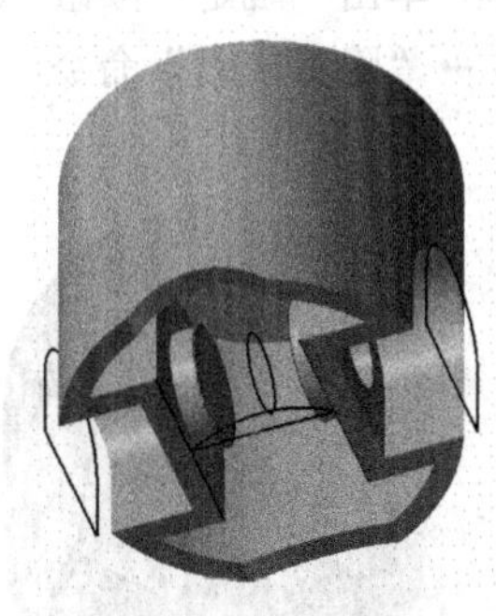

图 6-127　挤出切割实体结果

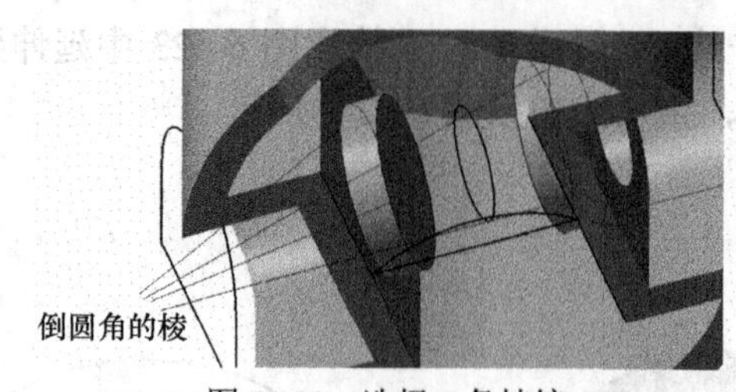

图 6-128　选择 4 条棱镜

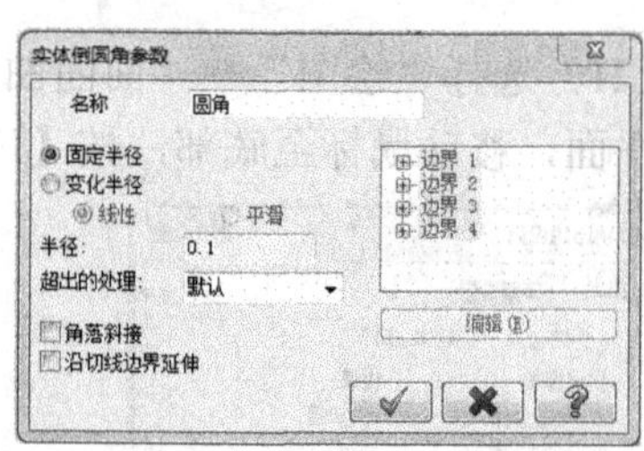

图 6-129　“实体倒圆角参数”设置

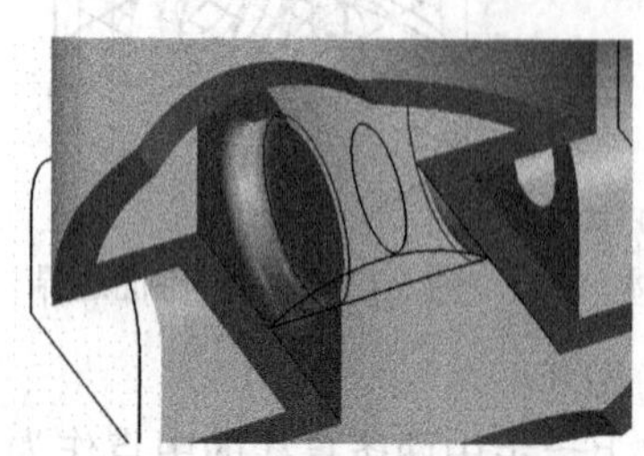
图 6-130　半径为 2 的倒圆角结果

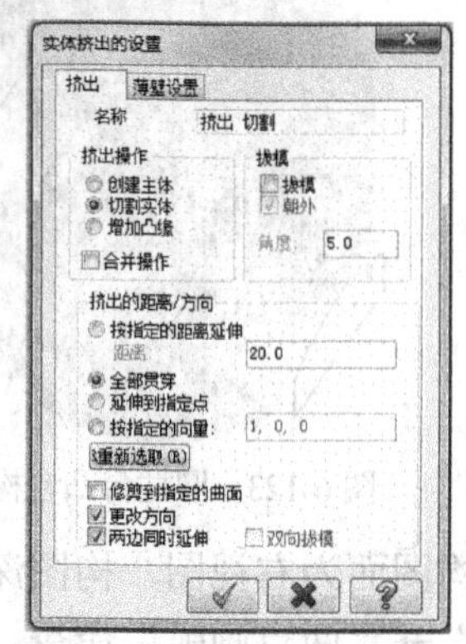

图 6-131　“实体挤出”的设置

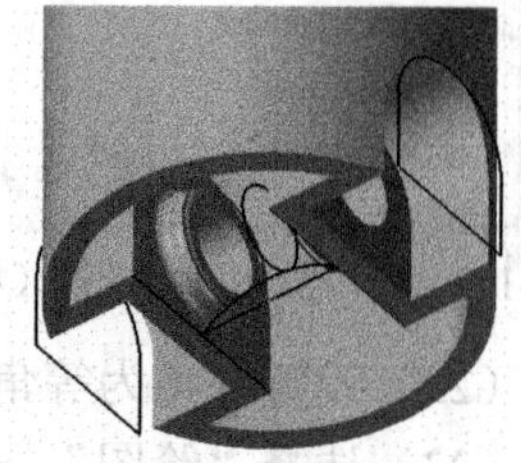
图 6-132　选择“切割实体”后结果

（24）选择“实体”→“倒圆角”→“实体倒圆角”命令，根据状态栏提示拾取圆柱内壁顶部棱线，按【Enter】键确认。弹出如图 6-129 所示对话框，选择“固定半径”方式，“半径”输入栏设置为 3，单击“确定”按钮，结果如图 6-133 所示。

（25）设置视角和构图面都为前视图，构图深度 Z 为 0。

（26）选择“绘图”→“任意线”→“绘制任意线”命令，单击“连续线”按钮，在工具栏中依次输入极坐标值（7, 0°），(0, −90°），(2, 180°），(2, −90°），(2, 0°），(2, −90°），(2, −180°），(2, −90°），(2, 0°），(2, −90°），(7, −180°），单击起始点。再次选择“绘图”→“任意线”→“绘制任意线”命令，绘制一条经过原点的竖直线，如图 6-134 所示。

（27）设置视角为等角视图，构图面为俯视图。

（28）选择“实体”→“实体旋转”命令，在弹出的“串连选项”对话框中选择“串连”方式，拾取前面所绘连续线，单击“确定”按钮，拾取过原点的铅垂线作为旋转轴。弹出“方向”对话框，单击“确定”按钮。弹出“旋转实体的设置”对话框，设置如图 6-135 所示。选择“屏幕”→“隐藏图素”命令，拾取所有线架，按【Enter】键确认，生成实体图形如图 6-106 所示。

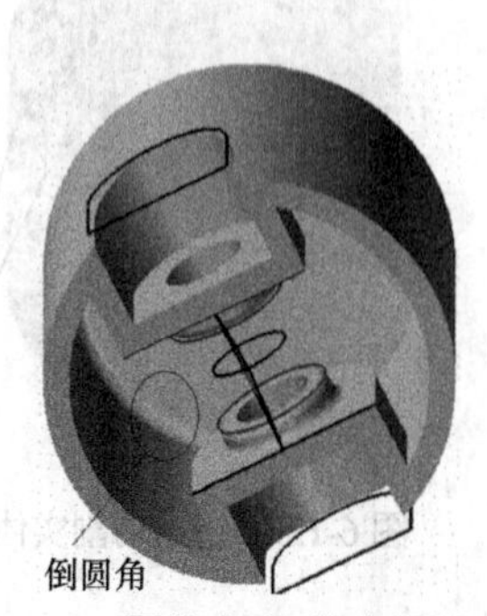

图 6-133　圆柱内壁顶部倒圆角

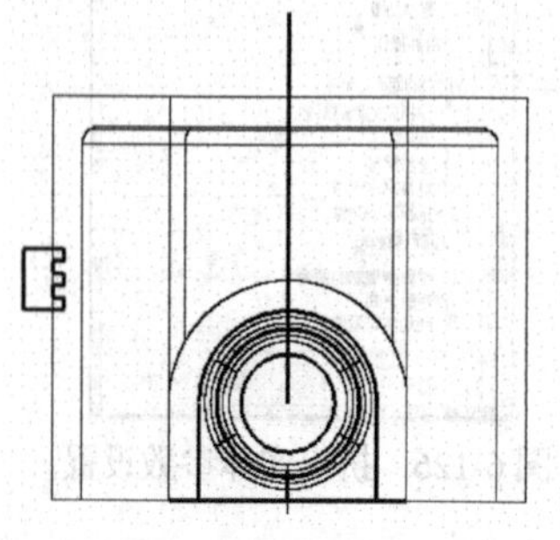
图 6-134　经过原点的竖直线

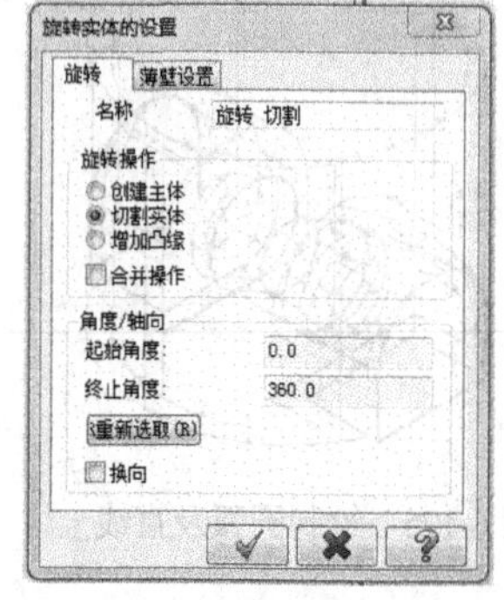

图 6-135　“旋转实体的设置”对话框

6.4 布尔运算

布尔运算就是通过实体之间的求和、求差、求交运算，将两个或两个以上的实体组合成新的实体。选择“实体”命令，可以看到布尔运算。

首先明确两个概念：目标实体、工具实体。

① 目标实体：被加、被减、被并的实体。

② 工具实体：对目标实体进行操作的实体。

操作中要注意看状态栏的提示。

1．结合运算

结合运算将目标实体与工具实体相加，结果是两者的公共部分和各自不同部分的总和。

绘制原始图形如图 6-136 所示，选择“实体”→“布运算-结合”命令。根据状态栏提示拾取图 6-136 中两个实体作为目标实体，按【Enter】键确认。两个实体组合成一个新的实体，如图 6-137 所示。

图 6-136　两个实体

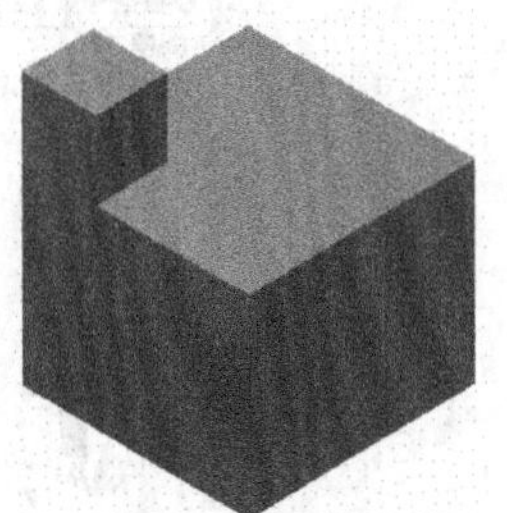

图 6-137　布尔结合结果

2．切割运算

切割运算功能是指将目标实体与工具实体相减，结果是两者的公共部分从目标实体去减后的部分。

绘制原始图形如图 6-138 所示，选择“实体”→“布尔运算-切割”命令。根据状态栏提示拾取图 6-138 中长方体作为目标实体，然后拾取图 6-138 中圆柱体作为工具实体，按【Enter】键确认。生成一个新的实体，如图 6-139 所示。

3．交集运算

交集运算功能是指将目标实体与工具实体的公共部分保留，结果是两者的公共部分。

绘制原始图形如图 6-140 所示，选择“实体”→“布尔运算-交集”命令。根据状态栏提示拾取图 6-140 中长方体作为目标实体，然后拾取图 6-140 中椭圆体作为工具实体，按【Enter】键确认。生成一个新的实体，如图 6-141 所示。

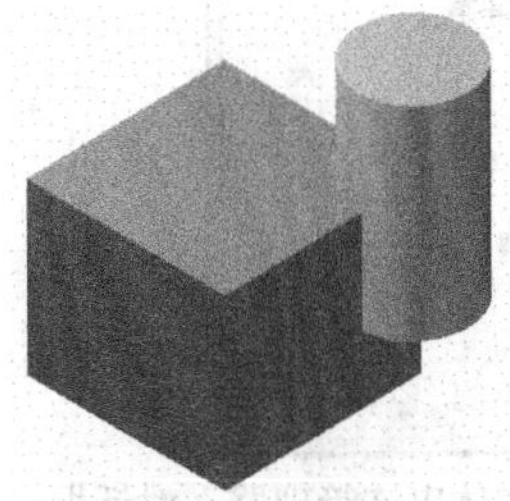

图 6-138　目标实体

图 6-139　布尔切割结果

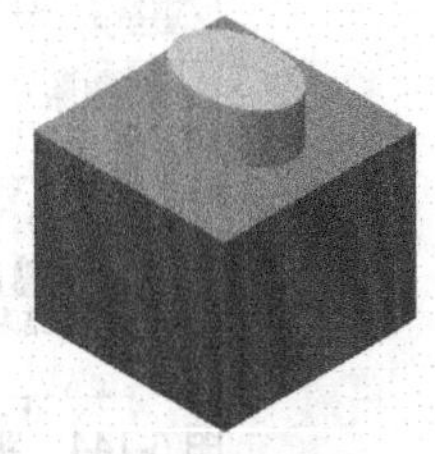

图 6-140　工具实体

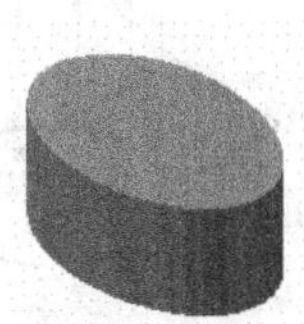

图 6-141　布尔交集结果

6.5 实体管理器

Mastercam X5 的实体管理器子菜单位于用户窗口的左侧中操作管理器窗口的“实体”选项卡中，利用它用户可以很方便地对文件中的实体操作进行编辑。

选择任何实体操作并右击，系统弹出快捷菜单如图 6-142 所示，介绍如下：

① 删除：用于删除实体或操作。

② 重命名：用户可以自行为操作命名。

③ 重建实体：当实体操作有误时，可以利用该命令来产生正确的实体，可以对实体的参数与图形进行修改。

④ 重新计算所有实体：根据用户对实体操作的修改及时更新。

⑤ 设置的表面颜色：用于更换已构建实体的颜色。

绘制原始图形如图 6-143 所示。

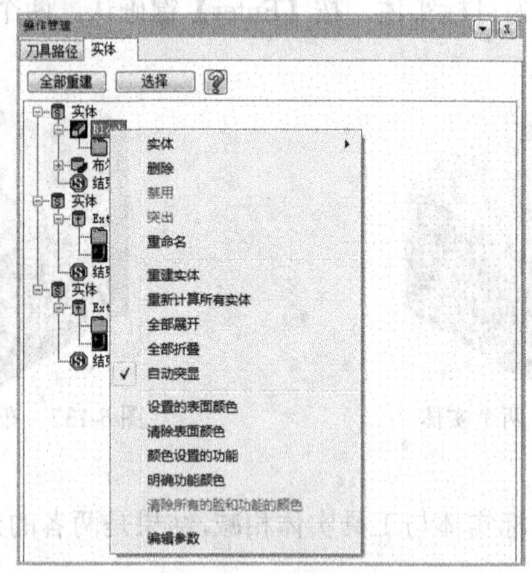

图 6-142　实体操作快捷菜单

现需要对实体的线架做更改，将圆改为矩形。绘图区左侧“实体”选项卡如图 6-144 所示。单击“挤出”展开的“图形”图标，弹出如图 6-145 所示对话框。单击“基本串连”图标，右击，弹出快捷菜单，如图 6-146 所示。选择“重新串连”命令，弹出“串连选项”对话框，选择“串连”方式，拾取矩形。单击“确定”按钮✓。返回“实体串连管理器”对话框，单击“确定”按钮✓。此时，操作管理器中改变后的图标上都有红色的✖，如图 6-147 所示。单击“全部重建”按钮，红色的✖消失，实体更新后如图 6-148 所示。

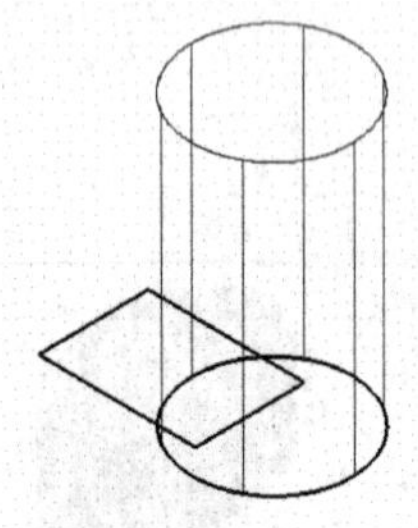

图 6-143　待修改原始图形

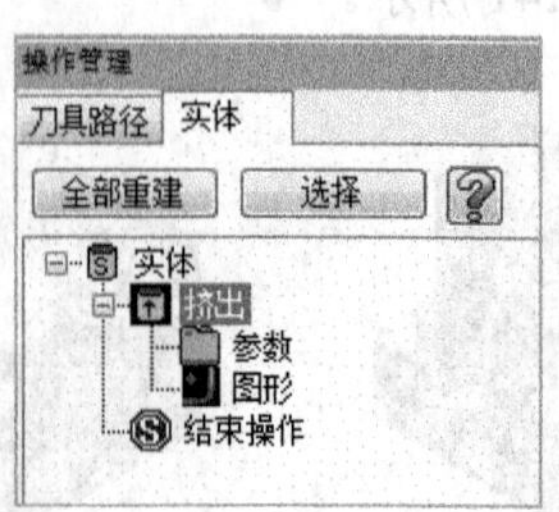

图 6-144　实体管理器选项卡

图 6-145　“实体串连管理器”对话框

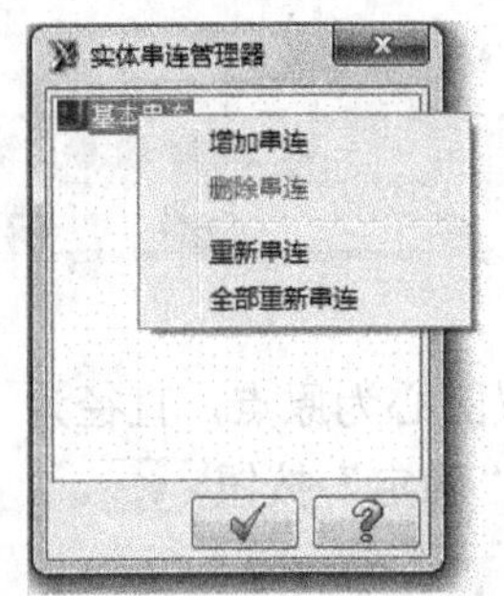

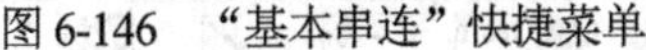

图 6-146　“基本串连”快捷菜单

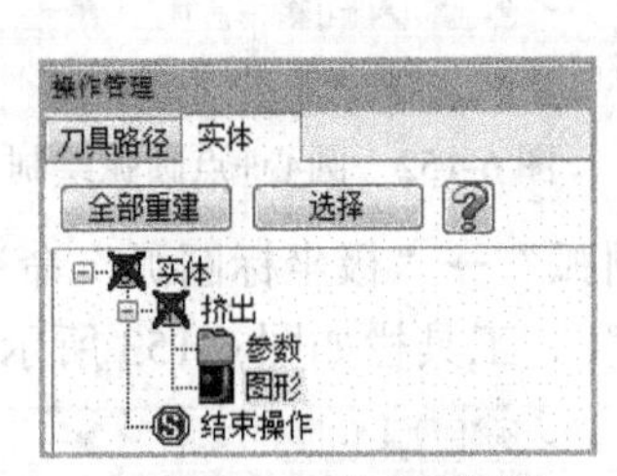

图 6-147　修改后图标

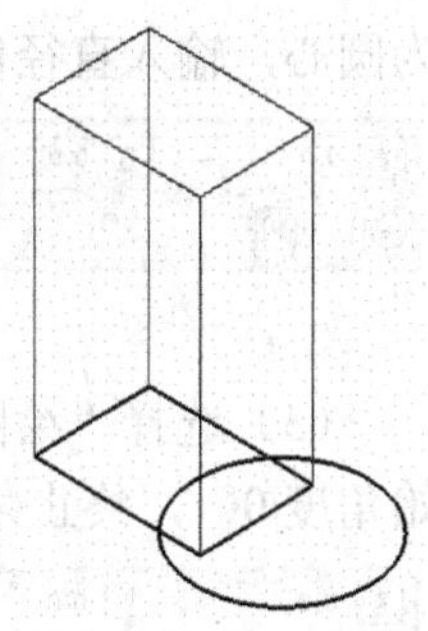

图 6-148　修改后实体

若需要对实体的参数做更改。单击“挤出实体”展开的“参数”图标，弹出如图 6-149 所示对话框。重新设置参数，挤出距离为 5，朝外拔模角度 10°，选择两边同时延伸，单击“确定”按钮。单击“全部重建”按钮，红色的✖消失，实体更新后如图 6-150 所示。

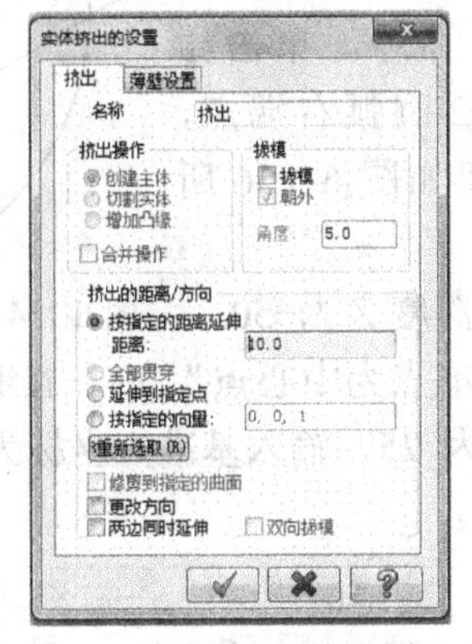

图 6-149　“实体挤出的设置”对话框

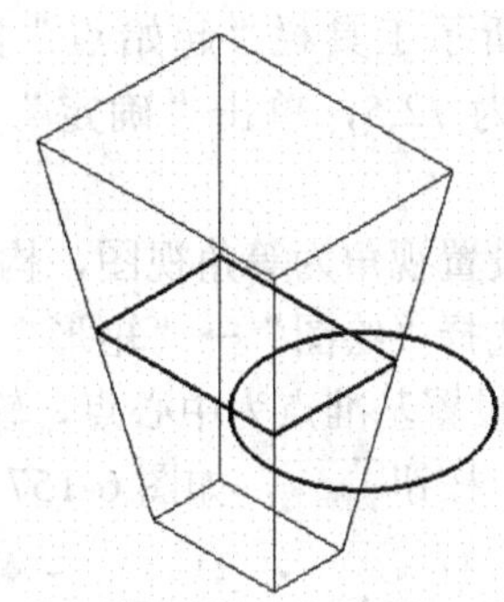

图 6-150　更新后实体

【范例 3】

前面学习了实体的构建和编辑方法，下面我们通过零件的构建，巩固学习内容，熟练作图方法，实体模型如图 6-151 所示。

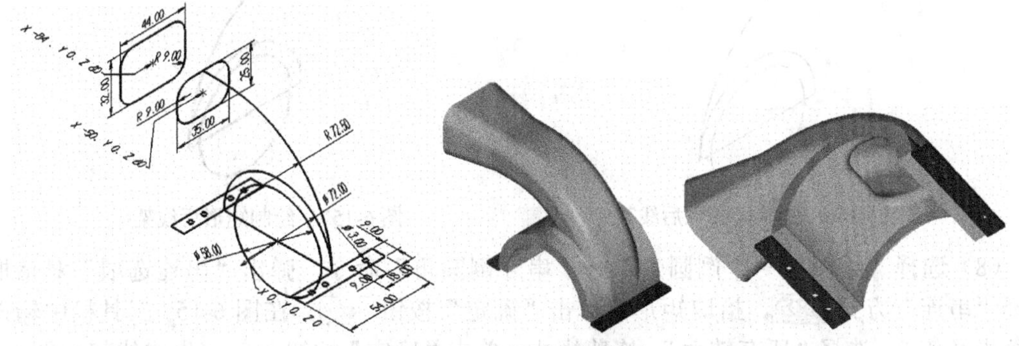

图 6-151　线架及实体模型

具体操作方法和步骤如下：

1．构建三维线架

（1）设置视角为等角视图，构图面为前视图，构图深度 Z 为 0 。

（2）选择“绘图”→“圆弧”→“圆心+点”命令，设置工具栏如图 6-152 所示，原点作为圆心，输入直径值 58，单击“确定”按钮。

图 6-152 圆心+点圆弧绘制工具栏

（3）选择“绘图”→“圆弧”→“极坐标圆弧”命令，设置圆心为原点，直径为 72，起始角度 0°，终止角度为 180°。工具栏如图 6-153 所示，单击“确定”按钮。

图 6-153 极坐标圆弧绘制操工具栏

（4）选择“绘图”→“任意线”→“绘制任意线”命令，连接直径 72 圆弧两端点，生成线架如图 6-154 所示。

（5）选择“绘图”→“圆弧”→“极坐标画弧”命令，单击如图 6-155 所示工具栏“起始点”按钮，拾取直径 72 圆弧右端点，设置半径为 72.5，单击“确定”按钮，生成线架如图 6-156 所示。

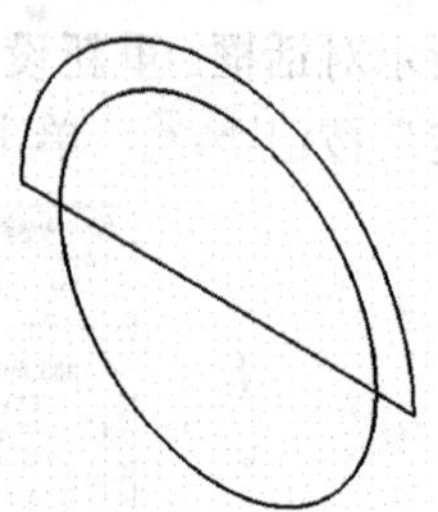

图 6-154 圆、圆弧及直线绘制结果

（6）设置视角为等角视图，构图面为右视图，构图深度 Z 为-50。

（7）选择“绘图”→“矩形”命令，单击“设置基准点为中心点”按钮，设置基准点为中心点，输入长度为 35，高度为 25，输入基准点坐标为（0,60），单击“确定”按钮，如图 6-157 所示。

图 6-155 极坐标圆弧绘工具栏参数设置

图 6-156 绘制大圆弧后线架

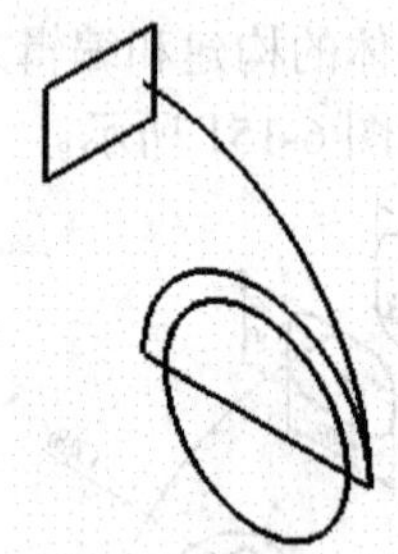

图 6-157 绘制矩形后线架

（8）选择“绘图”→“倒圆角”→“串连倒圆角”命令，弹出“串连选项”对话框，选择“串连”方式，拾取矩形，单击“确定”按钮。在图 6-158 工具栏中输入倒圆角半径值 9，选择“所有转角”，修剪模式，单击“确定”按钮，生成线架如图 6-159 所示。

图 6-158 “倒圆角”工具栏

（9）设置视角为等角视图，构图面为右视图，构图深度 Z 为−84。

（10）选择“绘图”→“矩形”命令，单击“设置基准点为中心”按钮，设置基准点为中心点，输入长度为44，高度为32，输入基准点坐标为（0,60），单击“确定”按钮，生成线架如图6-160所示。

（11）选择“绘图”→“倒圆角”→“串连倒圆角”命令，弹出“串连选项”对话框，选择“串连”方式，拾取矩形，单击“确定”按钮。在图6-158工具栏中输入倒圆角半径值9，选择“所有转角”的修剪模式，单击“确定”按钮，生成线架如图6-161所示。

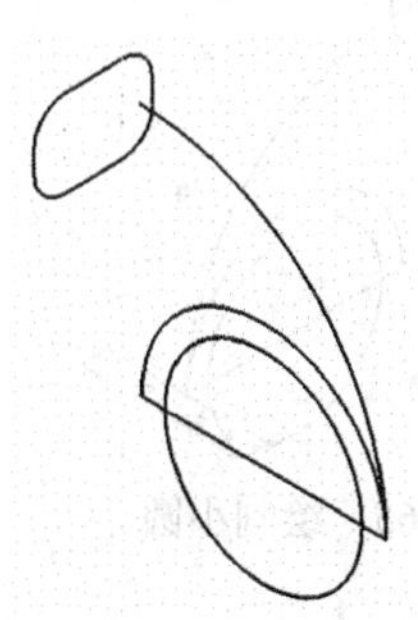

图6-159　矩形倒圆角

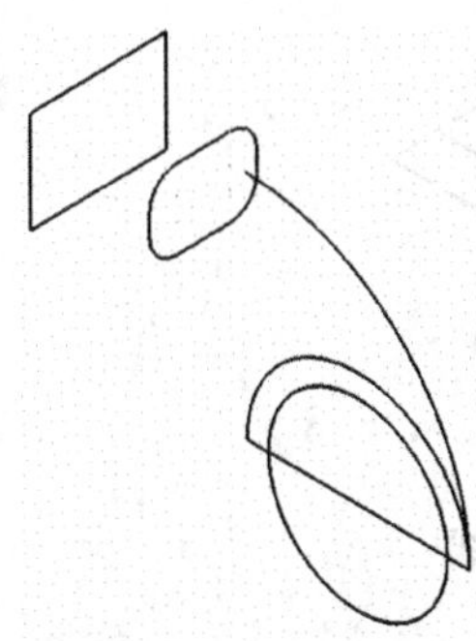

图6-160　绘制矩形

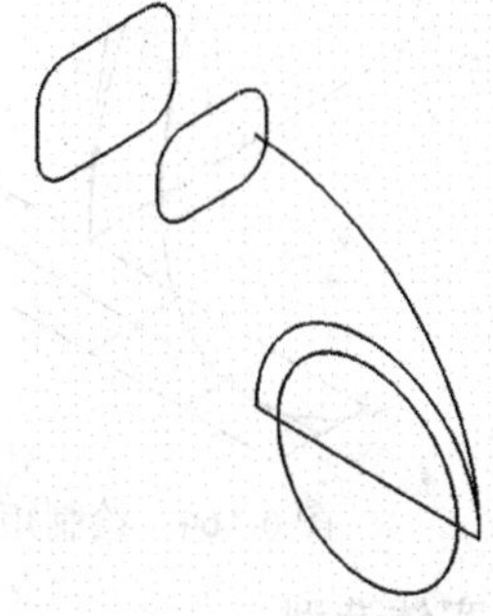

图6-161　再次绘制矩形倒圆角

（12）设置视角为等角视图，构图面为前视图，构图深度 Z 为0。

（13）选择“绘图”→“任意线”→“绘制任意线”命令，连接35×25矩形上边线中点和90°圆弧左端点。按【Esc】键退出，生成线架如图6-162所示。

（14）设置视角为等角视图，构图面为俯视图，构图深度 Z 为0。

（15）选择“绘图”→“距形”命令，单击“设置基准点为中心点”按钮，设置基准点为中心点，输入长度为9，高度为54，输入基准点坐标为（40.5,0），单击“确定”按钮，生成线架如图6-163所示。

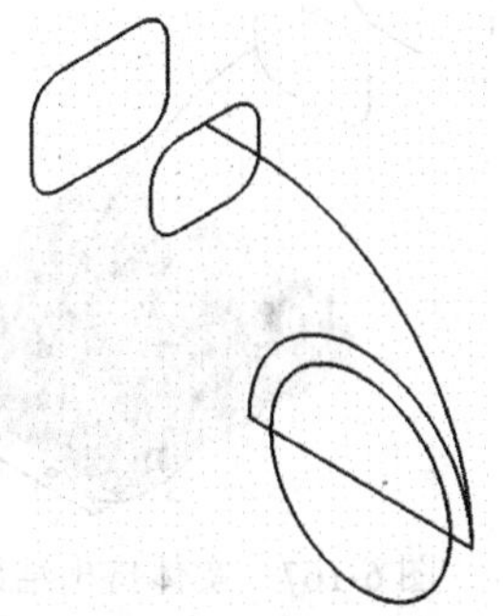

图6-162　绘制直线连接圆弧及矩形中点

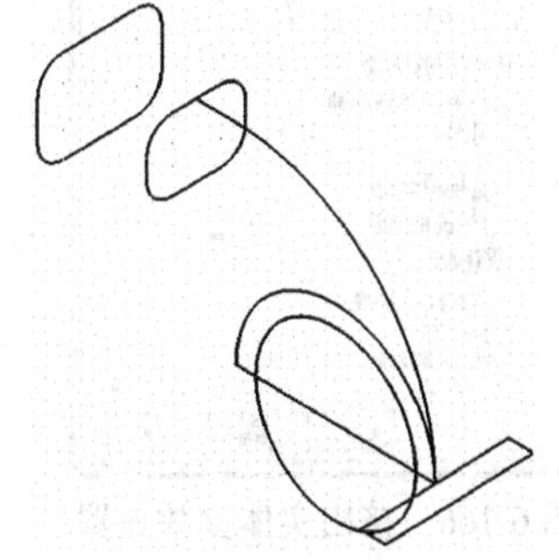

图6-163　绘制矩形（基准点不同）

（16）将视图9×54的矩形放大。选择“绘制平行线”命令，拾取矩形长边，在工具栏中输入距离值4.5，鼠标单击矩形中心表示补正方向。单击“应用”按钮。

（17）拾取矩形第一条短边，在工具栏中输入距离值9，鼠标单击矩形中心表示补正方向，单击“应用”按钮。拾取矩形另一条短边，输入距离值9，鼠标单击矩形中心表示补正方向，单击“应用”按钮。拾取矩形第一条短边，输入距离值18，鼠标单击矩形中心表示补正方向，单击“应用”按钮。

（18）拾取矩形另一条短边，输入距离值18，鼠标单击矩形中心表示补正方向。单击“确定”按钮，生成线架如图6-164所示。

（19）选择“绘图”→“圆弧”→“圆心+点”命令，单击图6-164中的交点，在工具栏中输入直径为3，按【Enter】键确认，单击“应用”按钮，依次绘制4个圆。

选择“编辑”→“删除”→“删除图素”命令，前面所绘制的圆心定位线，按【Enter】键确认，生成线架如图6-165所示。

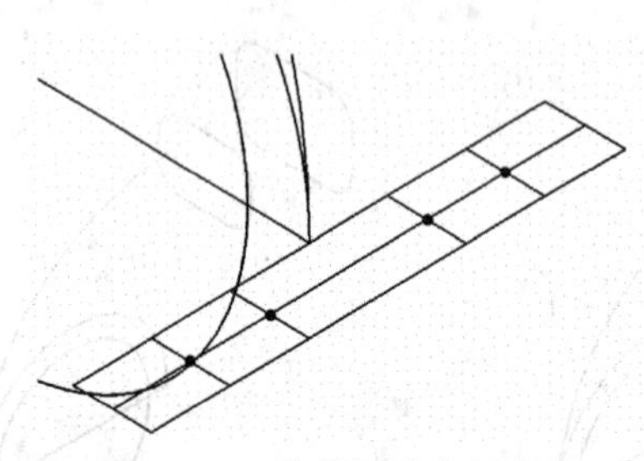

图6-164 绘制矩形内部直线

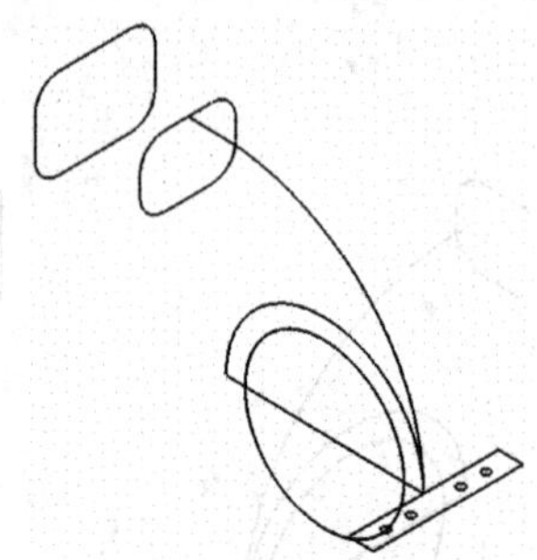

图6-165 绘制小圆

2. 实体造型

（1）选择“实体”→“挤出实体”命令，弹出“串连选项”对话框，选择“串连”方式，拾取图形直径为72的封闭半圆，单击“确定”按钮。弹出“实体挤出的设置”对话框，设置如图6-166所示，选中“创建主体”单选按钮，无拔模，指定延伸距离设为27，双向挤出，生成实体如图6-167所示。

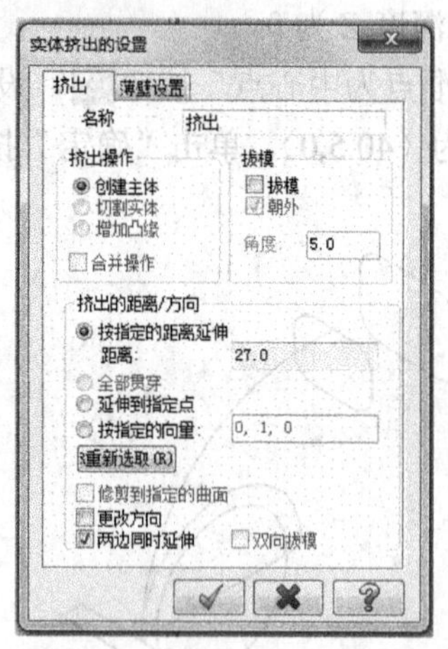

图6-166 挤出实体参数设置

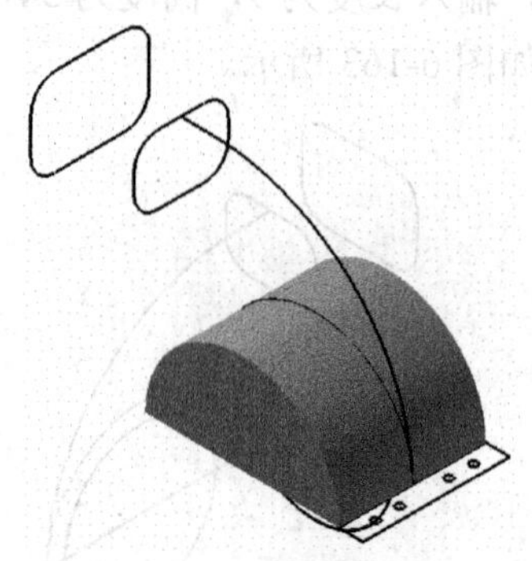

图6-167 实体挤出结果

（2）选择“实体”→“扫描实体”命令，弹出“串连选项”对话框，选择“串连”方式，根据状态栏提示拾取扫描的截面图形35×25的矩形，单击“确定”按钮，选择“部分串连”方式，拾取扫描路径线架的起始图素和终止图素，注意箭头方向和路径方向同向，单击“确定”按钮。弹出“扫描实体的设置”对话框，设置如图6-168所示，选中“增加凸缘”单选按钮，单击“确定”按钮，生成实体如图6-169所示。

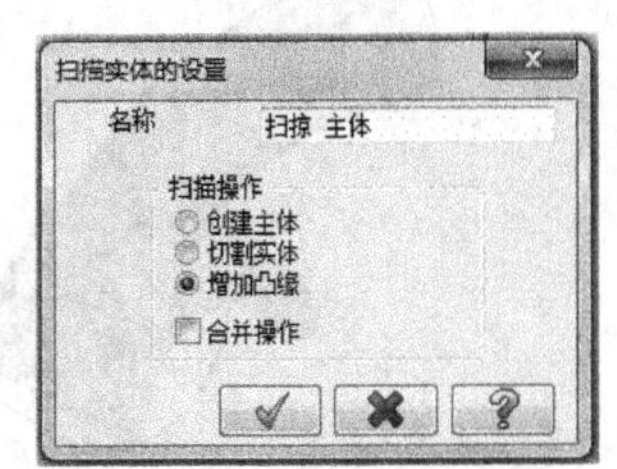

图 6-168　“扫描实体的设置”对话框

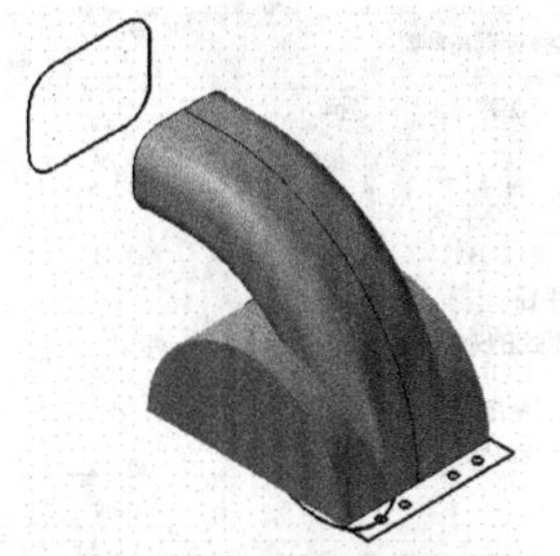

图 6-169　扫描实体结果

（3）选择“实体”→“举升实体”命令，弹出“串连选项”对话框，选择“串连”方式，拾取图形中对应的两个矩形，单击“确定”按钮。弹出“举升实体的设置”对话框，设置如图 6-170 所示，选中“增加凸缘”单选按钮，选中“以直纹方式产生实体”复选框，单击“确定”按钮，生成实体如图 6-171 所示。

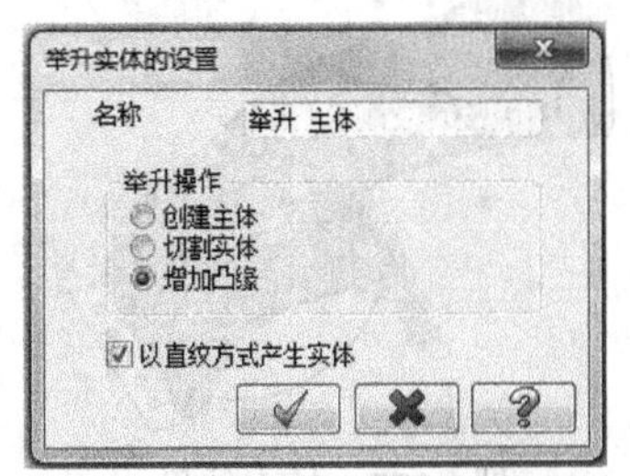

图 6-170　“举升实体的设置”对话框

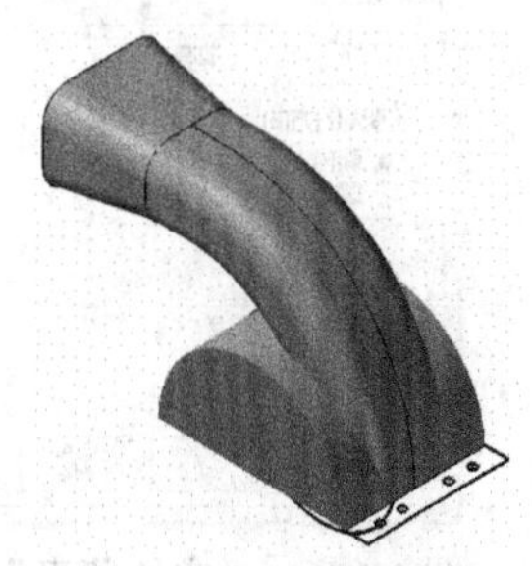

图 6-171　举升实体结果

（4）选择“实体”→“挤出实体”命令，弹出“串连选项”对话框，选择“单体”方式，拾取图形直径为 58 的整圆，单击“确定”按钮。弹出“实体挤出的设置”对话框，设置如图 6-172 所示，选中“切割实体”单选按钮，无拔模，全部贯穿，双向挤出，生成实体如图 6-173 所示。

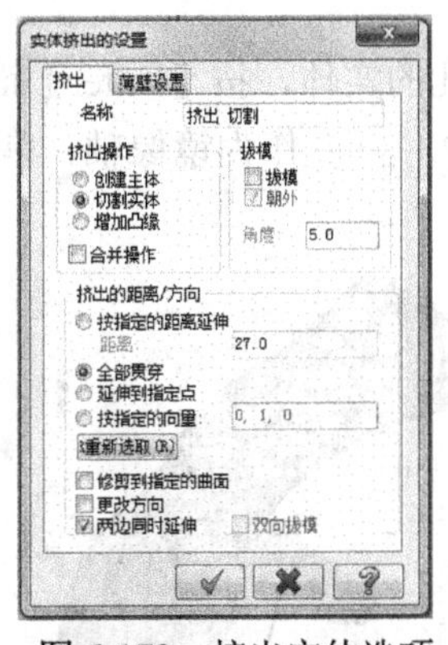

图 6-172　挤出实体选项

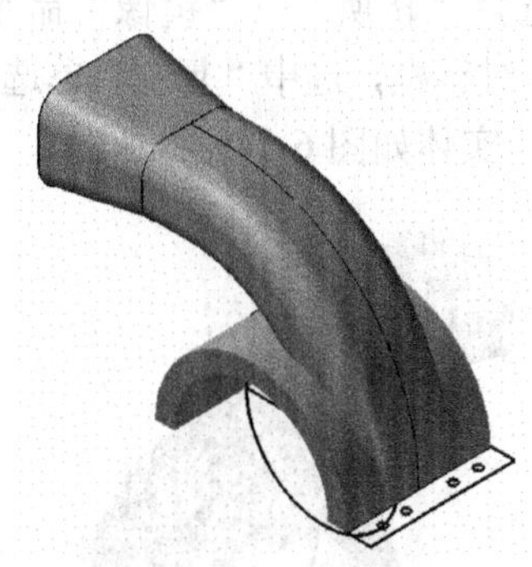

图 6-173　挤出切割实体结果

（5）选择“实体”→“倒圆角”→“实体倒圆角”命令，根据状态栏提示拾取图 6-173 所示“挤出实体”和“扫描实体”的交线中的每一段，按【Enter】键确认。弹出如图 6-174 所示“实体倒圆角”对话框，选中“固定半径”单选按钮，“半径”输入栏设置为 5，选中“沿切线边界延伸”复选框。单击“确定”按钮，生成实体如图 6-175 所示。

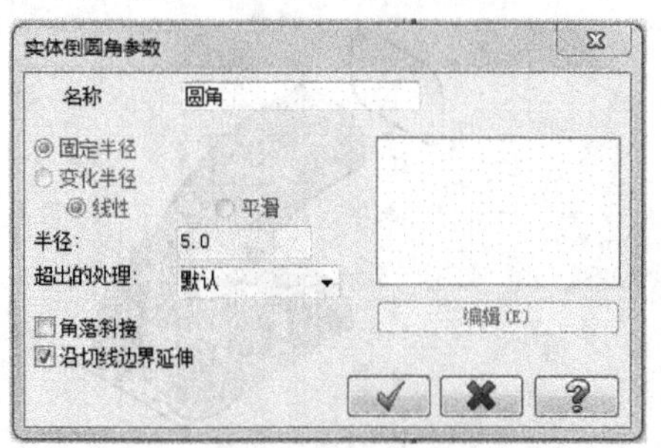

图 6-174 “实体倒圆角参数”对话框

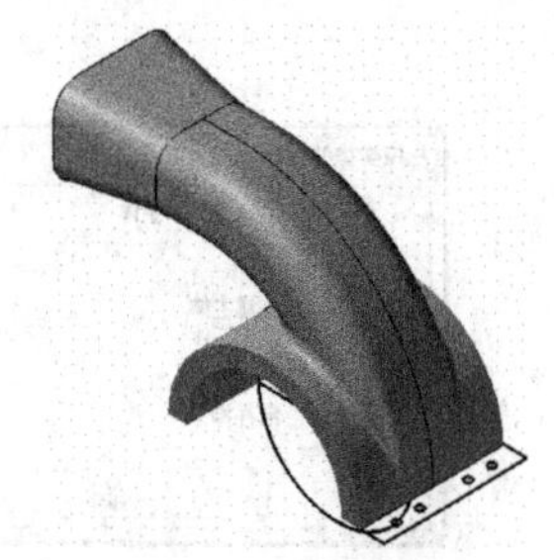
图 6-175 倒圆角结果

（6）选择“实体”→“实体抽壳”命令，选取图 6-175 中的下圆柱面，按【Enter】键确认。弹出“实体薄壳”对话框，设置如图 6-176 所示。单击“确定”按钮，生成实体如图 6-177 所示。

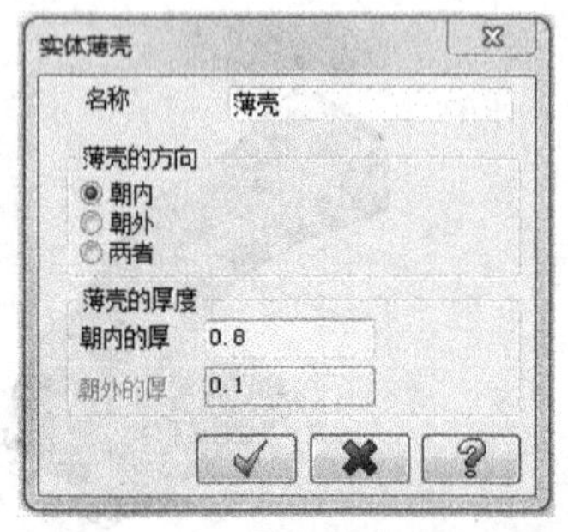

图 6-176 “实体薄壳”对话框

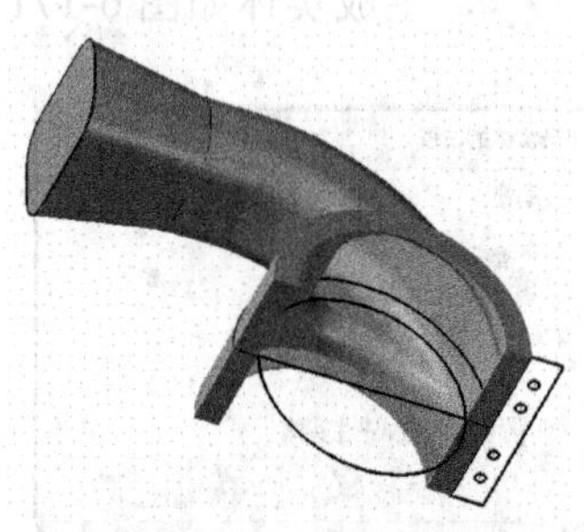
图 6-177 抽壳结果

（7）选择“实体”→“挤出实体”命令，弹出“串连选项”对话框，选择窗口方式，窗选 9×54 的矩形和 4 个直径为 3 的圆，拾取搜索点，单击“确定”按钮。弹出“挤出实体选项”对话框，选择“创建主体”，无拔模，延伸距离为 3，挤出方向向下，生成实体如图 6-178 所示。

（8）设置视角为等角视图，构图面为俯视图。

（9）选择“转换”→“镜像”命令，拾取带有 4 个通孔的实体，按【Enter】键确认。弹出“镜像”对话框，选中“复制”单选按钮，设置 X 0.0 作为镜像轴，单击“确定”按钮，实体如图 6-179 所示。

图 6-178 挤出实体结果

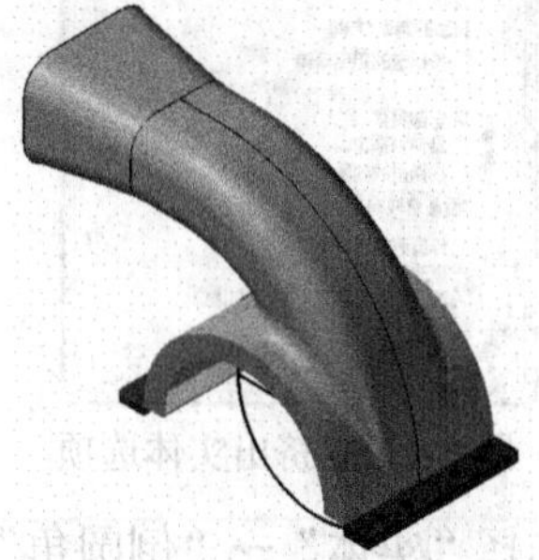
图 6-179 镜像结果

（10）选择“屏幕”→“隐藏图素”命令，拾取所有线架，按【Enter】键确认，生成实体图形如图 6-151 所示。

习　题　6

1. 根据图 6-180 所示图形尺寸完成零件的实体建模。

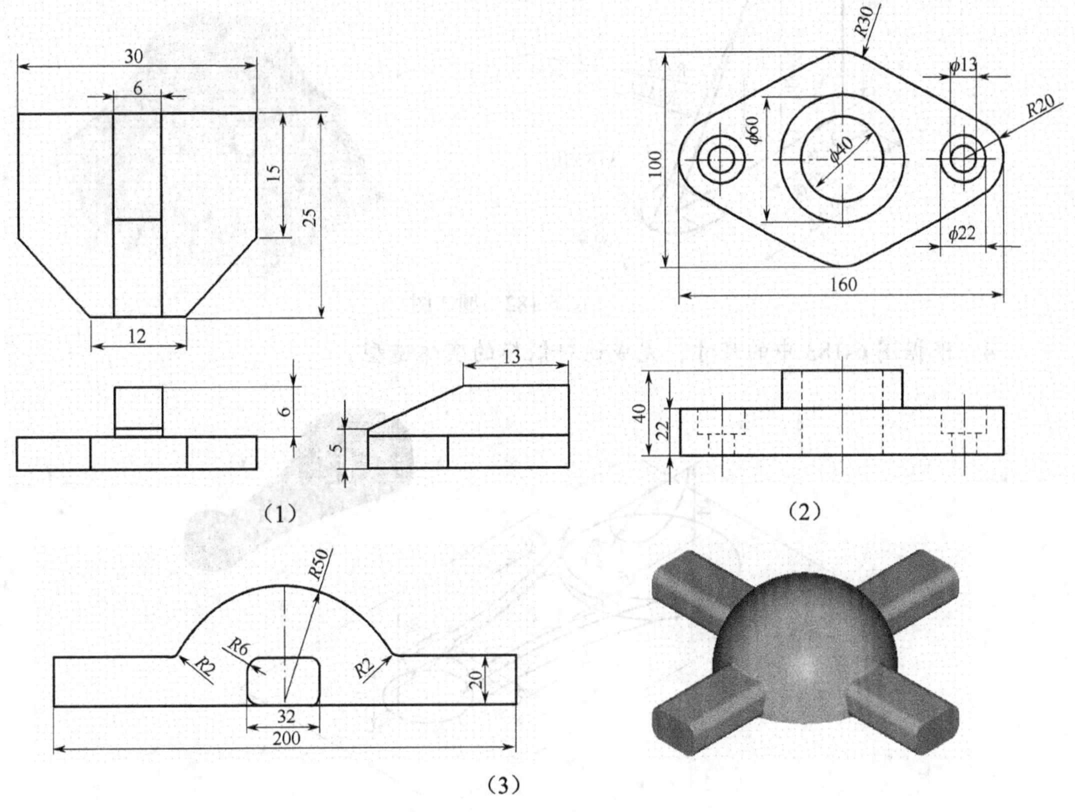

图 6-180　题 1 图

2. 根据图 6-181 完成实体造型。样条线 1 是长轴为 5，短轴为 3 的椭圆；样条线 2 是坐标为（25.318,141.909）、（36.5,139.182）、（36.046,130.444）、（41.682,123.636）、（37.843,115.292）的曲线；样条线 3 是坐标为（32,160）、（25,130）、（35,118）、（55,90）、（32,30）、（45,0）的曲线；*A*、*B*、*C*、*D* 处需倒圆角，半径为 2，壁厚为 5。

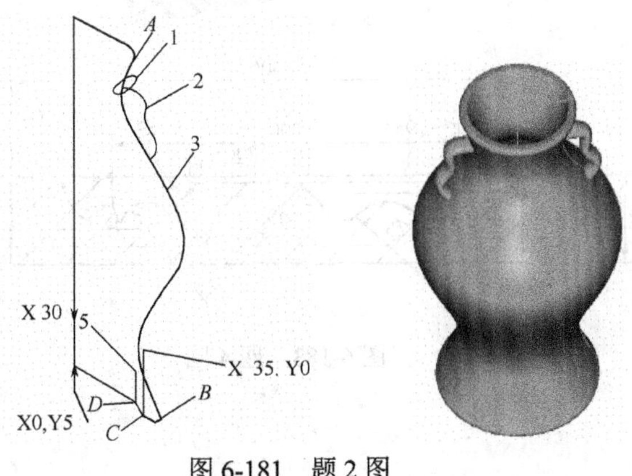

图 6-181　题 2 图

3. 根据图 6-182 的尺寸，完成可乐瓶底的实体建模。

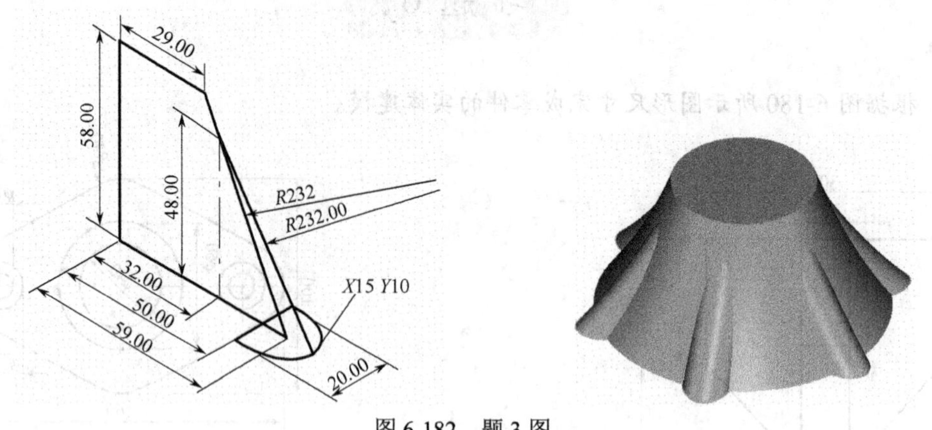

图 6-182　题 3 图

4. 根据图 6-183 中的尺寸，完成连杆锻模的实体造型。

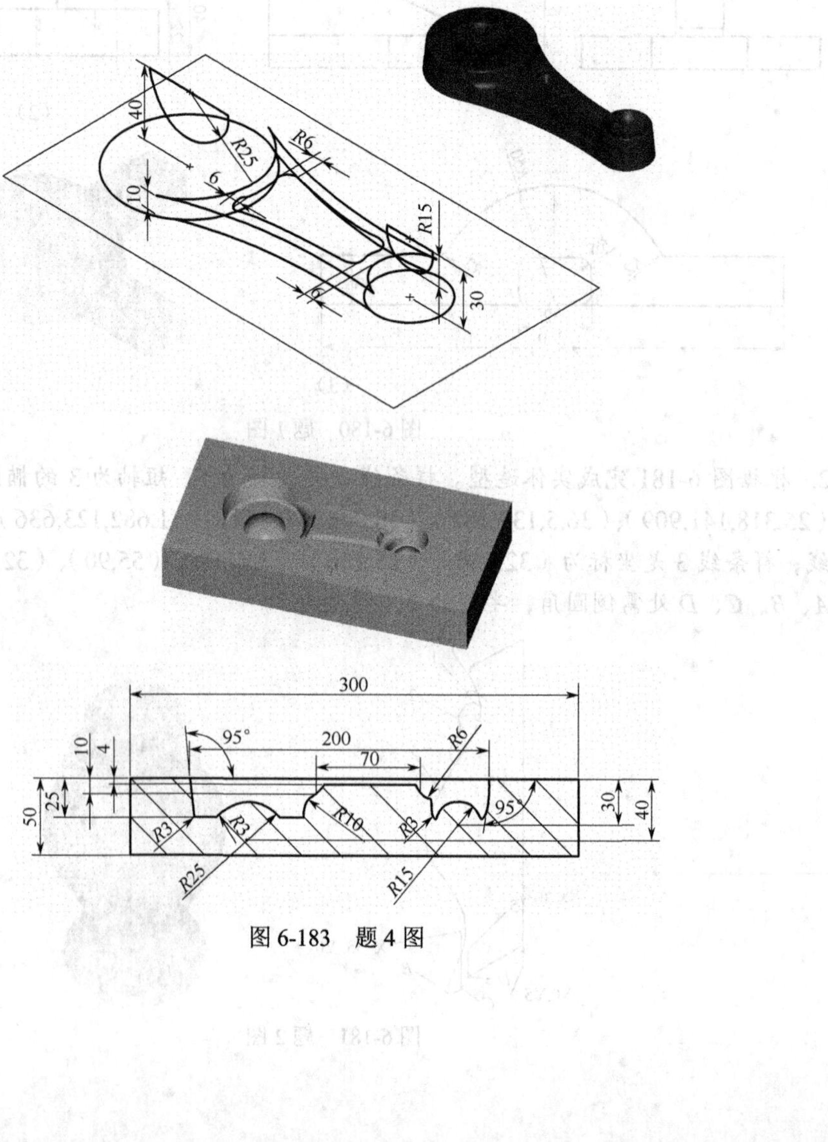

图 6-183　题 4 图

第 7 章　三维铣削加工

导　　语

曲面加工分为曲面粗加工和曲面精加工。粗加工的目的是最大限度地切除工件上的多余材料。如何发挥刀具的能力和提高生产率是粗加工的目标，粗加工中，一般采用平底端铣刀。曲面粗加工方法包括平行铣削、放射状加工、投影加工、流线加工、等高外形、残料粗加工、挖槽粗加工和钻削式加工；精加工的目的是切除粗加工后剩余的材料，以达到零件的形状和尺寸精度的要求。精加工中，首先要考虑的是保证零件的形状和尺寸精度，精加工中一般采用球铣刀。曲面精加工方法包括平行铣削、陡斜面加工、放射状加工、投影加工、流线加工、等高外形、浅平面加工、交线清角、残料清角、3D 等距和熔接加工。

对于不同形状和不同加工要求的零件，Mastercam X5 提供了 8 种粗加工方法、11 种精加工方法，如图 7-1 所示。

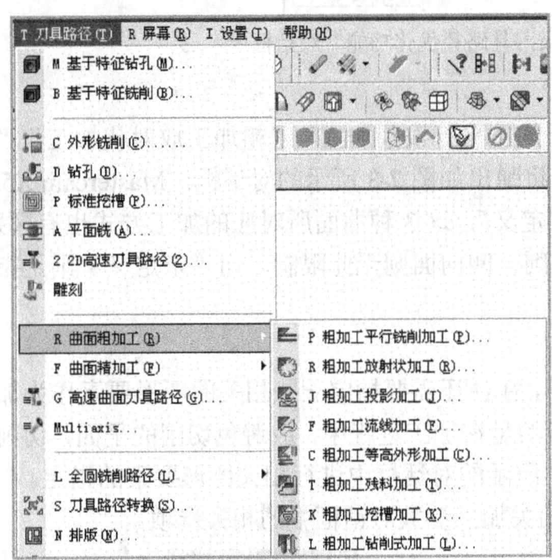

（a）曲面粗加工子菜单　　（b）曲面精加工子菜单

图 7-1　曲面加工命令

学习目标

1. 掌握三维刀具路径生成的基本步骤；
2. 理解三维加工各主要参数的含义；
3. 掌握三维粗加工和三维精加工的各种方法的应用；
4. 独立完成简单的三维曲面加工。

7.1　共同加工参数设置

针对不同的加工零件，需要选择不同的三维加工方式，但在各种加工方法中，有一部分相同的加工参数，本节将介绍这些公共参数的含义和设置。

当在 Mastercam X5 中第一次选择粗/精加工方法时，会弹出如图 7-2 所示的对话框，要求用户选择是否使用高级 3D 刀具路径优化功能。

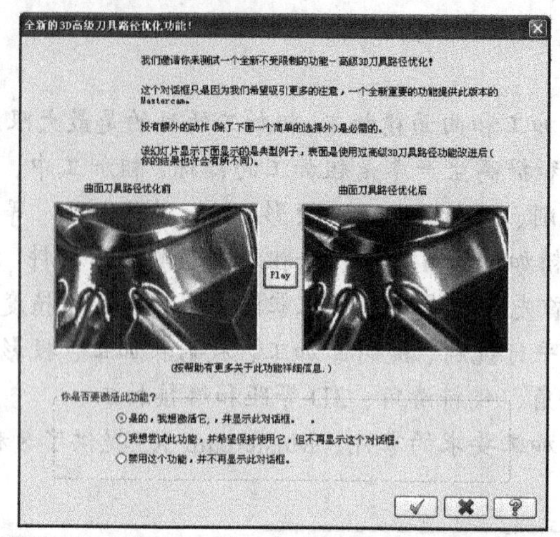

图 7-2 “全新的 3D 高级刀具路径优化功能”对话框

1．曲面类型

选择曲面粗加工方式中的前 4 种，即“粗加工平行铣削加工”、“粗加工放射状加工”、“粗加工投影加工”和“粗加工流线加工”，系统将弹出如图 7-3 所示的对话框。Mastercam X5 提供了 3 种曲面形状供选择：“凸”“凹”和“未定义”。这 3 种曲面所对应的加工方式也有区别。凸曲面不允许刀具在 Z 轴进行负向移动式切削，凹曲面则无此限制。而“未定义”则是指采用默认参数，一般为上一次加工设置的参数。

2．加工面选择

在指定曲面加工时，除了选择加工曲面外，往往还需要指定一些相关的图形要素作为加工的参考，如干涉曲面和切削边界。干涉曲面指的是在加工过程中，应避免切削的平面，切削边界用于限制刀具移动的范围。用户需在图 7-4 所示的对话框中进行相关图形要素的指定。

如果选择了刀具路径起始点，则会激活相关加工参数对话框中的相关选项。

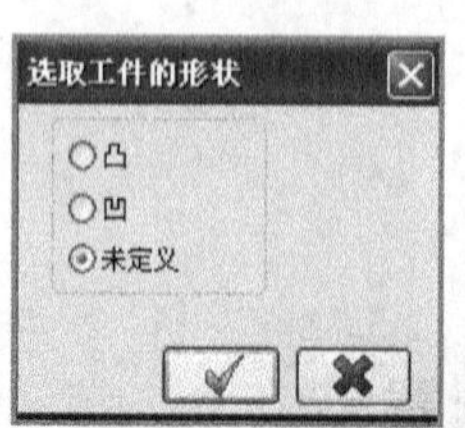

图 7-3 “选取工件的形状”对话框

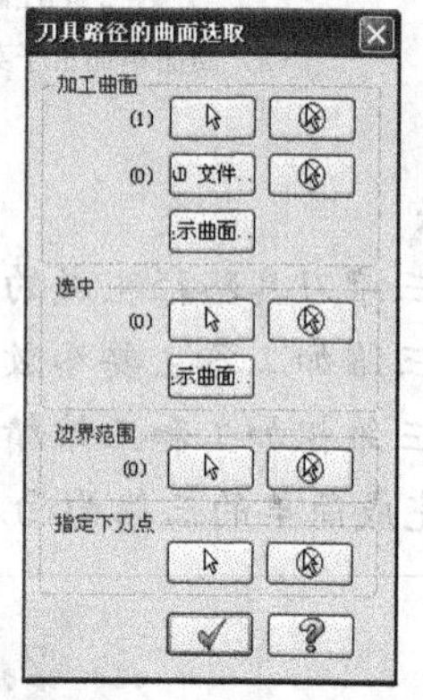

图 7-4 “刀具路径的曲面选取”对话框

3．刀具切削参数

确定加工表面后，系统会弹出如图 7-5 所示的对话框。在各种加工方法设置对话框的“刀具路径参数”选项卡中，首先根据需要选择一把合适的刀具，然后设置刀具号码、刀具类型、刀具直径、刀具长度、进给率、主轴转速、冷却方式等内容，如图 7-5 所示。

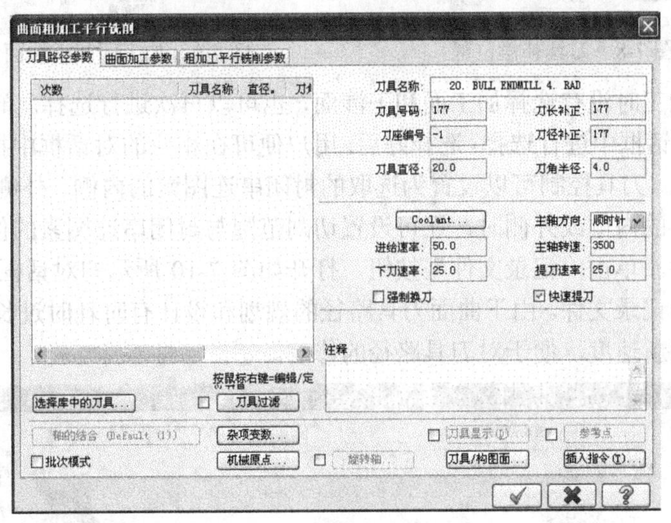

图 7-5　刀具路径参数设置

4．曲面加工参数设置

在“曲面加工参数”选项卡中，有一部分加工参数是通用的，如图 7-6 所示。

（1）高度设置。三维加工中的加工高度参数同二维加工基本相同，也是由安全高度、参考高度、进给下刀位置和工件表面高度组成，只是缺少了“切削深度”选项，如图 7-7 所示，具体描述参考二维铣削内容。

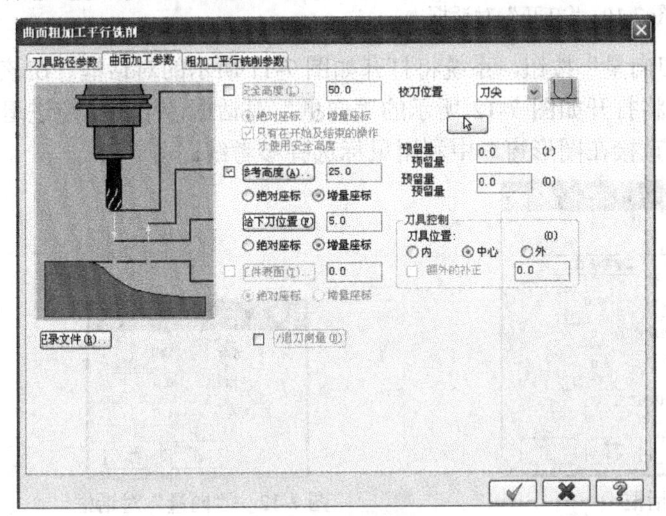

图 7-6　曲面加工参数设置

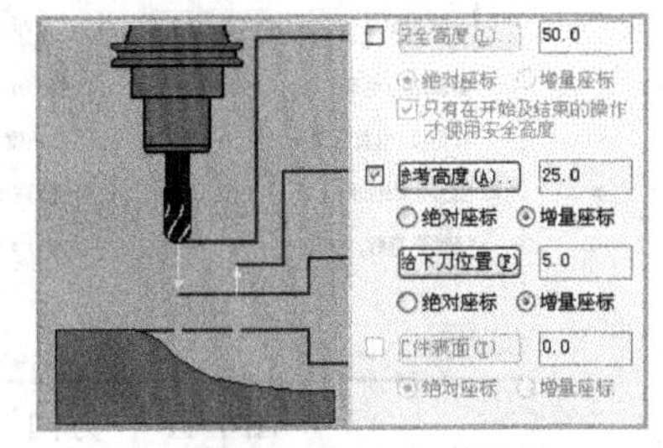

图 7-7　加工高度设置

（2）校刀位置。校刀位置有“中心”和“刀尖”两个选项，分别表示补偿到刀具端头中心和刀具尖角，如图 7-8 所示。

（3）加工面/干涉预留面。在加工曲面和实体时，加工面往往需要预留一定的加工量，以便进行精加工；对于干涉面的预留也是在粗加工时保证加工区域和干涉区域间有一定的距离，以免破坏干涉面，如图 7-9 所示。

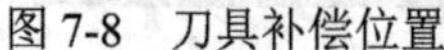
图 7-8　刀具补偿位置

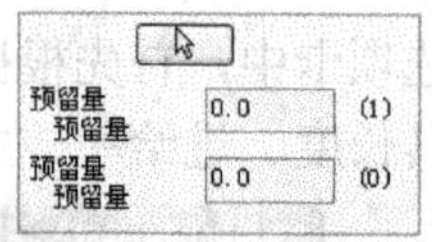

图 7-9　加工面和干涉面预留量设置

如果在开始加工时没有选择加工面和干涉面，也可以再次进行选择。单击按钮，弹出如图 7-4 所示的对话框中进行选择。选择好后，用户便可在相应的对话框中指定一定的预留量。

（4）刀具控制。刀具控制可以设置为选取的封闭串连图素的内侧、外侧或中心，当刀具控控设置为选取串连的内侧或外侧时，还可设置切削范围与封闭串连图素的偏移值。

（5）记录文件。单击“记录文件”按钮，打开如图 7-10 所示的对话框，用于自动保存曲面加工刀具路径的记录文件。由于曲面刀具路径的规划和设计有时耗时过长，采用此方法可以加快刀具路径的刷新速度，便于对刀具路径的修改。

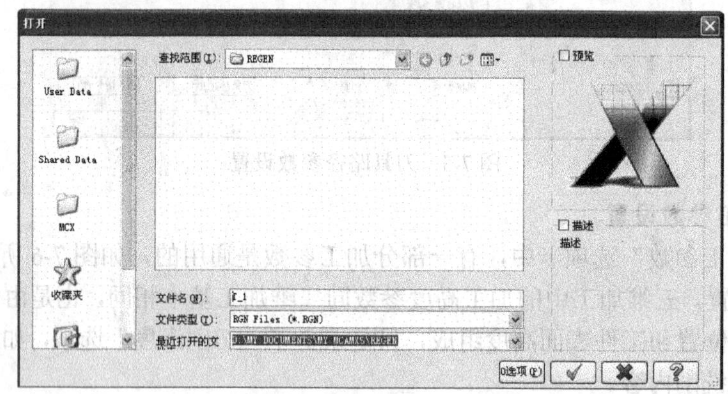

图 7-10　“打开”对话框

（6）进/退刀向量。单击“进/退刀向量”按钮，系统将打开如图 7-11 所示的对话框。在该对话框中，单击“向量”按钮，系统将打开如图 7-12 所示的“向量”对话框，用于指定进退刀的向量。单击“参考线”按钮，可直接在图形窗口中利用鼠标选择参考线。

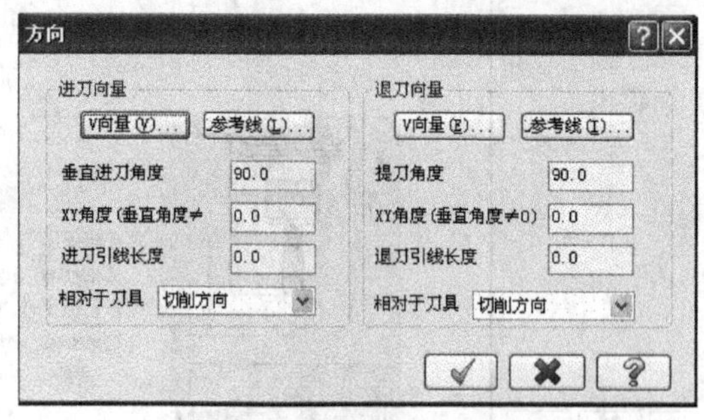

图 7-11　“方向”对话框

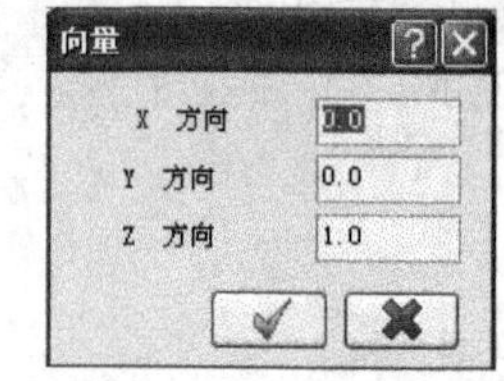

图 7-12　“向量”对话框

7.2　三维曲面粗加工

选择“刀具路径”→“曲面粗加工”→“粗加工平行铣削”命令，系统将打开如图 7-1（a）所示的曲面粗加工子菜单，Mastercam X5 一共提供了 8 种曲面粗加工方法。本节将介绍各种粗加工方法的特点、应用场合及刀具路径参数设置的要点。

7.2.1　粗加工平行铣削加工

平行加工方法是一个简单、有效和常用的粗加工方法，加工刀具路径平行于某一给定方向，用于工件形状中凸出物和沟槽较少的情况。

【范例 1】

步骤一　曲面造型（扫描曲面）

如图 7-13（a）所示，图 7-13（b）中的双点画线表示毛坯的线框轴测图，实线部分表示用于加工的曲面。

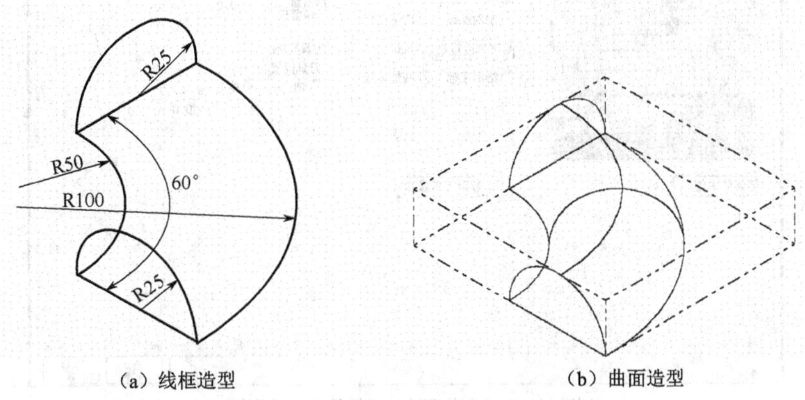

图 7-13　粗加工平行铣削加工零件图

步骤二　生成粗加工平行铣削加工路径

（1）选择“刀具路径”→“曲面粗加工”→“粗加工平行铣削加工”命令，系统将打开如图 7-3 所示的“选取工件的形状”对话框，用于提示用户首先指定曲面类型，然后打开如图 7-4 所示的“刀具路径的曲面选取”对话框，用于选择加工曲面，接下来弹出“曲面加工平行铣削”对话框，如图 7-14 所示。

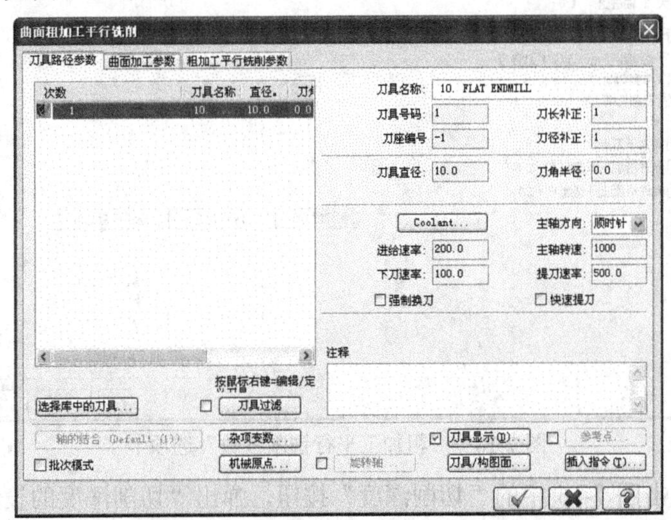

图 7-14　“曲面加工平行铣削”对话框

（2）在“刀具路径参数”选项卡的，在空白区域右击，出现快捷菜单，然后选择“创建新刀具”命令，弹出“定义刀具”对话框，选择一把 10 mm 的平底铣刀，单击“确定”按钮 ✔ ，刀具就显示在图 7-14 所示的对话框的刀具显示处，设置相关参数（实际加工刀具参数与机床、工件、切削要素等有关，此处为示例，后续同）。

（3）设置曲面加工参数，如图 7-15 所示。

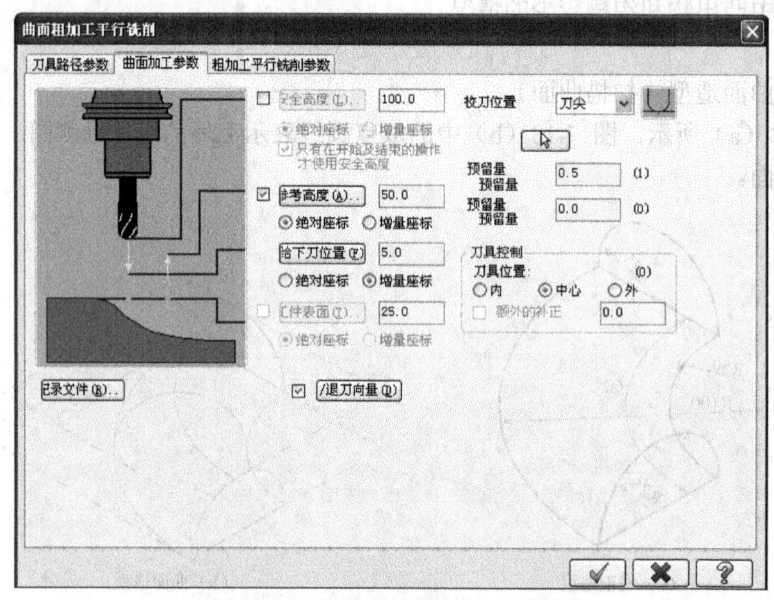

图 7-15 “曲面加工参数”选项卡

（4）设置粗加工平行铣削参数，如图 7-16 所示。

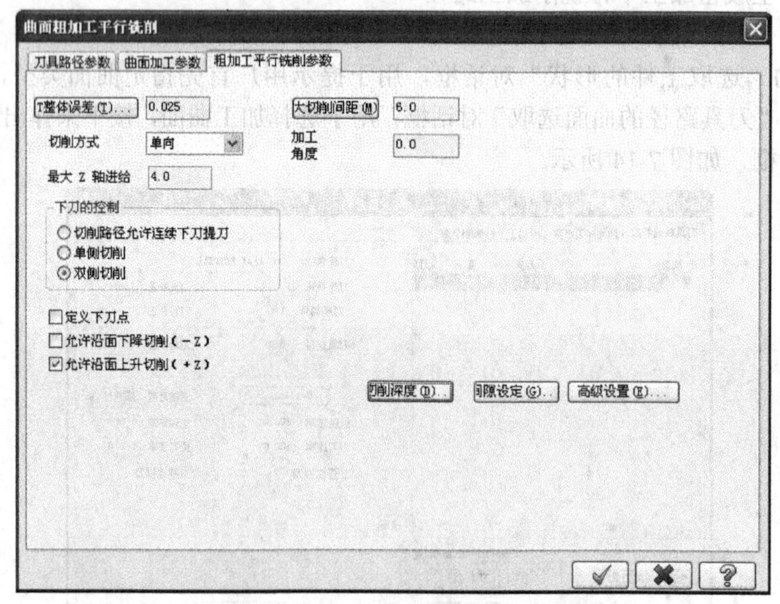

图 7-16 “粗加工平行铣削参数”选项卡

（5）用鼠标单击图 7-16 中的“切削深度”按钮，弹出“切削深度的设定”对话框，设置完毕后，如图 7-17 所示。单击“确定”按钮[✔]，回到图 7-16。

（6）单击图 7-16 中的“确定”按钮[✔]，则得到平行铣削粗加工路径如图 7-18 所示。

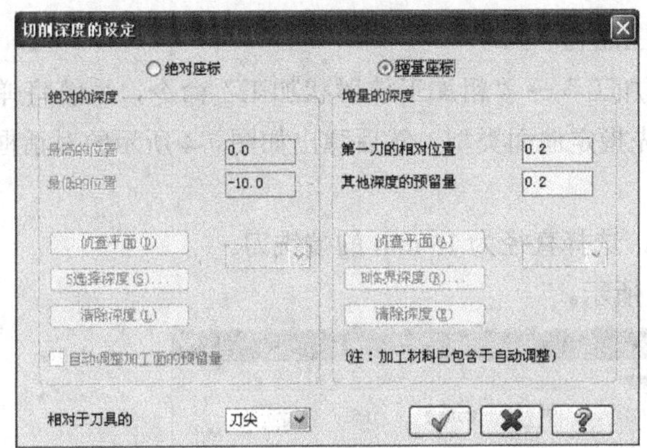

图 7-17　“切削深度的设定”对话框

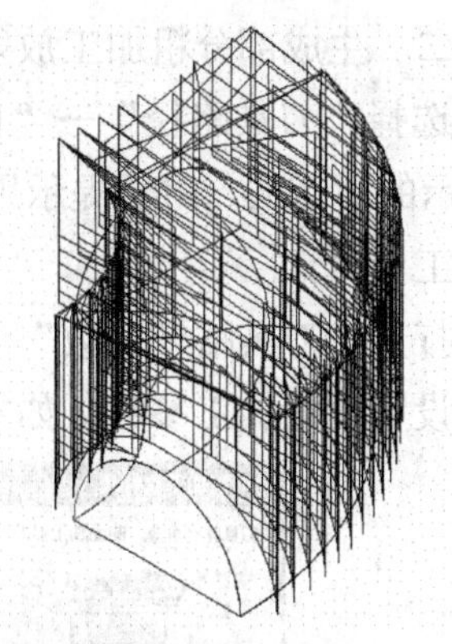

图 7-18　粗加工平行铣削加工路径

步骤三　存储文件

选择“文件”→“另存文件”命令。

设置文件名为“粗加工平行铣削加工路径.MCX-5”。

7.2.2　粗加工放射状加工路径

放射加工方法适用于具有回转特征的零件形状。由于 CAD/CAM 软件中，设计与加工（生成刀具路径）是两个不同的概念，如果只是为了生成某个零件的加工刀具路径，可以根据加工的需要进行设计和造型，这样可以简化设计，节省时间。如图 7-19 所示，由于具有三个相同的凸台，而且凸台造型时，需要编辑曲面，比较浪费时间。因此，本例采用只设计出一个凸台，产生其放射粗加工刀具路径，再用编辑生成刀具路径的方法，生成其余另两个凸台的刀具路径。此思路和方法是一个普遍方法，读者可以悉心体会。

【范例 2】

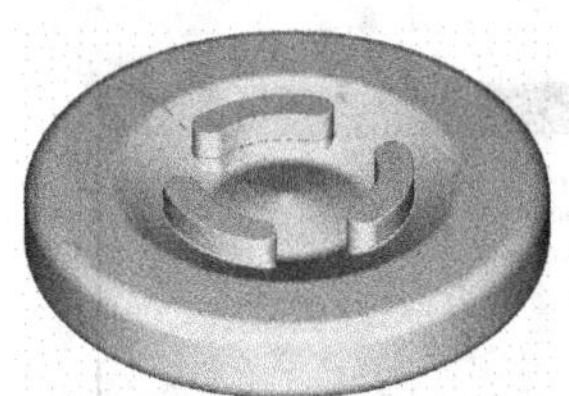

图 7-19　粗加工放射状加工实体零件图

步骤一　曲面造型

曲面造型，如图 7-20 所示。（由实体生成）

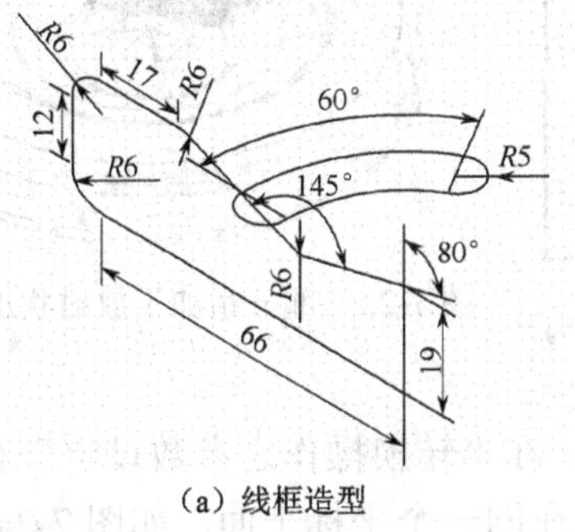

（a）线框造型

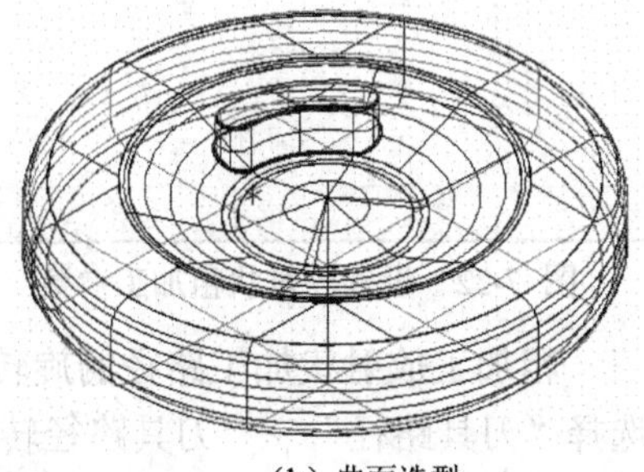

（b）曲面造型

图 7-20　粗加工放射状加工零件图

步骤二　生成部分粗加工放射状加工路径

（1）选择“刀具路径”→“曲面粗加工”→“粗加工放射状加工”命令，系统将弹出如图 7-3 所示的对话框，用于提示用户首先指定曲面类型，然后弹出如图 7-4 所示的对话框，用于选择加工曲面。

（2）打开“刀具路径参数”选项卡，选择直径为 15 mm 的端铣刀。

（3）设置曲面加工参数，如图 7-21 所示。

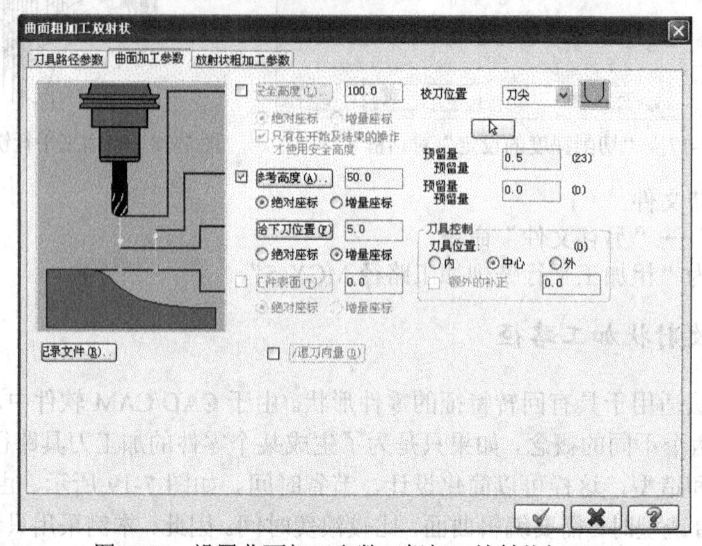

图 7-21　设置曲面加工参数（粗加工放射状加工）

（4）设置放射状粗加工参数，如图 7-22 所示。

（5）单击图 7-22 中的“确定”按钮，选择旋转中心点，得到部分粗加工放射状加工路径，如图 7-23 所示。

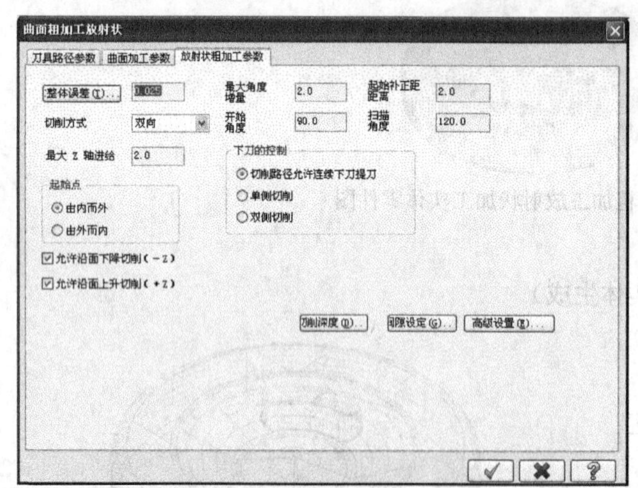

图 7-22　设置放射状粗加工参数

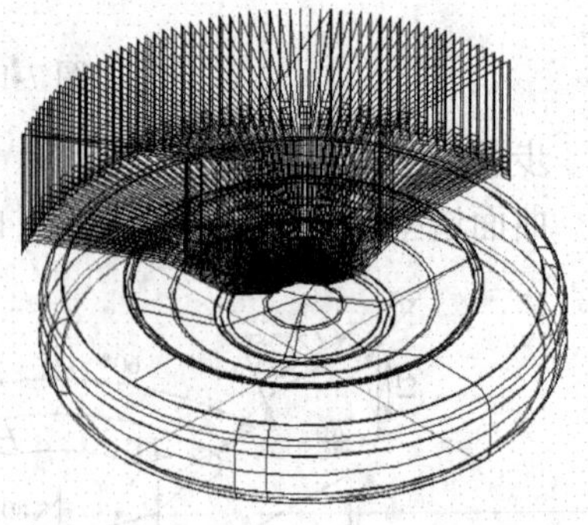

图 7-23　部分粗加工放射状加工路径

步骤三　粗加工放射状加工路径的旋转复制

（1）选择“刀具路径”→“刀具路径转换”命令，在“转换操作之参数设定”对话框中选中类型为旋转，方式为坐标，即生成的所有刀具路径在同一个坐标平面，如图 7-24 所示。

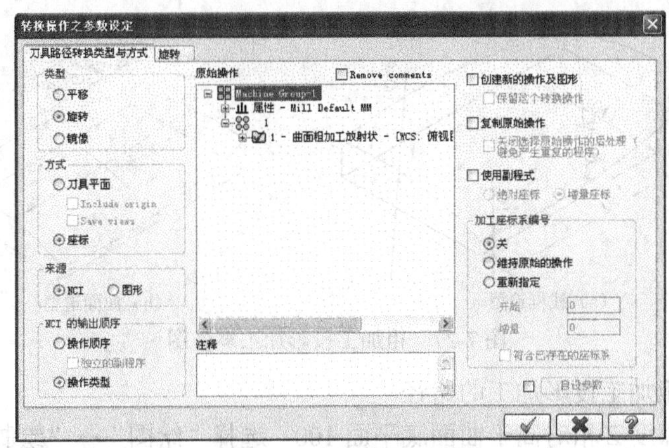

图 7-24　刀具路径的转换

（2）选择“旋转”选项卡，设置旋转次数为 2，起始角度为 120°，如果选中“单次旋转角度”单选按钮则旋转角度为 360°/3（=120°），旋转的基准点为自定义点（几何中心），如图 7-25 所示，单击“确认”按钮 ✔。

（3）转换后的刀具路径如图 7-26 所示。

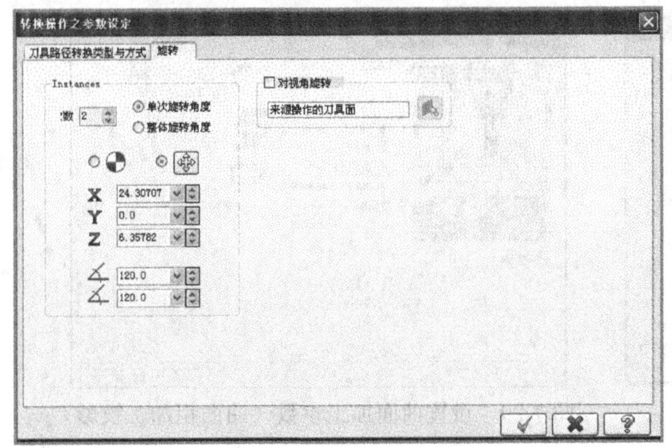

图 7-25　旋转参数设定

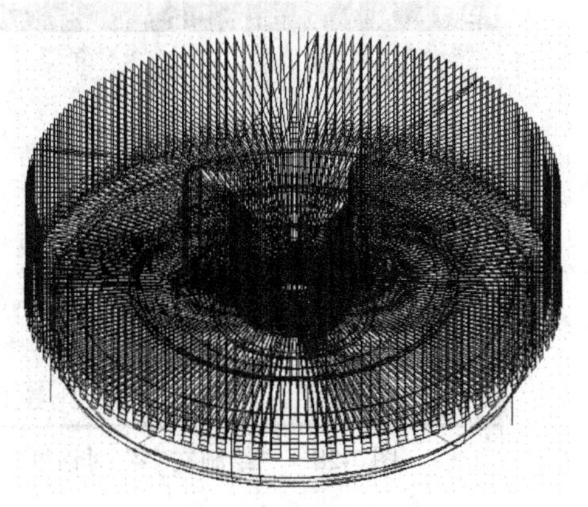

图 7-26　转换后的刀具路径

步骤四　存储文件

文件名为“粗加工放射状加工路径. MCX-5”。

7.2.3　粗加工投影加工路径

投影加工方法是将已生成的 NCI 文件或图素（曲线或点阵）投影到被加工曲面上。投影加工方法可以加工任意的零件形状，对于雕刻加工，一般采用投影加工方法。投影粗加工和精加工基本一样，本例中给出了投影粗加工和精加工方法的应用，投影粗加工是将挖槽加工生成的 NCI 文件投影到被加工曲面上，投影精加工是将一组曲线（如字母 *XHZY*，在图形中 *XHZY* 被视为曲线）投影到被加工曲面上。

【范例 3】

步骤一　曲面造型

曲面造型，如图 7-27 所示。（昆氏曲面）

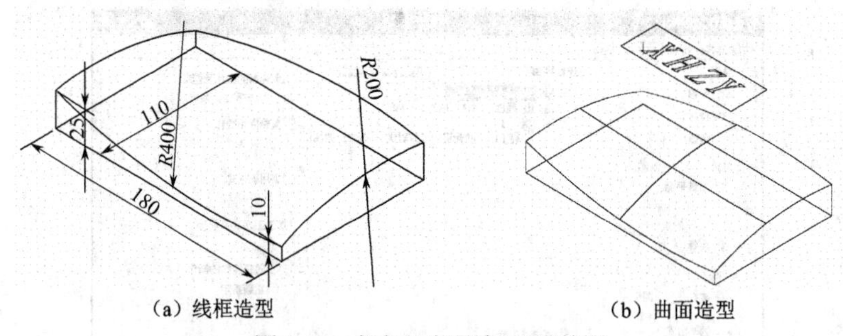

（a）线框造型　　（b）曲面造型

图 7-27　粗加工投影加工零件图

步骤二　生成粗加工投影加工的路径

（1）设置构图深度 Z 相对高于曲面底平面 100，选择“绘图”→“绘制文字”命令，弹出“绘制文字”对话框，设置参数如图 7-28 所示。

（2）选择“刀具路径”→“曲面粗加工”→“粗加工投影加工”命令，系统将弹出如图 7-3 所示的对话框，用于提示用户首先指定曲面类型，然后弹出如图 7-4 所示的对话框，用于选择加工曲面，弹出“曲面粗加工投影”对话框，选取 1 mm 球刀，选择“曲面加工参数”选项卡，设置参数如图 7-29 所示。

图 7-28　“绘制文字”对话框

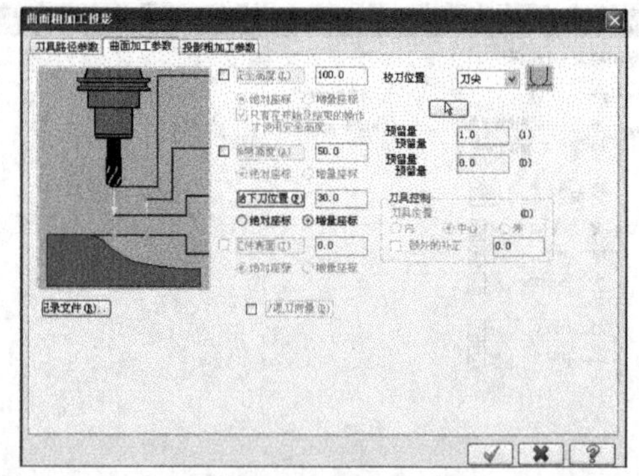

图 7-29　设置曲面加工参数（曲面粗加工投影）

（3）选择“投影粗加工参数”选项卡，投影方式选取曲线，如图 7-30 所示。

（4）单击“确定”按钮 ✓ ，选择“窗选”（▭）图标（下同），选取图 7-31 中矩形内的字母，选取 X 附近一点作为串连起始点，单击“确定”按钮 ✓ ，结果生成曲线轮廓在曲面上的刀具路径，如图 7-31 所示。

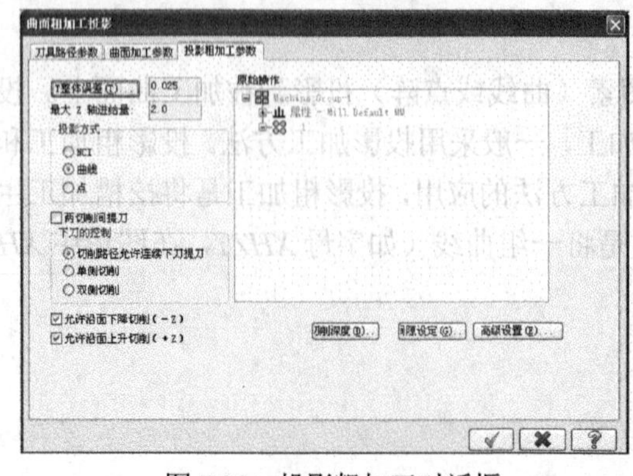

图 7-30　投影粗加工对话框

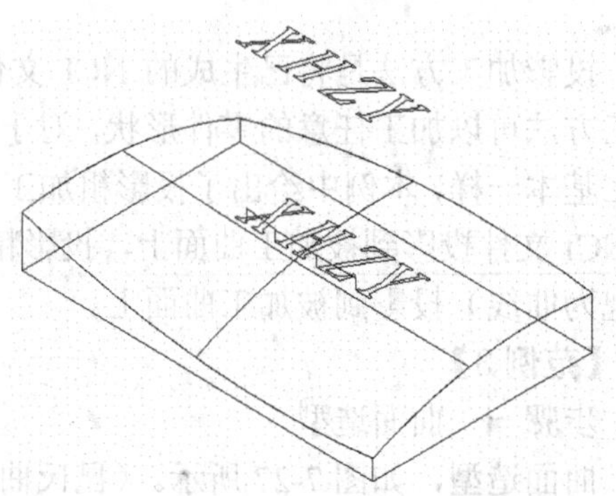

图 7-31　粗加工投影加工刀具路径

步骤三 存储文件

文件名为“粗加工投影加工路径.MCX-5”。

7.2.4 粗加工流线加工路径

在“曲面粗加工”子菜单中选择“粗加工流线加工”命令，可打开流线粗加工模组。该模组可以沿曲面流线方向生成粗加工刀具路径，可以通过“曲面流线粗加工参数”选项卡来设置该模组的参数。

【范例 4】

步骤一 曲面造型

曲面造型，如图 7-32 所示。（旋转曲面）

图 7-32 流线加工粗加工零件图

步骤二 生成粗加工流线加工路径

（1）选择“刀具路径”→“曲面粗加工”→“粗加工流线加工”命令，系统将弹出如图 7-3 所示的对话框，用于提示用户首先指定曲面类型，然后弹出如图 7-4 所示的对话框，用于选择加工曲面，在对话框中选择“曲面流线”图标，弹出图 7-33“曲面流线设置”对话框。

（2）设置“补正”、“切削方向”等参数如图 7-34 所示。

（3）弹出“曲面粗加工流线”对话框，选择 5.0 球刀，在“曲面加工参数”选项卡中设置参数如图 7-35 所示。

（4）在“曲面流线粗加工参数”选项卡中“截断方向的控制”选项组中设定球刀残脊高度为 0.04，参数设置如图 7-36 所示，单击“确定”按钮。

截断方向的控制方式有两种：距离和残脊高度。“距离”是指刀具在截断方向的间距依照绝对距离计算，而“残脊高度”是在一个给出的误差范围内，根据曲面的不同形状，系统自动计算出不同的间距增量。

（5）生成流线加工粗加工路径如图 7-37 所示。

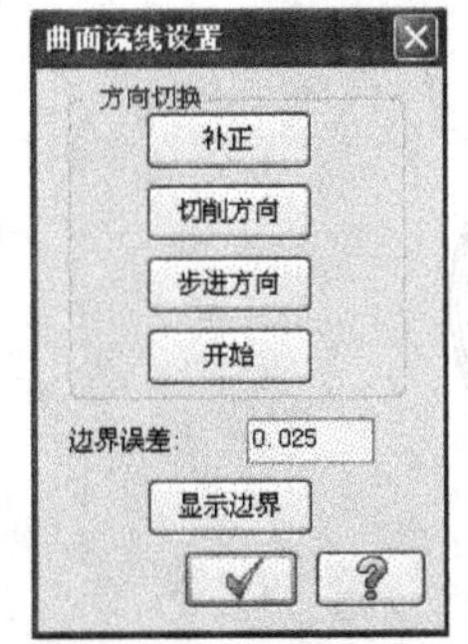

图 7-33 “曲面流线设置”对话框

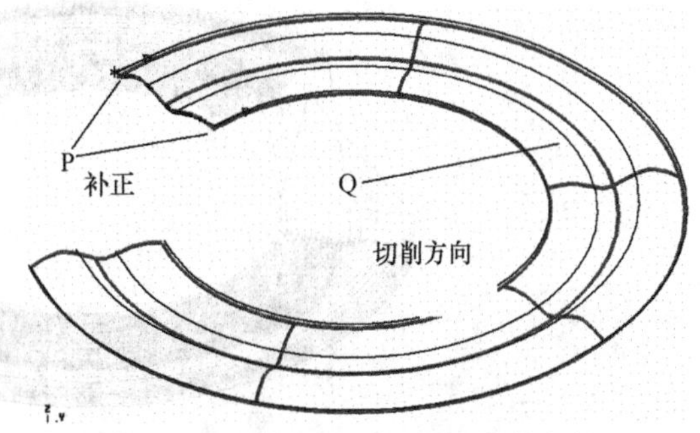

图 7-34 设置“补正”和“切削方向”

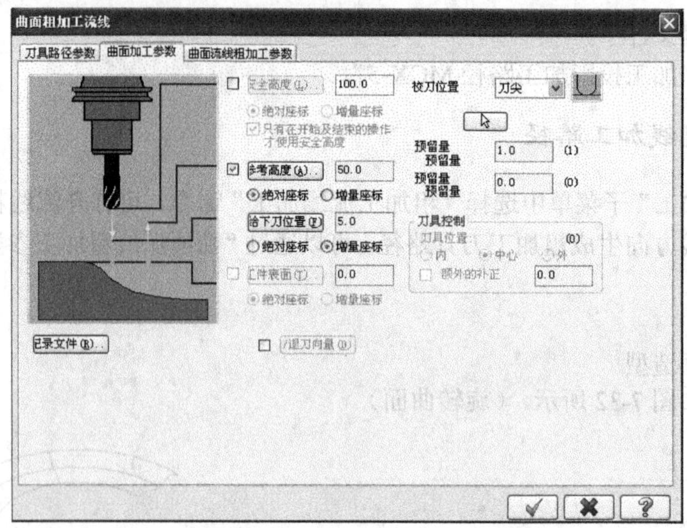

图 7-35　设置曲面加工参数（曲面粗加工流线）

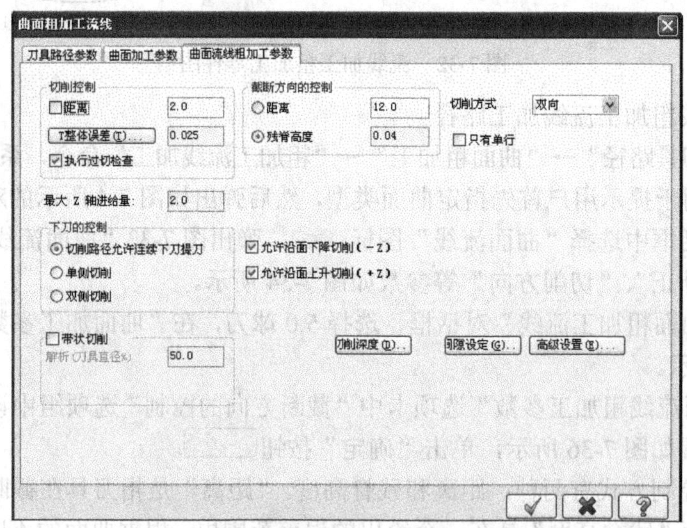

图 7-36　“曲面流线粗加工参数”选项卡

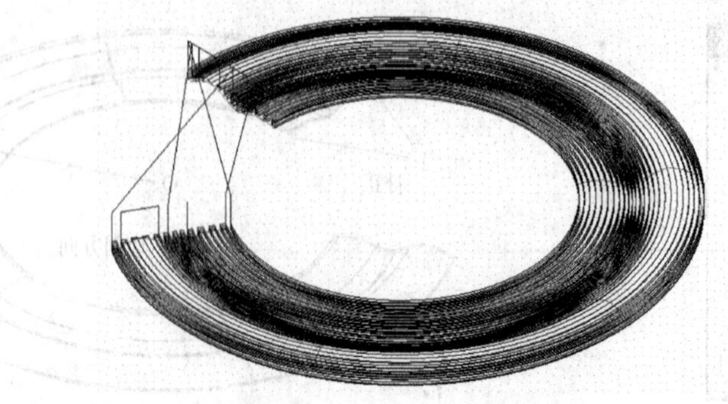

图 7-37　粗加工流线加工路径

步骤三　存储文件

文件名为“粗加工流线加工路径.MCX-5”

7.2.5　粗加工等高外形加工路径

粗加工等高外形加工是用一系列平行于刀具平面的不同 *Z* 值深度的平面来剖切要加工曲面，然后对剖切后得到的曲线进行二维外形加工，又称等高线加工，主要用于铸造或锻造毛坯的粗加工。

【范例 5】

步骤一　曲面造型

曲面造型，如图 7-38 所示。（旋转曲面）

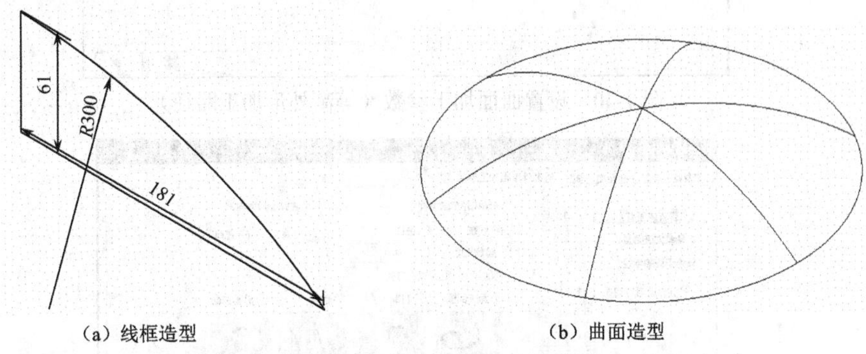

（a）线框造型　　　　（b）曲面造型

图 7-38　粗加工等高外形加工零件图

步骤二　生成曲面的粗加工等高外形加工刀具路径

（1）选择“刀具路径”→“曲面粗加工”→“粗加工等高外形加工”命令，系统将弹出如图 7-3 所示的对话框，用于提示用户首先指定曲面类型，然后弹出如图 7-4 所示的对话框，用于选择加工曲面，并弹出“曲面粗加工等高外形”对话框，设置刀具路径参数如图 7-39 所示。

（2）设置曲面加工参数，如图 7-40 所示。

（3）设置等高外形粗加工参数，如图 7-41 所示。

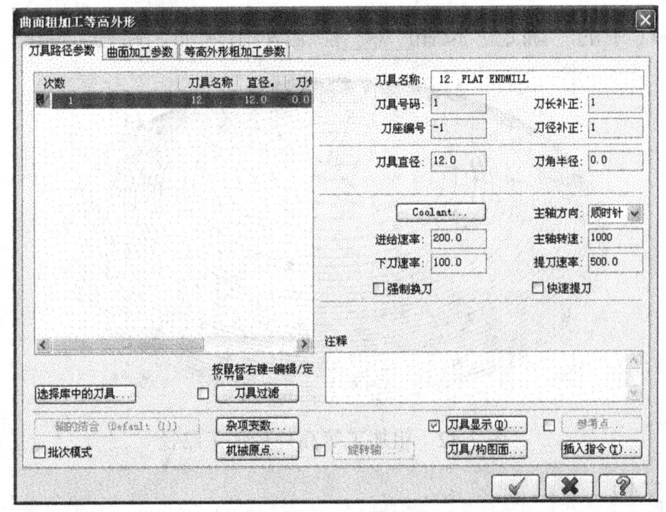

图 7-39　“曲面粗加工等高外形”对话框

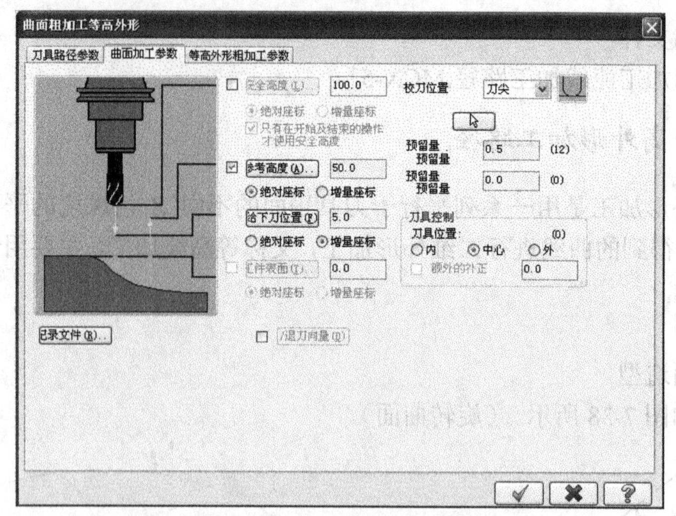

图 7-40 设置曲面加工参数（等高外形加工路径）

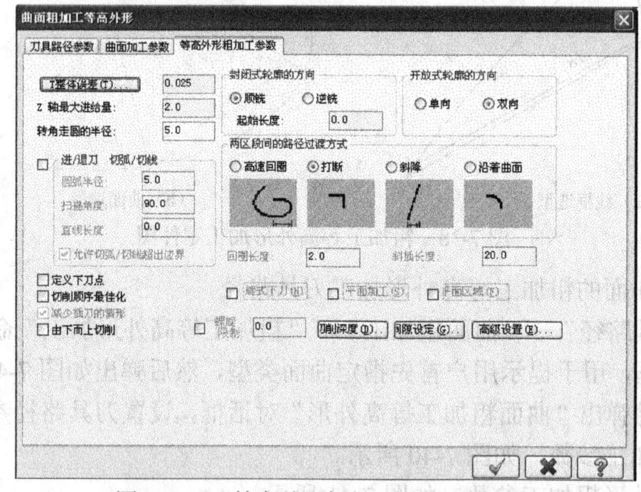

图 7-41 “等高外形粗加工参数”选项卡

（4）单击图 7-41 中的“确定”按钮，自动出现加工路径，如图 7-42 所示。

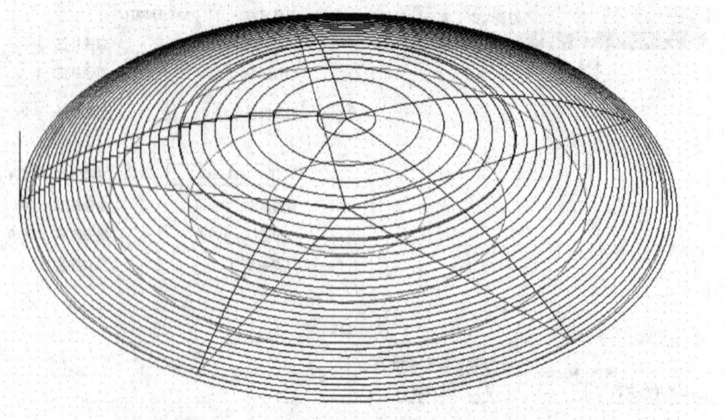

图 7-42 粗加工等高外形加工路径

步骤三 存储文件

文件名为“粗加工等高外形加工路径.MCX-5”。

7.2.6　粗加工残料加工刀路

残料粗加工方法是一种非常实用的粗加工方法，用于清除掉前一个加工方法剩余的材料。这种方法的突出优点是可以用较大直径的刀具进行加工，以发挥大直径刀具切除效率高、不易损伤的特点，再用小直径刀具清除余料，由于残料粗加工方法只加工剩余材料部分，没有空行程，效率很高。与曲面残料精加工方法不同的是，残料粗加工不是直接进入曲面的最底层切削，因此，不易损伤刀具，安全性好。

【范例 6】步骤一 曲面造型

曲面造型，如图 7-43 所示，未注圆角均为 *R*5。（由实体生成）

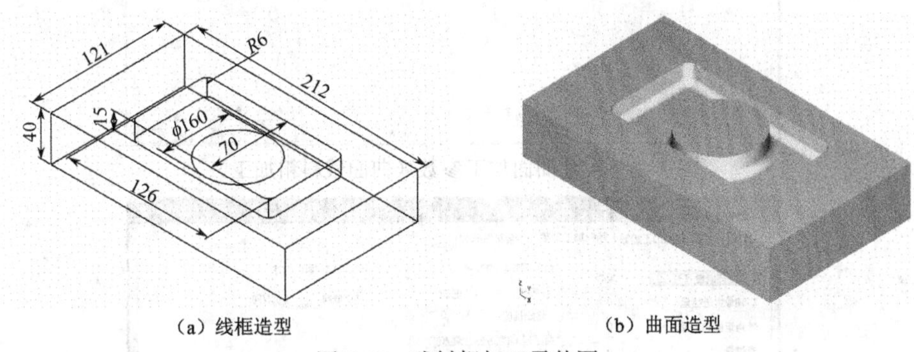

（a）线框造型　　（b）曲面造型

图 7-43　残料粗加工零件图

步骤二　生成粗加工残料加工刀路

（1）选择“刀具路径”→“曲面粗加工”→“粗加工残料加工”命令，系统将弹出如图 7-3 所示的对话框，用于提示用户首先指定曲面类型，然后弹出如图 7-4 所示的对话框，用于选择加工曲面，并选择“边界范围”图标，选取零件的外边界位置 1 确定加工边界，如图 7-44 所示。

（2）选取 1 mm 球刀，设置曲面加工参数，如图 7-45 所示。

（3）设置残料加工参数，如图 7-46 所示。

（4）设置剩余材料参数，如图 7-47 所示。

（5）单击“确定”按钮，结果生成粗加工残料加工路径，如图 7-48 所示。

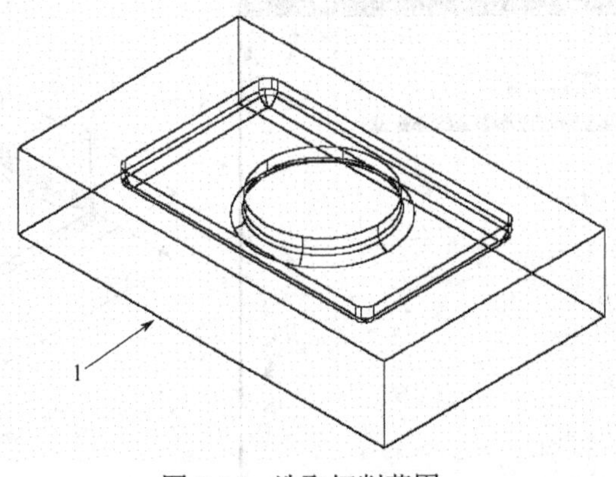

图 7-44　选取切削范围

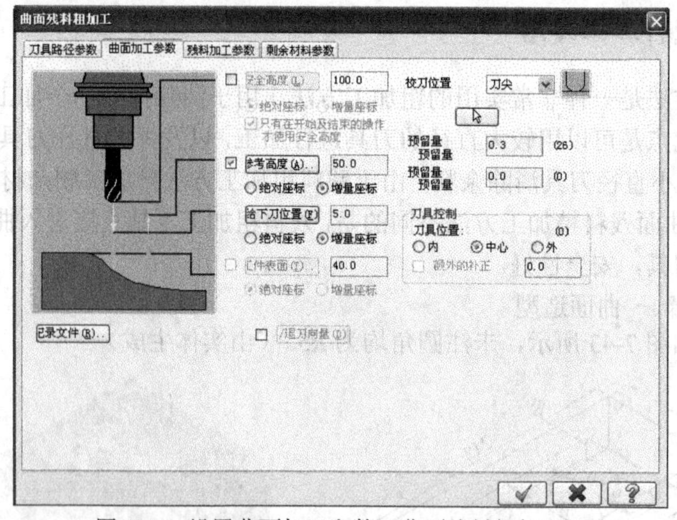

图 7-45 设置曲面加工参数（曲面残料粗加工）

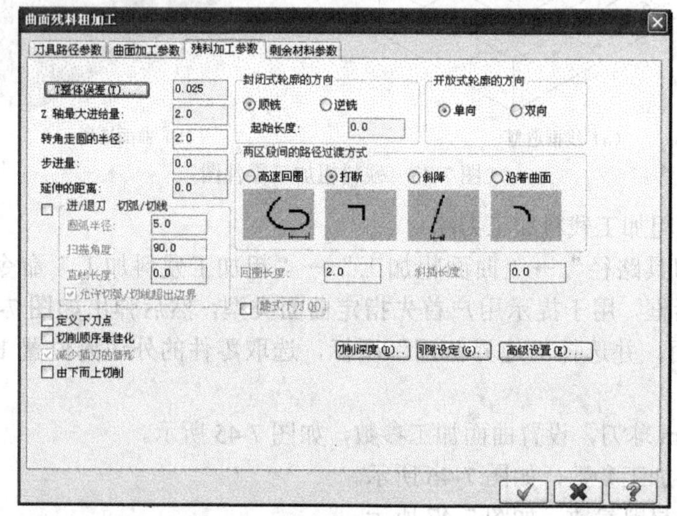

图 7-46 “残料加工参数”选项卡

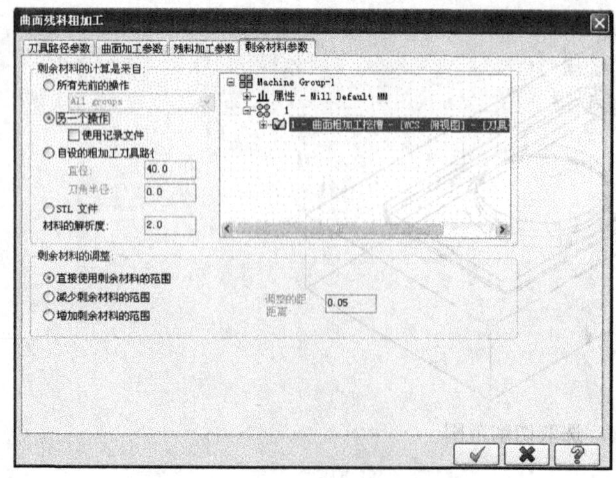

图 7-47 “剩余材料参数”选项卡

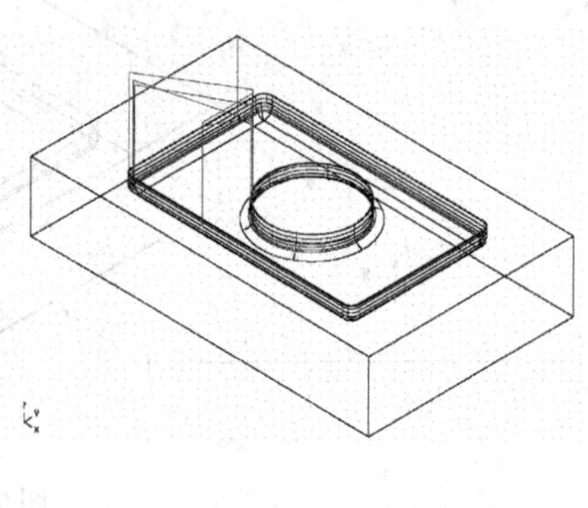

图 7-48 粗加工残料加工路径

步骤三 存储文件

文件名为“粗加工残料加工路径.MCX-5”。

7.2.7 粗加工挖槽加工路径

曲面粗加工挖槽加工方法也是一个效率高的曲面加工方法，与二维挖槽加工类似，刀具切入的起始点可以人为控制，这样可以选择切入起始点在工件之外，再逐渐切入，使得切入过程平稳，保证加工质量。

【范例 7】

步骤一 曲面造型

曲面造型，如图 7-43 所示。

步骤二 生成粗加工挖槽加工刀路

（1）选择“刀具路径”→“曲面粗加工”→“粗加工挖槽加工”命令，系统将弹出如图 7-3 所示的对话框，用于提示用户首先指定曲面类型，然后弹出如图 7-4 所示的对话框，用于选择加工曲面，并选择“边界范围”图标，选取零件的外边界位置 1 确定加工边界，如图 7-49 所示。

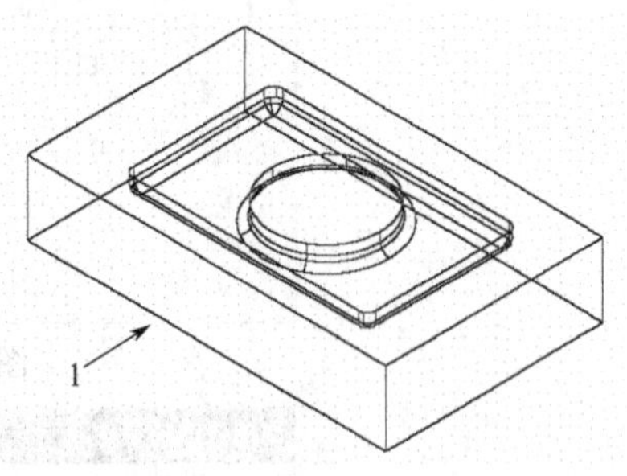

图 7-49 选取刀具切削范围

（2）弹出“曲面粗加工挖槽”对话框，选取 10 mm 平底铣刀，设置曲面加工参数，如图 7-50 所示。

（3）设置粗加工参数，如图 7-51 所示。

（4）单击图 7-51 中的“切削深度”按钮，弹出“切削深度的设定”对话框，单击“侦查平面”按钮，系统会自动侦查到槽的顶面，并显示在右侧的列表中。系统将会在这些高度值上生成刀具路径，如图 7-52 所示。

（5）设置挖槽参数，如图 7-53 所示。

（6）单击“确定”按钮 ✔ 生成加工路径，如图 7-54 所示。

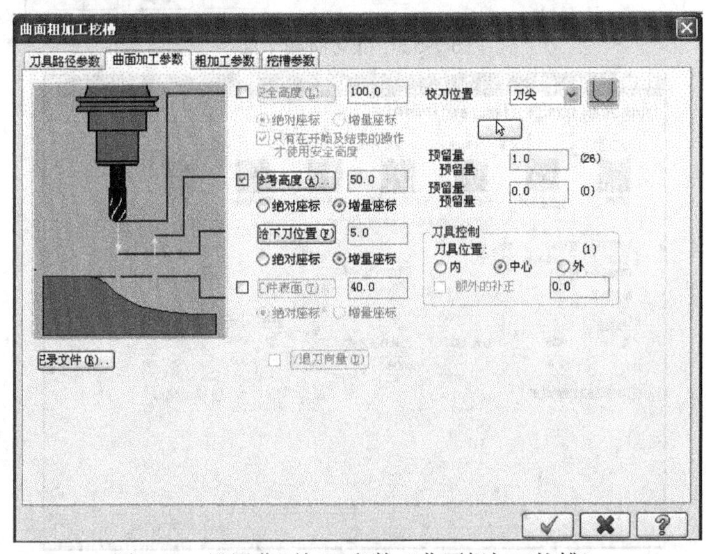

图 7-50 设置曲面加工参数（曲面粗加工挖槽）

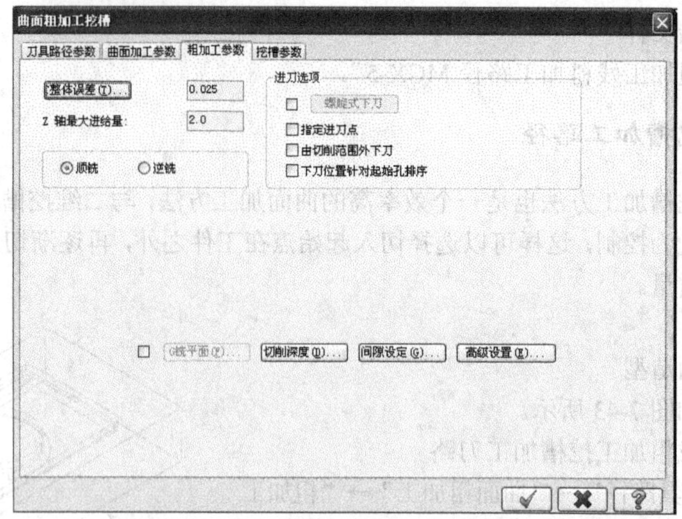

图 7-51 “粗加工参数”选项卡

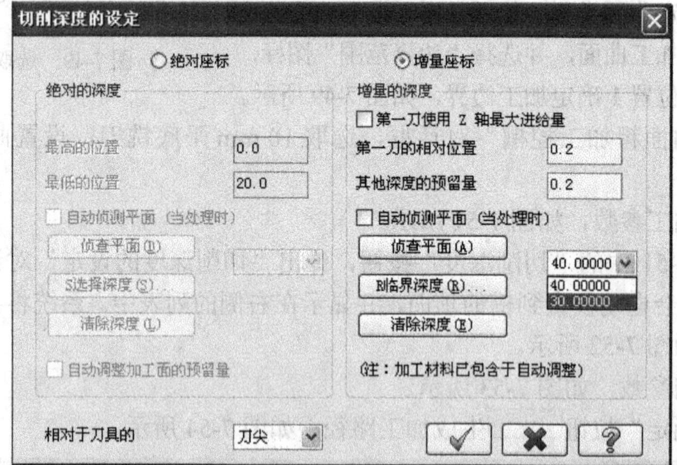

图 7-52 自动侦测平面

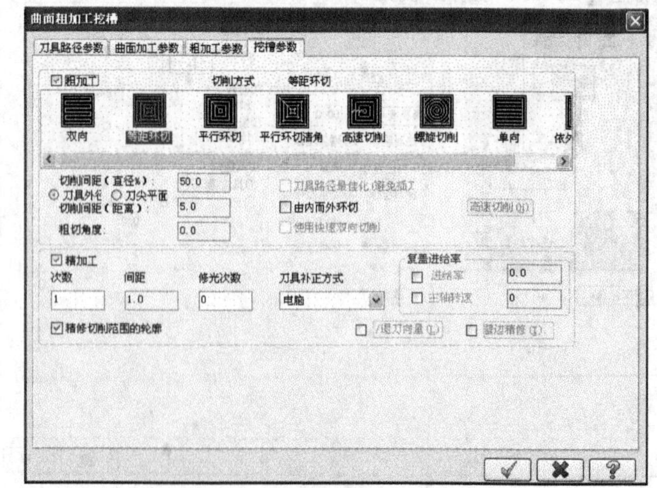

图 7-53 “挖槽参数”选项卡

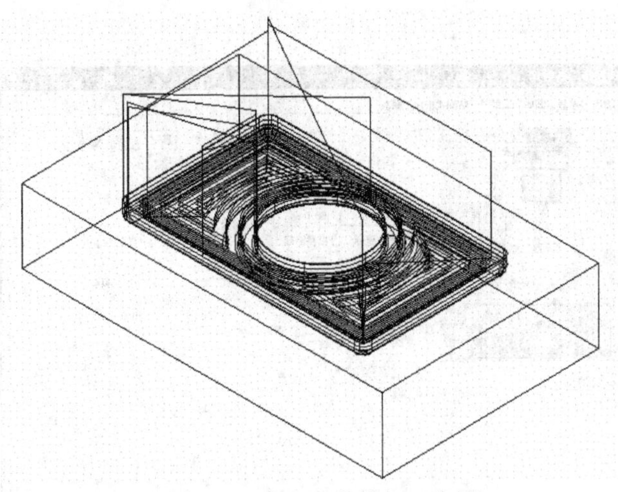

图 7-54　粗加工挖槽加工路径

步骤三　存储文件

文件名为“粗加工挖槽加工路径”.MCX-5”。

7.2.8　粗加工钻削（插削）式加工路径

钻削加工方法是一种效率非常高的加工方法，加工的运动方式类似于钻削加工。通常采用可加工底部的特制端铣刀。冷却液可移动喷在刀具中心，以去除切屑。适用于具有陡峭壁的凹曲面型腔和凸曲面零件的加工。

钻削式曲面粗加工提供两种下刀路径：

（1）NCI 方式：使刀具沿着预先已生成的一个 MCI 文件，并投影在加工曲面的路径作钻削式加工。这种方式使钻削式加工能得到更有效地控制。

（2）双向方式：定义一矩形网络，刀具在网格点位置作钻削式加工。

【范例 8】

步骤一　曲面造型

曲面造型，如图 7-55 所示。（由实体生成）

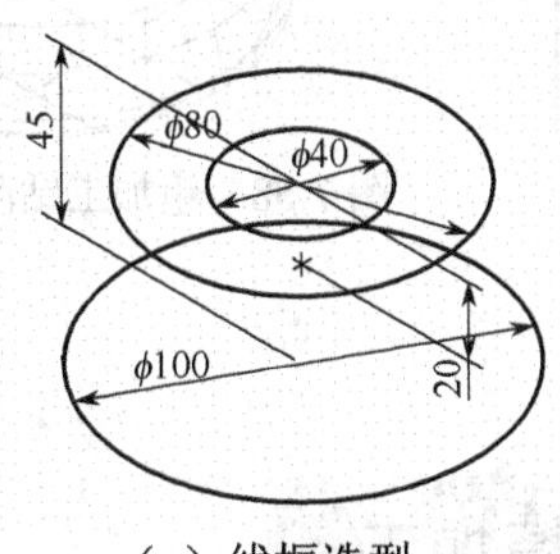

（a）线框造型

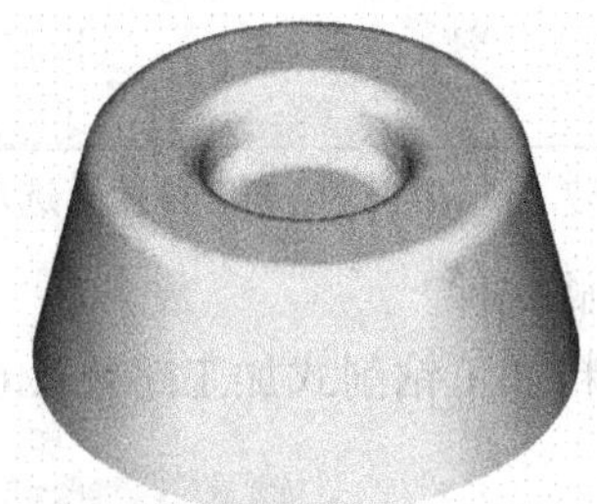

（b）曲面造型

图 7-55　钻削式粗加工零件图

步骤二　生成粗加工钻削式加工刀路

（1）选择“刀具路径”→“曲面粗加工”→“粗加工钻削式加工”命令，系统将弹出如图 7-3 所示的对话框，用于提示用户首先指定曲面类型，然后弹出如图 7-4 所示的对话框，用于选择加工曲面，弹出“曲面粗加工钻削式”对话框，选取 10 mm 平底铣刀，设置曲面加工参数，如图 7-56 所示。

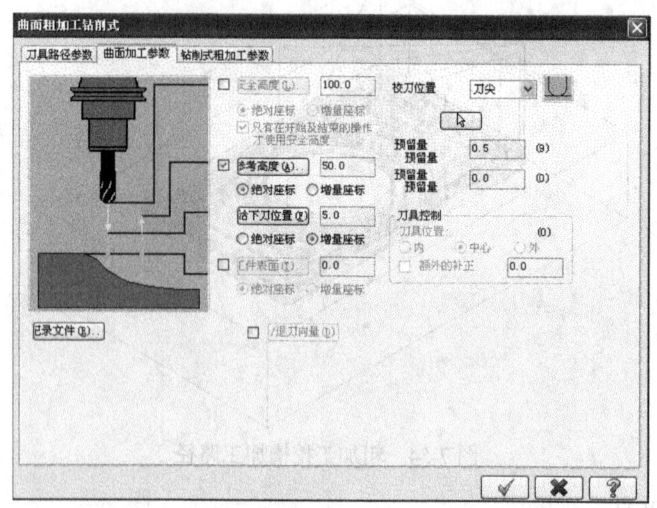

图 7-56　设置曲面加工参数（粗加工钻削式加工）

（2）设置钻削式粗加工参数，如图 7-57 所示。

（3）单击图 7-57 中的“确定”按钮 ✔ ，选取加工范围，如图 7-58 中的 1、2 点所示，生成钻削式加工粗加工路径。

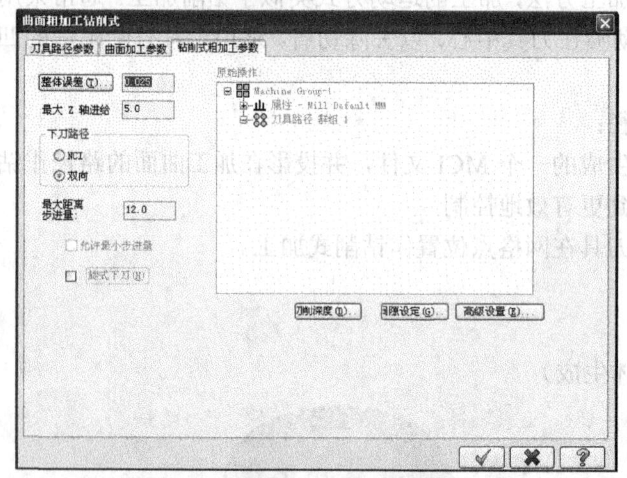

图 7-57　“钻削式粗加工参数”选项卡

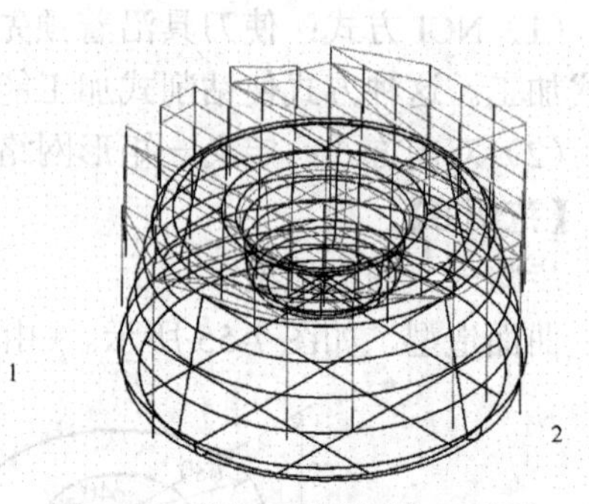

图 7-58　粗加工钻削式加工路径

步骤三　存储文件

文件名为“粗加工钻削式加工路径.MCX-5”。

7.3　三维曲面精加工

7.3.1　精加工平行铣削加工路径

平行精加工方法是一个简单、有效和常用的精加工方法，加工刀具路径平行于某一给定方向，用于工件形状中凸出物与沟槽较少和曲面过渡比较平缓的情况。

【范例 9】

步骤一　曲面造型

见平行铣削粗加工零件图。

步骤二　生成精加工平行铣削刀路（粗加工略）

（1）选择“刀具路径”→“曲面精加工”→“精加工平行铣削”命令，系统将弹出如图 7-3 所示的对话框，用于提示用户首先指定曲面类型，然后弹出如图 7-4 所示的对话框，用于选择加工曲面，弹出“曲面精加工平行铣削”对话框，选取 6 mm 的球刀，设置曲面加工参数，如图 7-59 所示。

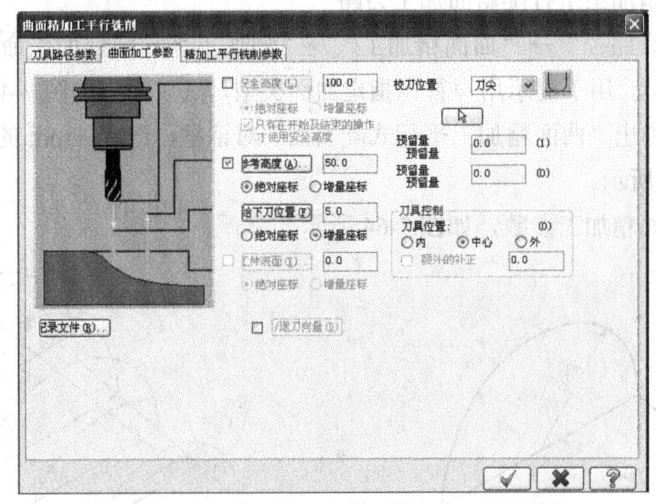

图 7-59　设置曲面加工参数（粗加工平行铣削）

（2）设置精加工平行铣削参数，如图 7-60 所示。

（3）单击“确定”按钮，生成精加工平行铣削加工路径如图 7-61 所示。

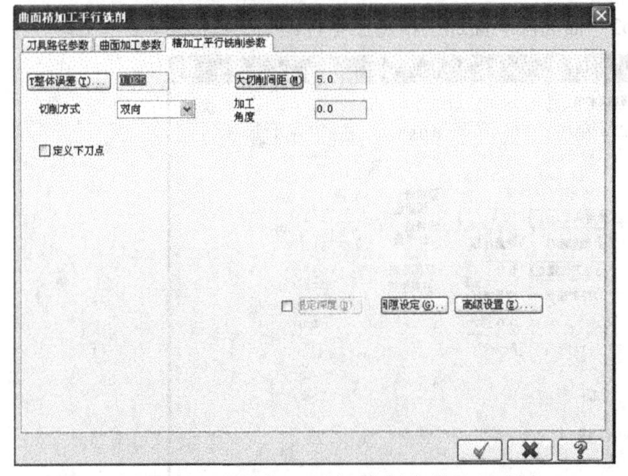

图 7-60　“精加工平行铣削参数”选项卡

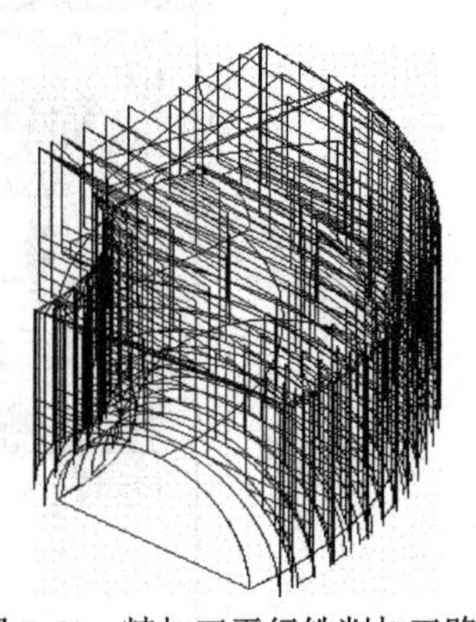

图 7-61　精加工平行铣削加工路径

步骤三　存储文件

文件名为“精加工平行铣削加工路径.MCX-5”。

7.3.2 精加工平行陡斜面加工路径

精加工平行陡斜面加工方法产生的刀具路径是在被选择曲面的陡斜面上，其范围由参数设定，由于陡斜面加工刀具路径也是平行于给定方向的，在其他方向上不产生刀具路径，因此，此方法只适用于零件被加工曲面基本平行于给定方向的特殊场合。

【范例10】

步骤一 曲面造型（举升曲面）

曲面造型如图7-62所示。

步骤二 生成精加工平行陡斜面加工刀路

（1）选择“刀具路径”→“曲面精加工”→“精加工平行陡斜面”命令，系统将弹出如图7-3所示的对话框，用于提示用户首先指定曲面类型，然后弹出如图7-4所示的对话框，用于选择加工曲面，弹出“曲面精加工平行式陡斜面”对话框，选取5 mm的球刀，设置曲面加工参数，如图7-63所示。

（2）设置陡斜面精加工参数，如图7-64所示。

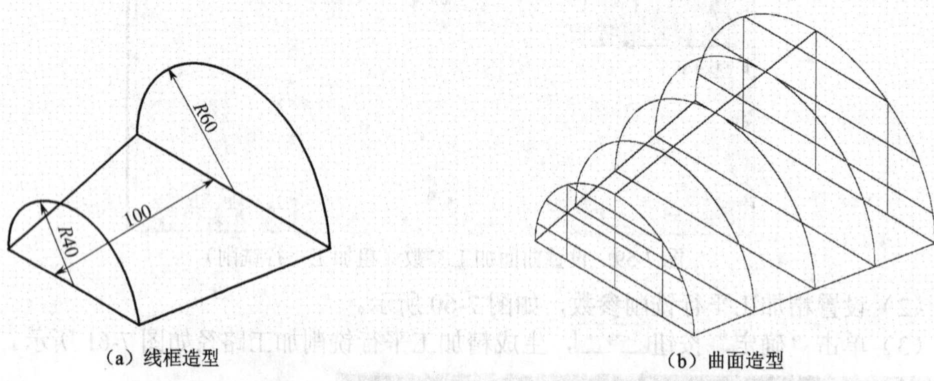

图7-62 曲面陡斜面加工精加工零件图

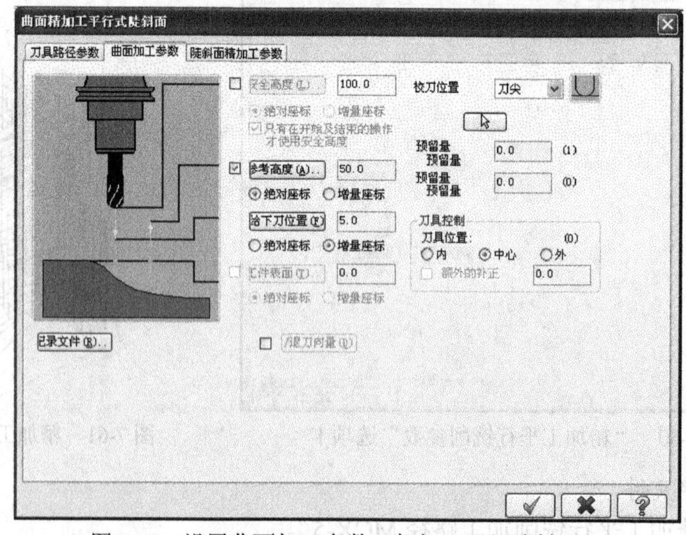

图7-63 设置曲面加工参数（粗加工平行陡斜面）

（3）单击“确定”按钮，生成精加工平行陡斜面加工路径如图 7-65 所示。

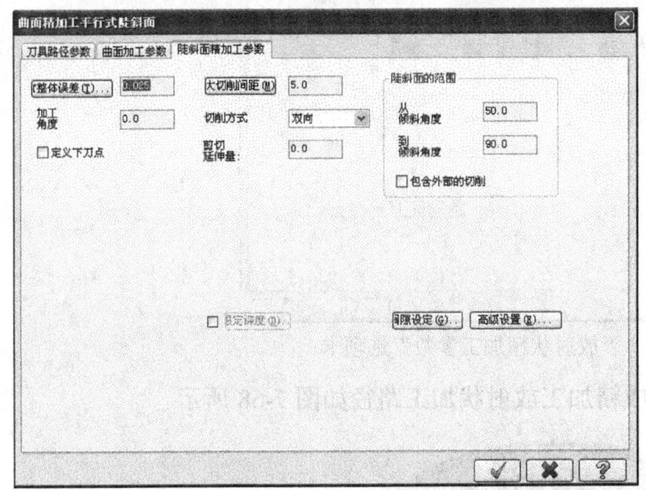

图 7-64　“陡斜面精加工参数”选项卡

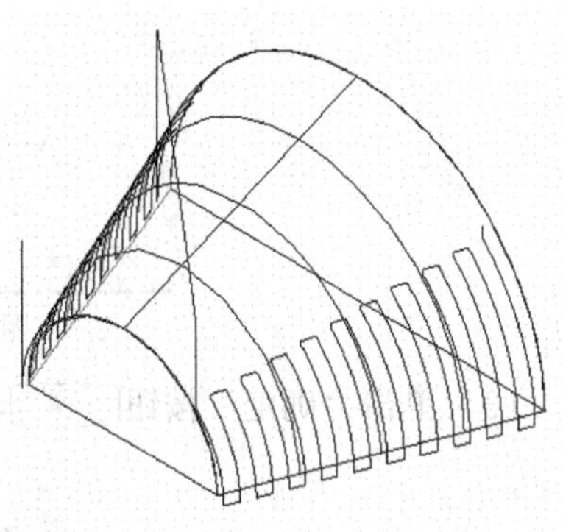

图 7-65　精加工平行陡斜面加工路径

步骤三　存储文件

文件名为“精加工平行陡斜面加工路径.MCX-5”。

7.3.3　精加工放射状加工路径

对于环形零件，曲面精加工放射状加工是最理想的加工方法。下面以曲面粗加工放射状加工的零件为例说明放射状曲面精加工的方法。

【范例 11】

步骤一　曲面造型（见放粗加工射状加工零件图）

步骤二　生成精加工放射状加工路径（粗加工放射状加工路径略）

（1）选择“刀具路径”→“曲面精加工”→“精加工放射状”命令，系统将弹出如图 7-3 所示的对话框，用于提示用户首先指定曲面类型，然后弹出如图 7-4 所示的对话框，用于选择加工曲面，弹出“曲面精加工放射状”对话框，选取 8 mm 的球刀，设置曲面加工参数，如图 7-66 所示。

（2）设置放射状精加工参数，如图 7-67 所示。

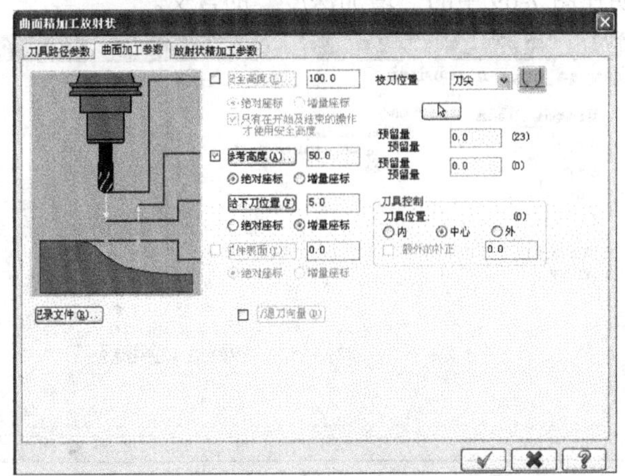

图 7-66　设置曲面加工参数（精加工放射状）

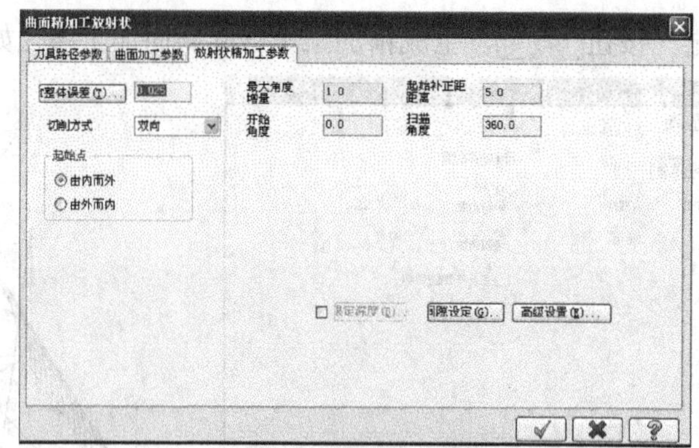

图 7-67　“放射状精加工参数”选项卡

（3）单击“确定”按钮，生成精加工放射状加工路径如图 7-68 所示。

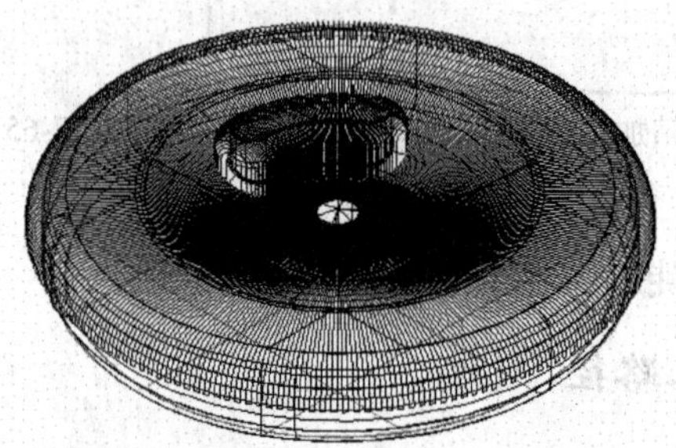

图 7-68　精加工放射状加工路径

步骤三　存储文件

文件名为“精加工放射状加工路径.MCX-5”。

7.3.4　精加工投影加工路径

曲面精加工投影加工可以将几何图形或现存的刀具路径投影到被选取的曲面上。这种刀具路径提供可依使用者自由指定的刀具切削方式，以产生与工件形状相符合的刀具路径。通常用于雕刻图案或文字。由于前面已经讲述了曲面投影粗加工刀路设置方法，而且二者参数设置基本类似，故这里只说明在图 7-69 中的“增加深度”的含义。

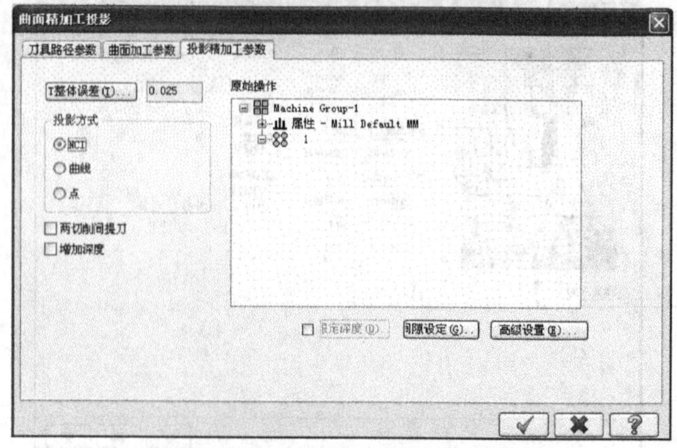

图 7-69　“投影精加工参数”选项卡

“增加深度”复选框用于设定是否增加 Z 轴方向的深度。选中该复选框，系统将使用所选 NCI 文件的 Z 值深度，作为投影后刀具路径的深度，关闭该功能选项，系统将直接由曲面来决定投影后刀具路径的深度。

7.3.5　精加工流线加工路径

精加工曲面流线加工可以沿着曲面流线方向生成光滑和流线型的路径，它和曲面平行精加工不同，后者以一定的角度加工，并不沿着曲面流线加工，因此可能会有许多空切削。精加工曲面流线加工可以精确控制工件的加工残脊高度，因此可以产生一精确、平滑的刀具路径。这种加工方法是早期单一曲面加工方法的改良，只能应用于纹路相同的多个相邻曲面的加工。在 Mastercam 软件中，曲面流线精加工与曲面流线粗加工的参数设置方法相似，故在此略过，不同点在于“曲面流线精加工参数”选项卡有所改变，如图 7-70 所示。

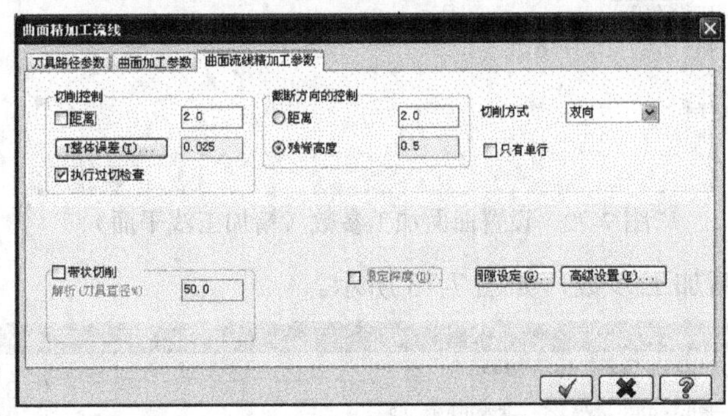

图 7-70　“曲面流线精加工参数”选项卡

7.3.6　精加工浅平面加工路径

精加工浅平面加工方法产生的刀具路径是在被选择曲面的上表面层上，其范围是由参数设定，浅平面精加工刀具路径也是平行于给定方向，由于精加工刀具路径在 Z 轴方向切削深度上不可控制，因此，精加工浅平面加工方法不适用于在 Z 轴方向有两个切削深度的表面。

浅平面和陡斜面精加工刀具路径合在一起的加工效果，类似于选用相近参数平行精加工的加工效果，浅平面、陡斜面和平行精加工这三种方法之间是相互联系的。读者在选用时，应注意它们的共同点及差别。

【范例 12】

步骤一　曲面造型（扫描曲面）

曲面造型如图 7-71 所示。

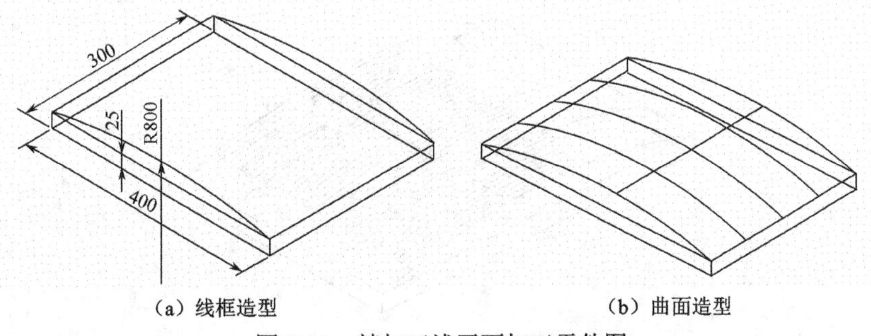

（a）线框造型　　（b）曲面造型

图 7-71　精加工浅平面加工零件图

步骤二　生成精加工浅平面加工刀路

（1）选择“刀具路径”→“曲面精加工”→“精加工浅平面加工”命令，系统将弹出如图 7-3 所示的对话框，用于提示用户首先指定曲面类型，然后弹出如图 7-4 所示的对话框，用于选择加工曲面，弹出“曲面精加工浅平面”对话框，选取 5 mm 的球刀，设置曲面加工参数如图 7-72 所示。

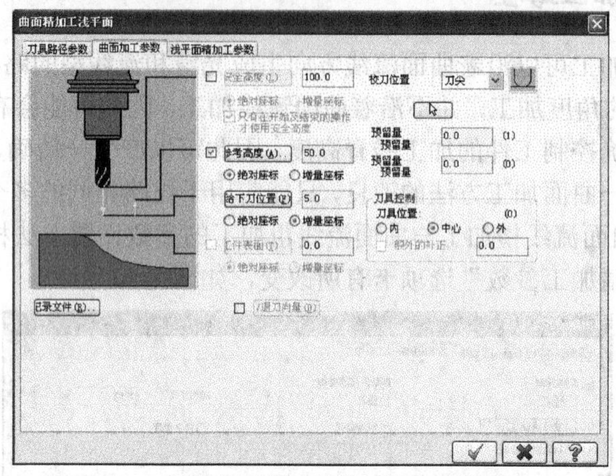

图 7-72　设置曲面加工参数（精加工浅平面）

（2）设置浅平面精加工参数，如图 7-73 所示。

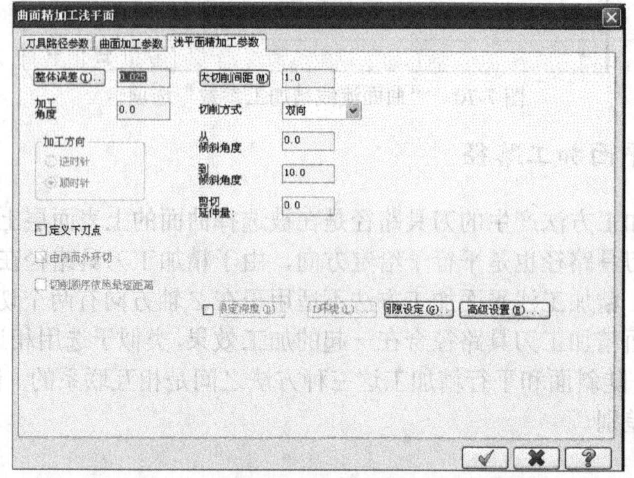

图 7-73　“浅平面精加工参数”选项卡

（3）单击“确定”按钮，生成精加工浅平面加工路径如图 7-74 所示。

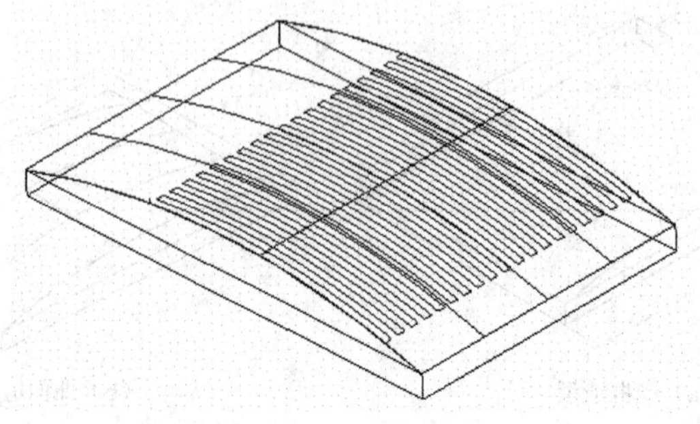

图 7-74　精加工浅平面加工路径

步骤三　存储文件

文件名为“精加工浅平面加工路径.MCX-5”。

7.3.7　精加工交线清角加工路径

曲面精加工交线清角加工用于两个或多个曲面间的交角处加工。曲面精加工交线清角加工主要用于清楚曲面交角处的材料并在交角处产生一致的半径，相当于在曲面间增加一个倒圆曲面。

【范例 13】

步骤一　曲面造型（由两个空间半圆柱面相贯而成）

曲面造型如图 7-75 所示。

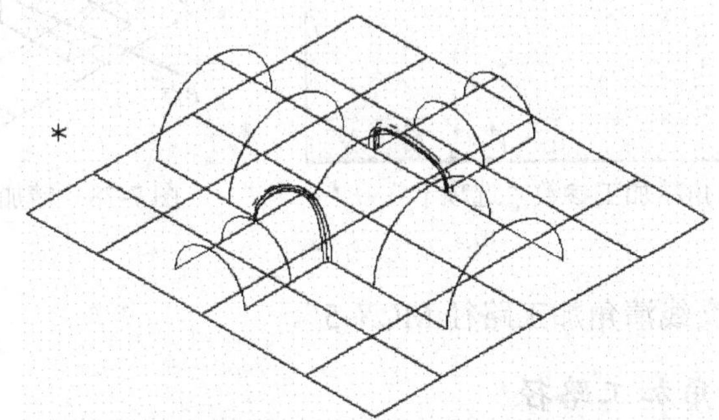

图 7-75　精加工曲面清角加工零件图

步骤二　生成精加工交线清角加工刀路

（1）选择“刀具路径”→“曲面精加工”→“精加工交线清角加工”命令，系统将弹出如图 7-3 所示的对话框，用于提示用户首先指定曲面类型，然后弹出如图 7-4 所示的对话框，用于选择加工曲面，弹出“曲面精加工交线清角”对话框，选取 6 mm 的球刀，设置“曲面加工参数”如图 7-76 所示。

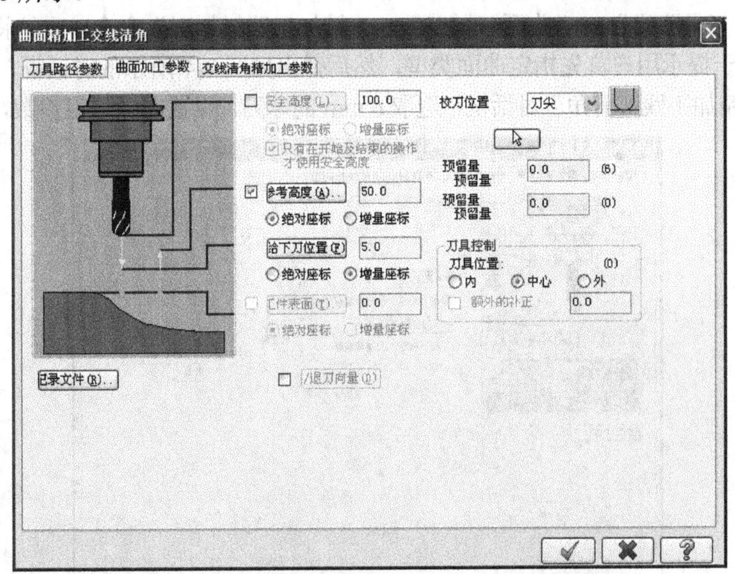

图 7-76　设置“曲面加工参数”（精加工交线清角）

（2）设置交线清角精加工参数，如图 7-77 所示。

（3）单击“确定”按钮，生成精加工交线清角加工路径如图 7-78 中 *P* 点所指。

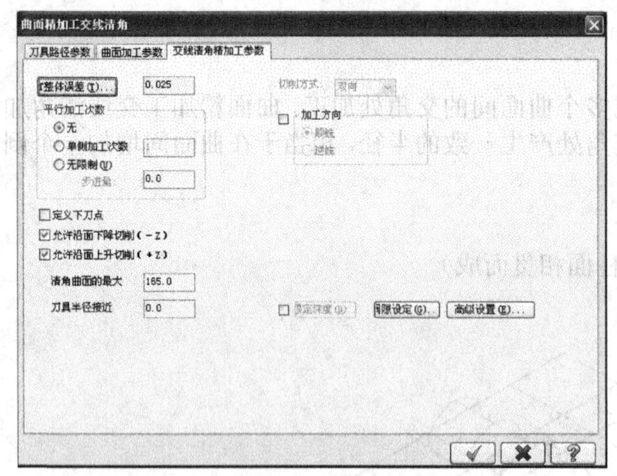

图 7-77 “交线清角精加工参数“选项卡”

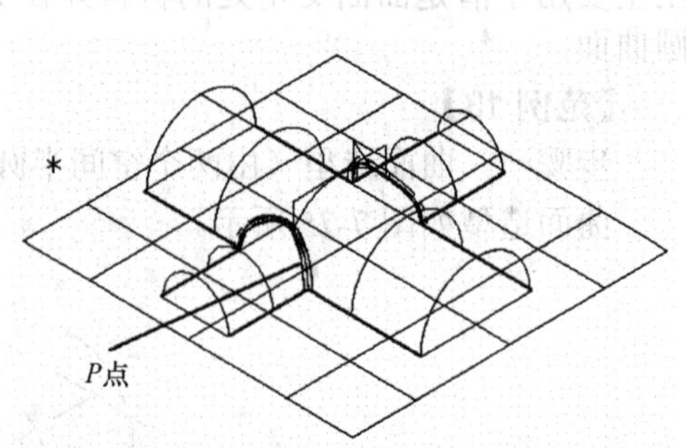

图 7-78 精加工交线清角加工路径

步骤三 存储文件

文件名为“精加工交线清角加工路径.MCX-5”。

7.3.8 精加工残料清角加工路径

精加工残料清角加工主要是用来清除前道工序加工时由于刀具直径过大而留下的残余材料，根据曲面的形状，残料清角精加工过程中调整不同的 *Z* 轴深度，来达到清除残余材料的目的。

【范例 14】

步骤一 曲面造型（两个空间半圆柱相贯）

曲面造型如图 7-75 所示。

步骤二 生成曲面精加工残料加工刀具路径

（1）选择“刀具路径”→“曲面精加工”→“精加工残料加工”命令，系统将弹出如图 7-3 所示的对话框，用于提示用户首先指定曲面类型，然后弹出如图 7-4 所示的对话框，用于选择加工曲面，弹出“曲面精加工残料清角”对话框，选取 6 mm 的球刀，设置曲面加工参数，如图 7-79 所示。

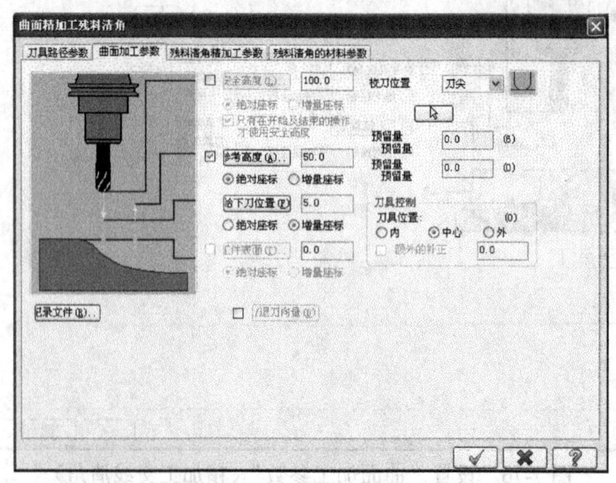

图 7-79 设置曲面加工参数（精加工残料清角）

（2）设置残料清角精加工参数，如图 7-80 所示。

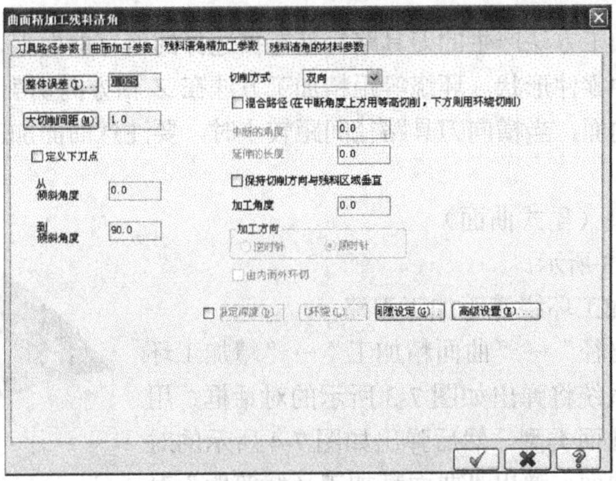

图 7-80 “残料清角精加工参数”选项卡

（3）设置残料清角的材料参数，如图 7-81 所示。

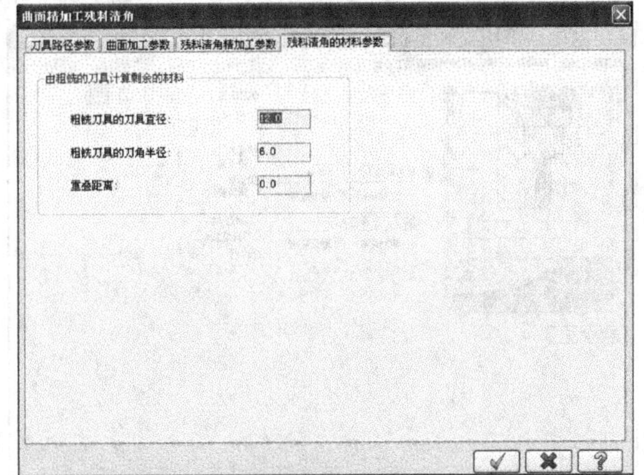

图 7-81 “残料清角的材料参数”选项卡

（4）单击“确定”按钮，生成精加工残料清角加工路径如图 7-82 所示。

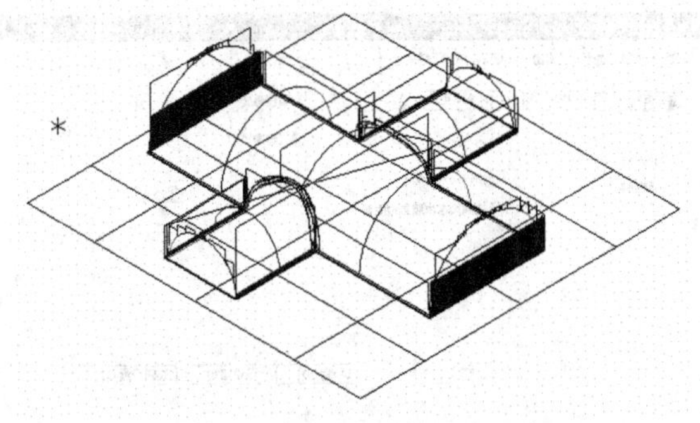

图 7-82 精加工残料清角加工路径

步骤三 存储文件

文件名为“精加工残料清角加工路径.MCX-5”。

7.3.9 精加工环绕等距加工路径

精加工环绕等距加工方法产生的刀具路径是在被选择的所有曲面上，不受零件形状的影响，因此，可以适用于各种零件形状。环绕等距精加工方法在 Z 轴方向切削进给量是固定的，使用此方法时，对于陡斜的面，当横向刀具路径间距较小时，要注意曲面加工精度是否满足要求。

【范例 15】

步骤一　曲面造型（昆式曲面）

曲面造型如图 7-83 所示。

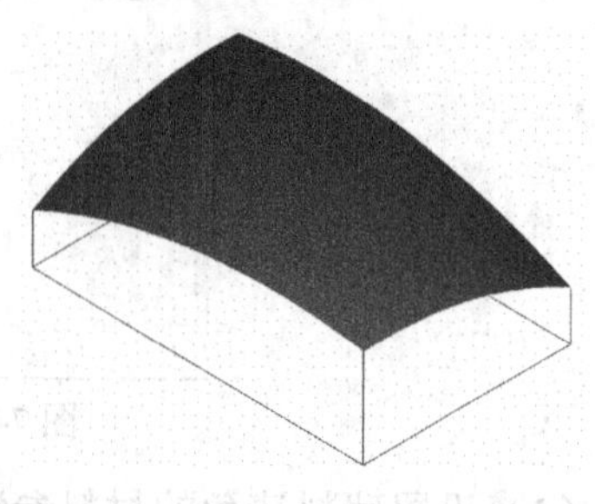

图 7-83　精加工环绕等距加工零件图

步骤二　生成精加工环绕等距加工刀路

（1）选择“刀具路径”→“曲面精加工”→“精加工环绕等距加工”命令，系统将弹出如图 7-3 所示的对话框，用于提示用户首先指定曲面类型，然后弹出如图 7-4 所示的对话框，用于选择加工曲面，弹出“曲面精加工环绕等距”对话框，选取 6 mm 的球刀，设置曲面加工参数，如图 7-84 所示。

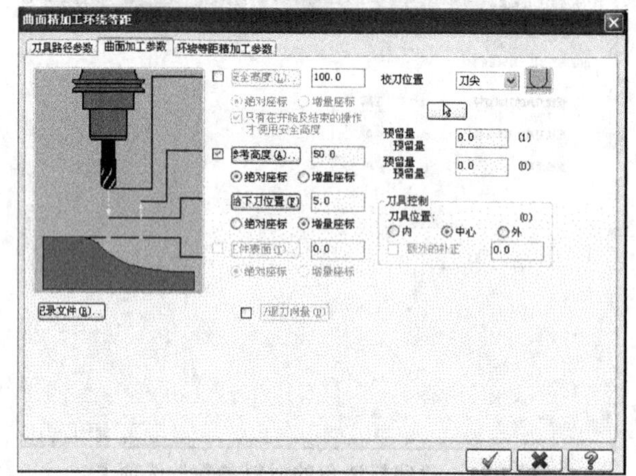

图 7-84　设置曲面加工参数（精加工环绕等距）

（2）设置环绕等距精加工参数，如图 7-85 所示。

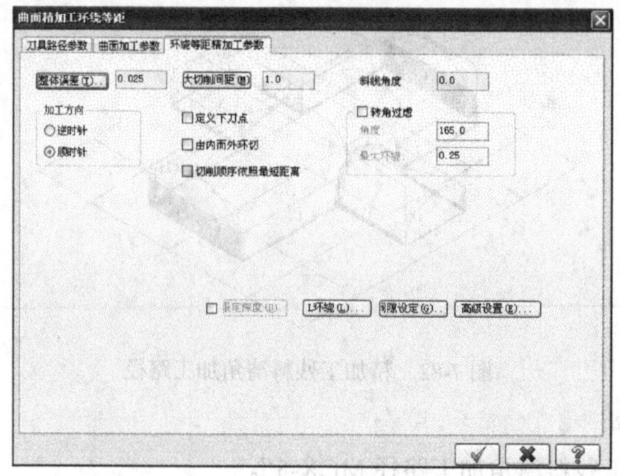

图 7-85　“环绕等距精加工参数”选项卡

（3）单击“确定”按钮，生成精加工环绕等距加工路径如图 7-86 所示。

步骤三　存储文件

文件名为“精加工环绕等距加工路径.MCX-5”。

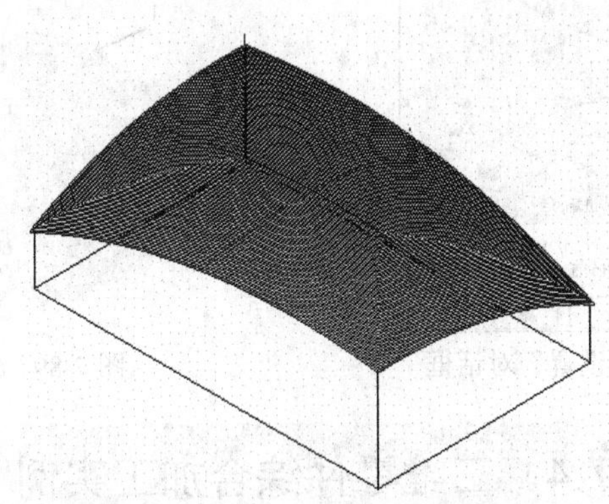

图 7-86　精加工环绕等距加工路径

7.3.10　精加工熔接加工路径

精加工熔接加工方法是针对由两条曲线决定的区域进行切削的，“曲面熔接精加工”对话框中的“熔接精加工参数”选项卡如图 7-87 所示。

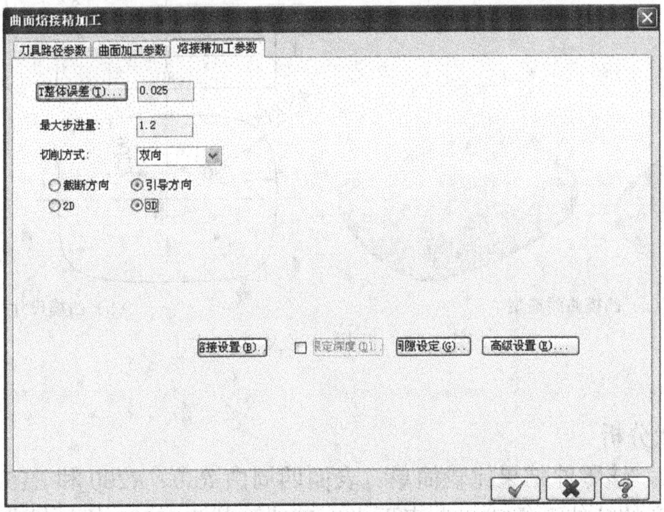

图 7-87　“熔接精加工参数”选项卡

熔接精加工提供了一种“螺旋式”加工方式，将生成螺旋式的刀具路径。它要求两条曲线中至少有一条是封闭的。

“截断方向”是一种二维切削方式，它的刀具路径是直线形式的，但不一定与所选的曲线平行，非常适用于腔体的加工。这种方式的计算速度快，但不适用于陡面的加工。

“引导方向”可以选择 2D 或 3D 加工方式，刀具路径由一条曲线延伸到另一条曲线，它适用于流线加工。选择该选项时可以设置“引导方向熔接设置”参数，如图 7-88 所示。

Mastercam 向用户提供了一个混合精加工的实例，如图 7-89 所示（图中 1、2 表示两条加工曲线），加工方式设置如图 7-87 所示。

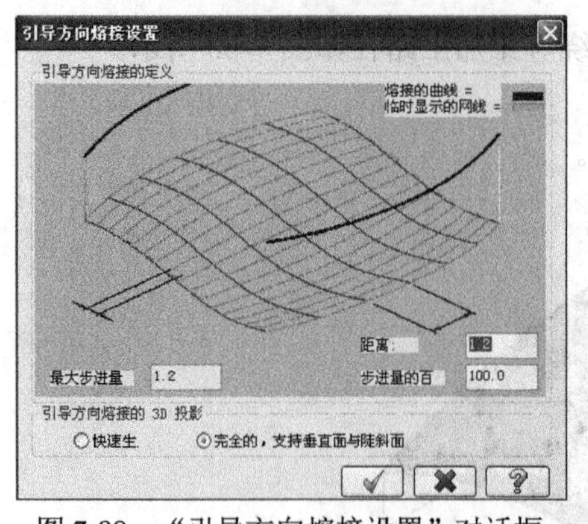

图 7-88 “引导方向熔接设置”对话框

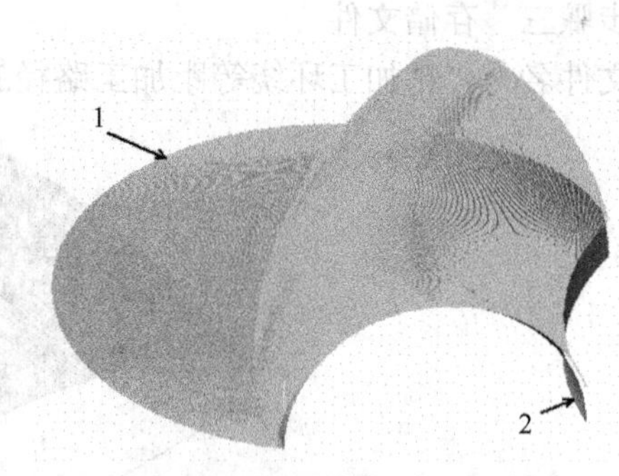

图 7-89 曲面熔接精加工实例

7.4 三维零件综合加工实例

7.4.1 曲面模型综合加工实例

如图 7-90 所示为某模具的凸模外形及其尺寸，下面介绍该零件的曲面造型及加工过程。

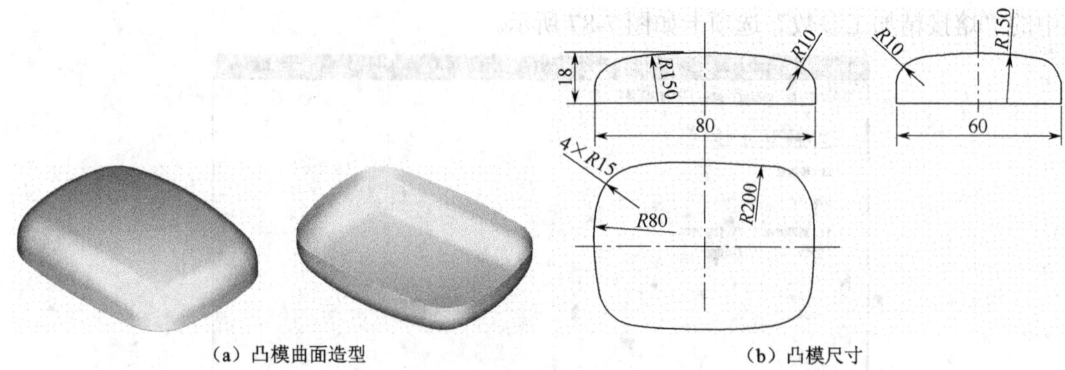

图 7-90 凸模外形及其尺寸

1. 工艺分析

1）零件的形状分析

由图 7-90 可知，该零件结果比较简单。表面四周由 *R*80、*R*200 和 *R*15 圆弧过渡组成，侧面由带 1° 拔模斜度的拉伸面组成，上表面由一截线形状为 *R*150 的扫描曲面构成，在连接处均过渡圆角为 *R*10。

2）数控加工工艺设计

由图 7-90 可知，凸模零件所有的结构都能在立式加工中心上一次装夹加工完成。零件毛坯已经在普通机床上加工到尺寸 120 mm×100 mm×40 mm，故主要考虑其精加工。数控加工工序中，按照粗加工——半精加工——精加工的步骤进行，为了保证加工质量和刀具正常切削，其中，在半精加工中，根据走刀方式的不同做了一些特殊处理。

（1）加工工步设置。根据以上分析，制定工件的加工工艺路线为：采用ϕ20 直柄波纹立铣刀一次切除大部分余量；采用ϕ16 球刀粗加工上表面；采用ϕ20 直柄立铣刀底面进行精加工；采用ϕ10 球刀对整个表面进行半精加工和精加工。

（2）工件的装夹与定位。工件的外形是长方体，采用平口钳定位与装夹。平口钳采用百分表找正，基准钳口与机床 X 轴一致并固定于工作台，预加工毛坯装在平口钳上，上顶面露出平口钳至少 22mm。采用寻边器找出毛坯 X、Y 方向中心点在机床坐标系中的坐标值，作为工件坐标系原点，Z 轴坐标原点定于毛坯上表面下 2 mm，工件坐标系设定于 G54。

（3）刀具的选择。工件材料为 40Cr，刀具材料选用高速钢。

（4）编制数控加工工序卡。综合以上的分析，编制数控工序卡如表 7-1 所示。

表 7-1　数控加工工序卡

工步号	工步内容	刀具号	刀具规格	主轴转速（r/min）	进给速度（mm/min）
1	粗加工	T1	ϕ20 波纹铣刀	350	50
2	粗加工上表面	T2	ϕ16 球头铣刀	350	50
3	精加工底面	T3	ϕ20 普通铣刀	500	100
4	精加工外形	T3	ϕ20 普通铣刀	800	80
5	半精加工上表面	T4	ϕ10 球头铣刀	800	80
6	精加工上表面	T4	ϕ10 球头铣刀	1 000	150

2．零件造型

（注：所有操作均从菜单栏开始）

1）绘制骨架线

步骤一　设置工作环境

单击菜单区命令，分别设定：Z（工作深度）为 0；作图颜色为 14；作图层别为 1； WCS 为 T；刀具面为 T；构图面为 T；荧屏视角为 T。

步骤二　绘制底边线骨架

（1）选择“绘图”→“矩形”命令，在“矩形”对话框中设定宽度为 80，高度为 60，之后选择原点菜单定义坐标系原点为矩形的中心。

（2）选择“绘图”→“圆弧”→“切弧”→“切一物体”命令，单击矩形左边的线，并以“中点”方式捕捉到其中点为切点，然后输入半径为 80，屏幕上出现多条切线，选择需要的一条，用同样的方法绘制出与矩形上边线相切的圆弧 R200。

（3）选择“绘图”→“倒圆角”→“倒圆角”命令，设定半径为 15，其余参数默认设置，之后选取 R80 与 R200 的圆弧绘制出如图 7-91 所示的圆角。

（4）在工具栏单击按钮，删除多余的矩形边线，然后单击按钮刷新屏幕。

（5）选择“转换”→“镜像”命令，窗选四分之一底边线，在“镜像”对话框中设定为复制方式，之后单击“X 轴”菜单定义 X 轴为镜像轴，可得到二分之一的边线形状。然后，窗选二分之一的边线并单击“Y 轴”菜单定义 Y 轴为镜像轴，同样以复制的方式可镜像出整个底边线，如图 7-92 所示。

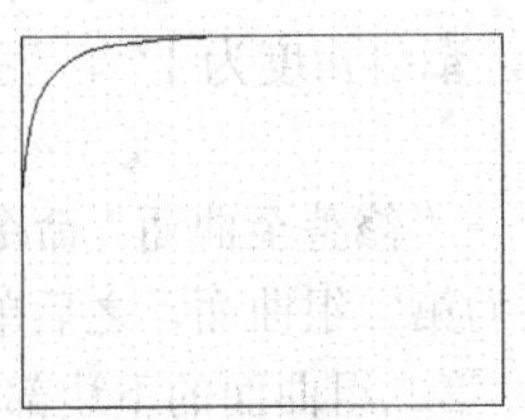

图 7-91　绘制圆角

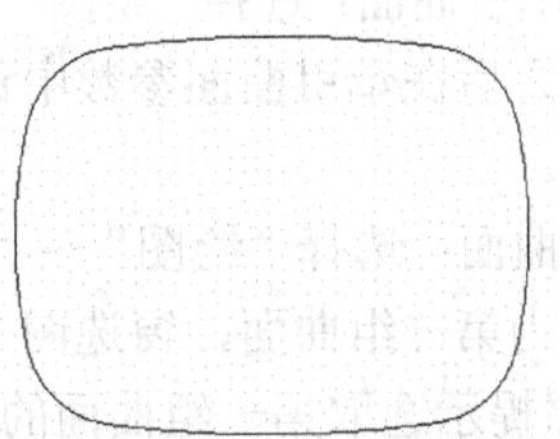

图 7-92　镜像后的底边线

步骤三　绘制顶面的骨架线

（1）设置构图面为“前视图”，工作深度 Z 为 0。

（2）绘制 $R150$ 的圆弧：选择“绘图”→“圆弧”→“极坐标画弧”命令，然后按照提示输入圆心坐标（0,−132），半径 150，之后点击 1、2 两点大概位置即可生成一圆弧，如图 7-93 所示。

（3）设置构图面为“侧视图”，然后按照提示输入圆心坐标（0,−132），半径 150，之后点击 3、4 两点绘制另一 $R150$ 圆弧，如图 7-93 所示。

2）绘制基体

步骤一　绘制扫描曲面

（1）选择“绘图”→“曲面”→“扫描曲面”命令，选择图 7-93 中稍短的 $R150$ 圆弧作为截断方向外形，稍长的作为引导方向外形，起始点位于图 7-93 中 2 处，之后在扫描曲面参数中设定曲面形式为旋转，就生成如图 7-94 所示曲面。

（2）生成边界线：选择“绘图”→“曲面曲线”→“单一边界”命令，然后选择刚生成的曲面，在其右下边界处单击鼠标生成边界线，之后删除曲面，留下所做边界线，如图 7-95 所示。

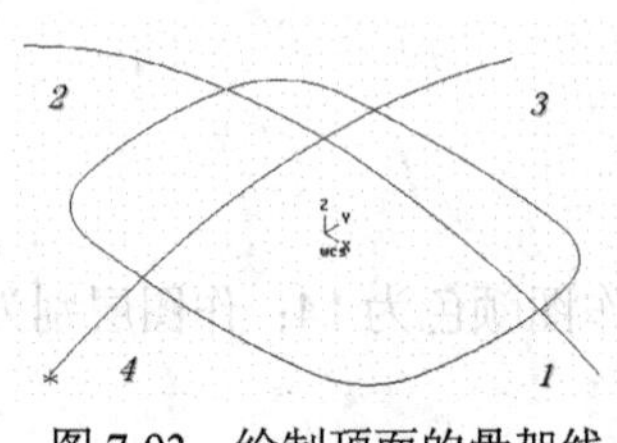

图 7-93　绘制顶面的骨架线

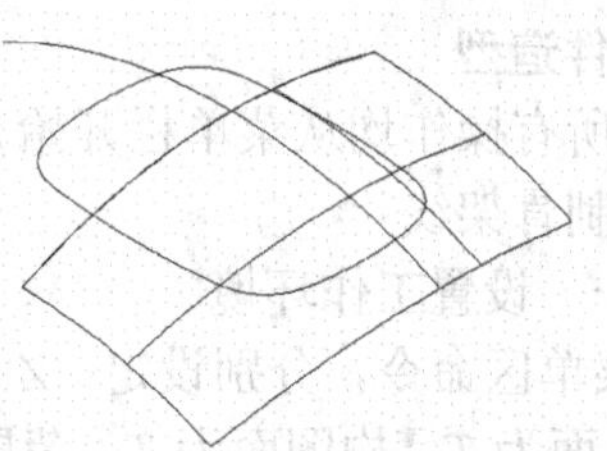
图 7-94　生成扫描曲面

（3）选择“绘图”→“曲面”→“扫描曲面”命令，选取刚生成的边界线作为截断外形，稍长的 $R150$ 圆弧作为引导曲线，起始点位于图 7-93 中的 1 处。之后，在扫描曲面参数中设定曲面形式为旋转，结果如图 7-96 所示。隐藏所有的 $R150$ 圆弧。

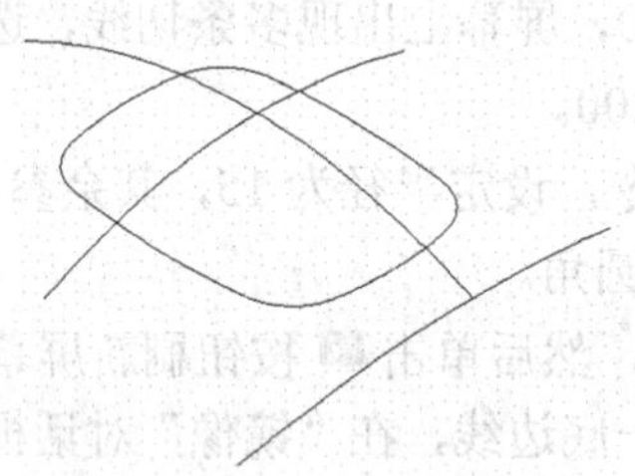
图 7-95　生成的边界线

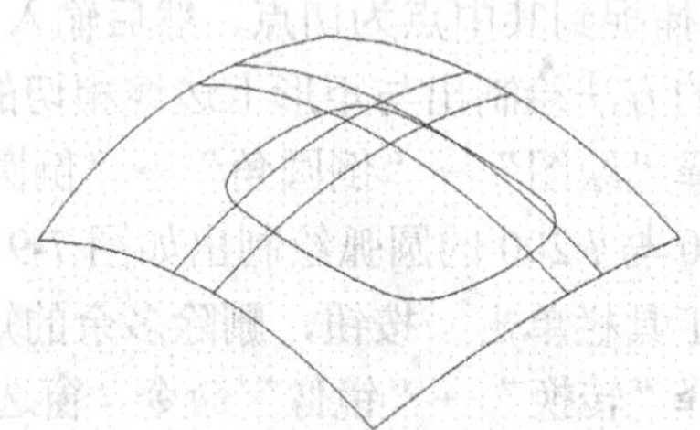
图 7-96　扫描的面绘制结果

步骤二　绘制基体

（1）绘制牵引曲面：选择“绘图”→“曲面”→“牵引曲面”命令，选取“串连”方式，串连底边线，之后在牵引曲面参数中设置牵引长度为 18，牵引角度为 1°，生成如图 7-97 所示的牵引曲面。

（2）修整曲面：选择“绘图”→“曲面”→“修剪”→“修整至曲面”命令，选取图 7-96 中的扫描曲面为第一组曲面，窗选图 7-97 中的牵引曲面为第二组曲面，之后单击“确定”按钮，按照提示选取第一组曲面的中心为其保留部分，第二组曲面的下边部为其保留部分，生成的结果如图 7-98 所示。

（3）曲面倒圆角：选取“绘图”→“曲面”→“曲面倒圆角”→“曲面与曲面倒圆角”命令，选取顶面作为第一组倒圆角曲面，分别选取侧面共计12个曲面作为第二组倒圆角曲面，设置“圆角半径”为$R10$，切记注意选择“法向切换”菜单依次查看各个曲面的正向均指向内部，之后选择“修剪”选项，单击“确定”按钮，结果如图7-99所示。

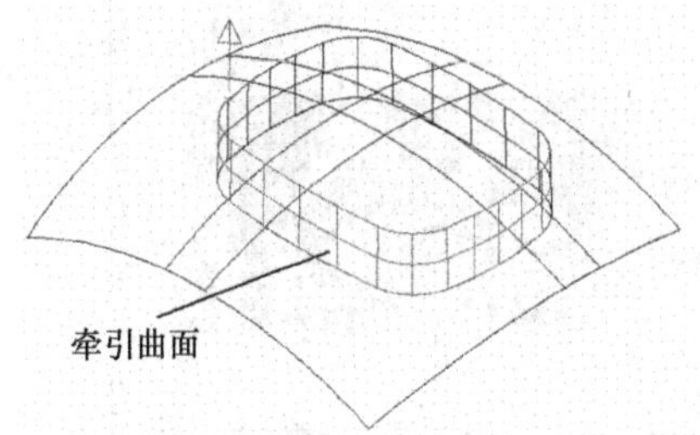

图7-97　牵引曲面绘制结果

图7-98　曲面修整结果

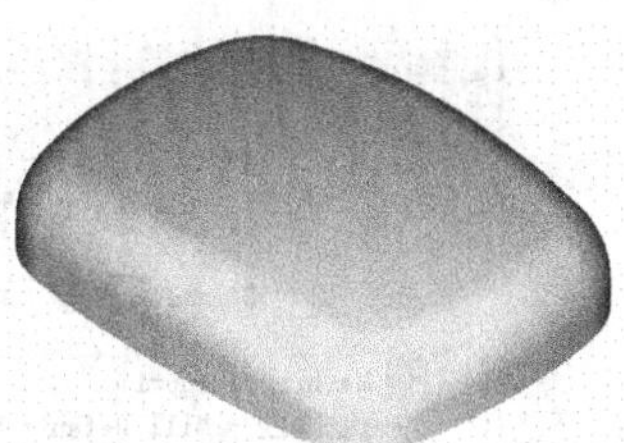

图7-99　曲面倒圆角结果

（4）存储文件。文件名为“凸模曲面造型.MCX-5”。

3．凸模加工曲面生成

1）按照塑料件收缩率放大凸模曲面

选择“转换”→“比例缩放”命令，窗口方式选取所有绘图区对象，然后单击“原点”作为收缩原点，按照图7-100所示设置收缩率参数，并单击“确定”按钮。

提示：塑件根据材料、形状和注塑工艺参数等不同，收缩率有所不同，具体参照相关资料。

2）绘制底面

设置构图面为“俯视面”，Z轴深度为0，绘制120 mm×100 mm矩形，矩形中心在坐标原点，如图7-101所示。

选择“绘图”→“曲面”→“平面修剪”命令，串连上部所绘制矩形和底边边界线作为截面边界，注意串连方式要一致。之后单击“确定”按钮生成分型底面，结果如图7-102所示。

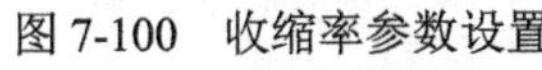

图7-100　收缩率参数设置

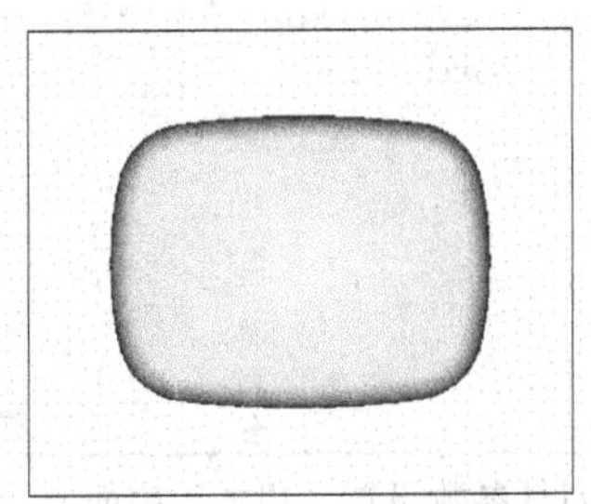

图7-101　底面绘制结果

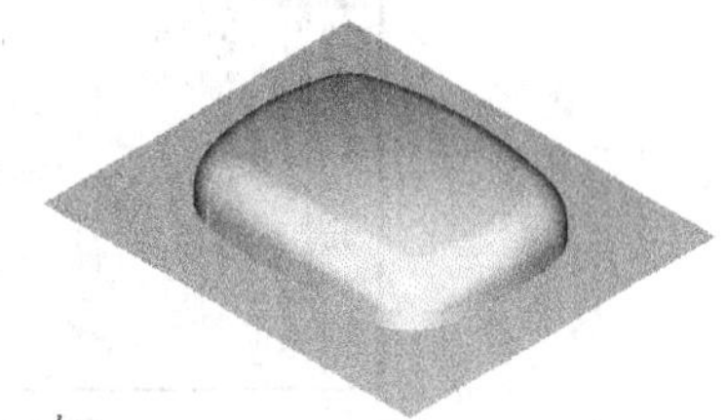

图7-102　分型底面边界矩形绘制

4．凸模加工刀具路径生成

1）材料设置

选择操作管理中的“刀具路径”选项卡（见图7-103）中的机床群组属性中的“材料设置”标签，按照图7-104所示设定参数，这里不设置边界盒。

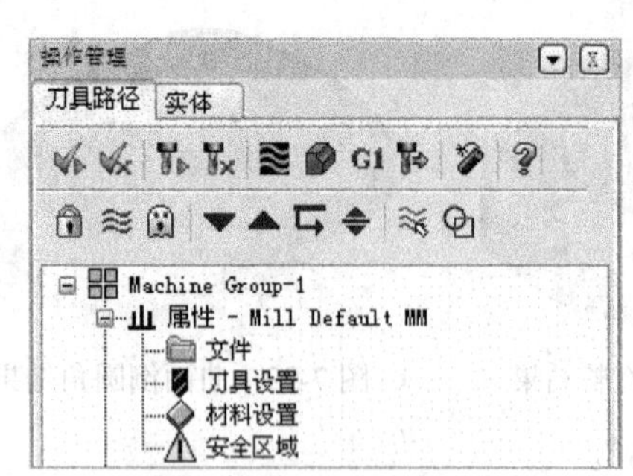
图 7-103 刀具路径管理器

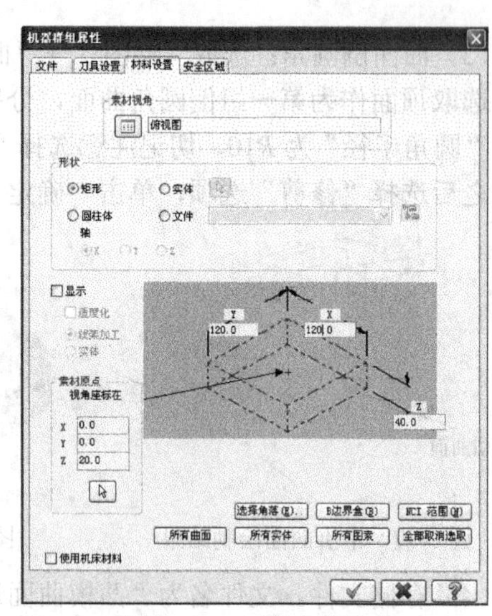
图 7-104 工件参数设定

2）粗加工刀具路径生成

步骤一 粗加工底面

采用ϕ20直柄波纹立铣刀粗加工去除大部分余量，预留量1.5 mm半精和精加工余量。

（1）选择“刀具路径”→“标准挖槽”命令，串连选择底面边界（注意方向要一致），单击“确定”按钮，刀具路径类型选标准挖槽。

（2）选择“刀具”选项卡，并按照图7-105所示设置参数。

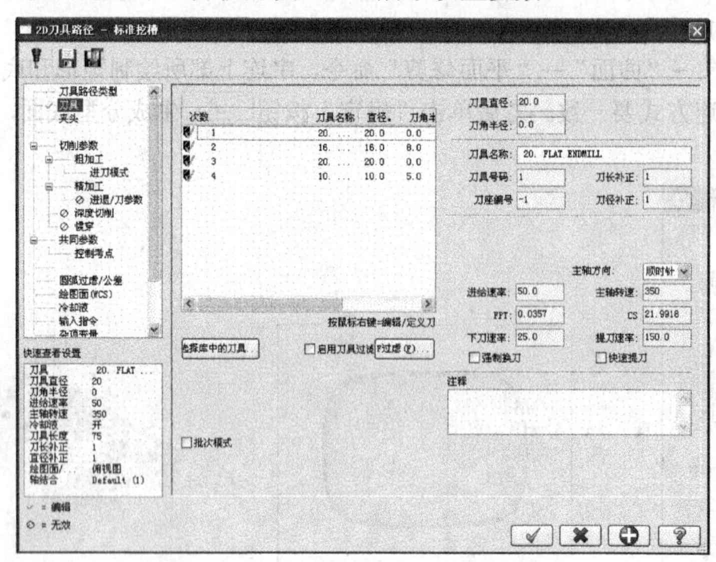
图 7-105 刀具参数设置（粗加工底面）

（3）选择“切削参数”选项卡，按照图7-106所示设置切削参数。

（4）选择“粗加工”选项卡，按照图7-107所示设置参数。

（5）选择“共同参数”选项卡，按照图7-108所示设置参数。

所有参数设置完毕后单击“确定”按钮，生成底面粗加工刀具路径如图7-109所示，模拟切削结果如图7-110所示。

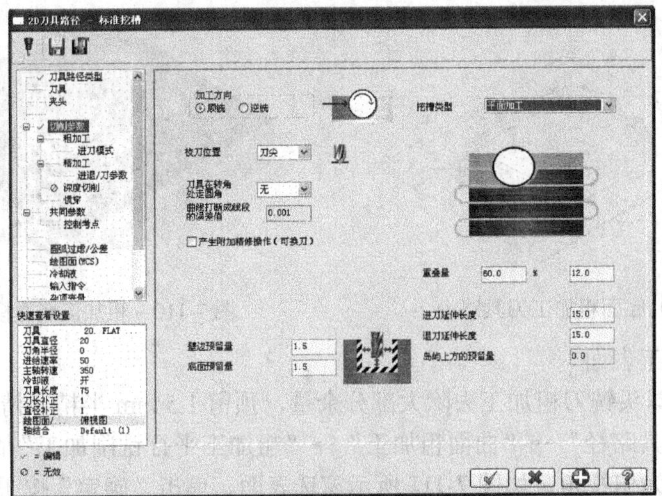

图 7-106　切削参数设置（粗加工底面）

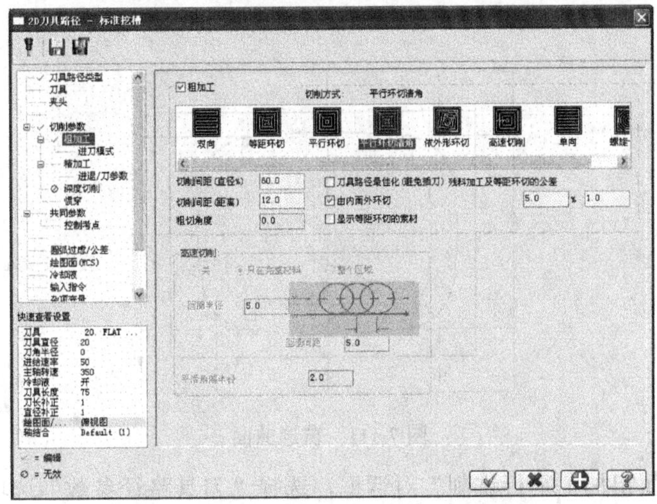

图 7-107　粗加工参数设置（粗加工底面）

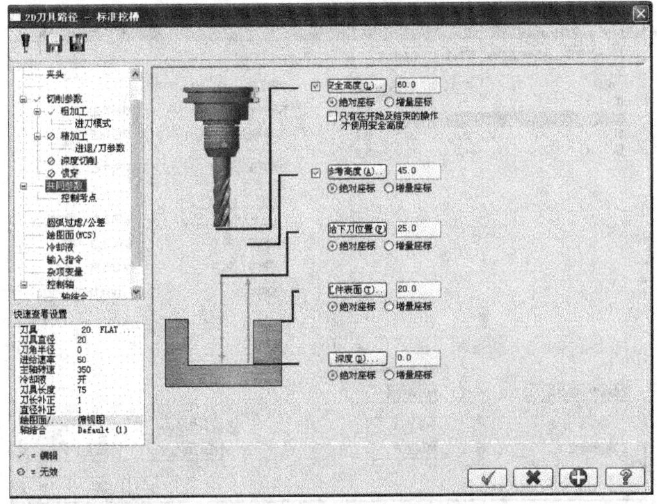

图 7-108　共同参数设置（粗加工底面）

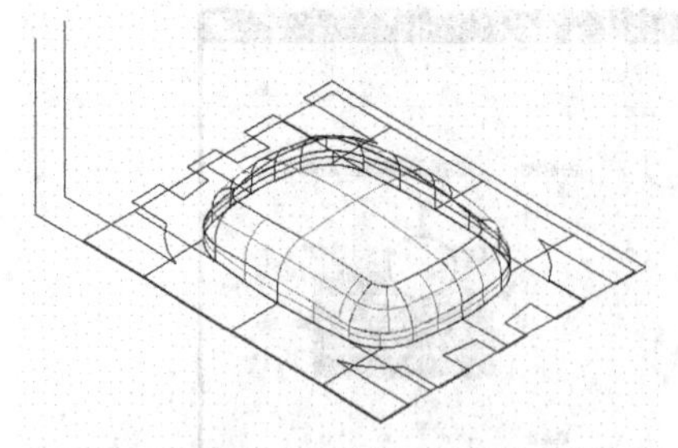

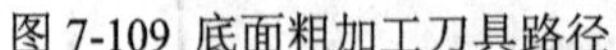

图 7-109 底面粗加工刀具路径

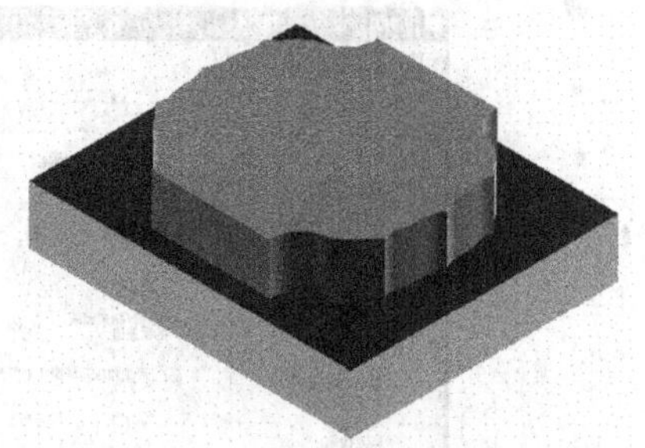

图 7-110　粗加工底面模拟结果

步骤二　粗加工表面

采用ϕ16 直柄球头铣刀粗加工去除大部分余量，预留 1.5 mm 半精和精加工量。

（1）选择“刀具路径”→“曲面粗加工”→“粗加工平行铣削加工”命令。

（2）调整视角为俯视角，如图 7-111 所示窗选表面，单击“确定”按钮[✓]。在随后弹出的“刀具路径”的曲面选取对话框中的[箭头]按钮，选择底面作为干涉检查面，设定干涉预留量为 1.5 mm。

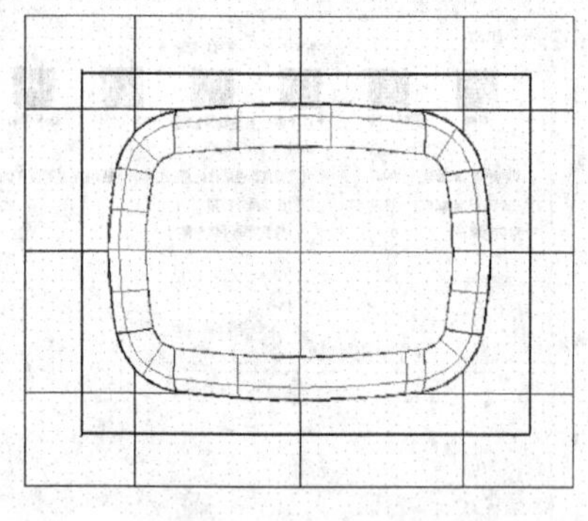

图 7-111　窗选曲面

（3）弹出“曲面粗加工平行铣削”对话框，选择“刀具路径参数”选项卡并按照图 7-112 设置参数。

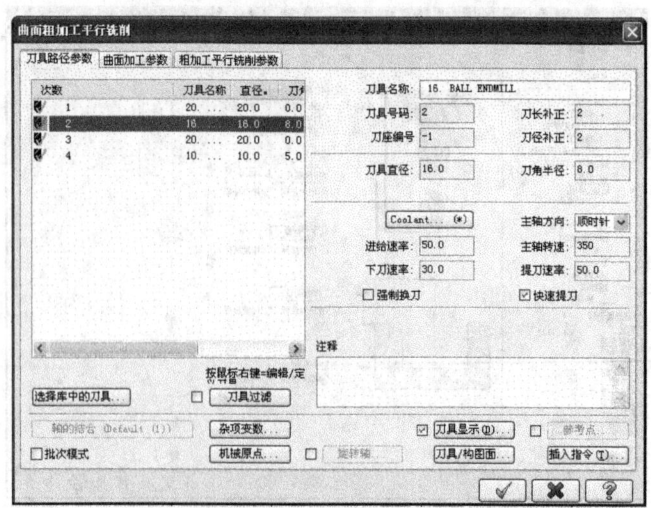

图 7-112　刀具路径参数设置 （粗加工表面）

（4）选择“曲面加工参数”选项卡，按照图 7-113 设置参数。

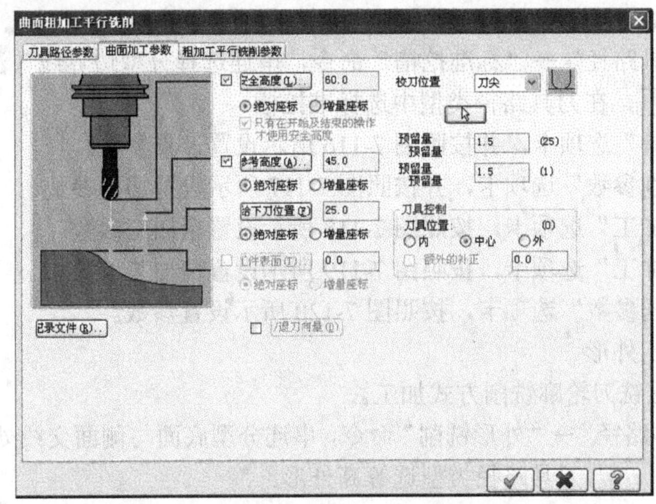

图 7-113　设置曲面加工参数（粗加工表面）

（5）单击“粗加工平行铣削参数”选项卡，按照图 7-114 所示设置参数。

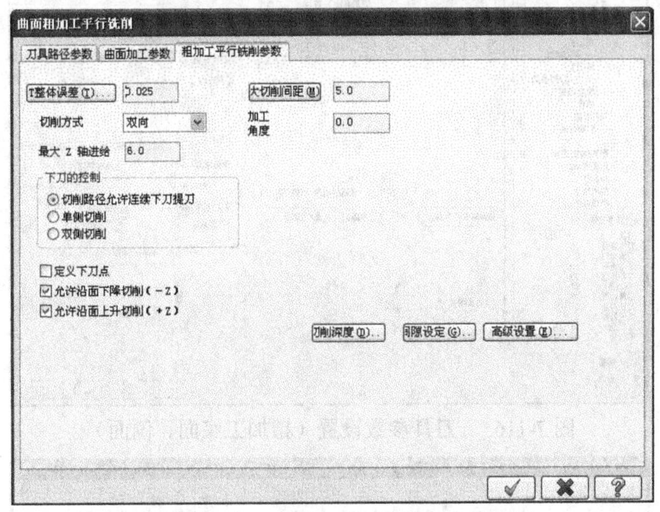

图 7-114　曲面粗加工平行铣削参数设置

（6）参数设置完毕后单击“确定”按钮 ✔ ，加工模拟效果如图 7-115 所示。

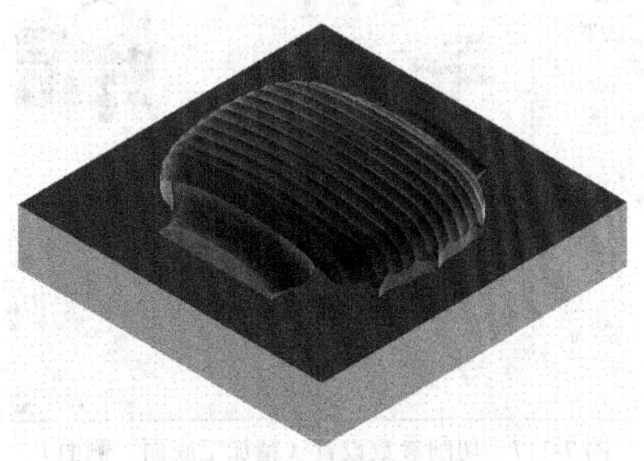
图 7-115　粗加工表面模拟效果

3）精加工刀具路径的生成

步骤一　采用Φ20 直柄立铣刀对底面、侧面部位进行精加工

（1）选择“刀具路径”→“标准挖槽”命令，串连选择分型边界线（注意方向一致），单击“确定”按钮，在刀具路径类型中选标准挖槽。

（2）选择“刀具”选项卡，并按照图 7-116 所示设置刀具参数。

（3）选择“切削参数”选项卡，并按照图 7-117 所示设置切削参数。

（4）选择“粗加工”选项卡，按照图 7-118 所示设置粗加工参数。

（5）选择“精加工”选项卡，按照图 7-119 所示设置精加工参数。

（6）选择“共同参数”选项卡，按照图 7-120 所示设置参数。

步骤二　精加工外形

采用ϕ20 直柄立铣刀轮廓铣削方式加工。

（1）选择“刀具路径”→“外形铣削”命令，串连分型底面与侧面交线处（即外测边界线），单击“确定”按钮，刀具路径类型选等高外形。

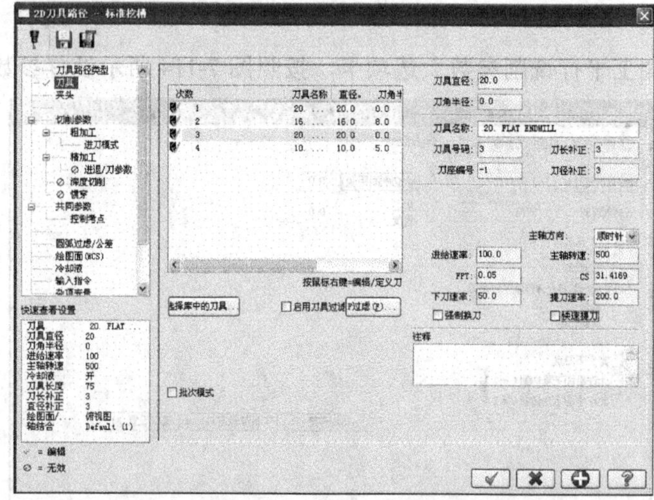

图 7-116　刀具参数设置（精加工底面、侧面）

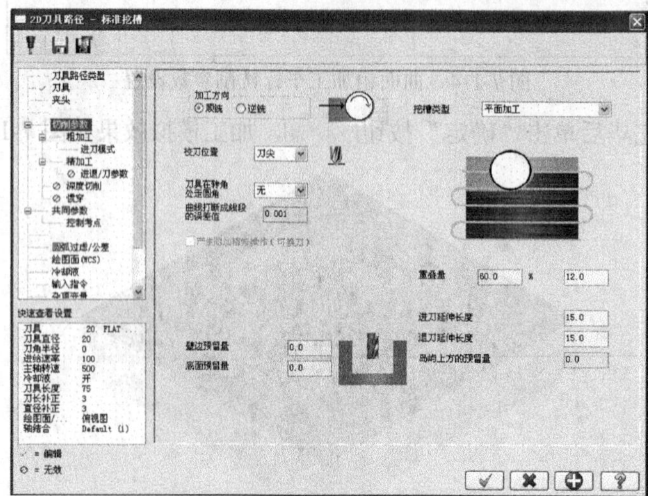

图 7-117　切削参数设置（精加工底面、侧面）

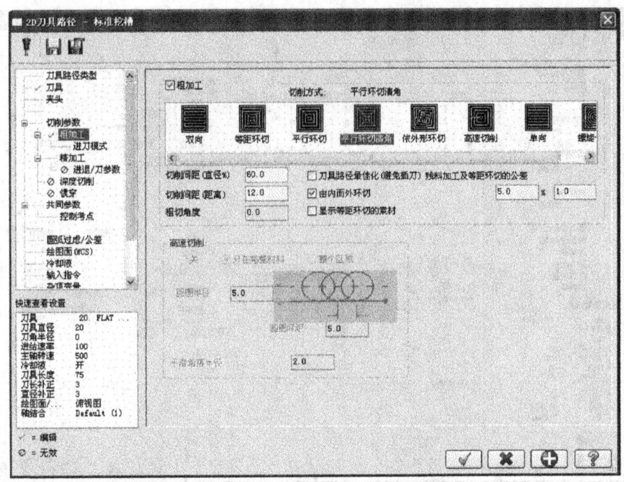

图7-118 粗加工参数设置

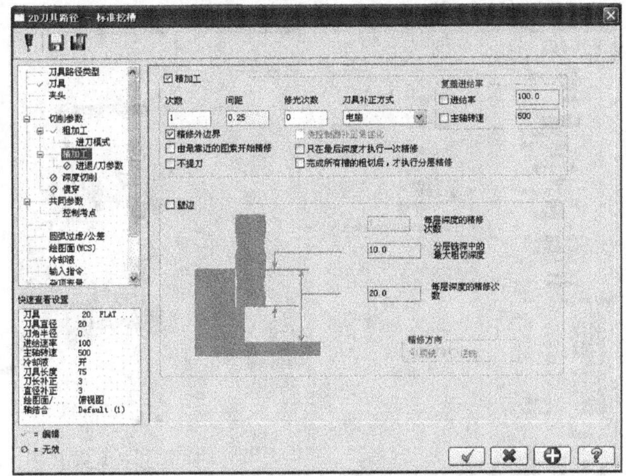

图7-119 精加工参数设置（底面、侧面）

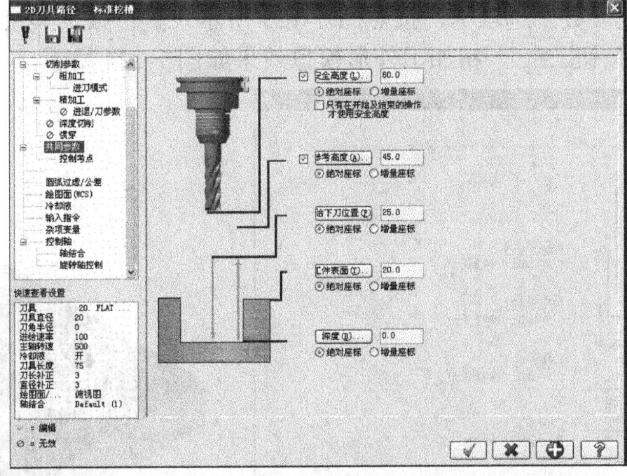

图7-120 共同参数设置（精加工底面、侧面）

（2）选择刀具参数选项卡，并按照图7-121所示设置刀具参数。

（3）选择“切削参数”选项卡，按照图7-122所示设置切削参数。

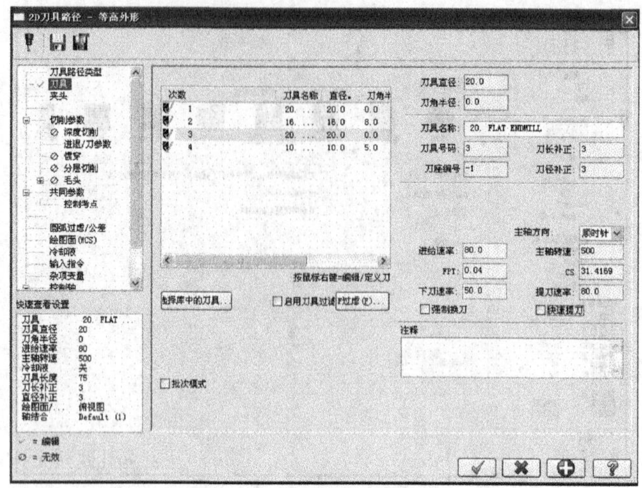

图 7-121 刀具参数设置（精加工外形）

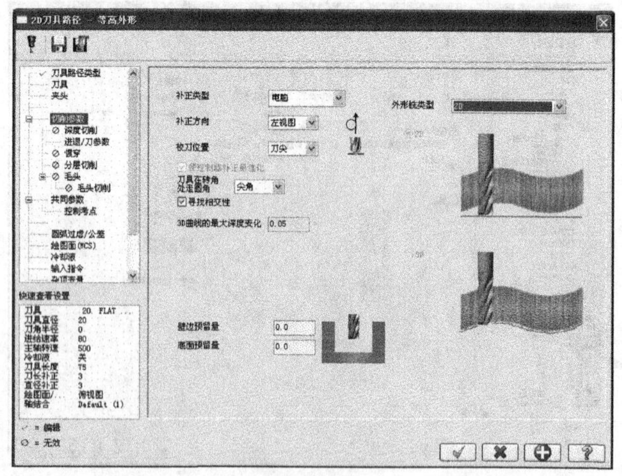

图 7-122 切削参数设置（精加工外形）

（4）选择“共同参数”选项卡，按照图 7-123 所示设置参数，其余参数默认。参数设置完毕后单击“确定”按钮，精加工外形模拟效果如图 7-124 所示。

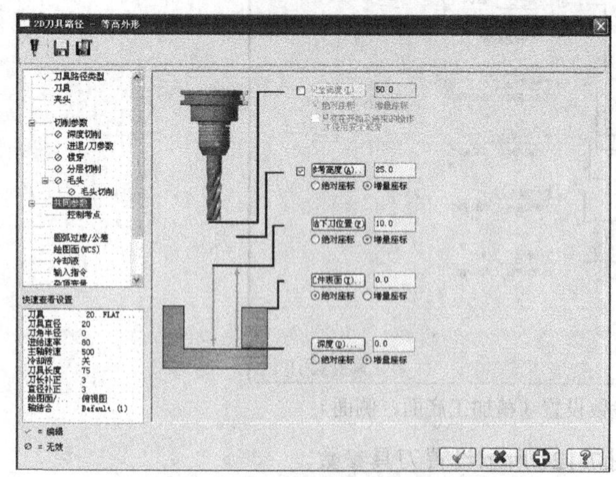

图 7-123 共同参数设置（精加工外形）

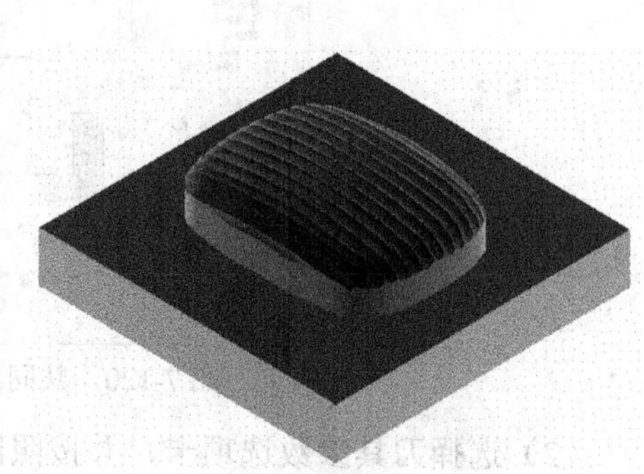

图 7-124 精加工外形模拟结果图

步骤三　半精加工上表面

采用ϕ10 直柄球头铣刀半精加工，预留 0.2 mm 精加工量。

（1）选择“刀具路径”→“曲面精加工”→“平行铣削精加工”命令，按照图 7-4 所示设置曲面加工选项。

（2）调整视角为俯视角，窗选除底面以外部分，单击“确定”按钮。在随后弹出的刀具路径的曲面选取对话框中选择“选中”区域的按钮，选择底面作为干涉检查面，设定干涉预留量为 0.5 mm。

（3）选择“刀具路径参数”选项卡，并按照图 7-125 所示设置刀具参数。

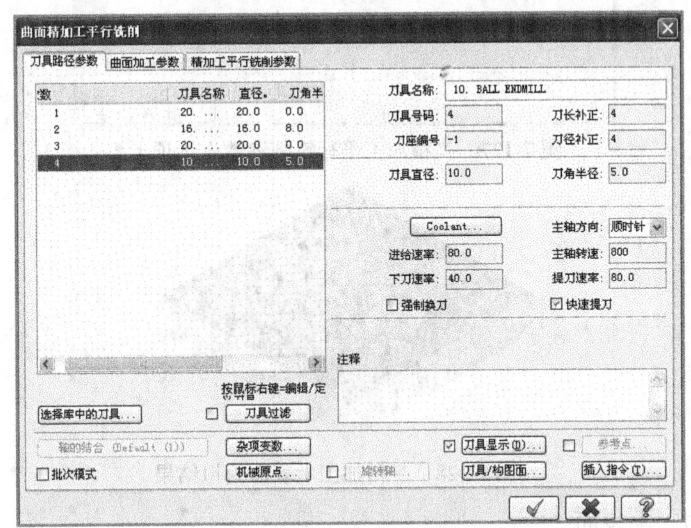

图 7-125　刀具路径参数设置（半精加工表面）

（4）选择“曲面加工参数”选项卡，并按图 7-126 所示设置曲面参数。

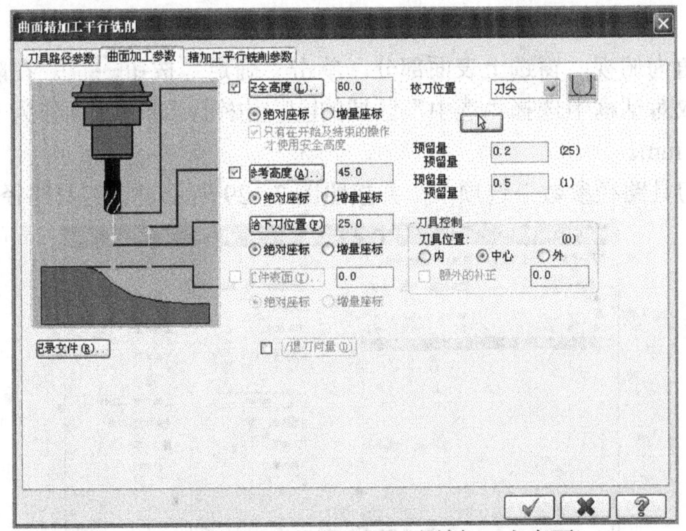

图 7-126　曲面加工参数设置（半精加工上表面）

（5）选择“精加工平行铣削参数”选项卡，并按照图 7-127 所示设置曲面精加工平行铣削参数。

（6）参数设置完毕后单击“确定”按钮，加工模拟效果如图 7-128 所示。

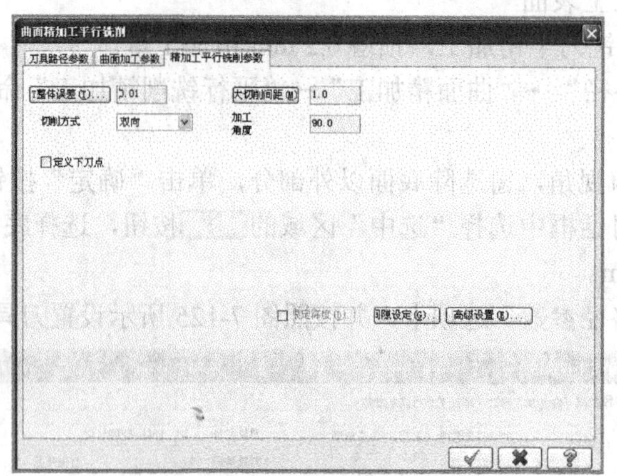

图 7-127 “精加工平行铣削参数”选项卡

图 7-128 半精加工上表面模拟结果

步骤四 精加工上表面

采用ϕ10 直柄球头铣刀精加工。

（1）选择“刀具路径”→“曲面精加工”→“精加工平行铣削”命令，按照图 7-4 所示设置曲面加工选项。

（2）调整视角为俯视，窗选上表面部分，单击“确定”按钮。在随后弹出的“刀具路径”的曲面选取对话框中选择“选中”区域的按钮，选择底面作为干涉检查面，设定干涉预留量为 0.5 mm。

（3）选择“刀具路径参数”选项卡，并按照图 7-129 所示设置刀具路径参数。

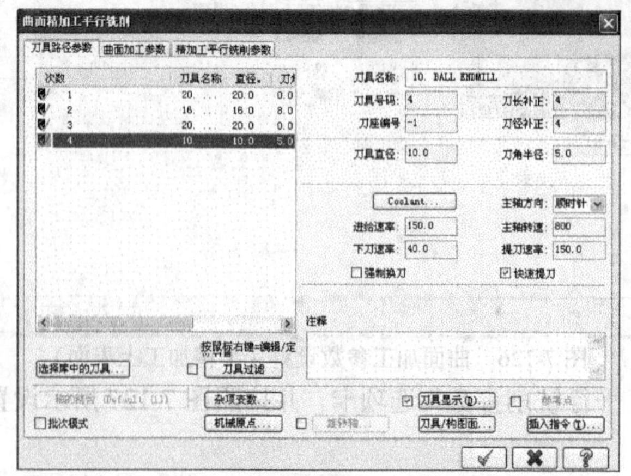

图 7-129 刀具路径参数设置（精加工上表面）

（4）选择“曲面加工参数”选项卡，并按照图 7-130 所示设置曲面参数。

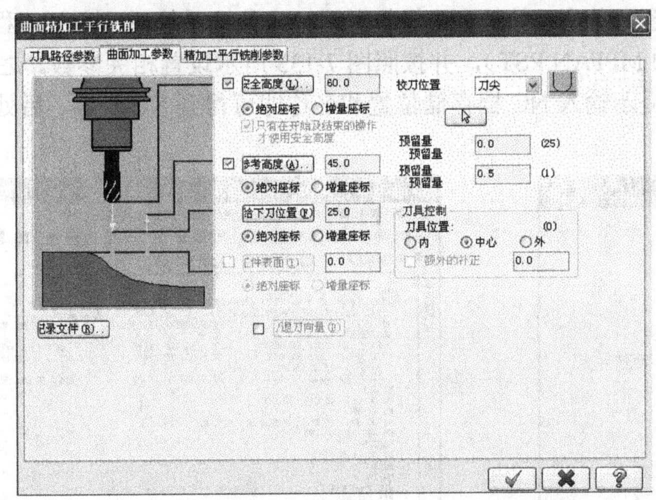

图 7-130　曲面加工参数设置（精加工上表面）

（5）选择“精加工平行铣削参数”选项卡，并按照图 7-131 所示设置曲面精加工平行铣削参数。

（6）参数设置完毕后单击“确定”按钮，加工模拟效果如图 7-132 所示。

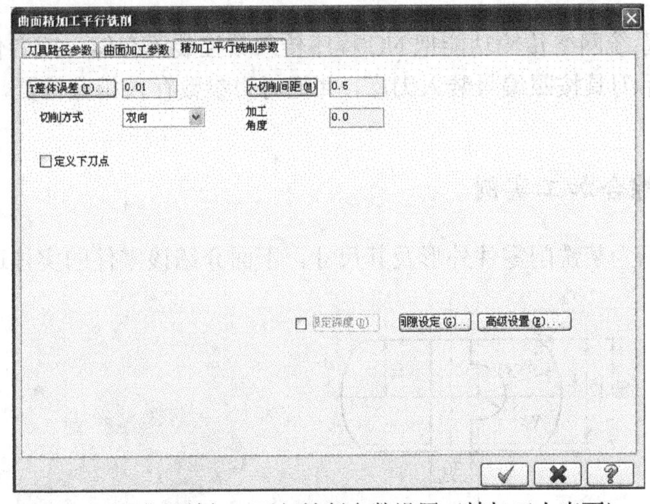

图 7-131　曲面精加工平行铣削参数设置（精加工上表面）

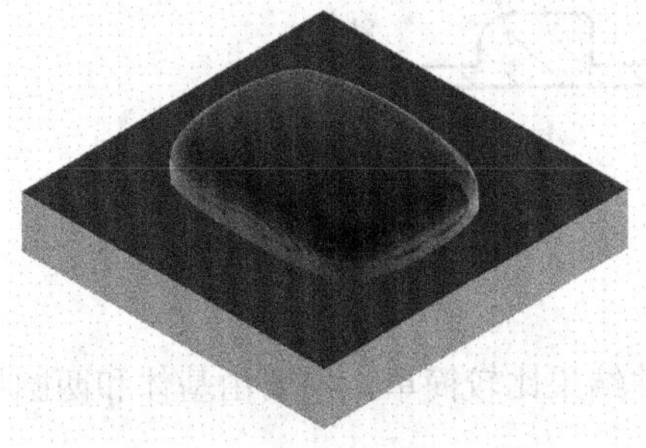

图 7-132　精加工上表面模拟效果

4）后处理

在操作管理器窗口单击 G1 按钮，选择与所用机床数控系统对应后处理程序（这里选择用于 FANUC 数控系统的 MPFAN.PST），并按照图 7-133 所示设置相关参数。之后，单击“确定”按钮 ✓，并按照提示输入 NC 档存储位置和名称即可得到 NC 档案。后处理得到的 NC 程序如图 7-134 所示。

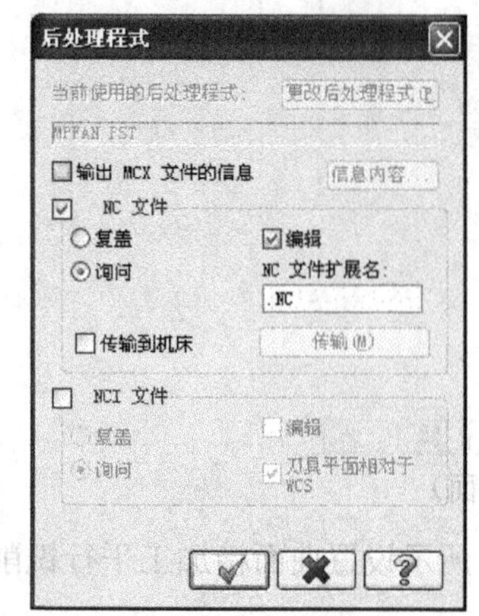

图 7-133 “后处理程式”对话框

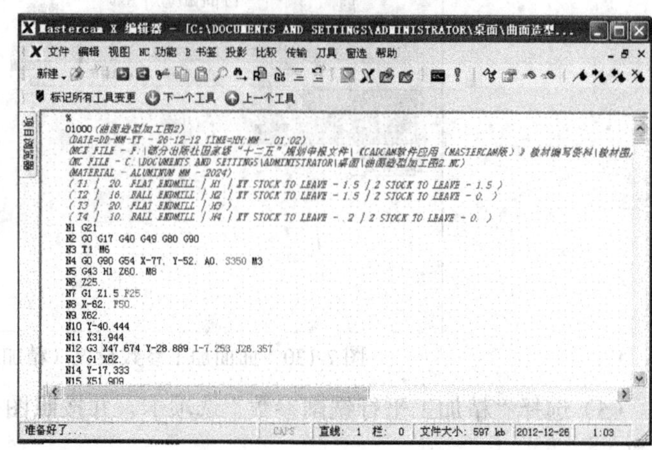

图 7-134 后处理生成的 NC 程序

5）加工操作

利用机床数控系统网络传输功能把 NC 程序传入数控装置存储，或者使用 DNC 方式进行加工。操作前把所用刀具按照编号装入刀库，并把对刀参数存入相应位置，经过空运行等方式验证后即可加工。

7.4.2 实体模型综合加工实例

如图 7-135 所示为某铣削零件外形及其尺寸。下面介绍该零件的实体造型及加工过程。

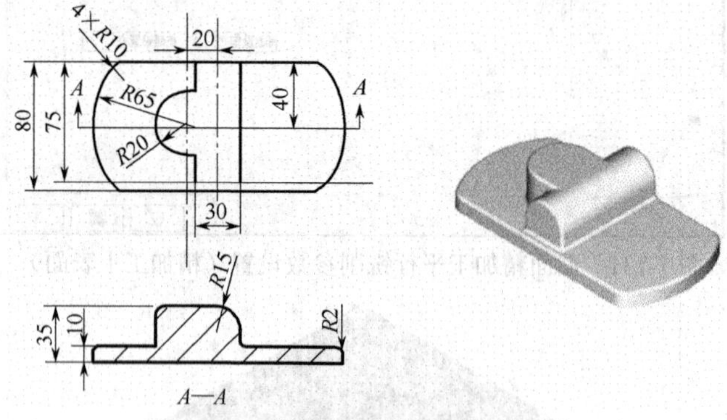

图 7-135 某铣削零件外形及其尺寸

1. 工艺分析

1）零件的形状分析

由图 7-135 可知，该零件结果比较简单，主要由基体和两圆柱相贯凸台结合而成。

2）数控加工工艺设计

由图 7-135 可知，该铣削零件所有的结构都能在立式加工中心上一次装夹加工完成。零件毛坯已经在普通机床上加工到尺寸 180 mm×100 mm×40 mm，故主要考虑其精加工。数控加工工序中，按照粗加工——半精加工——精加工的步骤进行，为了保证加工质量和刀具正常切削，其中，在半精加工中，根据走刀方式的不同做了一些特殊处理。

（1）加工工步设置。根据以上分析，制定工件的加工工艺路线为：采用ϕ10 直柄波纹立铣刀一次切除大部分余量；采用ϕ10 球刀半精加工整个表面；采用ϕ10 直柄立铣刀整光底平面；采用ϕ10 球刀对整个表面进行精加工；采用ϕ4 球头铣刀进行交线和残料清角。

（2）工件的装夹与定位。工件的外形是长方体，采用平口钳定位与装夹。平口钳采用百分表找正，基准钳口与机床 *X* 轴一致并固定于工作台，预加工毛坯装在平口钳上。采用寻边器找出毛坯 *X*、*Y* 方向中心点在机床坐标系中的坐标值，作为工件坐标系原点，*Z* 轴坐标原点定于毛坯上表面下 2 mm，工件坐标系设定于 G55。

（3）刀具的选择。工件材料为 45 # 钢，刀具材料选用高速钢。

（4）编制数控加工工序卡。综合以上的分析，编制数控工序卡如表 7-2 所示。

表 7-2　数控加工工序卡

工步号	工步内容	刀具号	刀具规格	主轴转速（r/min）	进给速度（mm/min）
1	粗加工	T1	ϕ10 波纹铣刀	400	50
2	粗加工整个表面	T2	ϕ10 球头铣刀	400	50
3	精加工底面	T3	ϕ10 普通铣刀	500	80
4	精加工整个表面	T2	ϕ10 球头铣刀	800	80
5	修整加工	T4	ϕ4 球头铣刀	1 000	80

2. 零件造型

（注：所有操作均从菜单栏开始）

1）基体造型

步骤一　设置工作环境

单击辅助菜单区命令，分别设定：*Z*（工作深度）为 0；作图颜色为 14；作图层别为 1；限定层为关；WCS 为 *T*；刀具面为关；构图面为 *T*；荧屏视角为 *T*。

步骤二　基体造型

（1）选择“绘图”→“矩形”命令，在“矩形”对话框中设定宽度为 160，高度为 80，之后选择“原点”选项定义坐标原点为矩形的中心。

（2）选择“绘图”→“圆弧”→“切弧”→“切一物体”命令，单击矩形左边的线，并以中点方式捕捉左边线的中点作为相切点，然后输入半径为 65，屏幕上出现多条切线，选择需要的一条，用同样方法绘制与矩形右边线相切的圆弧如图 7-136 所示。

（3）选择“绘图”→“倒圆角”→“倒圆角”命令，设定半径为 10，其余参数默认设置，之后选取左上角 *R*65 与矩形的上边线绘制如图 7-137 的圆角。

（4）用同样方法绘制其余圆角，删除多余线段，结果如图 7-138 所示。

（5）选择“实体”→“挤出实体”命令，弹出“串连选项”对话框，选择串连方式，选取图 7-138 曲线，单击“确定”按钮，在弹出的对话框中设定参数如图 7-139 所示（方向向上），设置完成后，单击“确定”按钮，结果如图 7-140 所示。

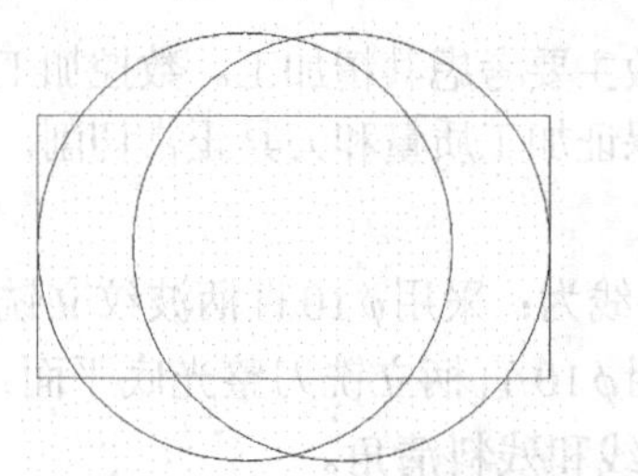

图 7-136　切弧绘制

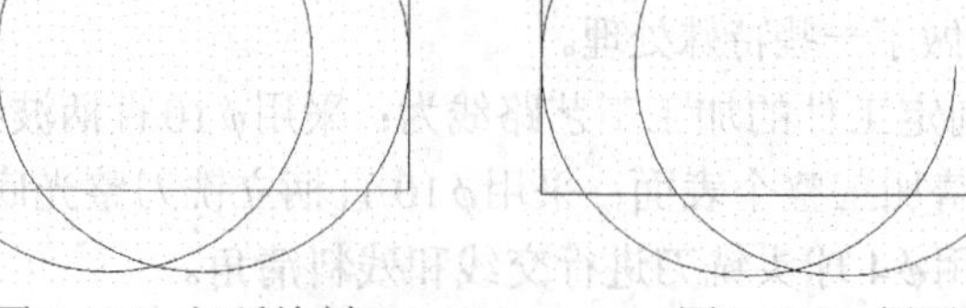

图 7-137　倒圆角

图 7-138　圆弧绘制结果

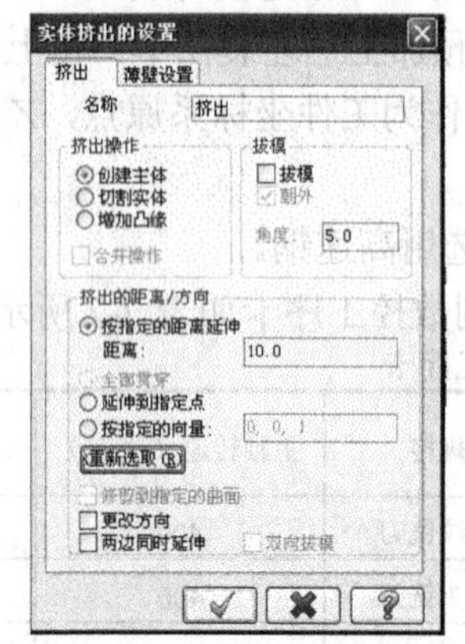

图 7-139　实体挤出参数设定（基体）

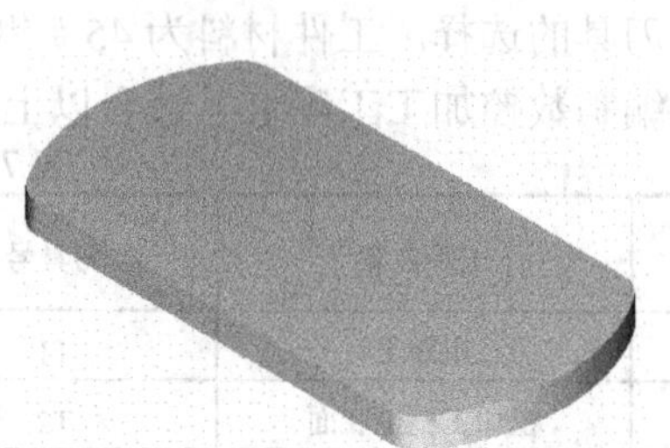

图 7-140　基体实体造型

2）相贯体的绘制

（1）设置构图面为前视面，构图深度 Z 为“−40”。

（2）选择“绘图”→“任意线”→“绘制任意线”，输入点坐标（−15,10），角度为 90°，长度为 10；继续输入点坐标（15,10），角度为 90°，长度为 10，结果如图 7-141 所示。

（3）选择“绘图”→“圆弧”→“两点圆弧”命令，选择上面绘制的两条直线的上端点，输入半径为 15，选取产生圆弧的上半部分，结果如图 7-142 所示。

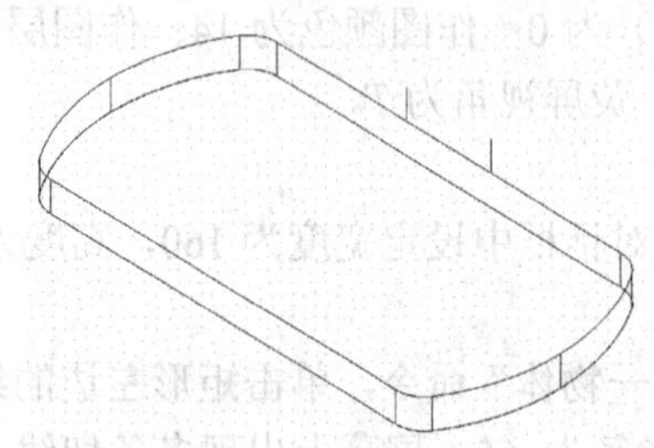

图 7-141　直线绘制

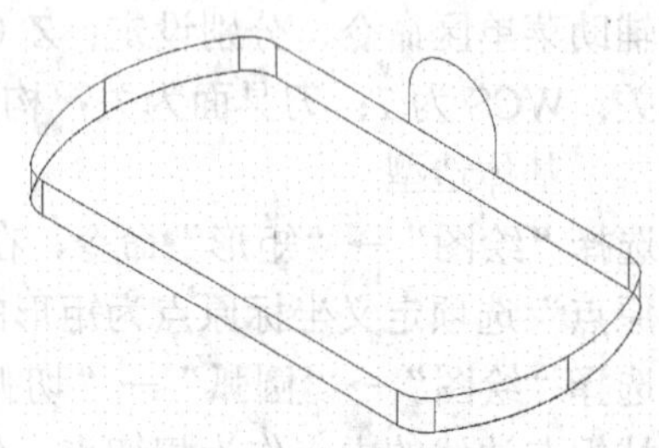

图 7-142　圆弧绘制

（4）用直线连接另外两个端点，之后选择“实体”→“挤出实体”命令，弹出“串连选项”对话框，选择“串连”方式，选取刚刚绘制的曲线，在弹出的对话框中设定参数如图 7-143 所示（注意挤出的方向），相贯体 1 结果如图 7-144 所示。

（5）设定构图面为俯视面，构图深度为 35。

（6）选择“绘图”→“矩形”命令，在矩形对话框中设定宽度为 40，高度为 40，之后输入中心坐标为（−20,0）。

（7）选择“绘图”→“圆弧”→“切弧”→“三物体切弧”命令，选取矩形左、上、下三边线，删除多余线段，相贯体 2 结果如图 7-145 所示。

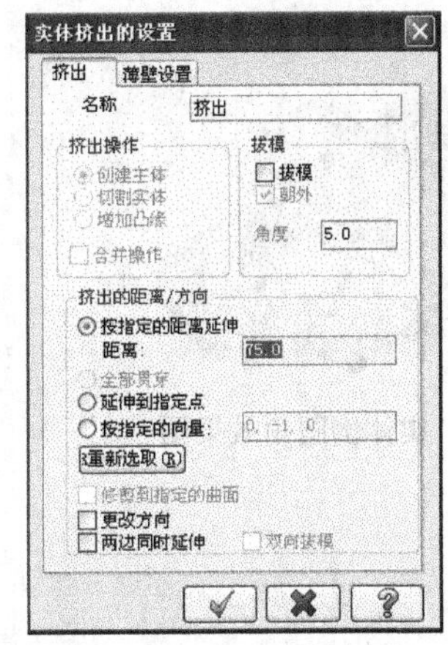

图7-143　实体挤出参数设定（相贯体1）

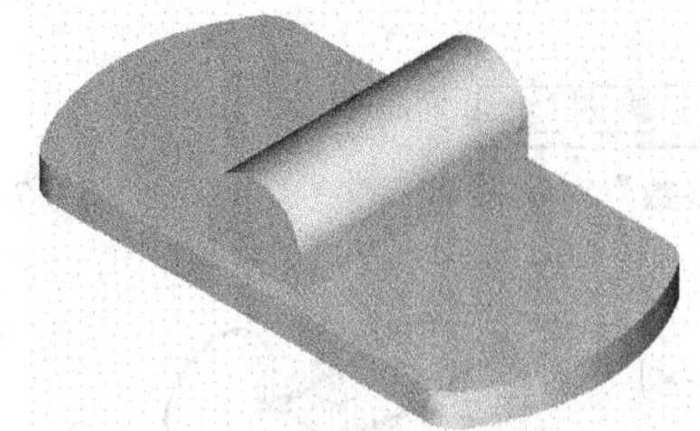

图7-144　相贯体1实体效果

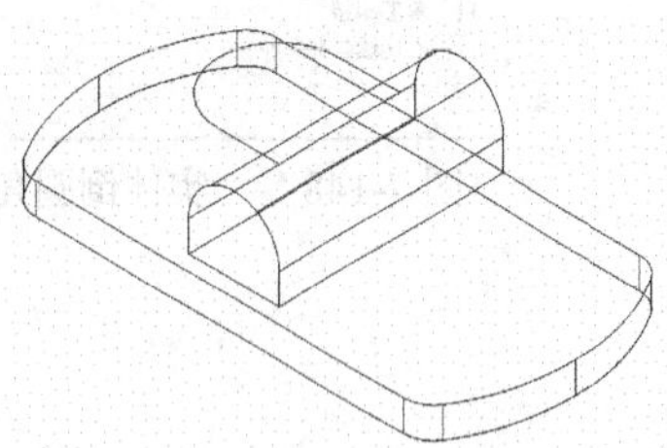

图7-145　曲线造型

（8）选择“实体”→“挤出实体”命令，弹出“串连选项”对话框，选择串连方式，选取图7-145中所作曲线，在弹出的对话框中设置参数如图7-146所示，设置完后，单击“确定”按钮，相贯体2结果如图7-147所示。

3）实体结合

选择“实体”→“布尔运算-结合”命令，选取三部分实体，结果三部分实体结合成为一个实体。

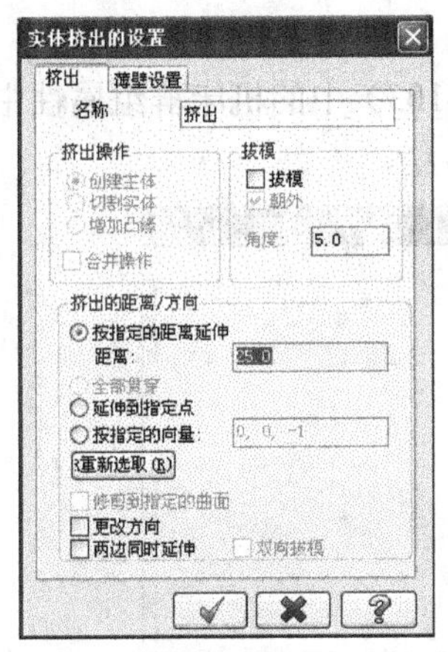

图7-146　实体挤出参数设定图（相贯体2）

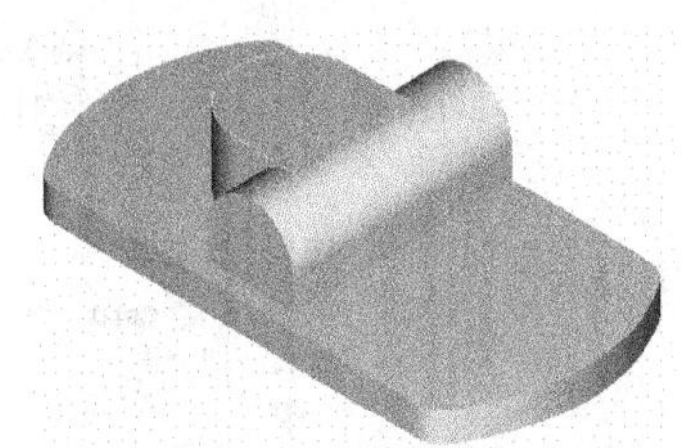

图7-147　相贯体2实体效果图

4）倒圆角

选择“实体”→“倒圆角”→“实体倒圆角”命令，选择除过底面边线之外的所有边线，在弹出的对话框中设置半径为*R*2，如图7-148所示，设置完成后，单击“确定”按钮，倒圆角结果如图7-149所示。

3．绘制加工范围及干涉曲面

（1）设置构图面为T，构图深度*Z*为0，选择“绘图”→“矩形”命令，设置宽度为180，高度为100，中心选取坐标原点。

（2）选取“绘图”→“曲面”→“平面修剪”命令，选取矩形，单击“确定”按钮，结果如图7-150所示。

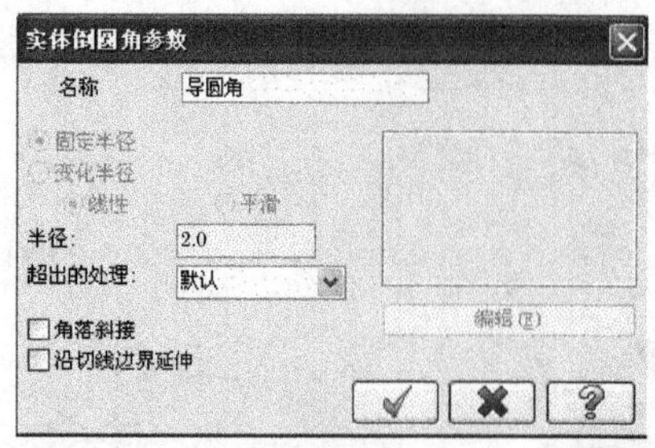

图 7-148　“实体倒圆角参数”对话框

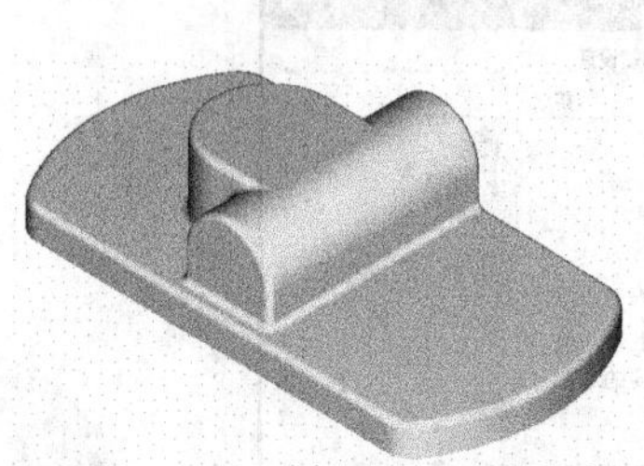

图 7-149　实体倒圆角效果图

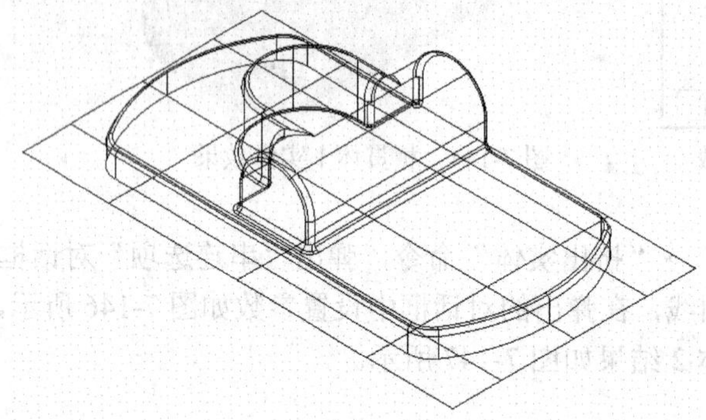

图 7-150　干涉平面

4．加工刀具路径生成

1）材料设置

选择操作管理中的“刀具路径”选项卡（见图 7-103）中的机床群组属性中的“材料设置”标签，按照图 7-151 所示设定参数，这里不设置边界盒。

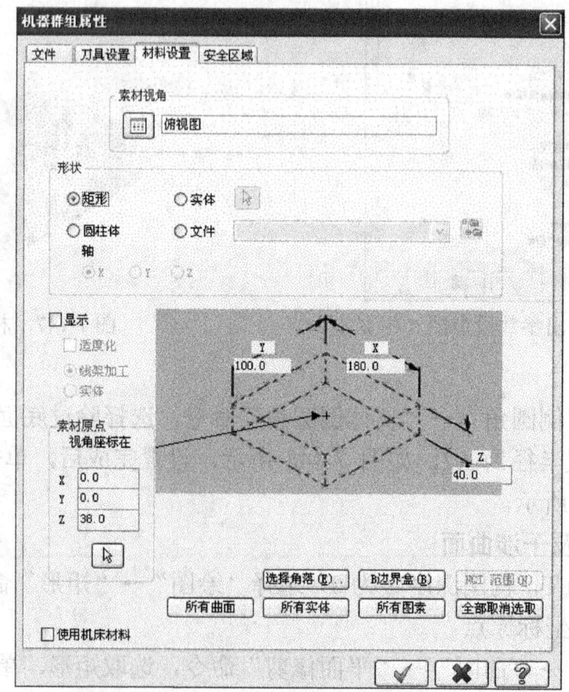

图 7-151　工件参数设定

2）粗加工刀具路径的生成

（1）选择“刀具路径”→“曲面粗加工”→“粗加工挖槽加工”命令，选取整个实体，按【Enter】键确认。

（2）在弹出的“曲面粗加工挖槽”对话框中选择ϕ10 的直柄波纹立铣刀，设置参数如图 7-152 所示。

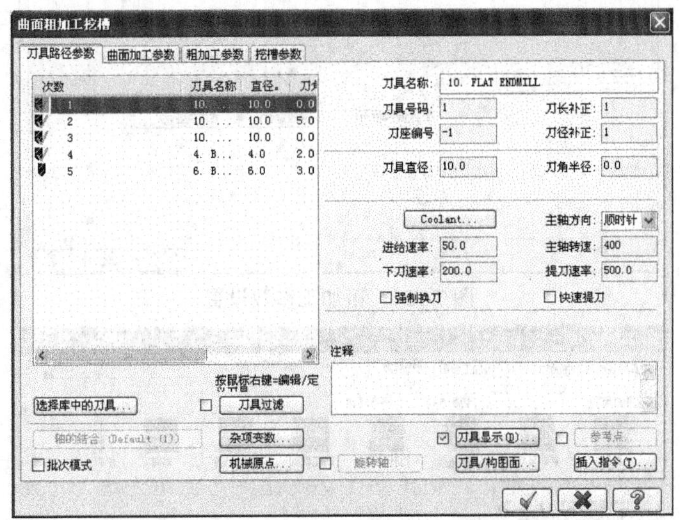

图 7-152　刀具路径参数设置（粗加工）

（3）设置曲面加工参数，如图 7-153 所示，刀具切削范围选取 180 mm×100 mm 矩形区域。

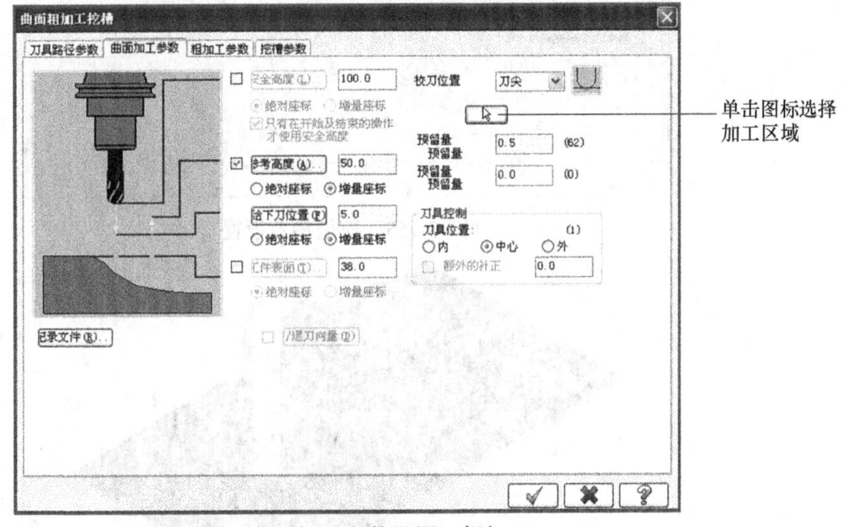

图 7-153　曲面加工参数设置（粗加工）

（4）设置粗加工参数，如图 7-154 所示。

（5）设置挖槽参数，如图 7-155 所示。粗加工路径模拟效果如图 7-156 所示。

3）半精加工刀具路径的生成

（1）选择“刀具路径”→“曲面粗加工”→“粗加工平行铣削加工”命令，选取整实体，按【Enter】键确认。在弹出的“曲面粗加工平行铣削”对话框中选取ϕ10 球头铣刀，设置参数如图 7-157 所示。

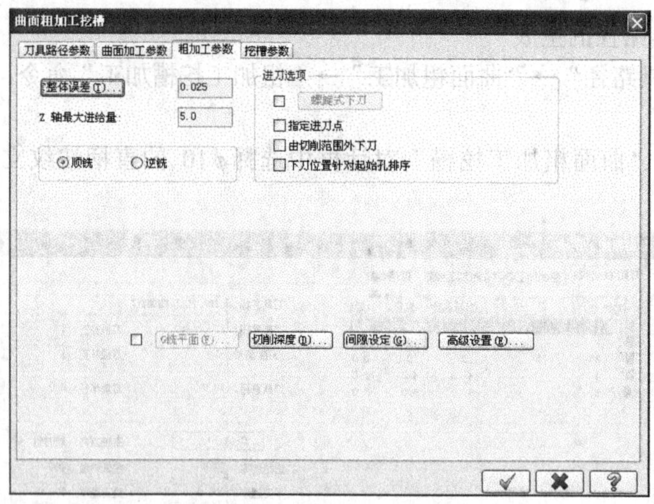

图 7-154　粗加工参数设置

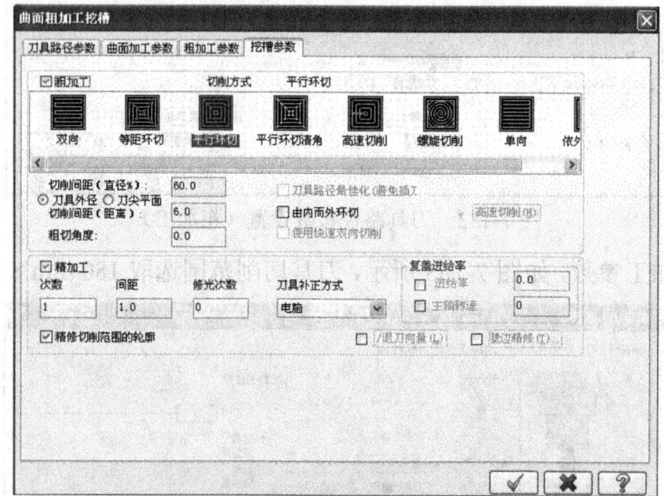

图 7-155　挖槽参数设置

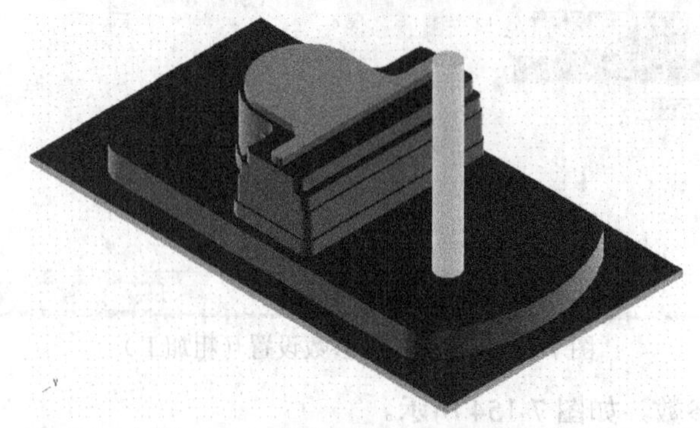

图 7-156　粗加工路径模拟效果图

（2）设置曲面加工参数，如图 7-158 所示，干涉面选取底面平面，刀具切削范围选取 180 mm×100 mm 矩形区域。

（3）设置粗加工平行铣削参数，如图 7-159 所示。半精加工路径，模拟效果如图 7-160 所示。

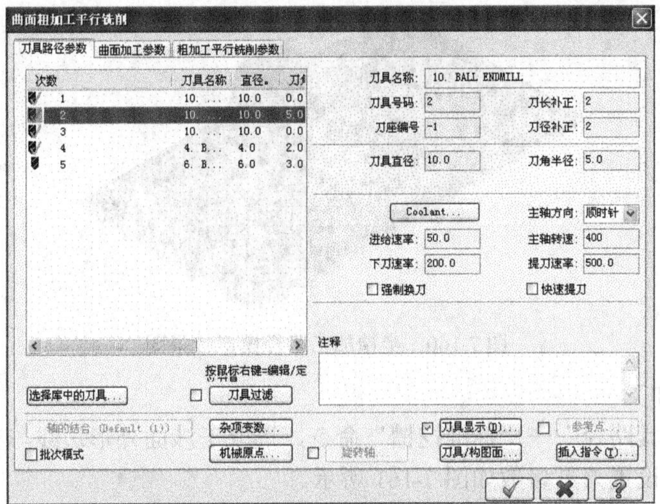

图 7-157　刀具路径参数设置（半精加工）

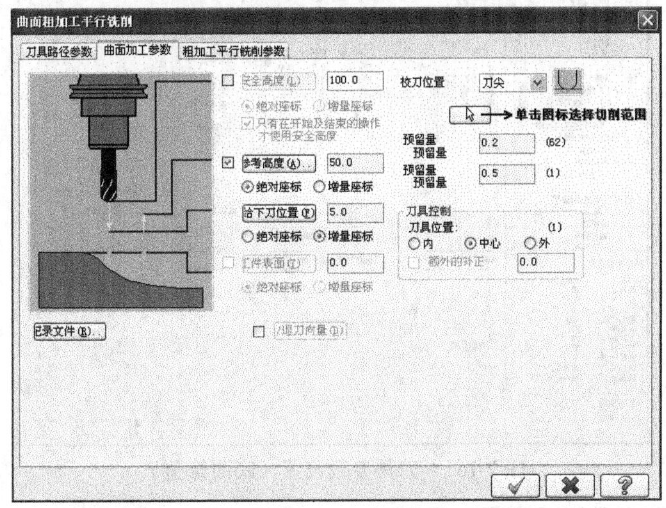

图 7-158　曲面加工参数设置（半精加工）

图 7-159　粗加工平行铣削参数设置

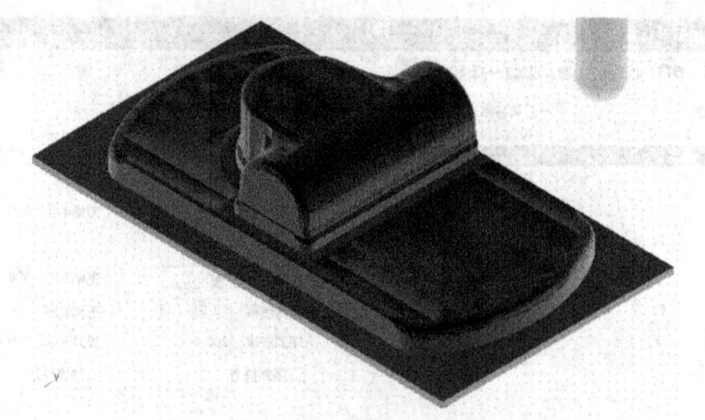

图 7-160　半精加工路径模拟效果图

4）底面修整加工

（1）选择“刀具路径”→“标准挖槽”命令，选取干涉面外形边线与实体底面外形边线，在弹出的对话框中设置刀具参数如图 7-161 所示。

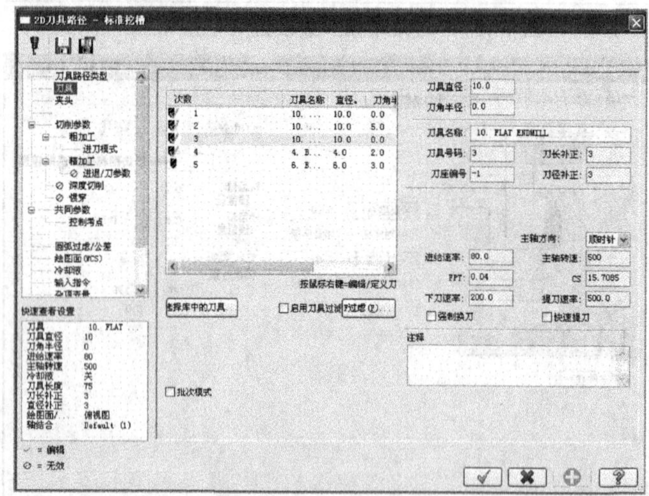

图 7-161　刀具参数设置（底面修整）

（2）选择“切削参数”选项卡，按照图 7-162 所示设置切削参数。

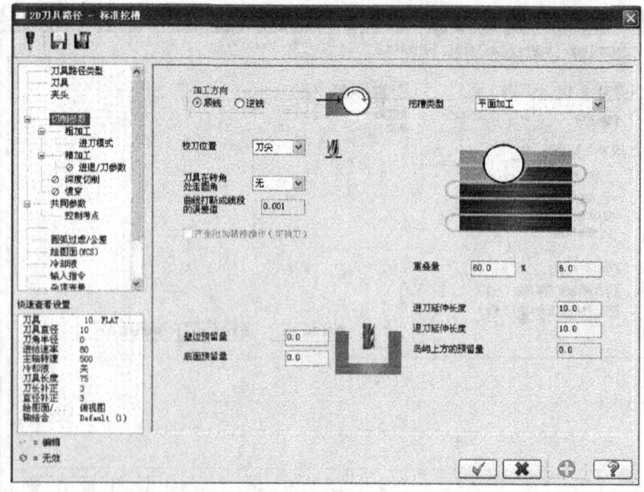

图 7-162　切削参数设置（底面修整）

（3）选择“粗加工”选项卡，按照图 7-163 所示设置参数。

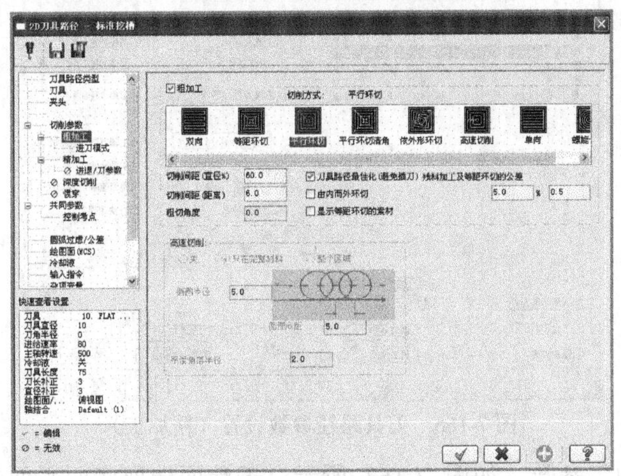

图 7-163　粗加工参数设置（底面修整）

（4）选择“共同参数”选项卡，按照图 7-164 所示设置参数。底面修整加工模拟效果如图 7-165 所示。

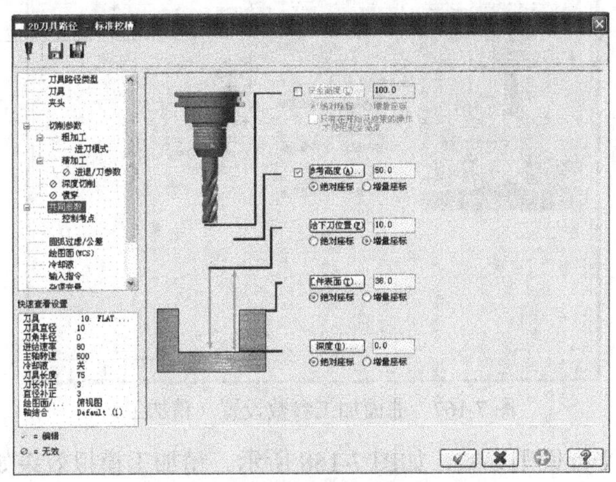

图 7-164　共同参数设置（底面修整）

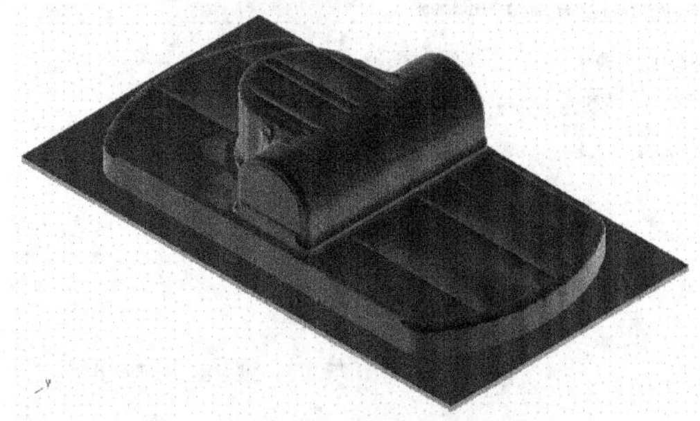

图 7-165　底面修整加工模拟效果图

5）精加工刀具路径的生成

（1）选择“刀具路径”→“曲面精加工”→“精加工平行铣削”命令，选取整个实体，按【Enter】键确认。在弹出的对话框中设置刀具路径参数，如图 7-166 所示。

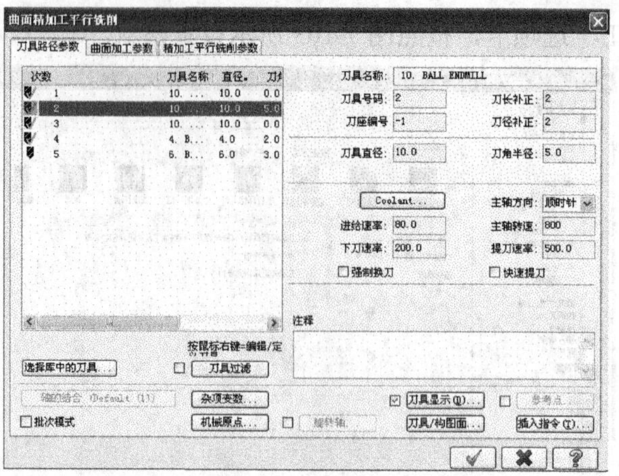
图 7-166　刀具路径参数设置（精加工）

（2）设置曲面加工参数，如图 7-167 所示，干涉面选取底面平面，刀具切削范围选取 180 mm×100 mm 矩形区域。

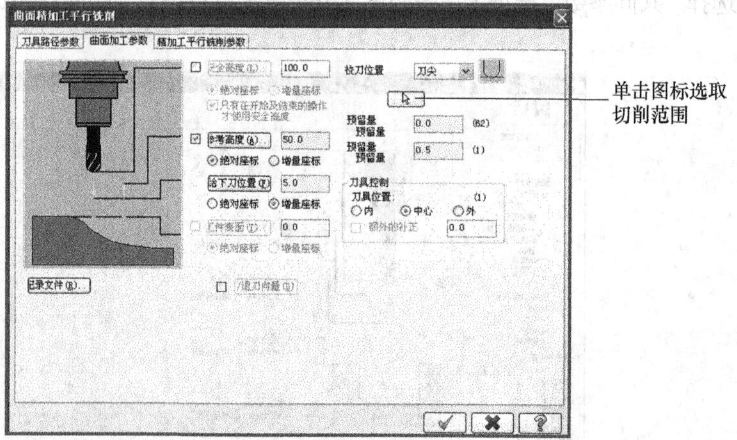

图 7-167　曲面加工参数设置（精加工）

（3）设置精加工平行铣削参数，如图 7-168 所示。精加工模拟效果如图 7-169 所示。

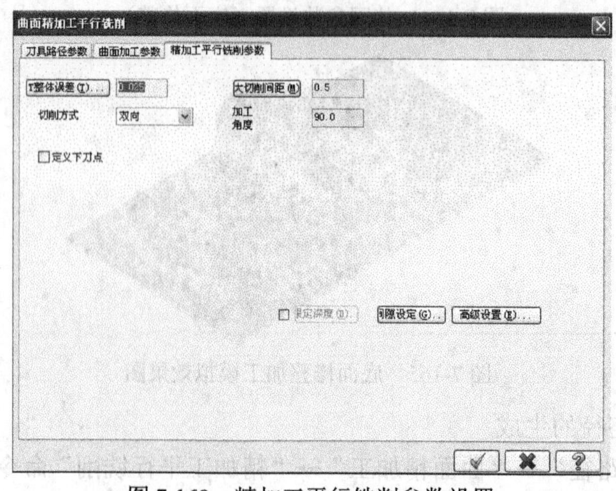
图 7-168　精加工平行铣削参数设置

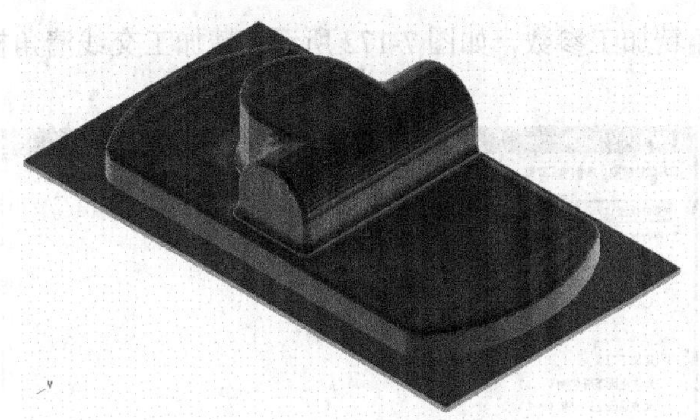

图 7-169　精加工模拟效果图

6）精修加工刀具路径的生成

步骤一　交线清角精加工刀具路径的生成

（1）选择“刀具路径”→“曲面精加工”→“精加工交线清角加工”命令，选取整个实体，按【Enter】键确认。在弹出的对话框中设置刀具参数，如图 7-170 所示。

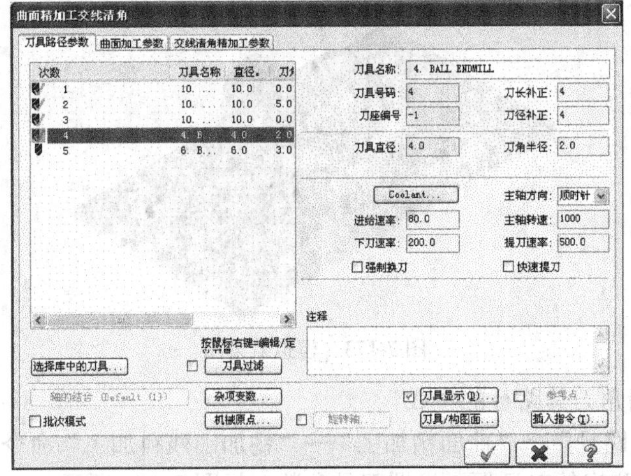

图 7-170　刀具路径参数设置（精加工交线清角）

（2）设置曲面加工参数，如图 7-171 所示，刀具切削范围选取 180 mm×100 mm 矩形区域。

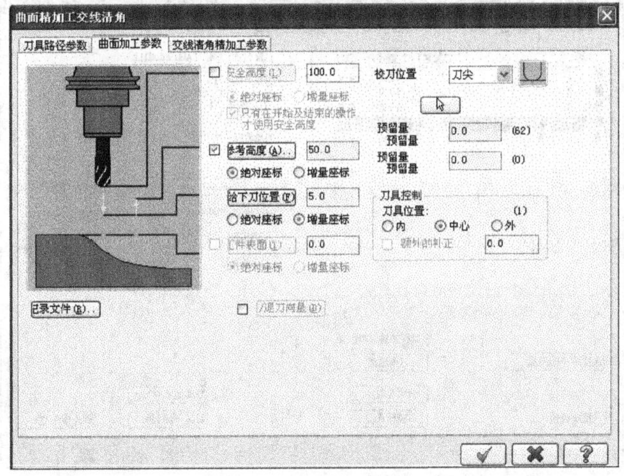

图 7-171　曲面加工参数设置（精加工交线清角）

（3）设置交线清角精加工参数，如图 7-172 所示。精加工交线清角模拟效果如图 7-173 所示。

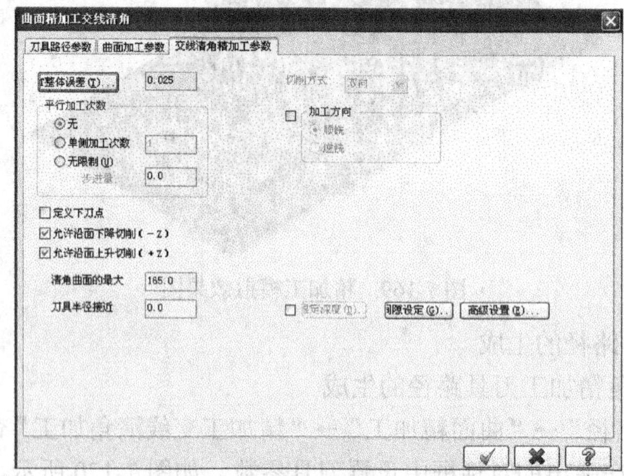

图 7-172　交线清角精加工参数设置

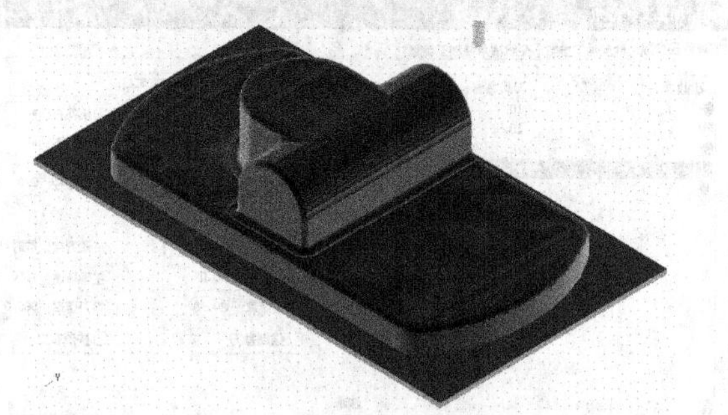

图 7-173　模拟效果图

步骤二　残料清角刀具路径的生成

（1）选择“刀具路径”→“曲面精加工”→“精加工残料加工”命令，选取整个实体，按【Enter】键确认，在弹出的对话框中设置刀具参数，如图 7-174 所示。

（2）设置曲面加工参数，如图 7-175 所示，刀具切削范围选取 180 mm×100 mm 矩形区域。

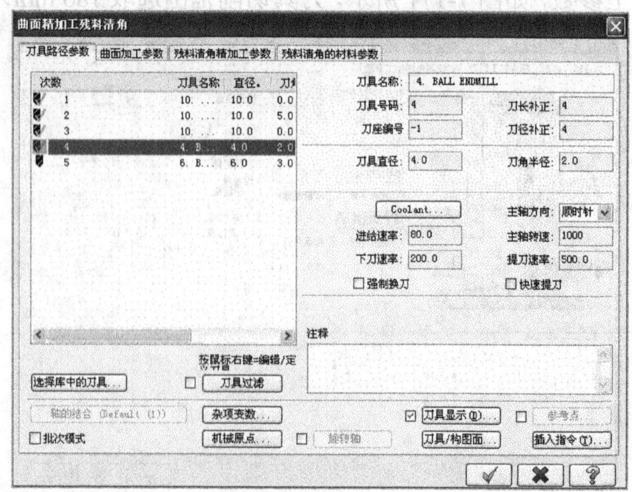

图 7-174　刀具参数设定（精加工残料清角）

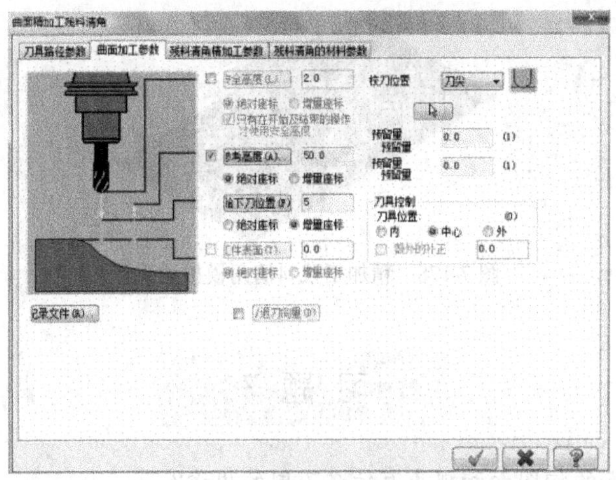

图 7-175　曲面加工参数设置（精加工残料清角）

（3）设置残料清角精加工参数，如图 7-176 所示。

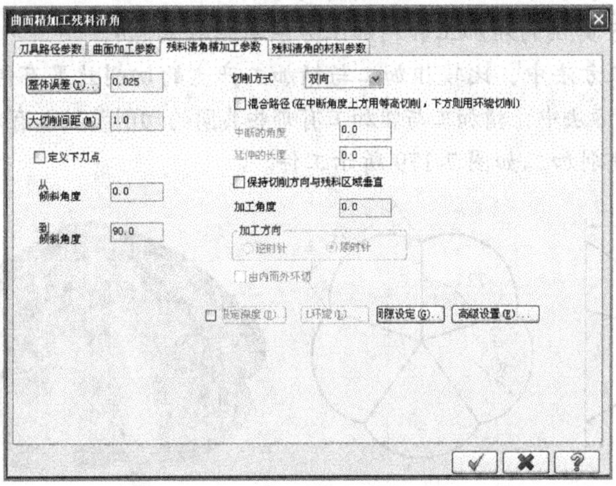

图 7-176　残料清角精加工参数设置

（4）设置残料清角的材料参数，如图 7-177 所示。精加工残料清单模拟效果如图 7-178 所示。

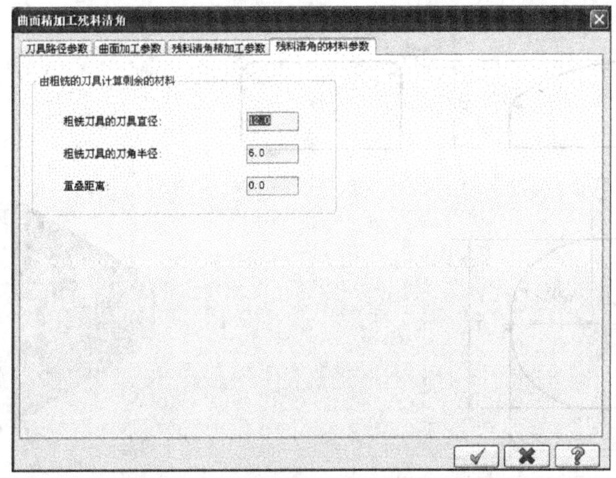

图 7-177　残料清角的材料参数设置

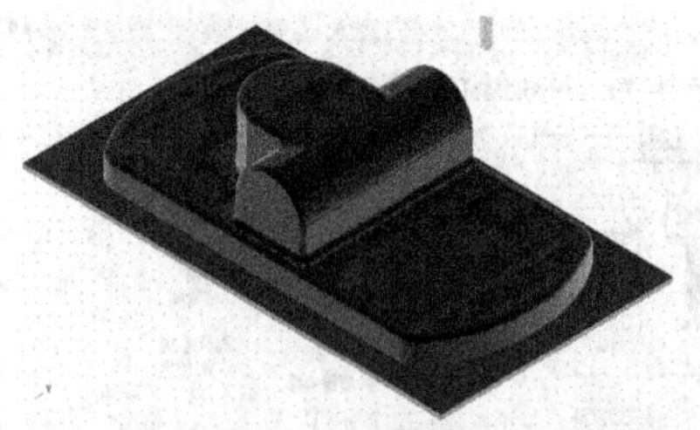

图 7-178　精加工残料清角模拟效果图

习 题 7

1. Mastercam X5 的构图面和视角有什么不同的用途？
2. Mastercam X5 提供了哪几种曲面构图模块？
3. Mastercam X5 提供了几种曲面倒圆角的方法？
4. Mastercam X5 提供的粗加工和精加工方法有何异同点？
5. 在同一种加工方法中，比较粗加工与精加工产生的切削效果有何不同？
6. 在相同的加工方法中，精加工与粗加工有哪些共同的切削参数？有哪些不同的切削参数？
7. 用等高外形铣削加工如图 7-179 所示工件。

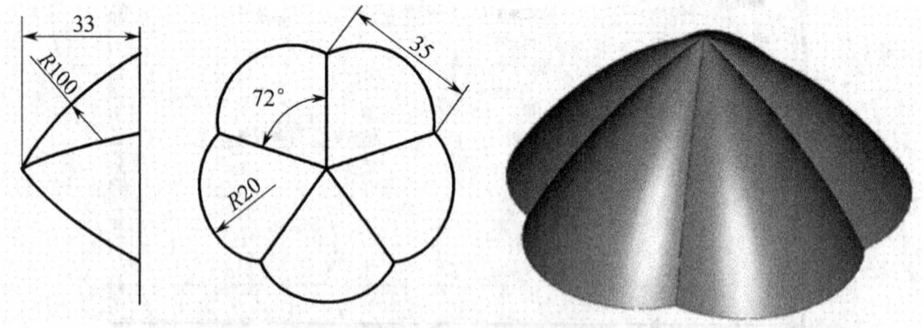

图 7-179　题 7 图

8. 用挖槽粗加工、平行铣削精加工等方法加工如图 7-180 所示鼠标零件。

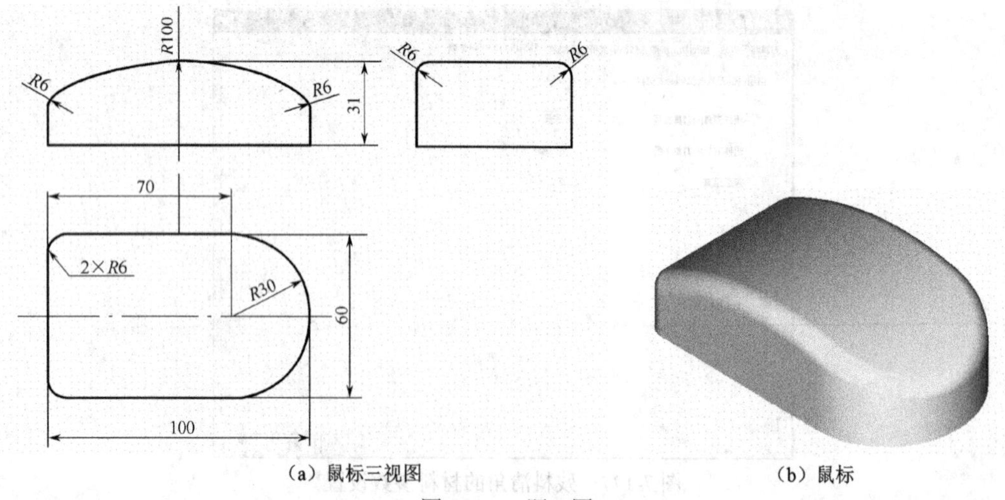

（a）鼠标三视图　　（b）鼠标

图 7-180　题 8 图

9. 用曲面平行铣削粗加工、曲面平行铣削精加工、残料清角精加工和交线清角精加工等方法加工如图 7-181 所示的零件。

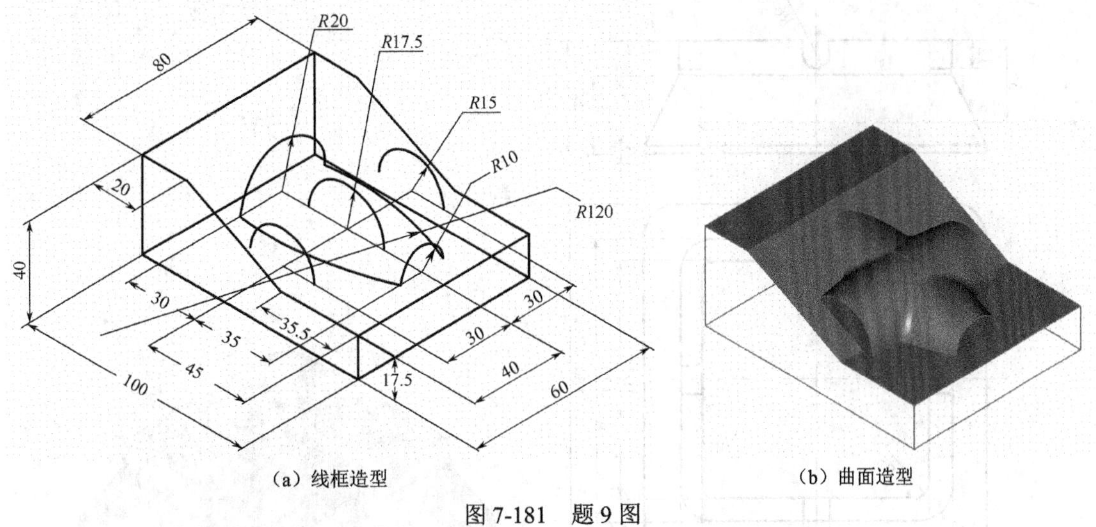

（a）线框造型

（b）曲面造型

图 7-181　题 9 图

10. 用挖槽加工、等高外形加工等方法加工如图 7-182 所示实体。

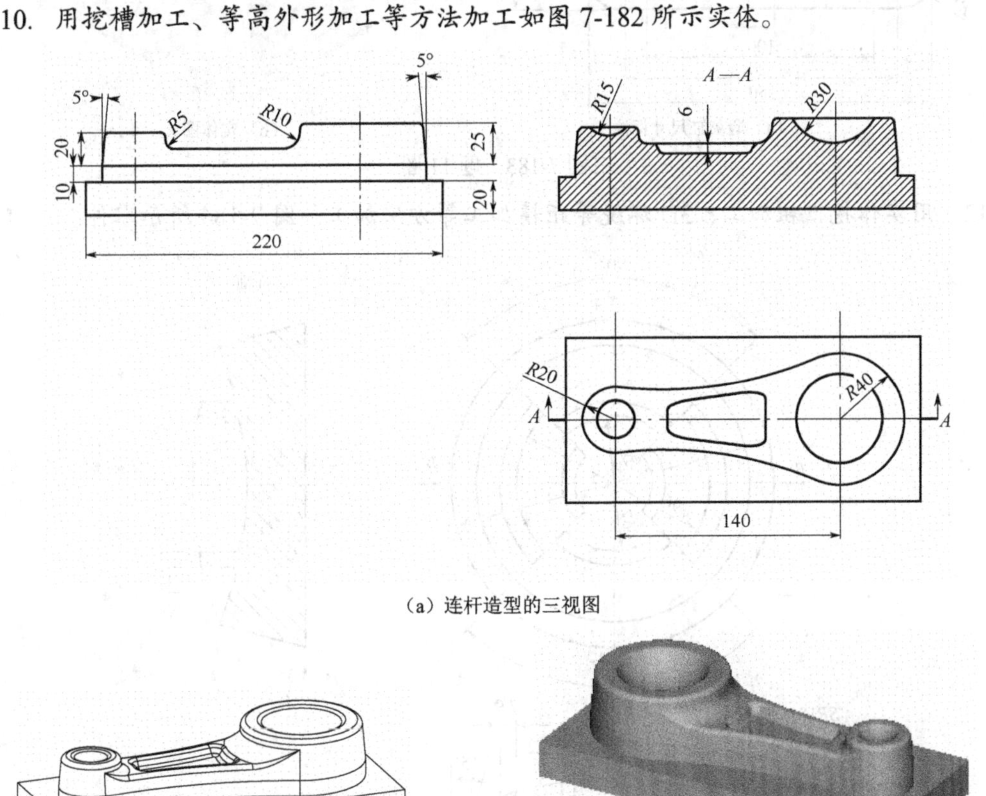

（a）连杆造型的三视图

（b）连杆线框造型

（c）连杆造型

图 7-182　题 10 图

11. 用实体挖槽粗加工、挖槽加工、等高外形精加工、浅平面加工等方法加工如图7-183所示零件（未注圆角为$R4$）。

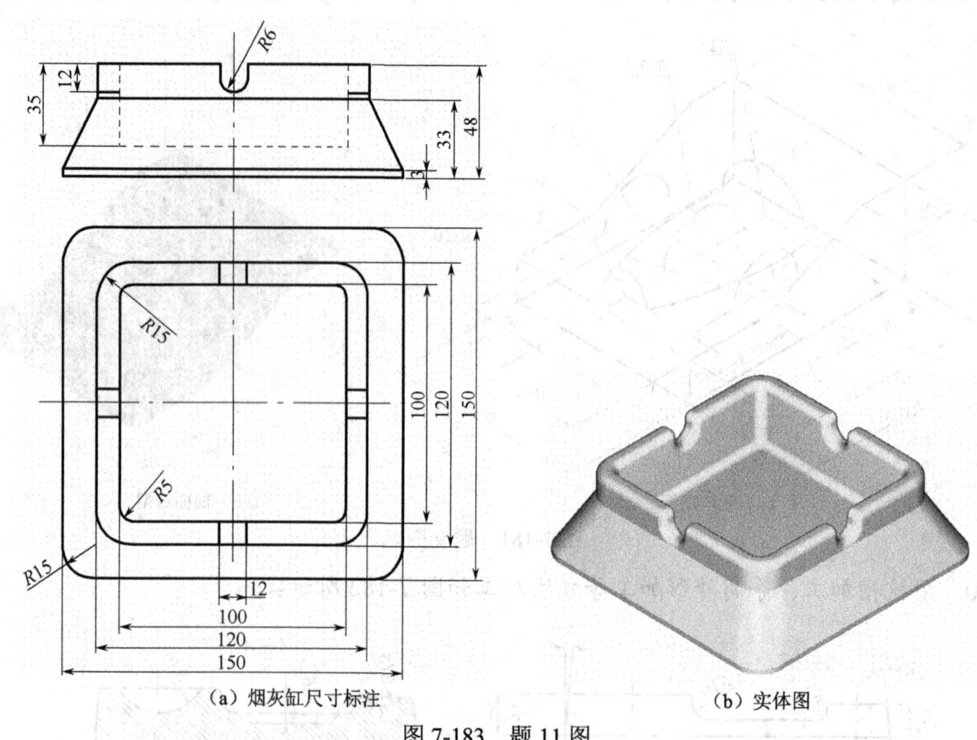

（a）烟灰缸尺寸标注　　（b）实体图

图7-183　题11图

12. 用实体挖槽粗加工、3D环绕等距精加工等方法加工如图7-184所示零件。

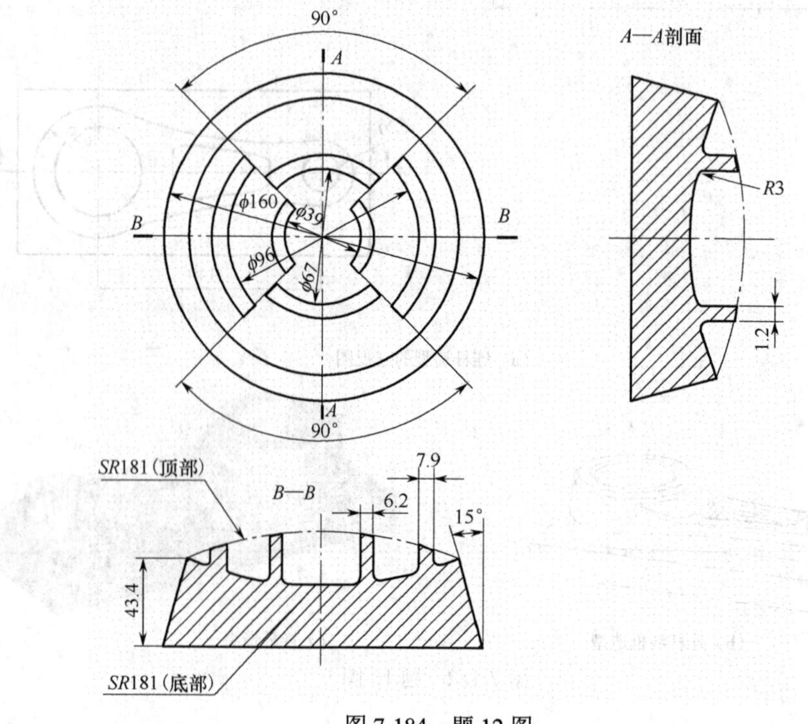

图7-184　题12图

13. 已知图 7-185，底面（基准面）已经精加工，请生成零件的加工造型，参考生成零件的造型完成其粗、精加工路径。

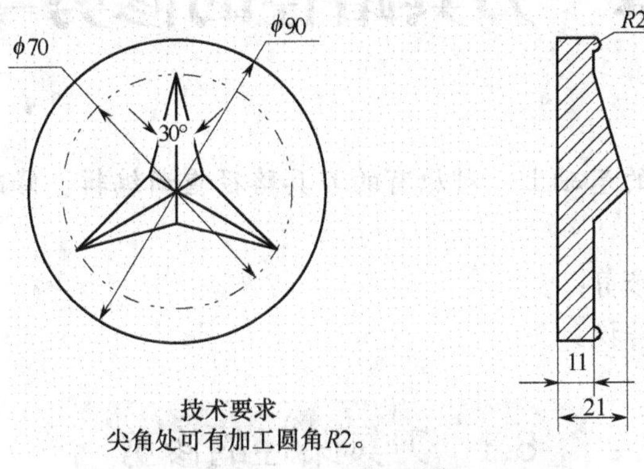

图 7-185　题 13 图

14. 已知图 7-186，底面（基准面）已经精加工，请生成零件的加工造型，参考生成零件的造型完成其粗、精加工路径。

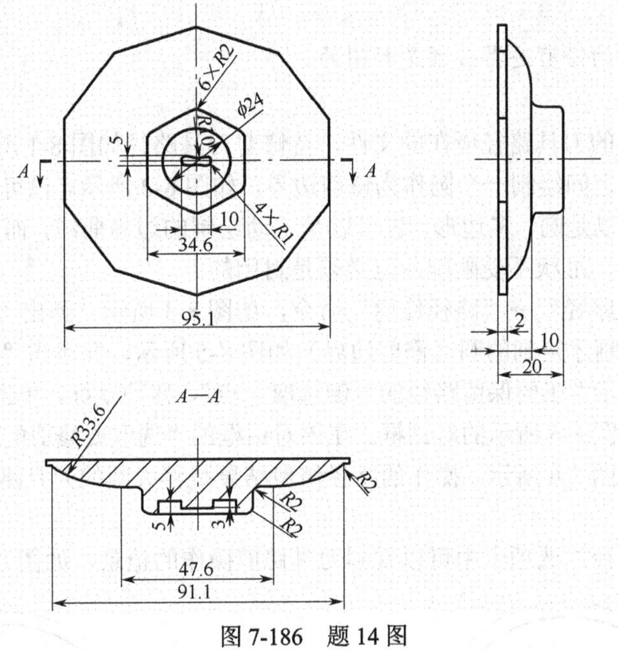

图 7-186　题 14 图

第 8 章　刀具路径的修剪与转换

导　　语

在不改变 CAD 造型的基础上，对原有的刀具路径重新编辑、修改，产生新的刀具路径。

学习目标

1．掌握刀具路径的修剪；

2．掌握刀具路径的转换。

8.1　刀具路径的修剪

Mastercam X5 系统提供了路径修剪功能，使用户不但可以对已生成的路径进行修剪，还可以删除一些不必要的路径，这一方法非常方便、实用。对于复杂零件的二维加工和曲面加工，有系统产生的刀具路径有时不能满足要求，需要对局部刀具路径进行修改，这时这一方法就特别便利。

提示：刀具路径的修剪边界必须是封闭的。

【范例 1】

（1）打开待修剪的刀具路径所在的文件，待修剪刀具路径如图 8-1 所示。

（2）在大小两圆之间绘制一个圆作为修剪边界，如图 8-2 所示。也可将刀具路径隐藏，以便观察。边界图形可以是圆、多边形，也可以是手动绘制的边界曲线，而且和刀具路径可以不在同一平面内，尺寸、形状不受限制，但必须是封闭的。

（3）选择“刀具路径”→“路径修剪”命令，如图 8-3 所示。弹出“串连选项”对话框，如图 8-4 所示。选择刚才绘制的圆（修剪边界）如图 8-5 所示，并单击“确定”按钮 ✓。

（4）根据系统提示“在要保留路径的一侧选取一点”，移动鼠标，单击边界圆内任意一点。

（5）系统弹出如图 8-6 所示的对话框。在该对话框的“选取要修剪的操作”列表框中选择需要修剪的路径，如图 8-6 所示。操作的路径修剪结果是将大圆的刀具路径删除，如图 8-7 所示。

（6）在“刀具路径”选项卡中可以看到刀具修剪操作的记录，如图 8-8 所示。

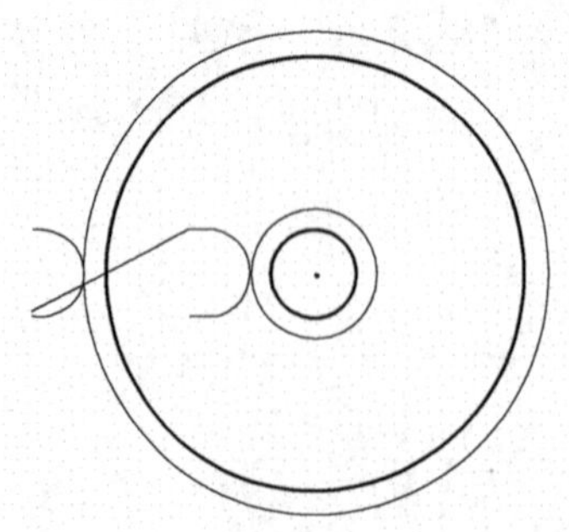

图 8-1　待修剪的刀具路径

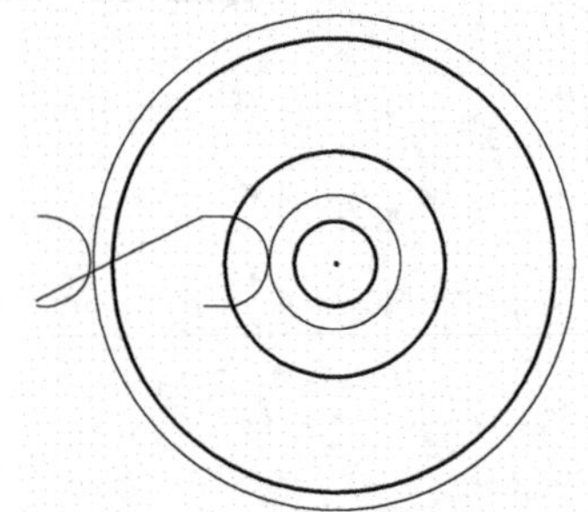

图 8-2　大小圆之间绘制修剪边界圆

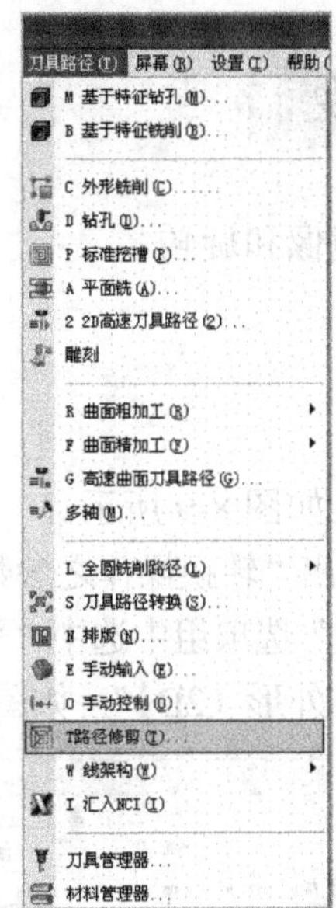

图 8-3　“刀具路径”→“路径修剪”命令

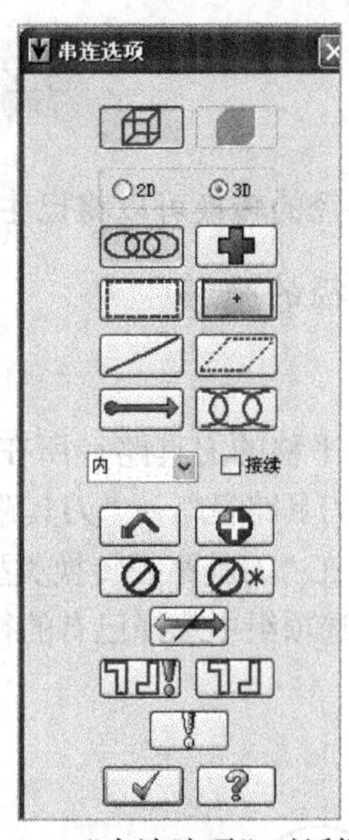

图 8-4　“串连选项”对话框

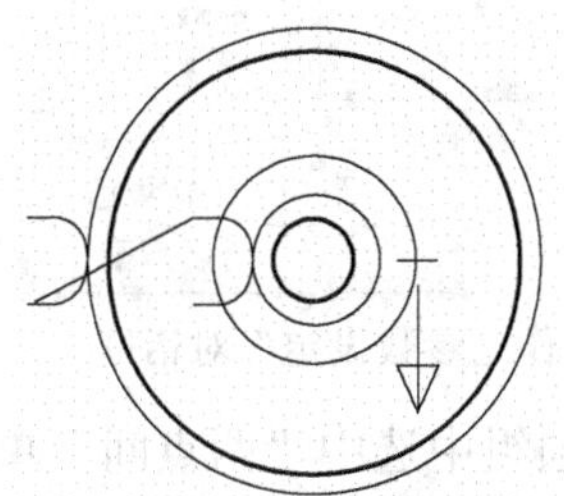

图 8-5　选择边界圆

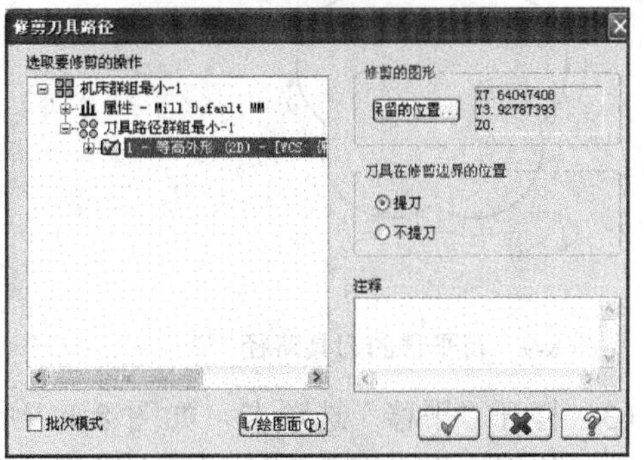

图 8-6　“修剪刀具路径”对话框

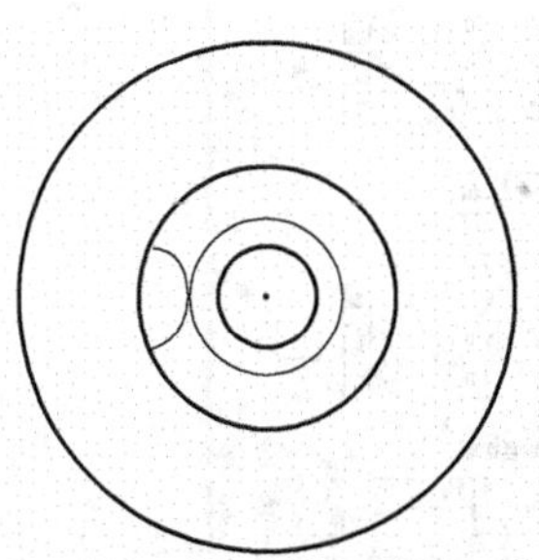

图 8-7　修剪后的刀具路径

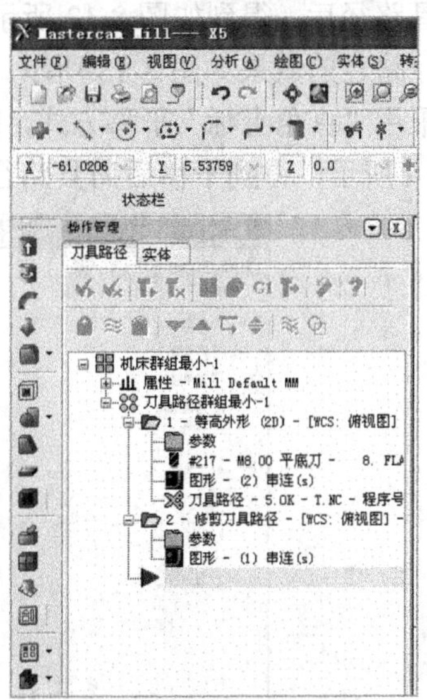

图 8-8　显示刀具路径的操作

8.2　刀具路径的转换

通过刀具路径的转换可以将已生成的路径进行平移、镜像和旋转。

8.2.1　刀具路径的平移

【范例 2】

（1）打开待平移的刀具路径所在文件，待平移刀具路径如图 8-9 所示。

（2）选择“刀具路径”→“刀具路径转换”选中命令，弹出“转换操作之参数设定”对话框，如图 8-10 所示。在“刀具路径转换类型与方式”选项卡“类型”选项组中选中“平移”单选按钮，在“原始操作”选项组中选择已有的待平移的刀具路径“等高外形（2D）”，如图 8-10 所示。

图 8-9　待平移的刀具路径

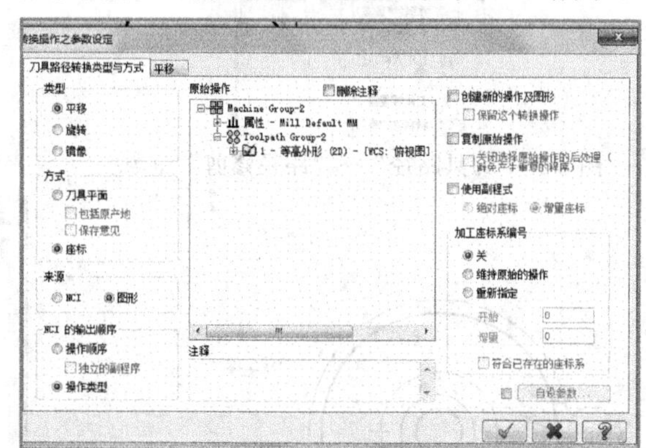

图 8-10　“转换操作之参数设定”对话框

（3）打开“平移”选项卡，如图 8-11 所示，在“方式”选项组中选中“两点间”单选按钮，在“使用世界坐标系”选项组中进行如图 8-11 参数设置，然后单击“确定”按钮 ✔ 。隐藏原刀具路径后，得到如图 8-12 所示效果。切削路径向 *X*、*Y* 方向分别移动 5 mm 距离，平移后隐藏原路径的效果如图 8-13 所示。

如果采用“直角坐标”平移方式，则“直角坐标”选项组被激活，可以进行设置，参数设置如图 8-14 所示，得到平移后刀具路径，隐藏原刀具路径后如图 8-15 所示。

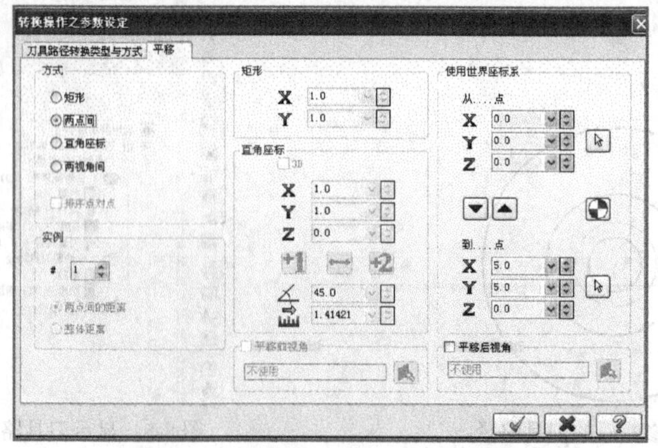

图 8-11　“两点间”平移方式设置参数

图 8-12　平移后的刀具路径

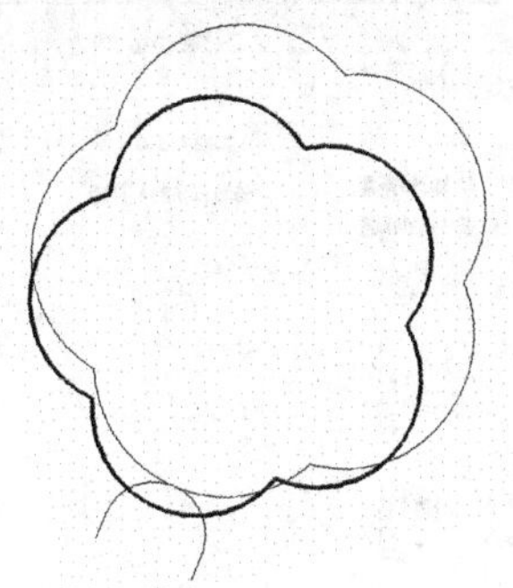

图 8-13　切削路径平移 5 mm 的效果

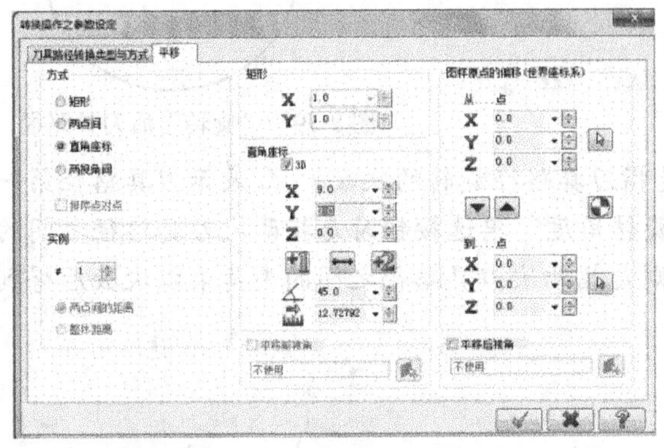

图 8-14 “平移方式”设置参数

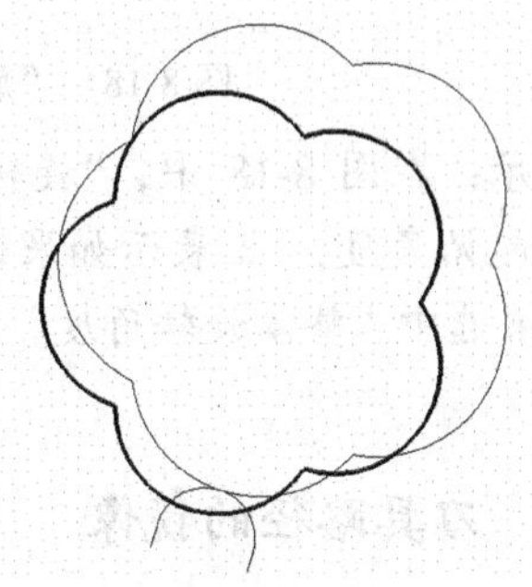

图 8-15　“直角坐标”方式平移后的效果

8.2.2　刀具路径的旋转

【范例 3】

（1）打开待旋转的刀具路径所在的文件，待旋转刀具路径如图 8-16 所示。

（2）选择“刀具路径”→“刀具路径转换”命令，弹出“转换操作之参数设定”对话框，在“刀具路径转类型与方式”选项卡的“类型”选项组中选中“旋转”单选按钮，在“原始操作”选项组中选择已有的待旋转的刀具路径“等高外形（2D)”，如图 8-17 所示。

（3）打开“旋转”选项卡，设置相关参数，如图 8-18 所示。

（4）单击“转换操作之参数设定”对话框中的“确定”按钮[✓]，完成旋转刀具路径操作，生成如图 8-19 所示的旋转后的刀具路径。

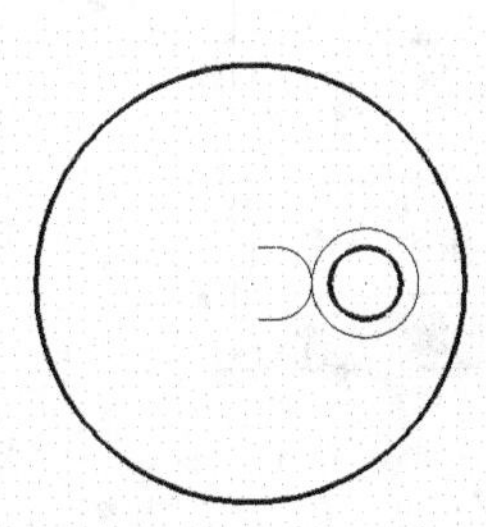

图 8-16　待旋转刀具路径

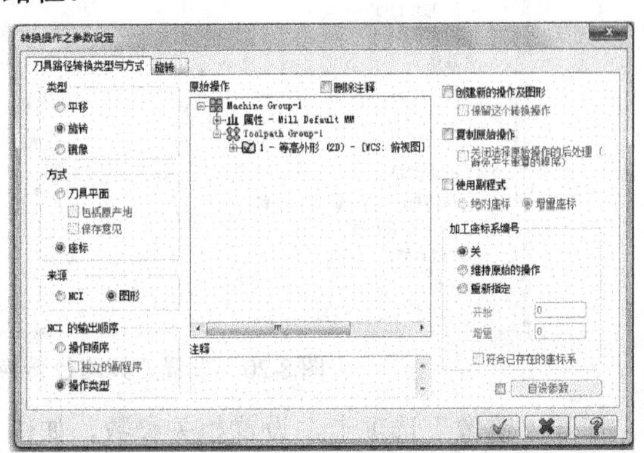

图 8-17 “刀具路径转换类型与方式”选项卡

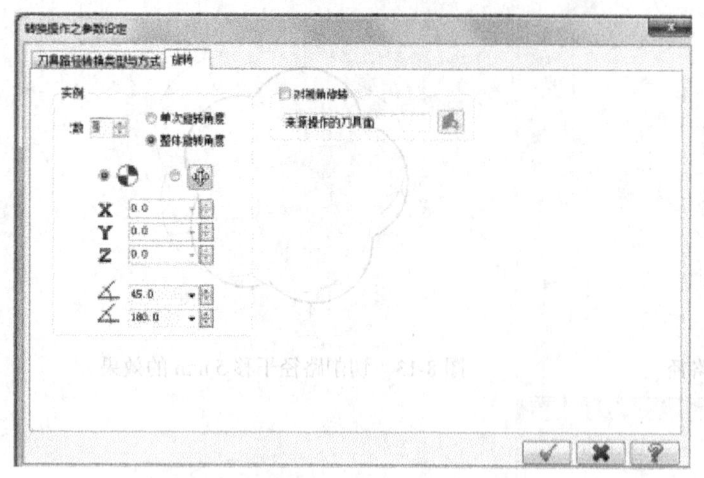

图 8-18 “旋转”选项卡

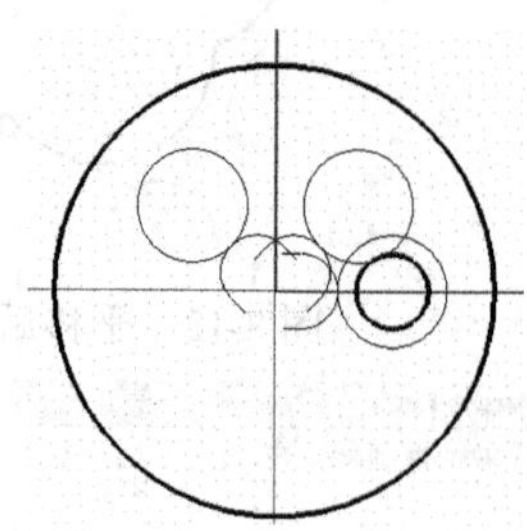

图 8-19 “旋转”后刀具路径

提示：在图 8-18 中，“旋转次数”中是指刀具路径旋转的次数，∡表示刀具路径第一次旋转的起始角度，∡表示如果选中“单次旋转角度”单选按钮时是指两次刀具路径之间的夹角，如果选中“整体旋转角度”单选按钮时则是指两次刀具路径之间的夹角乘以次数后得到的角度。

8.2.3 刀具路径的镜像

【范例 4】

（1）打开待旋转的刀具路径所在的文件，待镜像刀具路径如图 8-16 所示。

（2）选择“刀具路径”→“刀具路径转换”命令，弹出“转换操作之参数设定”对话框，在“刀具路径转换类型与方式”选项卡的“类型”选项组中选中“镜像”单选按钮，在“原始操作”选项组中选择已有的待镜像的刀具路径“等高外形（2D）”，如图 8-20 所示。

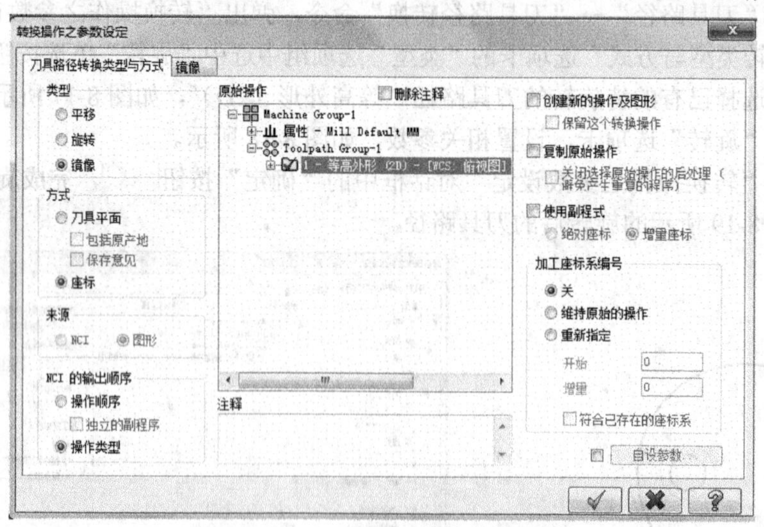

图 8-20 设置刀具路径转换类型与方式

（3）打开“镜像”选项卡，设置相关参数，如图 8-21 所示。

（4）单击“转换操作之参数设定”对话框中的“确定”按钮[✔]，完成镜像刀具路径操作，生成如图 8-22 所示的镜像后的刀具路径。

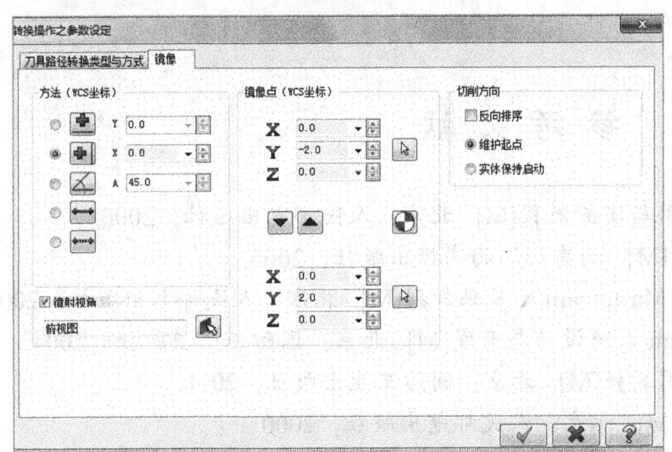

图 8-21 “镜像”选项卡

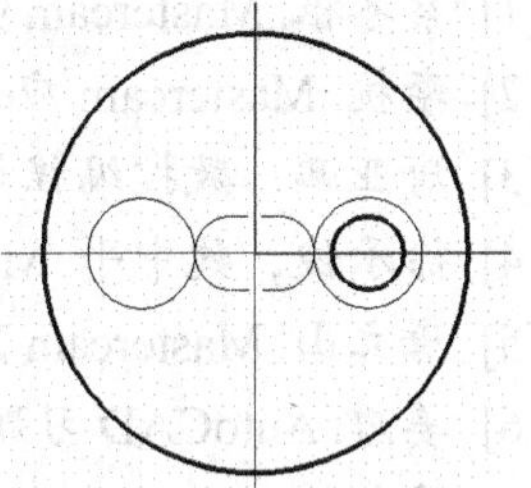

图 8-22 镜像刀具路径结果

1. 简述刀具路径修剪的设置方法。
2. 刀具路径转换有哪几种方法?
3. 自己拟定一个二维刀具路径，分别将已生成的刀具路径进行修剪、平移、旋转和镜像操作。

参 考 文 献

[1] 蔡冬根. Mastercam 9.0 应用与实例教程[M]. 北京：人民邮电出版社，2006.
[2] 李杭. Mastercam 应用教程[M]. 南昌：江西高校出版社，2005.
[3] 唐亚鹏，数控编程与加工 Mastercam X 基础教程[M]. 北京：人民邮电出版社，2007.
[4] 徐承俊，魏中平. Mastercam 系统设计与开发[M]. 北京：国防工业出版社，2004.
[5] 唐立山. Mastercam X4 实用教程[M]. 北京：国防工业出版社，2011.
[6] 姜勇. AutoCAD 习题精解[M]. 北京：人民邮电出版社，2000.
[7] 吴长德. Mastercam 9.0 系统学习与实训[M]. 北京：机械工业出版社，2005.
[8] 何满才. Mastercam X 习题精解[M]. 北京：人民邮电出版社，2007.
[9] 刘文. Mastercam X2 数控加工技术宝典[M]. 北京：清华大学出版，2008.
[10] 张灶法. Mastercam X2 实用教程[M]. 北京：清华大学出版，2008.
[11] 黄爱华. Mastercam 基础教程[M]. 北京：清华大学出版，2009.
[12] 何伟，刘滨. Mastercam 基础与应用教程[M]. 北京：机械工业出版社，2009.
[13] 张超，王凯. 机械 CAD/CAM 应用技术[M]. 上海：上海交通大学出版社，2011.